淡江戰略學派

戰略安全

理論建構與政策研析

/主編

淡江大學出版中心

主編 序

戰略與安全研究歷經冷戰、後冷戰，到後九一一時代，面臨兩項因素的影響，一方面安全的本質有很大的改變，傳統安全沒有消失，非傳統安全興起，又產生兩種不同安全本質的混合形式，形成一種「複合式安全威脅」（complex security threats），挑戰整體國際安全局勢的發展。另外，安全與戰略研究的理論與途徑，長期在主流現實主義與自由主義的主導下，一直糾結於權力、安全、國際建制的思考邏輯下，產生更多的不確定性因素，並無法有效解析國際戰略的發展趨勢。主要在於國際行為主體的多樣化、軍事科技激化衝突的多重性，以及全球相互依存態勢下的相互威脅感增加，讓戰略安全研究更增加理論與實務驗證的挑戰性。

在上述雙重挑戰性下，由本所透過以「淡江戰略學派」為發展目標，從臺灣本土角度分析戰略安全的理論面與其實際政策的結合，就成為本所關鍵發展重點。因此，從 2004 年以來舉辦年度「紀念鈕先鍾老師國際戰略學術研討會」，除了緬懷本所榮譽教授鈕先鍾老師對於台灣戰略學術研究的貢獻，其目的也在於深化以臺灣為角度的國際安全與戰略研究，期間針對國際戰略、亞太安全與兩岸關係實際情勢，進行高達九年的「淡江論劍」，每一年的研討會論文也集結出版，以饗國內戰略學界。本書「戰略安全的理論建構與政策解析」也是在此種理念下的產物，其內容除了從基礎角度分析戰略、安全與戰爭的理論與研究途徑，並針對實際國際與亞太政策進行分析，是一本值得戰略學界參考的專業書籍。

本書能夠順利完成，首先感謝本校張校長家宜鼓勵各系所進行研究出版工作，而出版中心主任邱炯友與總編輯吳秋霞排除萬難、鼎力相助。

另外，本所助理教授陳文政擔任執行編輯戮力不懈，加上助理陳秀真行政協助，以及研究生傑漢緊迫盯人的庶務工作，才得以讓此書順利付梓，更領略「知易行難」的意境。希望本書的出版更能擴大本校戰略研究所在戰略安全領域的累積聲譽，更進一步引發國內與兩岸學界對於此一領域的重視，讓「淡江戰略學派」進一步茁壯發展。

主編 **翁明賢**

淡江大學國際事務與戰略研究所教授兼所長

20131106

目　次

安全研究的再省思：
建構主義研究途徑與方法

翁明賢 *
（淡江大學國際事務與戰略研究所專任教授兼所長）

摘要

安全研究隸屬於國際關係之下的研究課題，歷經冷戰、後冷戰、後 911 國際恐怖主義時代，不管在安全主體、安全議題、安全威脅、安全價值與影響受到非傳統安全議題的興起，全球化環境的衝擊，以及各種不同安全研究學派的多元角度，讓安全研究呈現傳統與非傳統、理性與理念主義、實證與後實證主義相互糾葛下，帶來 21 世紀安全研究的研究途徑與方法的挑戰。本文首先提出十項有關安全研究的問題，四項安全研究途徑的疑惑，進而提出四項有關的安全研究推論，其次，分析安全概念與相關傳統安全研究途徑，解析影響安全研究的環境因素與主、客體安全變項的演進，進而從建構主義的影響，本體論、認識論下的另類安全思維，分析「觀念」、「文化」與「規範」對於安全研究的影響，從而提出目前有關建構主義的研究途徑加以解析，從而嘗試提出一套綜合性的解析傳統與非傳統安全的安全研究途徑與方法。最後，本文提出未來安全研究議題可以發揮的研究問題與方向。

關鍵字

安全、安全研究、傳統安全、非傳統安全、建構主義

---

* 翁明賢，德國科隆（Cologne）大學政治學博士，現為淡江大學國際事務與戰略研究所教授兼所長。

一、前言

「安全」(security)是一個人類與生俱來必須面對的議題，從遠古時代逐水草而居，進而逃避野獸攻擊而高居山洞，面對野獸唯一因應之道：不是擊敗野獸吃野獸，就是失敗被野獸所食。等到人類開始戰勝大自然之後，安全威脅的來源，卻由自然界轉向同類，使得此一議題開始複雜化。主要在於人類之間的爭奪，往往不是因為基本的民生問題，往往夾雜許多非物質性因素，亦即人類不再處於一種自然狀態，[1]而是由於「文化」現象的出現，讓安全議題出現變化。

基本上，「自然」屬於人一切依賴經驗事物的原始狀態，「文化」則是人自動的計畫、創造而發展的事物。[2]不同人類演化初步同的文化認知，進而影響不同人種之間相處的因應之道。1999 年南斯拉夫發生種族淨化，塞爾維亞政府對科索沃地區的回教徒進行迫害，[3]因而引發「北大西洋公約組織」(North Atlantic Treaty Organization, NATO)推動以「人權高於主權」的號召，進軍南斯拉夫。又例如非洲地區盧安達發生種族淨化，引發全球國家的關注，[4]都是由於文化與文明差異、觀念與認知不同所帶來的結果。

---

[1] 所謂「自然」係指：生命體生來就具有的或成長時期具有的特徵，廣義而言，任何存有物從起起源就具有的本質特徵，請參見：項退結編譯，《西洋哲學辭典》(台北：先知出版社，1976)，頁 278。

[2] 項退結編譯，《西洋哲學辭典》(台北：先知出版社，1976)，頁 279。

[3] 當時南斯拉夫總統米洛賽維奇（Slobodan Milosevic）為了實現「建立大塞爾維亞」目標，針對克羅埃西亞人與回教徒展開「種族淨化」，在克羅埃西亞、波士尼亞與科索沃發動一連串殘酷的大屠殺，請參見：「巴爾幹屠夫米洛塞維奇」，《大紀元電子日報》，http://www.epochtimes.com.tw/6/3/13/23545.htm。(檢索日期：2013/04/02)

[4] 基本上，盧安達語言具有一致性，在其境內占人口 85%的胡圖（Hutu）族、14%的圖西（Tutsi）族和 1%的特瓦（Twa）族，採用「盧安達語」『Kinyarwanda』為母語。兩族的文化背景、生活習俗、民間傳說相同，甚至宗教信仰也都不分種族（天主教、基督教、傳統宗教及伊斯蘭教都有胡圖族和圖西族信徒），參見：葉心慧，「【深入現場】千丘之國・百日之屠 盧安達的鎮靜與驛動」，《經典》，http://www.rhythmsmonthly.com/?p=4167。(檢索日期：2013/04/02)

近期發生美國波士頓爆炸案，由一對兄弟檔引發的本土型恐怖主義攻擊，既非國外組織與國家的介入，而是涉及非傳統國內安全議題。因為，各國都同時面臨著兩條「反恐戰線」：一方面為「滲透型」來自境外恐怖組織的威脅，或「國際恐怖主義」威脅；另外，「內生型」的本土的恐怖分子或組織的威脅，或本土極端組織或極端主義分子的威脅。[5] 換言之，此一問題要獲得抒解，單靠美國政府本身不足以因應，如何從區域與全球角度才得以因應。[6]如同 2013 年 4 月 22 日，國安局長蔡得勝在立法院備詢時表示，恐怖活動過去比較偏重在國外的部分，但現今卻有本土化、網路化、年輕化的趨勢。[7]

另外，上述恐怖主義屬於人為、傳統安全下的產物，其他非人為的非傳統安全議題也層出不窮。同一時期，中國爆發新型流感H7N9 正當方興未艾，荷蘭國家公共健康和環境研究所主任庫普曼斯(Marion Koopmans)強調，H7N9「在雷達下」廣泛傳播，該病毒具有突變能力，這將導致病毒在人類中傳播的風險增加。[8]目前，中國國家衛生和計劃生育委員會統計顯示，整體死於H7N9 禽流感死亡人數，截至 2013 年 4 月

---

[5]「美國每次反恐都給其他國家上了一堂課」，《中國評論月刊網路版》，http://www.chinareviewnews.com/crn-webapp/mag/docDetail.jsp?coluid=0&docid=102505434。（檢索日期：2013/04/22）

[6] 根據報載：兩位主謀者 26 歲的塔默蘭與 19 歲的弟弟佐哈出生於達吉斯坦，在美國讀中學時，英文老師要塔默蘭寫下令他熱血的事，他書寫車臣為例，並公開坦承熱愛伊斯蘭教，但從未公開支持暴力聖戰士的作為，請參見：「兩兄弟宗教狂熱 平凡人變恐怖聖戰士」，《Yahoo 奇摩新聞》，http://tw.news.yahoo.com/%E5%85%A9%E5%85%84%E5%BC%9F%E5%AE%97%E6%95%99%E7%8B%82%E7%86%B1-%E5%B9%B3%E5%87%A1%E4%BA%BA%E8%AE%8A%E6%81%90%E6%80%96%E8%81%96%E6%88%B0%E5%A3%AB-192800472.html。（檢索日期：2013/04/22）

[7] 「因應反恐本土化、網路化國安局建議儘快推防恐法」，《Nownews 今日新聞網》，（檢索日期：2013/04/22）

[8]「H7N9 在中國廣泛傳播已發生 人傳人風險增加」，《希望之聲》，http://big5.soundofhope.org/node/333415。（檢索日期：2013/04/22）

21 日下午 4 時，已有 102 人感染H7N9 禽流感，其中 20 人死亡，康復 12 人，其餘 70 人正接受治療。[9]

此外，4 月 20 日中國又發生四川雅安地區的大地震，[10]相較於 2008 年發生的汶川大地震爆發，世界各國給予物資與技術的援助，2011 年 3 月 11 日的日本福島三合一災變，日本也感謝世界各國的援手，4 月 21 日中國外交部發言人秦剛表示，由於災區交通與通訊不便，因此暫時不須要各國的救援與物資，但感謝各界的關心和幫助。[11]中國為何第一時間拒絕外界提供支援，理由其一、中國有能力在應對地震災難的搜救能力與物資供應；其二、有充足的資源可以應對這樣的一個災難，而且一些條件災區的條件還不太適合讓外國救援隊進入災區。[12]

因此，從國際關係與安全研究角度言，如果從物質層面、權力競逐思考，很難去分析中國面對此次災變的作為，換言之，必須跳脫物質面向，從觀念與文化角度分析此一事件，才得瞭解北京的國家安全考量所在。針對安全議題，本文首先提出有關「安全」兩個面向的基本問題：「安全」為何？「安全研究」為何？透過梳理瞭解有關安全的疑問，才得以進行後續的安全研究課題。

首先，有關「安全」概念的十點問題，本文嘗試提出相關問題，以為後續研究的基礎：

---

[9]「中國 H7N9 病患破百‧20 人不治 12 人康復」，《星洲網》，http://news.sinchew.com.my/node/291320?tid=2。（檢索日期：2013/04/22）

[10] 目前雅安大地震災情統計如下：四川省 150 多萬人受災，168 人遇難，21 人失蹤，1 萬 1248 人受傷，其中重傷 852 人。請參見:「雅安大地震 150 萬人受災」,《人間福報》，http://www.merit-times.com.tw/NewsPage.aspx?Unid=302639。（檢索日期：2013/04/22）

[11] 「四川 420 強震／交通不便　大陸婉謝各國救援與物資」，《Nownews 今日新聞網》，http://www.nownews.com/2013/04/21/162-2928996.htm>（檢索日期：2013/04/22）

[12] 「杜平：中國婉拒日本援助 兩方面原因」，《鳳凰衛視台》，http://phtv.ifeng.com/program/xwjrt/detail_2013_04/22/24495149_0.shtml。（檢索日期：2013/04/22）

1.如何透過何種方式或是過程，共同理解或是分享「安全的」理念與觀念？

2.如何瞭解「對方」與「已方」的一致認知，並無誤判之虞？

3.如何穩定維繫雙方既有的認知不變，或是即使有改變，雙方亦能夠接受？

4.如何透過外在的規範或是內在的「自制」有效約制雙方的政策與作為？

5.如何針對第三行為體的思維、政策與作為，建立雙方的共有認知？

6.如何反思建立一種「模式」，針對不同層面安全議題，組建一種綜合「架構」來研究安全？

7.如何進行安全研究的質化與量化的途徑與方法想定、模擬、兵推？

8.既有安全研究的途徑與方法為何？專書、專文、博、碩士論文的整理？

9.如何評估安全的嚴重性，進而安排資源投入與應對的優先順序？

10.如何透過安全研究評估一種成功的安全政策？安全研究與安全政策研究之間的關連性？

針對以上十點安全概念疑問之後，整理出與現有「安全研究」有關的項目有以下四點陳述：

1.傳統與非傳統安全研究途徑的差異如何？又存在何種研究工具的限制？主要在於傳統安全涉及軍事威脅層面，其損害與傷亡立即可見，但是，一些非傳統安全威脅，需要長時期的發展，一般僅能瞭解其初步徵候，若不當下及時處理，未來釀成重大傷亡？是以傳統與非傳統安全威脅的「觀察」與「研究工具」的運用有所不同！

2.哪些因素的誕生，衝擊安全本質的改變？進而影響安全研究的途徑？基本上，「安全」的本質涉及主體、客體價值、威脅來源、威脅方式、威脅後果等五項，不同的國際政經、國內情勢的發展，都會牽動安全議題的主、客觀、威脅的種類變化，問題在於如何判斷哪一項因素發揮關鍵性效果？

3.建構主義安全研究的途徑有何特殊？如何有別於傳統安全研究與途徑？
一般安全研究涉及：國家安全、國際安全、區域安全或是全球安全與人類安全的研究，以往不外呼現實主義與自由主義學派架構下的不同研究途徑，基於不同的本體論、認識論的假定，自然產出不同的方法論與研究途徑。所以，建構主義理論與研究途徑有別於傳統主義的思考，主要原因在於「觀念」、「利益」與「物質」三者的邏輯關係的運用不同。

4.是否可能形成一種新的安全研究途徑與方法？而非擴大或是狹隘的意涵？
目前存在許多不同學派下的安全議題的研究途徑，如果只是議題的擴大，或是綜合各項安全層面的研究，實際上無法達到「整合」研究途徑與方法的目的，而只是一種多元研究途徑與方法的運用。

在上述十個有關安全研究概念的疑問，加上四個安全研究途徑的質疑，本文提出以下四個本文研究的命題與推論：

命題 1：「安全」的研究囿於「安全」與「不安全」雙元對立的結構限制，呈現兩難的安全研究。

推論 1：為了突破此種兩元結構的約制，必須從多元角度分析安全問題，讓安全本質具有可辯證性。

命題 2：「安全觀」的判斷涉及威脅的程度多寡，往往依賴於主要行為體的主觀判斷，而非客觀上存在威脅有多少。

推論 2：為了理解行為體的主觀認知，必須從不同情勢下的利得加以評斷，亦即釐清價值的優先順序。

命題 3：安全的研究又牽涉到安全狀態的維持，行為體雙方必須透過一定機制，進而確保此種放心的安全狀態。

推論 3：為了建構安全穩定的衡量機制，行為體之間的互動與交往必須定期，得以隨時檢討。

命題 4：安全研究又涉及共同的第三者，或是非相關的第三者態勢，如何產生一致性的對第三方的理解，攸關主、客體是否持續保持安全感的變項因素。

推論 4：為了針對第三者不同認知，主客體之間透過建構第二種「共同理解」，處理此種非攸關兩者利益的共同安全觀。

所以，本文首先分析安全的概念與安全研究的意涵，其次，分析一般傳統安全研究的途徑與方法，往往從傳統國際關係理論角度出發，區分為：現實主義、自由主義等等主流思考。其次，本文分析影響安全研究的宏觀層次，其中以全球化發展為主要因素，在全球化下安全性質的傳統與非傳統交相影響，是必須要釐清的課題；另外，則是安全相關主、客體的變化或是互為主客體的演變過程。再者，本文探詢建構主義的安全概念與研究途徑，透過不同的研究途徑，嘗試導引出跳整合傳統與建構主義安全研究途徑的作法，最後，在結論中，總結本文各部分的研究成果，進而驗證四項安全研究的基本命題的適切性，並提出有關台灣安全途徑的新思維。

二、安全概念與研究途徑反思

（一）概念、途徑與方法

在進行解析安全概念與研究途徑之時，有關不同學科的理論差異，概念、理論與方法的意涵，要事先進行有意義的盤整，才得以瞭解整體與安全相關的議題研究。主要在於國際事務與戰略屬於社會科學的一環，針對國際問題或是安全問題進行學術研究，都希望達到一些目的：累積該國國際問題學術研究成果，讓該國國家利益被有效維護，與該國國際作用有效發揮之間的正向關係。[13]

首先，社會科學研究與自然科學研究雖然研究方法不盡相同，但是，如何尋找正確的問題同樣重要。因為，當研究者提出關鍵問題時，其實研究者已經胸中有案，只是欠缺驗證過程。不過，自然科學界就透過實驗、統計、田野調查等技術，來瞭解答案何在！反之，社會科學則是透過文獻與專文的歸納與演繹過程，求得一個比較符合現狀的答案。

中國學者閻學通認為：科學方法的意義體現在：1.科學研究方法可以幫助我們瞭解相關因素之間的關係。因為，透過變數控制是科學方法中分析影響同一事物相關因素之間關係的主要手段。2.科學研究方法可以幫助我們瞭解事物的變化程度。科學方法既可以進行定性分析，也可以進行定量分析。3.科學研究方法可以幫助我們提高預測的準確率。科學方法強調實證或實驗，其目的在於提高結論的可重複性。[14]

---

[13] 周方銀，《國際問題數量化分析—理論、方法、模型》（北京：時事出版社，2001），頁2。

[14] 閻學通，「國際關係研究中使用科學方法的意義」，《世界經濟與政治》（北京），2004年第1期，頁17。

何謂「概念」(concept)、方法(method)與理論(theory)三者有其哲學意義上的不同之處。「概念」是「一件事物是什麼」的一種思想或是抽象思維，亦即「概念」著眼於某一對象，將此對象「是什麼」再現出來，不需要針對此一現象加以說明。一般概念區隔為：「思想活動」(thought-act)、「思想內容」(thought-content)與「概念對象」(object of the content)。同時，每一種概念依照「內涵」(comprehension)：係指概念的所有特性，與「外延」(extension)：係指概念可以陳述的全部範圍。[15]中國學者李少軍認為：「概念是理論構成中一個不可缺少的要素，理論的發展與概念的發展密不可分。理論建構中的概念，既是一種要素，又是一種工具。」[16]換言之，先瞭解「概念」指涉為何？才能進一步分析如何進行此種概念的研究。

至於「方法」(method)一詞來自希臘文methodos，由 meta 與hodos兩字組成，直接翻譯為「追蹤著路」，亦即知識整體建構於方法並因基於方法而獲得。如何認定知識領域的研究係根據「方法」的要件：從頭到尾進行有計畫的深究，對各部分採取合適的佈局，將個別認識整合於全局之中，讓各部分的邏輯關係清楚，不僅呈現每一知識的「已然」事實，而且可以理解「所以然」的原因。[17]

因此，一般「研究方法」(research method)係指研究者研究、分析與回答研究問題時所使用的各種不同的方法與技術。「研究途徑」(research approach)就是用來解決實踐研究問題與難題的思考，不如理論般的複雜與具體化，無法給予因果式的解釋，更多的包括：信仰、期望、蘊含世界觀在內的因素，藉以協助研究者確定研究問題的方向性。至於，「理

---

[15] 事實上，概念亦分單純與複合概念，依賴此一概念所包含的為一個或是數個特性而定，請參見：項退結編譯，《西洋哲學辭典》（台北：先知出版社，1976），頁 94-95。

[16] 李少軍，「安全——項概念史的研究」，《外交評論》，2006 年 10 月，總第 91 期，頁 36-45。（檢索日期：2013/03/28）

[17] 項退結編譯，《西洋哲學辭典》（台北：先知出版社，1976），頁 214。

論」(theory)是指一般高度特定化的東西，它試圖解析事物之間的因果關係，在特定條件下，包括：「主變項」導致「應變項」的邏輯關連性。換言之，解釋一些無法直接觀察到的一些規則或是定律。[18]

不過，任何一種「研究途徑」與「研究方法」都會跟隨任何一種主體理論發生關連性，例如社會學研究理論，何謂社會的概念？個人與社會的關係？又何謂研究途徑？根據朱浤源主編的《撰寫博碩士論文實戰手冊》的定義：研究者對於研究對象的研究，從哪一個層次為出發點、著眼點，進行觀察、歸納、分類與分析。基於不同的研究途徑，存在一組與之相互配合的概念，作為分析的架構。[19]

至於「理論」(theory)係指純粹的知識與觀察，在自然科學領域內，對事實座統一、不相矛盾，透過應用數學的描述，加以必然規律與原因加以解釋，才能成為經驗與實驗所證明的事實。亦即證明可以把握為一合於事實的解釋之時，此一解釋才可以爭取到理論的位置。[20]基本上，「方法論」不等同於「研究方法」， 二者有著密切的聯繫，但是有所區別。「研究方法」是我們做研究的具體步驟，而方法論則是這些研究方法背後的認識論基礎。[21]

事實上，一種理論可以包括一系列基本的前提或假設，在此一假設下進行一連串的邏輯推理，進而獲得運用事實或實驗來驗證是真與是偽的結論。在一般國際關係研究中，缺乏理論可以被事實充分驗證，大多數的國際關係理論，大多屬於不精確的分類法，不完整的界定，對事實

---

[18] 莫凱歌（Gregory J. Moore），「國際關係學研究方法：組合有效的工具箱」，王建偉主編，《國際關係學》（北京：中國人民大學出版社，2010），頁 34-35。

[19] 朱浤源主編，《撰寫博碩士論文實戰手冊》（台北：正中，1999），頁 182。

[20] 項退結編譯，《西洋哲學辭典》（台北：先知出版社，1976），頁 418。

[21] 華翔，「國際關係實證主義方法論的思想演變：從物質到觀念」，《國際論壇》（北京），2010 年 7 月，第 12 卷第 4 期，頁 55。

的羅列，對於原因與影響的預測。[22]秦亞青認為，理論是一種「知識系統」，屬於概念、原理的體系，是一種系統化的理性認識，所以理論包括：一系列的假設，用來說明或解釋自然與社會的現象。[23]

至於，何謂「假設」(hypothesis)？在自然科學界為了解釋一些觀察得到的事實所做的預設稱之為「假設」，亦即所預設的事物情況，一時無法直接證明之事物。如果一種假設引發至今尚未瞭解的規律與事實，就具有探詢新知的價值，如果此一假設與解釋相互矛盾，可稱之為「工作假設」，又如果達到排斥任何其他解釋的程度而達到確實，就形成一種理論。[24]

如何進行概念、研究途徑與方法的整合，秦亞青透過規範研究的設計過程，引導出下列四個重點：[25]1.提出問題：現有理論與事實發展的不相吻合；2.對重要理論進行解析：透過針對性、相關性與學術性，亦即何種具有學術影響的重要理論無法解釋事實之處；3.提出作者理論假設：此點屬於理論創新之處；4.經驗與事實的驗證：地區性、局部性事件發展與現有的、以西方主導的國際關係理論不相符合，從而導引出創新之處。

---

22 周方銀，《國際問題數量化分析一理論、方法、模型》（北京：時事出版社，2001），頁2-3。

23 秦亞青，《國際關係理論：反思與重構》（北京：北京大學出版社，2012），頁198。

24 項退結編譯，《西洋哲學辭典》（台北：先知出版社，1976），頁198-199。

25 秦亞青，「研究設計與創新」，秦亞青，《國際關係理論：反思與重構》（北京：北京大學出版社，2012），頁。284。

（二）國際關係理論下的安全概念與研究

國際關係研究經歷三次大辯論，在 1960 年代以前，西方國際關係研究方法的主導是傳統主義，1960 年代以後，傳統主義受到「行為主義」的影響，亦即科學實證研究方法的挑戰。事實上，傳統主義和行為主義雙方意識到兩種方法的局限性，無法獨力主導整體國際關係研究領域。及至 1960 年代末 70 年代初，後行為主義主張將過去各種有用的方法兼容並蓄，使得西方國際關係領域中，實證分析和規範分析、理論取向和政策取向、定量研究和定性研究、基礎研究和應用研究共生並存。[26]

同時，秦亞青整理相關國際關係方法論的研究著作顯示，存在兩種針對理論的解釋：第一、硬科學派：理論必須包括可以驗證的假設，表達事物之間的因果關係，強調理論的實證特徵；第二、軟科學派：理論是一種系統、嚴謹、相互關連的概念與命題，強調理論的規範性特點。[27] 巨克毅認為：新現實主義(Neo-realism)與新自由主義(Neo-liberalism)秉持經驗實證主義的傳統，將複雜的國際現象化約為變數與變數之間的因果關係，以達成國際關係「科學化理論」的目標。此一國際關係理論「簡約化」(parsimony)或「複雜化」(complexity)的論辯，未達成一致的共識，存在本體論、知識論與方法論上的分歧。[28]

國際關係與安全研究的「因果關係」的邏輯十分重要，如果將因果關係中的「原因」和「結果」作為兩個「變項」來分析，並描述為：「主變項」和「應變項」兩種項目。而且隨著國際與國內環境的變遷，這一因果兩種變項的關係鏈條上可以加上另外一種「變項」，即「干擾變項」

[26] 張秋霞，「中國國際關係研究方法現存問題與思考」，《國際觀察》（北京），2005 年第 4 期，頁 40。

[27] 秦亞青，《國際關係理論：反思與重構》（北京：北京大學出版社，2012），頁 198。

[28] 巨克毅，「國際關係折衷主義研究途徑的新思維：中東歐區域安全個案分析」，《全球政治經濟評論》，第三十九期（2012）No.39 頁 123-162，此處頁 130。

或是「中介變項」，其作用在於強化或者減弱引數在因果鏈條的作用。使得單一的變項因果關係得以拓展，拓展因果關係的解釋力與研究的範疇。[29]

李少軍認為進行學術研究時，通常運用一定的研究途徑(approach)來實現的。這種途徑可以為研究提供指導，為回答有關問題提供準則。但是，對於研究途徑的選擇，國關學界通常會有爭論。[30]主要在於國際關係研究朝向歷史研究途徑的發展不可避免，秦治來認為：從本體論的角度看，國際關係理論受益於對國際關係歷史的資料分析和經驗總結；從方法論的角度看，歷史比較、歷史詮釋等史學方法豐富了國際關係研究手段。所以，向歷史學習是新時期國際關係學者加強跨學科研究的重要課題。[31]

國際關係與對外政策的分析中，除了瞭解現象之外，和進行後續發展的「預測」也相當重要，本文首先界定了預測的基本概念，然後在分析預測的可行性基礎上，通過建立預測系統模型圖來闡述預測的基本原理，最後通過案例分析法對減少預測失誤的途徑進行分析探討。[32]

事實上，國際關係研究亦可以從其他學科：國際法的角度來豐富國亦關係理論研究途徑與方法。是以，國際關係與國際法的跨學科研究必須克服包括：跨學科研究的難度、學科內的偏見以及學科之間的隔閡

---

[29] 韓愛勇，「因果關係與國際關係理論研究」，《國際關係學院學報》（北京），2010 年第 6 期，頁 2。

[30] 李少軍，「國際關係研究中的途徑與範式」，《歐洲研究》（北京），2008 年第一期，頁 113-124。

[31] 秦治來，「國際關係研究的歷史學轉向」，《世界經濟與政治》（北京），2001 年第八期，頁 84-96。

[32] 李芳芳、張清敏，「國際關係和對外政策研究中的預測」，《國際論壇》（北京），2012 年 9 月，

第 14 卷第 5 期，頁 42-48。

等。[33]作為社會科學意義上的國際關係理論具有簡約性、解釋性和可證偽性等特徵，可以直接運用於國家的對外戰略制定，而理論的推論和外交政策理論的進一步發展，讓國際關係理論應用於具體的政策分析成為可能。[34]

20 世紀 80 年代以來，冷戰結束以後，西方學者重構戰略與安全研究面臨的重要問題就是：得到重新界定的安全概念與安全研究議程如何實現，是改造戰略研究本身，還是開闢新的研究領域。[35]安全概念的定義區分廣義與狹義，傳統與非傳統，狹義與傳統的定義係指軍事安全或是軍事威脅，廣義或是非傳統的是指非軍事因素對國家綜合安全的影響。[36]同時，安全概念也可以從理論與政策面向加以定義，在政策層面上，維護國家安全具有軟硬兩種手段，兩者相輔相成。在理論方面，國際安全基本上屬於西方現實主義的領地。[37]

「安全研究」(security study)與「安全的研究」(the study of security)事實上是不同的內涵，如同李英明分析：何謂「文化研究」要和另一個概念區分開來：文化研究和「文化的研究」。「文化研究」叫做culture study，「文化的研究」叫做the study of culture，是將文化本身當作對象去研究，而文化研究則是一個視野與途徑，簡單概括來說就是要求我們從語言符

---

[33] 劉志雲，「國際關係與國際法跨學科研究之路徑」，《世界經濟與政治》（北京），2010 年第 2 期，頁 143-154。

[34] 宋偉，「國際關係領域的理論、戰略與政策」，《國際政治研究（季刊）》（北京），2009 年第 3 期，頁 80-92。

[35] 羅天虹，「論西方戰略與安全研究的轉變」，《世界經濟與政治》（北京），2005 年第 10 期，頁 35。

[36] 于濱，「第六章 國際安全研究的理論與實踐一兼論美國安全觀的軍事化問題」，王建偉主編，《國際關係學》（北京：中國人民大學出版社，2010），頁 153。

[37] 于濱，「第六章 國際安全研究的理論與實踐一兼論美國安全觀的軍事化問題」，王建偉主編，《國際關係學》（北京：中國人民大學出版社，2010），頁 153-154。

號、話語的角度看待社會人文現象。[38]同樣的，「安全研究」與「安全的研究」的不同點何在？「安全研究」顧名思義為：一個視野與途徑？「安全的研究」在於將「安全」本身當作對象去研究。所以本文的目的在於攸關安全議題的視野或是途徑與方法的研究過程。

Williams認為一般論述「安全研究」(security studies)牽涉四項基本問題：1.什麼是安全？(What is security)；2.安全研究的主體為何？(Whose security are we talking about)；3.何者為安全的議題？(What counts as a security issue)；4.如何克服安全問題(How can security be achieved)。[39]亦有學者認為：安全研究的基本問題概括為四個方面：1.是對安全主體的認識，即誰的安全？2.是威脅來源的認識，即不安全的根源是什麼？3.對安全的問題領域與範圍的認識；4.對安全手段的認識，即如何達成安全目標。[40]

（三）傳統安全研究途徑與方法

安全是一個很模糊的概念，英國學者Barry Buzan強調「安全」屬於是一個「發展的非常不全面」與「高度爭議性」的概念，[41]主要在於：安全的主體、客體，維護何種價值？以何種方式，由誰來維護安全，以及透過何種途徑來達到安全，都會因為安全主體面臨不同情勢下而產生不同結果。Nye 與Lynn-Jones兩位國際政治知名學者認為，國際安全研

---

[38] 李英明，「方法論 - 文化研究途徑」，《國立政治大學中國大陸研究中心工作坊寫真》，中華民國九十四年十一月，http://ics.nccu.edu.tw/document/newsletter/05_05.pdf。（檢索日期：2013/03/26）

[39] Paul D. Williams ed., Security Studies: An Introduction (London &New York: Routledge, 2008), p.5.

[40] 王學軍，「安全研究的建構主義轉向」，《教學與研究》（中國），2011 年第五期，頁 78。（檢索日期：2013/04/02）

[41] Barry Buzan, People, States and Fear: An Agenda for International Security Studies in the Post-Cold War Era, 2nd ed. (Boulder: Lynne Rienner, 1991), pp.3-5.

究的意涵：「國際安全研究的範疇屬於「科技整合」，這是所有參與學者的共識，同時其中心問題在於國際暴力，以及其他衝擊國家安全的威脅」。[42]

至於安全研究的途徑，從一般社會科學研究切入，不外乎「歷史研究途徑」(historical approach)：從歷史演進的角度，運用使時資料與研究方法，進行相關議題演變的論述，並從而解釋其中的因果關係，針對未來發展做出預測判斷的一種研究途徑。王玉民認為：「該問題發生及演變的嚴格具有長時間研究的性質，藉由分析與該問題有關的資料，歸納出可供解釋與預測的理論。」[43]

所以,英國學者布贊認為:國際安全研究領域在學派激增的情況下，有兩點需要納入考慮：第一、圍繞「安全」與「和平」爭論的實質性問題是什麼？第二、如何界定非傳統安全研究以及傳統安全研究？基本上，國際安全研究從 20 世紀 40 年代晚期產生以來，該領域內的爭論基本直接或間接地圍繞著以下五個問題產生: 1.安全的物件是什麼？2.安全問題是「內驅動的」(internally driven)還是「外驅動的」(externally driven)？3.將安全限制在國防領域,還是應該向其他領域擴展？4.安全研究該基於何種國際政治學的基本思想？5.安全研究應該選擇怎樣的認識論與方法論？[44]

事實上，傳統「安全研究」(Security studies)區分為廣義與狹義的研究，[45]廣義安全研究區分為三個階段：1.二次大戰結束至 70 年代末期，

---

[42] Joseph S. Nye, Jr. Sean M. Lynn-Jones ,"International Security, Studies : A Report of a Conference on the State of the Field", International Security, Vol. 12, No. 4 (Spring, 1988), pp. 5-27.

[43] 王玉民，《社會科學研究方法原理》（台北：紅葉文化，1994），頁 247。

[44] 巴里・布贊（Barry Buzan），「論非傳統安全研究的理論架構」，《世界經濟與政治》（北京），2010 年第 1 期，頁 112。

[45] Barry Buzan, Ole Waever, Jaap De Wilde 原著，朱寧譯，《新安全論（Security: A New

以傳統現實主義的「戰略研究」(Strategic Studies)為標誌；2.從 70 年代末期到 90 年代初期冷戰結束以來，呈現新現實主義、新自由主義競逐的「安全研究」；3.90 年代冷戰結束以來的社會建構主義為焦點，以「非安全化」為特色的安全研究。至於，狹義的安全研究從 20 世紀 70 年代以來發展。一般國際關係學術界都將冷戰(Cold War)的結束，世界進入「後冷戰」(Post-Cold War)視為非傳統安全研究的興起時期。[46]根據「表一：安全研究理論學派一覽表」可以瞭解不同學派之間對於安全此一議題的不同本體論、認識論與方法論的角度，尤其對於戰爭與和平的想定也大異其趣。

Framework of Analysis)》（杭州：浙江人民出版社，2003），譯者序，頁 1。

[46] 朱鋒，「非傳統安全解析」，查道炯主編，《非傳統安全卷》，王緝思總主編，《中國學者看世界》（北京：新世界出版社，2007），頁 7-9。

表一：安全研究理論學派一覽表

理論準則	現實與新現實主義學派	理想主義學派	自由與新自由主義學派	建構主義學派	批判學派
分析的範圍	實力與國家利益	倫理與法治	民主、依存關係與制度	思想、價值觀、標準與身份	權力結構解放
分析的層次	國家、國家制度	政府間組織、公民社會	國家、政府間組織、公民社會	施動者、結構	個人、國家與跨國菁英
基本假定	國家是自私的相互競爭	國家遵守或被迫遵守法治原則	國家在國際機構中合作	身份是在施動者之間建構與體現	知識與語言是可以質疑的權力形式
認識論方法論	實證主義說明	實證主義說明法	實證主義說明法	後實證主義說明或解釋	後實證主義解釋法
有關衝突與戰爭的想定	衝突與戰爭為國際體系的固有現象	戰爭與衝突可以消除	戰爭與衝突可以消除或克服	戰爭與衝突可以消除或避免	極端變化可以阻止衝突與戰爭
針對和平的展望	通過大國間平衡獲得和平（消極和平）	通過法治國家實現和平（積極和平）	通過合作實現和平（積極和平）	通過施動者的變化和社會化獲得和平	通過結成共同體與質疑統治性言論實現和平
安全概念	國家安全、國際安全	集體安全	全球安全、共同安全	安全化	人的安全、言論安全
英美影影響力的學者	R. Gilpin, J. Grieco, J. Mearsheimer, S. Walt, K. Waltz	J. Burton, G. Clark, R. Falk, F. Fratochwul, M. Walzer	J. Ikenbery, R. Keohane, M. Mandelbaum, J. Nye, B. Russet	E. Adler, M. Finnermore, P. Katzen-stein, J. Weldes, A. Wendt	K. Booth, D. Cambell, R. Cox, A. Tickner, R. Walker

資料來源：夏爾・菲利普・戴維(Charles-Philippe David)原著，王忠菊譯，《安全與戰略：戰爭與和平的現時代解決方案》(La Guerre et la Paix: Approaches contemporaines de la securite et de la strategie)（北京：社會科學文獻出版社，2011），頁 37。

秦亞青認為:理論體系和方法論就成為任何一門科學不可或缺的兩個因素,而研究者的重要工作就是找出涉及國際關係中的兩個或多個變數,並發現這些變數之間的因果關係。「層次分析法」(levels of analysis) 是一種比較行之有效的科學研究方法。[47]「層次分析法」的具體應用有兩個問題：一個是「層次分析法」的應用途徑，另外是各個不同層次之間的相互關係。基本上,「層次分析法」可以有兩種使用方法,或者兩種應用途徑：1.分別考察三個層次的變數與某一國際行為或國際事件的關係；2.集中考察某個層次的變數與某一國際行為或國際事件的關係。因此，層次分析的這兩種用法實質性區別不大,運用何種方法取決於研究者的學術興趣和研究課題。[48]

兩種跨層次分析的模式廣泛存在於國際關係的諸研究領域，如國際政治經濟學研究、安全研究、地區一體化研究、全球化研究等。在前一個領域，跨層次分析主要被用來解釋國家的對外經濟政策以及國家之間的經濟談判與合作；在安全研究領域上，跨層次分析關注國家的戰略行為，以及國家追求權力和安全的行為方式。[49]秦亞青認為：國際關係學研究是一個科學活動的過程，其目的在於發現國家行為體與非國家行為體間的行為規律,透過可驗證的知識替代主觀意識,並經由檢證的經驗、印象和直覺，瞭解相關變項之間的有序內在關係，而「層次分析法」則是提供一種變項之間關係建構的工具,使國際關係研究更趨於科學化。[50]（參見下表二：國際政治領域的兩種層次分析法）

---

47 秦亞青,「層次分析法與國際關係研究」,《歐洲》(北京),1998 年第 3 期，頁 4。

48 尚勸餘,「國際關係層次分析法: 起源、流變、內涵和應用」,《國際論壇》(北京),2011 年 7 月，第 13 卷第 4 期，頁 52。

49 吳其勝,「國際關係研究中的跨層次分析」,《外交評論》(北京),2008 年 2 月，總第 101 期，頁 90。

50 秦亞青,「層次分析法與國際關係研究」,《歐洲》(北京),1998 年第 3 期，頁 8。

表二：國際政治領域的兩種層次分析法

項目	國際政治經濟學領域	安全研究領域
順時分析	Ⅰ.國際政治經濟如何通過塑造國內行為體偏好而影響對外經濟政策； Milner1988; Rogowski1989; Frieden1991; Ikenberry etal., 1988;etc.	Ⅱ.體系壓力如何通過「第一、二意象」影響國家行為； Wohlforth 1993; Taliaferro2004; Snyder1991; Zakaria 1998;etc.
共時分析	Ⅲ.國際協定取決於談判者(政府首腦)在國內、國際兩個：「棋盤 」上的博弈！ Putnam1988; Evans et al 1993;Mo1994,1995; Milner 1997, etc.	Ⅳ.處於不同國內 /國際結構壓力下的國家官員如何利用國際 /國內戰略實現國內 /國際目標 Mastandunoetal,1989.

資料來源：吳其勝，「國際關係研究中的跨層次分析」，《外交評論》（北京），2008 年 2 月，總第 101 期，頁 90。

「表三：國際安全研究領域關於五項安全問題的觀點」則是補充上表二的不足，主要點出主導國際安全的內外驅動力量的不同點，加上所謂「安全政治的觀點」，傳統主流學派大多強調安全轉變的困難度在於「權力政治」(power politics)的限制，大多數非主流理論與學派或多或少都體認安全態勢轉變的可能性。

表三：國際安全研究領域關於五項安全問題的觀點

國際安全研究視角	指涉對象	內/外驅動	領域（範圍）	安全政治的觀點	認識論與方法論
戰略研究	國家	主要為外驅動	軍事（訴諸武力）	現實主義者	實證主義（從強經驗主義到模型化）
後結構研究	集體與個體	兩者皆有	所有	現實主義的變化；可能，但是並非空想主義或理想主義	解構主義、語用分析
早期擴展派	主要國家	兩者皆有	主要是經濟與環境	轉變的必要性	實證主義為主
後殖民主義	國家與集體	兩者皆有	所有	西方國家主導力量的變化；可能，但是難以實行	批判理論、解構主義、歷史性、社會學
和平研究	國家、社會、個體	兩者皆有	所有（軍事主導）	轉變、可能	實證主義（從定量到馬克斯主義、唯物主義）
人類安全	個體	主要為內驅動	所有	變化的	強經驗主義或弱建構主義
女性主義	個體、婦女	兩者皆有	所有	主要是變化的	從定量到後現代結構主義
批判安全研究	個體	兩者皆有	所有	變化的（解放）	批判理論（解釋學）
哥本哈根學派	集體與環境	兩者皆有	所有	中立的	言語分析行為
傳統建構主義	國家	外驅動	軍事	轉變、可能	弱實證主義
批判建構主義	集體	主要為外驅動	軍事	轉變、可能	敘事的、社會學的

資料來源：巴里・布贊(Barry Buzan)，「論非傳統安全研究的理論架構」，浙江大學非傳統安全與和平發展研究中心編，《非傳統安全研究》2010 年第 1 期：總第 1 期（北京：知識產權出版社，2011），頁 24-40，表出處為頁 31。

三、影響安全研究的因素分析

（一）驅動安全學術研究的因素

基本上，冷戰終結促使國關學界全面反思體系理論過度簡化國家單元層次的變數的缺陷。由於體系理論對單元層次屬性的高度簡化，使國際關係主流理論的構建達到相當程度，但對現實事物的解釋也開始出現偏差現象。[51] 學者Acharya 認為：冷戰時期的主流安全研究聚焦於特定的國際問題與體系部分，其他國際關係的關鍵議題或國家安全議題，植基於威斯法理亞體系下的主權國家的互動，主要回應西方國家與政府，特別是美國關於戰爭的態度。[52]

英國學者布贊(Barry Buzan)提出五種驅動力得以理解國際安全研究何時演進、如何演進與為何演進可以發揮關鍵作用包括：大國政治、技術發展、關鍵事件、學術爭論與制度化，五種驅動力的產生源由，一方面是從相關國際安全研究中的歸納，另外則是從社會科學的文獻中具體呈現出來的結果，而上述五種驅動力足以解釋國際安全研究中的主要概念動態、連續性與轉變性。[53]

首先，在大國政治方面，大國之間的權力配置，從冷戰時期的美蘇兩元對峙，後冷戰時期的美國單極為主，邁向後冷戰時代的美國為主、多元為輔，到了 21 世紀進入「中國崛起」的時代，世界戰略情勢似乎

---

[51] 李巍、王勇，「國際關係研究層次的回落」，《國際政治科學》（北京），2006 年第 3 期，頁 118。

[52] Amitav Acharya , “The Periphery as the Core: The Third World and Security Studies,” Prepared for presentation at the conference Strategies in Conflict: Critical Approaches to Security Studies, convened by the Centre for International and Strategic Studies, York University, Toronto, 12-14 May 1994, p. 2.

[53] 巴里・布贊（Barry Buzan），「論非傳統安全研究的理論架構」，浙江大學非傳統安全與和平發展研究中心編，《非傳統安全研究》2010 年第 1 期：總第 1 期（北京：知識產權出版社，2011），頁 32-39。

又走向類似美蘇對壘的美中對抗。其次，在技術發展方面，新技術的發明與運用，可以在威脅、攻擊與穩定戰略關係中發揮效力，而且不僅是軍用技術影響安全演變，民用技術的走向也有關鍵影響力。其次，關鍵事件尤其指某些特殊的「危機事件」，例如：1962 年的古巴飛彈危機、1991 年蘇聯解體，導致冷戰的終結，以及 2001 年的 911 國際恐怖主義攻擊事件，上述關鍵事件都是政治與主體間相互建構的現象。

第四、學術爭論方面，由於國際安全研究針對上述三項因素加以回應，許多假設、理論被修正、改進、拓展或是遺棄，布贊認為以下四種因素推動國際安全進一步研究發展：[54]1.關於認識論、方法論與研究重點選擇的討論，促進了國際安全研究在內的社會科學發展；2.國際安全研究的爭辯野獸到其他學科的影響，包括：經濟學、博奕論、認知心裡學、社會學理論、語言學、政治理論、後殖民研究等等；3.國際安全研究中學術爭辯的要點在於：國際安全研究的政治或是政治化實際上取決於安全學者的地位，主要在於國際安全研究被視為一個學術領域，其合法性的來源一種特殊的知識形式，以及對一系列緊急政策問題的探討；4.國際安全研究受到不同學者堅持有的「元觀點」(meta-view)的影響，亦即，通過單一學科，還是不同學科的方法加以推動，如果經由不同學科的研究途徑，是否可以建立一個「元通約性」(meta-commensurability)？

最後一點有關「制度化」方面，布贊認為作為國際關係次領域的國際安全研究，必須有一套支撐性的制度化結構與認同，包括下列四種重疊（組織結構、基金、研究的傳播與研究網路）的要素，並分成以下三項：1.從制度化角度言，國際安全研究處於一套組織結構的運作下進行，包括各大學研究中心與智庫；2.政府與相關基金的贊助也是國際安全研

---

[54] 巴里・布贊（Barry Buzan），「論非傳統安全研究的理論架構」，浙江大學非傳統安全與和平發展研究中心編，《非傳統安全研究》2010 年第 1 期：總第 1 期（北京：知識產權出版社，2011），頁 36-37。

究進步與發展的關鍵；3.如何將國際安全研究學術的研究成果加以傳播，一方面透過課程與教科書方式，另外在期刊發表與出版方式進行，有時發表大眾性文章與接受新聞媒體的訪問。[55]

事實上，除了上述影響安全研究學術發展因素之外，影響實際安全因素的項目甚多，歸納起來分成以下兩項：全球化下衝擊安全環境、傳統與非傳統安全交雜。主要在於從安全環境、安全議題性質與安全的主、客體加以分析，比較能夠得到一個完整的面貌。

（二）、全球化下衝擊安全環境

全球化是一個 1990 年代以來成為眾人矚目的焦點，任何事物只要加上「全球化」就變成一個時髦用語，全球化已經取代以往之國際化、自由化、現代化，包括所有新而進步的象徵名詞。事實上，全球化用來理解國際政治經濟的快速變化，包括：生產的垂直分化、工業跨越國界的穿透、金融市場的擴散、工業產品跨越邊界的至遠方地區的出售，以及大量南方、東方人口往西方移動的過程。[56]

其實，出現兩種冷戰後安全研究的思考挑戰：1.人類社會所認定的「安全」概念是否在冷戰結束後產生根本的改變？2.如何以政治經濟學研究方法來建立一個分析全球化時代國際安全的研究趨向。[57]因為面臨全球化相互依存與相互依賴的「複合式依賴」(complex interdependence)，安全不再是一個單一而是複合的課題。所謂「相互依賴」(interdependence)

---

[55] 巴里・布贊（Barry Buzan），「論非傳統安全研究的理論架構」，浙江大學非傳統安全與和平發展研究中心編，《非傳統安全研究》2010 年第 1 期：總第 1 期（北京：知識產權出版社，2011），頁 38-39。

[56] James H. Mittelman editor, Globalization: Critical Reflections (Boulder, London: Lynne Rienner Publishers, 1996), p.3.

[57] 陳牧民，「經濟與安全:全球化時代的新安全理論」，《全球政治評論》，第十二期(2005) No.12， 頁 19-46。

意即彼此「互賴」(mutual dependence)，世界政治中的相互依賴是以國家或是不同國家的行為體相互影響的過程。[58]

舉例而言，2013 年 3 月起，全球首次發現的人類感染「H7N9」禽流感在中國上海擴散至華東造成大爆發。4 月 2 日毗鄰上海的江蘇省公布 4 宗人類感染H7N9 禽流感個案，累計確診個案增至 7 宗，其中 2 人死亡。[59]「世界生組織」(World Health Organization, WHO)發言人柴伊布(Fadela Chaib)提到這種致命禽流感病毒株時強調：這是人類首度感染H7N9，需進一步釐清感染範圍、感染源及傳播模式，北京與世衛分享資訊，世衛則會將資訊提供給成員國。[60]

另外，2010 年 12 月 23 日，北韓人民武力部部長金永春指出，針對南韓政府在黃海進行侵略性的軍事演習，北韓已經準備好，不排除發動「以核子嚇阻力量為基礎」的「核武聖戰」，還說明第二次韓戰敵軍侵略計劃，已經進入實踐階段。[61]不過，俄羅斯上議院聯邦委員會國際事務委員會主席馬爾格羅夫對此表示，北韓發動核攻擊的可能微乎其微。北韓高調發出威脅，一方面由於北韓內部面臨權力繼承問題，另外北韓試圖借此在放棄發展核項目問題上同國際社會討價還價。[62]

2012 年 8 月 23 日，韓美再次啟動「乙支自由衛士」(UFG)聯合軍事演習，韓國軍方宣佈，演習內容就包括應對北韓挑釁的項目，如果遇到

---

[58] 基歐漢(Robert O. Keohane)、奈(Joseph S. Nye)，門洪華譯，《權力與相互依賴》(Power and Interdependence, Third Edition)(北京：北京大學出版社，2002)，頁 9。

[59]「H7N9 華東大爆發 江蘇添 4 宗 患者全危殆」，《成報網》(香港)，http://www.singpao.com/xw/yw/201304/t20130403_427500.html。(檢索日期：2013/04/03)

[60]「陸爆 H7N9 世衛強調查病源」，《中央通訊社》，http://www.cna.com.tw/News/aOPL/201304020351-1.aspx。(檢索日期：2013/04/03)

[61]「南韓大規模軍演！北韓嗆聲：不排除發動核武聖戰」，《Nownews 今日新聞網》，http://www.nownews.com/2010/12/24/545-2676207.htm。(檢索日期：2013/04/22)

[62]「俄上議院委會主席：北韓無力發動核攻擊」，《VOA 美國知音》，http://m.voacantonese.com/a/926416.html (檢索日期：2013/04/22)

北韓炮擊，將對其實施集中打擊。北韓媒體《朝中社》報導，針對南韓的軍演，金正恩強調：「哪怕一發炮彈落在我方土地，要立即給予殲滅性反擊。不要停留在西南前線的局部戰爭，要引向統一祖國的聖戰，把西海變成敵人的最後葬身之地。」[63]事實上，北韓第三代領導人金正恩上台之後，部隊對於南韓、美國與日本發出恐嚇與威脅的挑戰。[64]

---

[63]「北韓威脅全民聖戰 韓美軍演「對症下藥」，《大紀元時報》，http://www.epochtimes.com/b5/12/8/23/n3665703.htm。（檢索日期：2013/04/22）

[64] 事實上，北韓金正恩於2011年12月17日就任北韓國家最高領導人，並在同年12月30日說，南韓對已故領導人金正日喪禮的反應冒犯無禮，矢言報復，也絕不與南韓政權往來，以下為北韓威嚇的大事記：

「2012年1月6日，北韓強烈譴責駐韓美軍是阻礙朝鮮半島和平的障礙，要求美軍撤離朝鮮半島。

2月2日，北韓拒絕南韓提出的對話要求，說首爾政府保守派領導人應「懺悔自己的罪行」。

2月19日，北韓軍方警告，為報復南韓計劃舉行海軍例行實彈演習，北韓會砲轟該區域島嶼。20日，北韓官員揚言南韓若膽敢實彈演習，將發動「無情」攻擊、較延坪島炮擊事件數千倍的殘酷懲罰。

2月25日，北韓揚言發動「聖戰」阻止美國和南韓行動。

4月6日，北韓表示，若南韓發起軍事挑釁，「必將招致悲慘的毀滅」。

4月19日，北韓稱南韓在金日成冥誕慶祝活動期間出言侮辱，要求南韓道歉，否則將發動「聖戰」。

5月31日，北韓公布新憲法，明言為擁核國。

6月4日，北韓對南韓總統李明博和媒體發出「最後通牒」，威脅南韓必須道歉或接受報復，還揚言炸掉南韓媒體辦公室。

8月21日，北韓軍方譴責美韓聯合軍演，說有權採取無法預料、毫不留情的實質行動，以武力聖戰捍衛統一。

8月26日，金正恩譴責南韓與美國聯合軍事演習，並警告會發動「全面」反擊。

10月9日，北韓表示「戰略火箭軍力」可以命中美國本土。

11月22日，南韓舉行延坪島事件2週年紀念前夕，北韓威脅將再度砲擊延坪島。

12月1日，北韓宣告12月10至22日間將發射載運人造衛星的長程火箭。

12月12日，北韓上午發射火箭，飛經沖繩（琉球）上空，並表示任務成功，將1枚衛星送進軌道。

2013年1月14日，北韓表示將持續強化「對抗各種形式戰爭的嚇阻能力」。

1月23日，對於聯合國新一輪制裁，北韓挑釁回應，暗示將進行核子試爆，並排除就朝鮮半島非核化舉行會談的可能性。

1月23日，聯合國通過制裁北韓案，北韓強硬回應，嗆聲絕不放棄核武。

1月24日，北韓宣布計劃執行核子試驗，目標是對付「宿敵」美國，回應聯合國加緊制裁。

1月25日，北韓威脅，若南韓也加入制裁行列，要採激烈反制措施。

1月26日，北韓再度放話要進行第3次核試，並表示這是人民的要求。

（三）、傳統與非傳統安全交雜

「傳統安全」(traditional security)直接指涉軍事威脅影響所造成的安全議題，一般都會和「戰略研究」(strategic studies)，直接牽涉到如何運用軍事力量達到國家安全的目標，非傳統安全(non-traditional security)涉及到非軍事層面以外的議題。主要「戰略」扮演一種介於軍事力量來達到政治目的的橋樑。[65]如同希臘文所言：「如果你要追求和平，就要準備戰爭。」"Si vis pacem, para bellum" (If you want peace, prepare war)，[66]事實上，安全研究與戰略研究有異曲同工之妙，同樣涉及追求安全目標，但是，運用不同的追求途徑與產生不同結果。

事實上，冷戰終結之後，非傳統安全議題勃興，一些在冷戰時期被隱藏的衝突被突顯出來，例如：種族衝突、邊界糾紛、環保議題、經濟安全等等，加上氣候變遷所帶來的天災人禍，無法以傳統途徑加以解決，必須思考綜合傳統與非傳統途徑加以因應。最嚴重的威脅來自於國際恐怖主義和大規模殺傷性武器的擴散，而從中國角度言，霸權主義和強權政治作為傳統的安全威脅依然存在並呈現出新的特點。[67]

舉例而言，基於經濟與能源安全的考量，中國正邁向 2014 年前取代美國、成為全球最大原油進口國之路。但是，美國麻州智庫「戰略能

---

1 月 27 日，北韓領導人金正恩對於聯合國安理會通過制裁北韓決議，決定採取實質性和高強度的國家級重大措施。
2 月 12 日，北韓宣布成功進行地下核子測試，並稱「核試是為保護我們國家安全和主權的部分行動，以對抗美國輕率反對且侵犯我們國家發射和平衛星的權利」。參見:「金正恩上台後 北韓挑釁頻頻」，《新唐人電視台》，http://m.ntdtv.com/xtr/mb5/2013/02/12/a846717.html。（檢索日期：2013/04/22）

[65] Collin S. Gray, Modern Strategy (Oxford: Oxford University Press, 1999), p.17 .

[66] Edward N. Luttwak, Strategy: The Logic of War and Peace (Cambridge, Massachusetts, London, England: Harvard University Press, 1987), p.3.

[67] 張貴洪，「論國際安全的主要威脅」，《浙江大學學報（人文社會科學版)》（杭州），2005 年 3 月，第 35 卷第 2 期，頁 29-34。

源與經濟研究」(Strategic Energy & Economic Research)總裁林奇(Michael Lynch)表示，北京領導者，尤其是軍方相當擔心對能源進口的依賴性。因為，根據油國組織報告，中國 2012 年 12 月原油進口成長 1.3%至每日 557 萬桶，因此，預估在 2013 年中國 60%石油需求仰賴外國進口。[68]

2013 年 4 月 2 日，聯合國大會通過全球武器交易管制條約，秘書長潘基文認為這份具有里程碑意義的條約有助於人權免於遭受侵犯。，此一條約將規範每年金額約 800 億美元的傳統武器交易，而其目的在強迫各國管制武器出口。各國也必須在軍售前，評估特定武器是否可能用於種族滅絕、戰爭罪或落入恐怖分子或犯罪組織手中。[69]但是，伊朗、敘利亞與北韓反對此一條約，認為此條約限制弱小國家購買傳統武器來自我防衛。[70]

2013 年 4 月 2 日，北韓宣布將重新啟動所有核子設施並投入製造核武，包括重啟 2007 年關閉的寧邊反應爐，將擴大北韓與美國及南韓的僵局。根據北韓中央通信社 4 月 2 日引述北韓原子能總局發言人的話，北韓將重啟舊的核子設施，包括列入後備的鈾濃縮設施以及石墨減速反應爐，藉此解決缺電問題及「加強核武質量」，同時，北韓將「立即付

---

[68]「陸將超美 成為首大原油進口國」，《中央通訊社》，http://www.cna.com.tw/News/aCN/201304030033-1.aspx。（檢索日期：2013/04/03）

[69] 「國際/武器管制條約過關　潘基文盛讚」，《中央日報網路報》，http://www.cdnews.com.tw/cdnews_site/docDetail.jsp?coluid=109&docid=102261970（檢索日期：2013/04/03）

[70] "The vote was hailed by arms-control advocates and scores of governments, including the United States, as a major step in the global effort to put in place basic controls on the $70 billion international arms trade. But the treaty was denounced by Iran, North Korea and Syria, which maintain that it imposes restrictions that prevent smaller states from buying and selling weapons to ensure their self-defense. ", see "U.N. approves global arms treaty', The Washington Post ,accessed at: http://www.washingtonpost.com/world/national-security/un-approves-global-arms-treaty/2013/04/02/66867b2e-9bb7-11e2-9bda-edd1a7fb557d_story.html .(2013/04/03)

諸於行動」。聯合國秘書長潘基文警告，「核子威脅不是遊戲」，朝鮮半島的危機已經「太超過了」，有可能失控。[71]

上述兩項國際安全議題都有傳統安全的與非傳統安全的性質，國際武器販賣涉及現實主義的權力競逐產物，但是，小武器的氾濫造成全球主要傷亡原因，正是由於軍火貿易的雙重性，國際軍火貿易歷來被分為兩種：一種是以政治、軍事目的為主導的「美蘇模式」，另一種是以經濟利益為主導的「法國巴西模式」。[72]

中國學者朱鋒認為：區隔傳統與非傳統安全有以下四項要素：1.相對於國家間的安全互動或是安全問題，非傳統安全側重跨國家與國加內部產生的安全威脅；2.非傳統安全重視非國家行為體帶來的安全挑戰問題，傳統安全以國家為主要安全威脅；3.傳統與非傳統安全的議題差異在於軍事安全與非軍事安全；4.國家為安全本體，國家安全為安全主軸，非傳統安全則是將人視為安全主體與實現安全的目的。[73]透過下「表四：傳統安全與非傳統安全主要區隔與特殊點」瞭解從不同安全意涵區隔傳統與非傳統安全的不同之處，提供後續研究的參考。

---

[71] 「製核武 北韓宣布重啟所有核設施」，《聯合新聞網》，http://udn.com/NEWS/WORLD/WOR3/7806736.shtml。（檢索日期：2013/04/03）

[72] 「全球軍火貿易變局」，《經濟觀察網》，http://www.eeo.com.cn/2013/0416/242694.shtml。（檢索日期：2013/04/24）

[73] 朱鋒，「非傳統安全解析」，浙江大學非傳統安全與和平發展研究中心編，《非傳統安全研究》2010 年第 1 期：總第 1 期（北京：知識產權出版社，2011），頁 52-53。

表四：傳統安全與非傳統安全主要區隔與特殊點

項目	傳統安全	非傳統安全
安全理念	危態對抗	優態共存
安全主體	國家行為體	國家行為體與非國家行為體
安全重心	國家安全	人的安全、社會安全、國家安全
安全領域	軍事、政治領域	一切非軍事的安全領域
安全侵害	有確定的敵人	沒有確定的敵人
安全性質	免於軍事武力威脅	免於非軍事武力威脅
安全價值中心	領土與主權	民主與人權
安全威脅來源	基本確定	基本不確定
安全態勢	短期可預測	短期不可預測
安全維護力量	非全民性	全民性
安全維護方式	一國行動為主	跨國聯合行動為主
安全維護前提	認同的一致性	認同的不一致性
安全維護內容	片面單一性	全面綜合性
現有安全制度	基本適應	基本不適應

資料來源：余瀟楓、王江麗，「非傳統安全維護的『邊界』、『語境』與『範式』」，浙江大學非傳統安全與和平發展研究中心編，《非傳統安全研究》2010 年第 1 期：總第 1 期（北京：知識產權出版社，2011），頁 44-45。

四、建構主義的另類安全思維

從上述影響安全研究的諸多因素思考下，傳統國關理論的角度不論是現實主義、新現實主義或是新自由制度主義處理傳統安全問題或是非傳統安全議題的各項研究途徑，不容易得到一個完整解讀途徑與方法。90 年代開展的建構主義安全研究方法論提供另外一個新的視角。

（一）、建構主義安全研究的本體論

首先將建構主義引入國際政治研究的美國學者奧努夫(Nicholas Onuf)指出：「建構主義本質上是一種適用於研究任何類型社會關係的方法(approach)，它具有自成一體的命題體系與理論架構，可以被用於所有

領域的社會研究尤其是國際關係研究。」[74]所以，Wendt 認為建構主義作為一種「社會理論」(a social theory)涉及「社會研究的根本假定問題」，意即「人作為施動者的本質以及他與社會結構的關係、理念和物質力量在社會生活中的作用、社會理論的適當形式等等。這些涉及本體論、認識論和方法論的問題不僅僅與國記政治有關，而且與人類團體有關，所以我們對這些問題的回答也不僅僅用來解釋國際政治。」[75]

基本上，建構主義本質上不是一種用以闡釋和指導實際政治運行的國際政治理論，而是一種用以指導我們進行理論構建的元理論立場，是有關社會研究的本體論、認識論和方法論主張。[76]

事實上，根據建構主義的哲學本體論，社會世界與自然世界是不同的，它不是客觀給定的，更不是孤立於人們的思想、觀念和知識而獨立存在的，社會世界是在自然世界的基礎上有目的行為體，透過社會交往與互動實踐活動的產物。社會世界中的一切皆因人們的施動性活動而建構，人們在建構世界的過程中同時也深刻理解了所生活之世界。[77]

Onuf 強調：建構主義起使於「行動」，行動結束，行為開展，開啟話語交流，這就是整個社會互動的根本。(Constructivism begins with deeds. Deeds done, acts taken, words spoken – There are all that facts are.)[78]另外一

---

[74] 尼古拉斯・奧努夫，「建構主義的哲學基礎」，《世界政治與經濟》，2006 年第 9 期，頁 1-15。轉引自：董青岭，《複合建構主義：進化衝突與進化合作》（北京：時事出版社，2012），頁 24，註解 5。

[75] 亞歷山大・溫特（Alexander Wendt）原著，秦亞青譯，《國際政治的社會理論》（上海：上海人民出版社，2000），頁 7。

[76] 董青岭，「建構主義是一種國際政治理論嗎?」，《歐洲研究》（北京），2012 年第 5 期，頁 79-99。

[77] 董青岭，「建構主義是一種國際政治理論嗎?」，《歐洲研究》（北京），2012 年第 5 期，頁 81。

[78] Nicholas Greenwood Onuf, World of our Making: Rules and Rule in Social Theory and International Relations (Columbia, South Carolina: University of South Carolina Press,

位建構主義的影響力學者Kratochwil： 我們如何理解人類行動？規範在此一過程中，扮演何種角色？問題的答案顯然在於我們的知識理念，而此種理念，相反的，是被我們關於我們居住的、我們經歷的事實下的世界的理念所建構而成。[79]

雖然建構主義所借鑑的社會科學來源眾多，從國際關係理論的淵源角度言，亦有其共通的三個基本假定。[80]1.主流建構主義認為社會世界是施動者在客觀環境中建構的世界，亦即兩種因素：「客觀事實」與「社會意義」。並涵蓋兩種相互關連的假定，首先，客觀事實本身不具有任何社會意義，只有透過社會施動者的實踐活動與表象體系才能具備一定程度的社會意義。其次，「社會事實」可以被建構，人的社會實踐與互動讓社會事實具有意義；2.施動者與結構兩者之間存在相互建構關係，任何一方都沒有本體優先性，兩者相互依存，相互建構對方；3.觀念在國際關係的作用被重新詮釋，一方面觀念可以達到因果作用，引導行為體採取政策與行動的作用，其次，觀念不僅是指導行動的路線圖，還有建構的功能，可以建構行為體的身份，從而確定行為體的利益。

（二）、建構主義安全研究的認識論

根據奧魯夫的分析，建構主義的基本命題：人是社會存在的現象，我們之所以具有人的特性，正是因為自身所具有的社會關係。一言之，基於社會關係「構建」(make)或是「建構」(construct)了人：我們自身，使我們成為目前這樣存在的實體。[81]在此一建構過程中，人們使用自然

1989), p. 36.

[79] Friedrich V. Kratochwil, Rules, Norms, and Decisions : On the conditions of practical and legal reasoning in international relations and domestic affairs (Cambridge: Cambridge University Press, 1989), p. 21.

[80] 秦亞青，《國際關係理論：反思與重構》（北京：北京大學出版社，2012），頁 20-25。

[81] 庫芭科娃（Vendulka Kubalkova）、奧魯夫（Nicholas Onuf）、科維特（Paul Kowert）主

世界所提供的原材料，透過彼此互動與相互交談的方式。人建構了社會，社會也建構的人，這是一種雙向持續性的過程。並透過「規則」(norm)協助建構出某種過程，經由此一過程，社會與人持續不斷與互補方式相互建構對方。[82]

同時，「規則」的定義在於：告訴人們應該做什麼的陳述，「什麼」：係指在我們可以確定是類似的、可預期的情況下人的行為標準；「應該」就是告訴我們，讓自己的行維和那些標準一致。上述針對規則的態度：制訂、改變、不理，都是一種所謂「實踐」過程。[83]

從溫特的角度言，他指出奧魯夫首先將建構主義運用至國際政治理論之中，同時點出建構主義的兩條基本原則：1.人類關係的結構主要透過「共有觀念」「shared ideas」，並非由物質力量所決定的；此一原則體現出解釋社會生活的「理念主義途徑」(idealist approach)，強調「共有觀念」，與物質主義強調生命存在，技術或是環境有所區隔；2.有目的的行為體的身份與利益，是由這些共有觀念所建構，並非生來既有。此一原則顯示出一種「整體主義或結構主義式途徑」(holist or structuralist approach)，所以從溫特角度言，建構主義可以被視為一種「結構理念主義」(structural idealsim)。[84]同時，溫特指出其所主張的建構主義是一種

編，肖鋒譯，《建構世界中的國際關係》（International Relations in a Constructed World）（北京北京大學出版社，2006），頁68。

[82] 庫芭科娃（Vendulka Kubalkova）、奧魯夫（Nicholas Onuf）、科維特（Paul Kowert）主編，肖鋒譯，《建構世界中的國際關係》（International Relations in a Constructed World）（北京北京大學出版社，2006），頁69。

[83] 庫芭科娃（Vendulka Kubalkova）、奧魯夫（Nicholas Onuf）、科維特（Paul Kowert）主編，肖鋒譯，《建構世界中的國際關係》（International Relations in a Constructed World）（北京北京大學出版社，2006），頁69。

[84] Alexander Wendt, Social Theory of International Politics (Cambridge, UK: Cambridge University Press, 1999), p.1.

「弱式建構主義」(thin constructivism)，主要借鑑「結構化」(structurationist)與「符號互動」(symbolic interactionist)的社會學理論。[85]

李英明認為，社會建構論的國際關係論述角度，在本體論方面，除了承認「客觀」現實的存在，另外，強調這一客觀現實，透過行為體通過實踐建構而成，此種由本體論所衍伸的知識觀，會形成上述的論點。亦即，除了承認國際關係的「客觀」知識的存在，但此種「知識」根據行為體的行動實踐成為可能，簡言之，客觀知識的存在是奠定在行為體行動實踐的基礎上。[86]

換言之，社會建構的國際關係論述主要強調：客觀的現實是在歷史中形成，歷史是行為體過去行動的實踐過程，透過歷史所形成的客觀事實，讓行為體具有歷史的觀點，，與社會性的結構角色。一言之，行為體之間透過歷史與社會結構現實進而具有「整體」(total)的關係，「整體性」(totality)因此塑造現實下的角色與身份，制約與影響行為體行動與實踐的方向、內容與意涵，李英明指出此種「行動實踐」不是一種單純抽象的經濟性的理性選擇或是利益考量。[87]

事實上，溫特區分建構主義為三種：1.以John Ruggie、Friedrich Kratochwill為代表的「現代主義學派」；2.以Richard Ashley、Rob Walker為代表的「後現代主義學派」；以及 3.以Spike Peterson 與Ann Tickner為代表的「女性主義學派」。[88]溫特認為冷戰結束之後，主流國際關係理論無法解釋原因，主要在於這些主流主義運用個體主義與物質主義來解釋

---

[85] Alexander Wendt, Social Theory of International Politics (Cambridge, UK: Cambridge University Press, 1999), p.1.

[86] 李英明，《國際關係理論的啟蒙與反思》（台北市：揚智文化，2004），頁 88-89。

[87] 李英明，《國際關係理論的啟蒙與反思》（台北市：揚智文化，2004），頁 90。

[88] Alexander Wendt, Social Theory of International Politics (Cambridge, UK: Cambridge University Press, 1999), pp.3-4.

國際體系的變化，所以建構主義以理念與整體觀點分析，可以帶來不同的視野。因此，溫特認為：一種理論是否有價值，最終取決於是否能夠對國際政治的具體問題做出有意義的解釋。[89]主要在於冷戰消除了一些可靠、具有參照性的觀點，亦即從前蘇聯的威脅思考下，決策者必須考量美國在 21 世紀所扮演的「角色」(roles)、「利益」(interests)與「目標」(purposes)為何？[90]

簡言之，溫特的建構主義理論在兩個層面上討論，一事基礎性層面，就是第二層面問題(second-order questions)，關於建構主義的內容、解釋與理解，一言之，針對建構主義的本體論、認識論與方法論；第二、屬於實質性問題，亦即第一層面問題(first-order questions)，針對國際關係實質性、具體領域問題的討論。[91]

（三）、建構主義安全研究的方法論

建構主義的概念與方法論有別於傳統國際關係理論學派的觀點，主要在於國際社會的本質：「無政府狀態」究竟是單一命定，還是多重選擇可能性？換言之，傳統國際關係理論的基本命題：主要在於人類處於一種無政府狀態，人類必須依賴「自助」來求取最大利益，或者透過國際規範、國際組織去相互追求利益。

建構主義為一般意義上的社會關係，並且為國際關係提供一套具有系統性的思維。建構主義對於從經驗角度研究當代國際關係的重要課題，

---

[89] Alexander Wendt, Social Theory of International Politics (Cambridge, UK: Cambridge University Press, 1999), p.4.

[90] James M. Scott and A. Lane Crothers, “Out of the Cold War: The Post-Cold Context of U.S. Foreign Policy”, in: James M. Scott, editor, Making U.S. Foreign Policy in the Post-Cold War World (Durham and London: Duke University Press, 1998), p.1.

[91] Alexander Wendt, Social Theory of International Politics (Cambridge, UK: Cambridge University Press, 1999), pp.4-5.

例如：國家認同、政治經濟中的性別問題、資訊時代等等，可以發揮指導作用。[92]奧魯夫解析哈伯瑪斯與紀登斯的早期思想，簡明扼要的提出另外一種關於社會世界本來面目的本體論，因為，建構行為是一種普遍性經驗，可以運用來國家層次研究，亦可解析任何人的社會活動層面，國際關係已屬於此類活動之一。[93]

建構主義的流派多樣化，秦亞青分析整理建構主義的流派認為，如果依據是否承認社會理論可以解釋社會事實與理解社會意義的理論，就是所謂的主流建構主義，有別於「批判建構主義」（目的在於改造社會世界）與「後現代建構主義」（不承認物質基礎，一切社會都是人為的立場），主要在於更加深刻認識國際關係的世界，理解世界政治的意義。[94]

基本上，建構主義討論所謂的「建構關係」而非「因果關係」。因為建構主義認為：許多社會類別的屬性不能夠獨立於外在條件而存在。因此否定了因果理論的兩個假設，即X和Y是相互獨立存在的，另一個是X在時間上要早於Y發生。因此，因果理論研究的主變項和應變項的討論在建構理論的研究中就是去了意義。Wendt 分析：「假定」(assumptions)、,「客觀知識」(objective knowledge)、,並解釋戰爭與和平，以及決策者的責任等項目。[95]同時，Wendt強調：解析國際政治的社會建構理論主要在於分析社會互動的過程中，社會結構的建構與重構下的合

---

[92] 庫芭科娃（Vendulka Kubalkova）、奧魯夫（Nicholas Onuf）、科維特（Paul Kowert）主編，肖鋒譯，《建構世界中的國際關係》（International Relations in a Constructed World）（北京北京大學出版社，2006），頁 5。

[93] 庫芭科娃（Vendulka Kubalkova）、奧魯夫（Nicholas Onuf）、科維特（Paul Kowert）主編，肖鋒譯，《建構世界中的國際關係》（International Relations in a Constructed World）（北京北京大學出版社，2006），頁 62。

[94] 秦亞青，《國際關係理論：反思與重構》（北京：北京大學出版社，2012），頁 4。

[95] 參見：Alexander Wendt, “Constructing International Politics,” International Security, Vol. 20, No. 1 (Summer, 1995), pp. 71-81.

作與衝突，透過上述過程可以型塑行為體的身份與利益，以及相關物質內容的重要性。[96]

建構主義學者Hopf 在一篇文章解析建構主義的主要關切點，分析傳統與激進建構主義的不同處，提出一個「研究議程」可以包容兩種不同觀察國際政治的角度，同時，提出一些實際例證，表達建構主義更可以瞭解國際政治的實際。簡言之，建構主義提供不同途徑分析國際關係理論，包括：無政府狀態、權力平衡、國家身份與利益，權力與國際政治的變化前景。簡言之，建構主義提供不同途徑分析國際關係理論，包括：無政府狀態、權力平衡、國家身份與利益，權力與國際政治的變化前景。[97]

事實上，建構主義作為一般性理論可以為比較政治、中國政治研究提供有價值的具體研究綱領，而且下一步發展態勢：1.回到政治科學的本體論、認識論、方法論，澄清基礎性問題；2.發展出建構主義比較政治研究綱領。[98]

五、建構主義安全研究途徑

至於建構主義如何理解安全？如何進行安全研究？包括：何種研究途徑、研究方法？以及如何綜合不同建構主義研究途徑，尋找一種綜合性的研究途徑？換言之，任何國際關係理論與學派研究，都有其相應的研究途徑與方法，不同途徑與方法可以提供不同的角度觀察同一事件。

---

[96] Alexander Wendt, “Constructing International Politics,” International Security, Vol. 20, No. 1 (Summer, 1995), p. 81.

[97] Ted Hopf, “Constructivism in International Relations Theory,” International Security, Vol. 23, No. 1 (Summer 1998), pp. 171-200, here pp. 171-172.

[98] 王禮鑫，「論中國政治研究中的建構主義途徑」，《社會科學》(上海)，2008 年第 11 期，頁 20-27。

傳統上，「新現實主義」(neo-realism)從物質主義角度出發，認為國際體系的結構是一種物質力量的分配過程，「新自由主義」(neo-liberalsim)則是除了物質力量的基礎之外，再加上「國際制度」(international institutions)的超結構因素，亦宜國際體系的結構為物質力量與國際制度的結合，建構主義則是將國際體系視為「觀念分配」(distribution of ideas)。[99]

王學軍分析建構主義安全研究的主要核心論點：1.在安全是什麼這一本體論問題上，認為安全利益不是內生於國內政治的客觀存在，而是由國家行為體之間的相互理解創造的；2.身份是決定國家間安全關係的關鍵因素，作為社會關係的安全關係由於主體間身份關係的不同而有著不同的關係模式；3.規範（文化制度環境）與身份影響著國家安全利益並決定著國家的安全政策選擇；4.國家的安全政策選擇反過來再造或重構國家的身份以及文化制度結構。[100]

袁正清認為：建構主義對於外交政策的分析有下列三點啟示：1.把「規範」和「認同」納入到外交政策的分析框架中，提供解釋外交政策變化的知識圖譜；2.從方法論的角度思考，理性主義和建構主義在研究國家的外交政策時相互配合。兩者都是研究社會互動，可以對政治行為，包括國家對外政策予以充分解釋；3.建構主義的外交政策視角為理解中國的對外政策提供啟示，主要在於中國國家利益的實現離不開國際社會，其不只是國家戰略博弈的舞臺，也是約束和建構國家的一套規則和規範，因此，國際規範會對國內政治產生深刻影響，屬於一種國家的社會化過程。[101]

---

[99] Alexander Wendt, Social Theory of International Politics (Cambridge, UK: Cambridge University Press, 1999), p.5.

[100] 王學軍，「安全研究的建構主義轉向」，《教學與研究》（中國），2011 年第五期，頁 79。（檢索日期：2013/04/02）

[101] 袁正清，「建構主義與外交政策分析」，《世界經濟與政治》（北京），2004 年第 9 期，頁 13。

另外，從「身份」角度分析國際安全結構變化也是一種研究途徑，因為，國際行為體的「自我」與「他者」的安全效應，體現了身份對於安全研究的重要意義。在國際社會活動實踐中，從靜態角度上，國家身份或國家的文化身份提供解釋國際安全結構的構成；從動態觀點，國家身份的變動，主要在於大國的身份變動將引起國際安全結構的變遷。[102]

溫特的身份理論是建構主義學者進行身份認同研究的起點和依據，亦即溫特的身份理論確定了建構主義身份研究的物件、方法，甚至影響到研究成果本身。[103]從圖 1：國際社會中機制與過程互動分析圖，可以瞭解國家的安全戰略與對外政策的輸出，都應該有一種互動式的思考，不能從單一面向來追求其國家利益，同時要思考相應的一方的認知，當然，互動的兩造之間必需先釐清其身份為何，才能有效瞭解其後續的政策的有效性。

---

[102] 甘均先，「國家身份與國際安全」，《浙江大學學報（人文社會科學版）》（杭州），第 41 卷第 3 期，2011 年 5 月，頁 122-131。

[103] 參見：季玲，「重新思考體系建構主義身份理論的概念與邏輯」，《世界經濟與政治》（北京），2012 年第 6 期，頁 77。

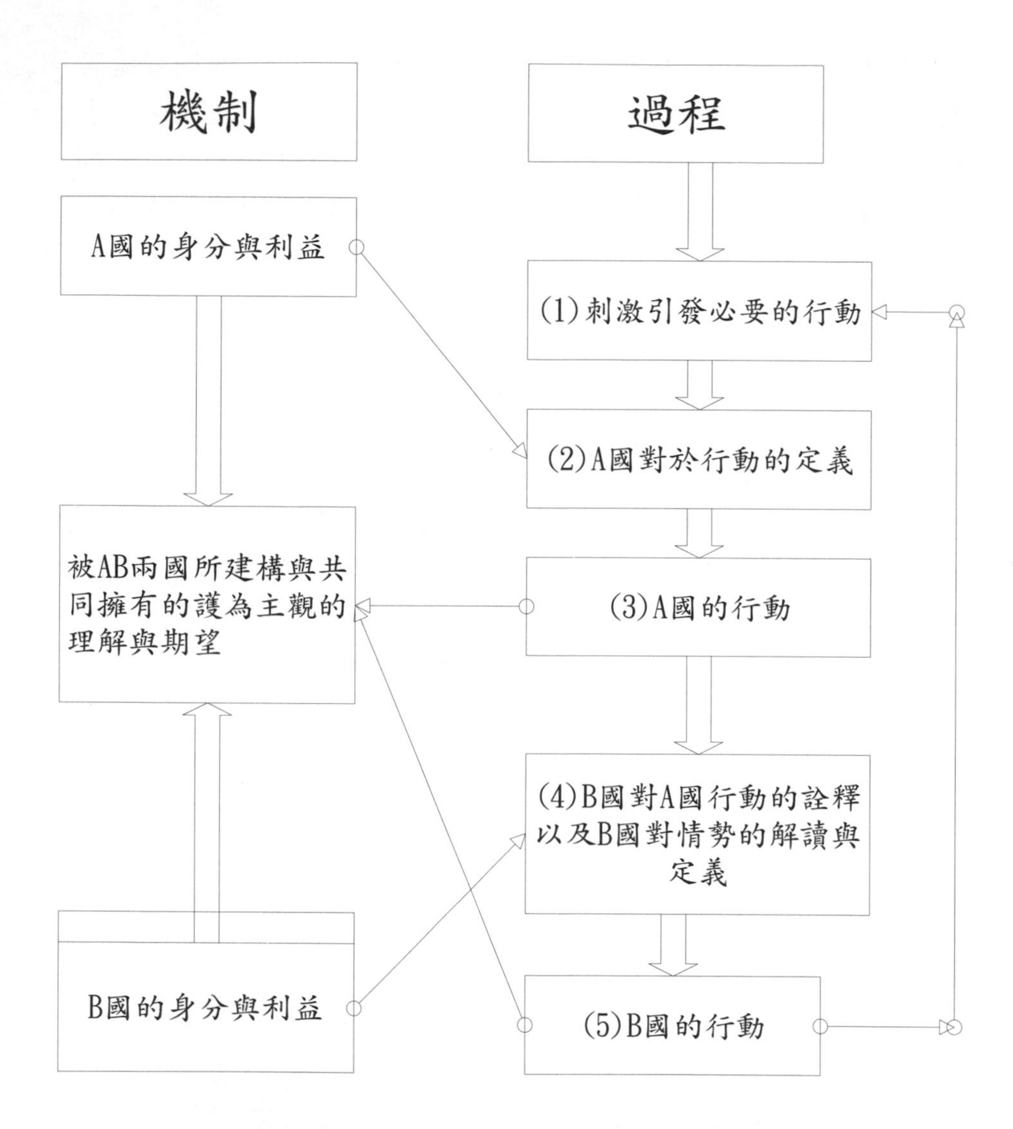

圖 1：國際社會行為體機制與過程互動圖

資料來源：Alexander Wendt, 1992, "Anarchy Is What State Make of It: The Social Construction of Power Politics, " International Organization, Vol. 46, No.2, p.406.

根據圖 1 所示：(1)「機制」與「過程」兩者共同運作，進而影響行為體的「身份」與「利益」；(2)從過程面來看，行為體受到刺激引發必要的行動，引導A國對於情勢的界定，進而指導A國的行動；由於A國的行動，讓B國解讀A國行動的意涵，B國同時也對情勢作自我解讀，從而指導B國的行動；(3)從機制面分析，A、B兩國的行動結果，促成AB兩國擁有與建構之互為主觀的理解與期待；進而指導AB兩國形成其各自的身份與利益；(4)從機制與過程面共同分析，A國所具有的身份與利益，再度影響其對情勢的定義；B國所具有的身份與利益再度影響其對A國行動的解讀，以及本身對於情勢的研判；進而再度指導B國的行動，並再次循環引發刺激與必要行動。[104]

Katzenstein提出國家安全研究整合途徑，描述國際間的文化環境影響國家對於生存與安全的立場，透過建構主義的文化認知結構分析國家安全議題，提出下列五條參考途徑：1.規範的影響I：國家環境的文化與制度因素（或是稱為規範）型塑國家的安全利益與政策；2.規範的影響II：國家面臨的全球結構或是國內環境的文化與制度因素型塑國家的認同；3.認同的影響I：國家認同的差異或是變化也影響國家的利益與安全政策；4.認同的影響II：國家間的相互認同影響國家間互動的基本結構，例如「建制」(regime)或是「安全共同體」(security communities)；5.回饋：國家安政策的輸出對於文化與制度的重新建構或者「再生」。[105]

---

[104] Wendt, Alexander. 1992. “Anarchy Is What State Make of It: The Social Construction of Power Politics, ” International Organization, Vol. 46, No.2, p.406.

[105] Peter J. Katzenstein eds., The Culture of National Security: Norms and Identity in World Politics (New York: Columbia University Press, 1996), pp.52-62.

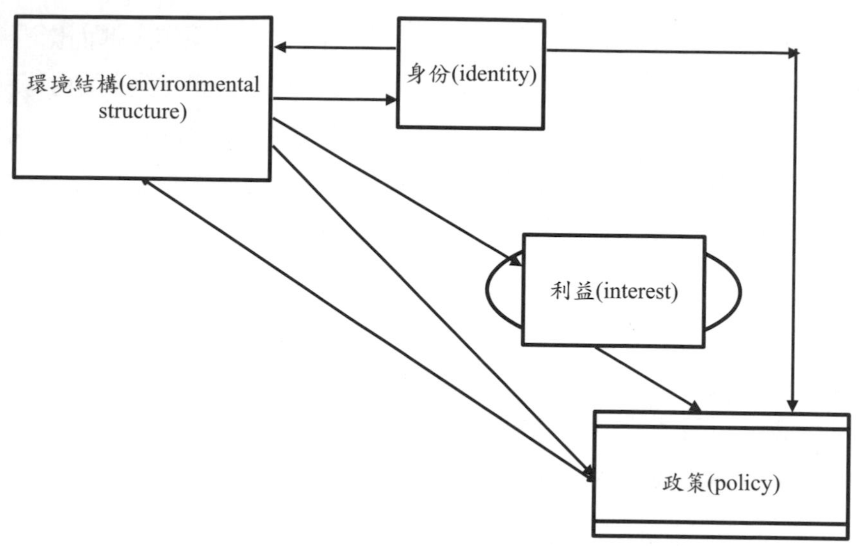

圖 2：建構國家安全文化研究五條整合途徑圖

資料來源：Peter J. Katzenstein eds., The Culture of National Security: Norms and Identity in World Politics (New York: Columbia University Press, 1996), p.53.

依上述的研究途徑，卡贊斯坦在其專書：《文化規範與國家安全一戰後日本警察與自衛隊》，[106]分析日本的內外安全上，兩個決定性因素：政策的文化一制度文化背景與國家、政府及其他行為者建構的認同。亦即，重點在於國家生存環境的特徵與政治認同中相互衝突的性質，在上述相互影響的因素與理論工具之間建立因果鏈，作為分析國家安全與世界政治的變項。

另外，Finnemore & Sikkink 兩人所撰寫 International Norm Dynamics and Political Change 一書中分析國際生命週期規範的三個階段，從「規範興起」、「規範普及」到「規範內化」三個階段，並區分三個評估的項

[106] 彼得・J・卡贊斯坦（Peter J. Katzenstein）原著，李小華譯，《文化規範與國家安全一戰後日本警察與自衛隊》（Cultural Norms and National Security: Policy and Military in Postwar Japan）（北京：新華出版社，2002），中文版序言，頁 4。

目：「行為者」、「動機」與「主要機制」來加以評量。提供研究國家如何因應國際組織，或是國家之間如何接受國際規範的拘束的過程。

表五：國際生命週期規範三階段內涵一覽表

項目	1.階段一： 「規範興起」 (norm emergency)	2.階段二： 「規範普及」 (norm cascade)	3.階段三： 「規範內化」 (norm internalization)
行為者	規範倡導者 組織平台	國家 國家組織網絡	法律、專業人士、官僚政治
動機	利他主義、同情心、觀念支持	合法性、名聲、尊敬	遵從
主要機制	說服	社會化、制度化、論證	習慣、制度化

資料來源：Martha Finnemore & Kathryn Sikkink, "International Norm Dynamics and Political Change," International Organization 52, 4, Autumn 1998, pp. 887–917, here p.898.

同樣的，中國學者王學軍認為：江憶恩的戰略文化理論和勒格羅的組織文化理論等則屬於文化主義範疇，冷戰終結之後，安全研究的文化主義是一個寬泛的研究綱領，例如軍事原則、武器升級、武器獲得、大戰略、外交政策決策，有不同的認識論，包含了諸多不同的解釋變數。一言之，文化主義者關注國內規範對國家行為的影響時，往往導致了國家行為的差別。[107]

另外，在系統闡述哥本哈根學派安全理論的著作：《安全一種新的分析框架》中,[108] 布贊從兩個方面對他所宣導的新的安全研究與傳統安全研究之間的區別與聯繫進行了說明。首先，關於分析方法問題。建構

107 王學軍,「安全研究的建構主義轉向」,《教學與研究》(中國),2011 年第五期，頁 80。(檢索日期：2013/04/02)

108 參見：Barry Buzan, Ole Waever, Jaap de Wilde, Security: A New Framework for Analysis (Boulder, Colorado: Lynne Rienner Publishers, 1998), pp.21-49.

主義的分析方法主張將安全定義建立在威脅和指涉物件的社會建構基礎上; 而傳統主義者將威脅和指涉物件客觀化，這種做法具有使它們進入安全化行為主體的角色的危險。布贊指出在部門、領域或是方法之下，軍事領域成為安全領域之一，新舊方法之間可以保持互動。其次，關於「安全化」與「非安全化」的問題。[109]

丹麥哥本哈根大學教授琳娜漢森(Lene Hansen)提出在非傳統安全研究的話語分析，有關「基本話語」經由文本解讀來確認，提供一種分析視角，讓許多不同的身份與政策在此一「視角」下，可以被視為一個具有內在聯繫的體系，根據此一體系可以找出爭論分歧的關鍵所在。[110]亦即將「安全」視為一種「話語」（指涉對象包括：個人與集體），透過兩種方法：「文本解讀法」與從文本中辯論話語的「話語識別法」。

事實上，從話語分析法的角度言，「安全」無法透過客觀術語來界定，客觀安全與主觀安全都是被誤導的現象，布贊等人所撰寫的專書提出，安全是一種「自我指涉」(self-referential)的實踐。[111]一方面，並非所有政治問題可以在同一時間擁有「安全排序」的優先地位，其次，「安全威脅」的話語建構受到：一國歷史、地理位置、結構態勢、國家內外部產生的話語等因素的影響，

首先，「文本解讀法」(methodology of reading)強調必須判斷關於指涉對象的話語描述是否清楚，包括：文本中給予的標誌性符號？上述符號如何組成威脅、危險、指涉對象以及自我和他者的身份？一般狀況下，

---

109 羅天虹，「論西方戰略與安全研究的轉變」，《世界經濟與政治》（北京），2005 年第 10 期，頁 36。

110 琳娜・漢森（Lene Hansen），「非傳統安全研究的概念和方法：話語分析的啟示」，浙江大學非傳統安全與和平發展研究中心編，《非傳統安全研究》2010 年第 1 期：總第 1 期（北京：知識產權出版社，2011），頁 62-78。

111 Barry Buzan, Ole Waever and Jaap de Wilde, Security: A Framework for Analysis (Boulder: Lynne Rienner, 1998), p.24.

通過使用「邪惡」、「威脅」、「嚴重危險」等「詞語」來識別指涉對象，以及指涉對象所受到的特定威脅，並非運用超文本的特徵來辨別身份。同時，話語分析也要進行「解釋」的工作，一方面解釋哪些內容已經明確表述，以及那些內容無須表述。另外，在分析層面與方法論層面必須區分安全話語的「政治模式」(political modality of security discourse)（針對威脅、危險、根本措施與責任人的建立）與安全的語言學表述（針對非安全、威脅、危險的解釋）兩種，亦即，有些國家可能會反覆使用「威脅術語」(threat terms)，並不意味他們採取安全的政治模式，反之，一些國際社會群體在建構安全模式之時，不採取標準的安全術語。[112]

其次，選擇基本話語或是「話語識別法」(methodology of identifying discourses)的方法論有下列六點：1.基本話語應該突顯出爭論的主要議題，必須經由大量的文本閱讀；通過閱讀確定基本話語之後，再將運用的特定文本、媒體、論文所表述的內容加以細化研究，置於一個更廣的政治背景中分析；2.基本話語必須清楚的點出那些指涉對象與威脅的關鍵特徵。上述所謂「關鍵特徵」可能涵蓋：地理特徵、歷史類比、隱喻或政治概念；3.涉及方法論問題，亦即考察該指涉對象關鍵特性的概念史，此種概念史的結構性解讀，提供了有關過去有爭議的「身份如何被解構」的重要知識；4.基本話語必須區隔自我與他者的關係，透露話語以何種態度來建構他者的意向，亦即，清楚說明指涉對象如何被建構；5.基本話語指出自我與他者的差異，身份與政策間保持一種內在聯繫關係，可以從基本話語中分辨不同的安全政策；6.從動態角度言，一種基本話語會主導國家安全政策的議程，其他相關基本話語會扮演回應與批判的角色。[113]

---

[112] 琳娜・漢森（Lene Hansen），「非傳統安全研究的概念和方法：話語分析的啟示」，浙江大學非傳統安全與和平發展研究中心編，《非傳統安全研究》2010 年第 1 期：總第 1 期（北京：知識產權出版社，2011），頁 75-76。

[113] 琳娜・漢森（Lene Hansen），「非傳統安全研究的概念和方法：話語分析的啟示」，浙

六、結語

（一）研究總結與驗證

在結語部分，除了總結研究的過程，並檢證前言部分所設立的四個命題與推論，同時藉由此一研究過程，提出在面對美中戰略對峙亞洲，北京提出國家安全戰略主軸：「中國夢」，美國採取「亞洲再平衡戰略」交互衝擊下，台灣採取何種安全思維與政策的建議。

首先，本文分析安全的概念與內涵，並從傳統國際關係理論角度分析既有的安全研究途徑。基本上都是從兩元對立面途徑分析個人、社會與國家所面對的安全議題，因此往往產生「安全兩難」與「安全合作」的困境。從新現實主義主導下的解析研究途徑，舉「層次分析法」為例，無法理解黑盒子(black box)的決策過程，只能從決策產出面，反推去瞭解決策者的思維。加上，三種國際政治層次：國際體系、國家層面與決策者雖然有助於理解國家安全政策的產出，相互關連性還是有觀察的困難性。

因此，本文進一步解析為何或是有哪些因素衝擊安全概念與途徑的發展因素？本文認為全球化下時間、空間與科技三個要素影響安全事務的走向，傳統與非傳統安全交相影響，使得其解決威脅之道，無法從單一面向處理，是以，本文點出建構主義的安全研究途徑的另類之道在於：從觀念著手，改變觀念，就能轉變安全觀，從而引導雙方採取共贏互利的政策作為。

所以，行為者之間的「互動」：有意義的互動達成「共有理解」(shared ideas)是關鍵因素，如此才能確定雙方因對的「身份」(identity)關係，從

江大學非傳統安全與和平發展研究中心編，《非傳統安全研究》2010 年第 1 期：總第 1 期（北京：知識產權出版社，2011），頁 78。

而主導雙方的「客觀利益」與「主觀利益」設定。因此，建構主義提出「社會互動途徑」與「國際規範途徑」提供傳統安全研究的不足。

此外，針對前言部分所提出的四項命題與推論，經由全文的分析過程，大致能夠符合下列四項命題與推論的陳述。

命題 1：「安全」的研究囿於「安全」與「不安全」雙元對立的結構限制，呈現兩難的安全研究。

推論 1：為了突破此種兩元結構的約制，必須從多元角度分析安全問題，讓安全本質具有可辯證性。不過，如何多元又是一種挑戰，是途徑、方法的多樣，或是安全性質多變得考量？

命題 2：「安全觀」的判斷涉及威脅的程度多寡，往往依賴於主要行為體的主觀判斷，而非客觀上存在威脅有多少。

推論 2：為了理解行為體的主觀認知，必須從不同情勢下的利基加以評斷，亦即釐清價值的優先順序。這點又牽涉到客觀利益與主觀利益的優先排定問題，涉及到每一國決策者不同時期的認知！

命題 3：安全的研究又牽涉到安全狀態的維持，行為體雙方必須透過一定機制，進而確保此種放心的安全狀態。

推論 3：為了建構安全穩定的衡量機制，行為體之間的互動與交往必須定期，得以隨時檢討。國際行為體透過一定「機制」交換信息、溝通資訊，如同美中之間建立的各種戰略與安全的機制，基本上有助於穩定雙方的「共同理解」。

命題 4：安全研究又涉及共同的第三者，或是非相關的第三者態勢，如何產生一致性的對第三方的理解，攸關主、客體是否持續保持安全感的變項因素。

推論 4：為了針對第三者不同認知，主客體之間透過建構第二種「共同理解」，處理此種非攸關兩者直接與關鍵利益的共同安全觀。

此點或許是未來可以研究的議題，一般運用戰略三角分析三方關係，事實上，必須運用建構主義的身份主導利益，利益主導政策的思維邏輯，比較有利於瞭解第三方的身份與利益。

此外，本文提出許多建構主義的研究途徑與方法，例如溫特：「國際社會行為體機制與過程互動圖」、卡贊斯坦：「建構國家安全文化研究五條整合途徑圖」、瑪莎費爾蒙：「國際生命週期規範三階段內涵」等人提出的分析途徑，突顯出來不同的國際社會行為體經由不同程度的互動之後，產生的不同「共有理解」，牽動其後續的政策作為。基本上，有助於傳統從現實主義與自由主義學派下的研究途徑的擴展，以補例如國際政治「層次分析法」的不足。

另外，哥本哈根學派的琳娜・漢森提出的「文本解讀法」與「話語識別法」，有關「基本話語」經由文本解讀，提供一種不同的分析視角，讓許多不同的身份與政策在此一「視角」下，可以被視為一個具有內在聯繫的體系，根據此一體系可以找出爭論分歧的關鍵所在。亦即透過此一研究途徑與方法必角能夠理解北韓言語恫嚇下研判其真正意圖判斷基礎。

（二）台灣的安全之道為何？

實際上，從新現實主義角度出發，國家要追求「安全」(security)，新自由制度主義出發重視國際「制度」(institution)與「規範」(norm)，都不是一個小國可以主導的議程。建構主義從觀念著手，透過非物質力量的發揮，讓既有的硬實力可以充分展現。亦即，從傳統安全研究角度出發，進而重構安全研究的建構主義途徑與方法，本文認為台灣在美、中兩強競逐亞太戰略情勢下，不能從單一面向來思考台灣的安全戰略及其以下的政策作為。

例如，從現實主義與自由主義角度言，都無法清楚說明何以 2008 年兩岸大交流時代，兩岸經濟相互依存態勢顯著，但是，依然沒有改變兩岸的國家認同變化，台灣大多數人還是強調「維持現狀」的選項。馬英九總統強調：「幾乎有 70%人民希望維持現狀」，而且是「不統、不獨、不武」並依中華民國憲法架構。[114]在國際安全戰略方面，目前「和中、友日、親美」的佈局十分明顯，實際作為上，很難三面討好！雖然 2013 年 4 月台日之間破 17 年以來的「僵局」達成協議，初步對釣魚台周邊海域台日雙方漁業作業秩序作出安排，根據外交部所發出的協議適用海域圖清楚地排除釣魚台列嶼周邊 12 海里領海範圍，使得此一協議似乎不觸及釣魚台列嶼陸地領土及領海主權之議題，[115]中國外交部發言人洪磊針對台日漁業協議表示，中國在台灣對外交往等問題上的立場是「一貫和明確」的，對日本和台灣方面商簽漁業協定「表示嚴重關切」。[116]

換言之，基於主權國家的立場，台灣採取「和中、友日、親美」國際戰略是必要的，但如果以北京為主軸的政策思考：(Pivot to China)，自然會產生上述「弔詭兩難」的現象。換言之，小國很難操縱與遊走大國之間的權力遊戲。

北韓推動「戰爭邊緣戰略」，金正恩採取「戰爭邊緣政策」，逼迫各國上談判桌，也藉此加強內部控管。[117]使得相對周邊大國措手不及，實際上，也是一個小國安全之道。當然，台灣不是北韓，必須成為區域和

---

[114] 「馬英九總統：維持現狀是台灣的共識、大陸政策的基礎」，《Nownews 今日新聞網》，http://www.nownews.com/2013/04/16/91-2926644.htm。（檢索日期：2013/04/24）

[115] 胡念祖，「台日漁業協議 勿自滿」，《中時電子報》，http://news.chinatimes.com/forum/11051402/112013041200458.html。（檢索日期：2013/04/14）

[116] 「台日漁業協議 大陸：嚴重關切」，《聯合新聞網》，http://udn.com/NEWS/NATIONAL/NATS1/7821935.shtml。（2013/04/14）

[117] 「國安局長：朝鮮半島情勢稍樂觀」，《聯合新聞網》，http://udn.com/NEWS/WORLD/WORS3/7833293.shtml。（檢索日期：2013/04/24）

平的促進者，而不是破壞者。面對美國推動的軍事、經濟與外交三個層面的「再平衡亞洲戰略」考量下，台灣如何建立與華盛頓的「共同理解」？亦即透過不斷的互動形成美台之間的「集體身份」塑造，才能建構共同的戰略利益與政策作為。

如果從建構主義角度切入：行為體、結構、過程三個層次分析。台灣的問題在於找出特殊優勢與特別利基所在。

在行為體方面，台灣要成為怎樣的一個國際行為體，例如美國一直強調台灣的民主成果，必須將台灣的民主發展與兩岸關係結合，[118]此外，建構類似「東亞和平的促進者」，也是提升台灣的國際地位之道。

在結構方面，必須從觀念結構上，形成一種理念與價值之爭，而非訴諸武力的物質結構。例如，台灣應該多方倡議，發揮「東海和平倡議」的精神，並在國際間發揮「議程設定」(agenda setting)的能量。

在過程方面，必須透過相關行為體有意義的互動與實踐過程，例如，台日之間關於釣魚台列嶼的主權與漁權之爭，[119]馬總統表示，台日漁業協議是政府對東海和平倡議的實踐，協議簽署後，這區域變成中華民國與日本共管漁區；至於主權爭議，未來再由雙方漁業委員會進一步解決。[120]

---

[118] 學者童振源指出，應將統一與民主化綁在一起，讓台灣與統一成為中國民主化的動力，只要中國實施民主，兩岸便可以組成民主和平統一委員會，商議兩岸民主和平統一的內涵與方式。請參見：「兩岸/童振源：民進黨需找到一個中國的連結」，《新浪新聞網》，http://news.sina.com.tw/article/20130410/9343224.html。（檢索日期：2013/04/24）

[119] 參見：外交部，「我國與日本簽定之台日漁業協議與未來政府如何維護漁民於主權爭議海域之作業權益」，http://npl.ly.gov.tw/do/www/FileViewer?id=3541。（檢索日期：2013/04/22）

[120]「馬：台日漁業協議 實踐東海和平」，《中時電子報》，http://news.chinatimes.com/mainland/11050506/112013041800180.html。（檢索日期：2013/04/22）

爭辯中的非傳統安全研究

董立文 *
（中央警察大學公共安全系副教授）

壹、前言

現代歷史發展對安全觀造成三大衝擊，分別是冷戰結束、全球化與美國的九一一恐怖攻擊事件，於是，安全研究呈現出蓬勃發展、百家爭鳴的盛況。其中，最引人注目的討論焦點是非傳統安全(Non-Traditional Security,NTS)與新安全觀。但是，傳統與非傳統、新與舊並不容易區分，何況非傳統安全觀與新安全觀又常混用。傳統與非傳統、新與舊是以差異、變革或決裂（推翻）來區分，事實上，早在冷戰年代，非傳統安全觀與新安全觀就已出現，端賴如何定義它。

安全的定義在理論上是指免於危險或憂慮，心靈平靜與平安；在操作上是指實行保護性的措施所得到的條件，用來保護人或財產的種種手段與設計，以防衛所有的風險 [1]。但是，安全是一個多意義的觀念，在不同的條件下，對不同的人具有不同的意涵。對任何一種安全觀，都必須檢視其指涉對象與特定的時空環境為何，沒有放諸四海皆準的標準。

相同的道理，當討論到「非傳統安全」時，首先就應該檢視，是什麼條件下與對什麼人的非傳統安全，依此，所謂的非傳統安全，可以從典範觀念、議題領域與地緣文化這三個層面來分析它，在這三個層面，所謂的「非傳統」，大致上都是相對於「美國的傳統」，意即相對於戰略

---

*董立文，台灣政治大學東亞研究所博士，現為中央警察大學公共安全系副教授。

[1] Giovanni Manunta, ***Security: An Introduction***, (Cranfield University Press,1998),pp.25-27.

研究的主流(mainstream)思想而建立的，當然，在典範觀念這個層面的狀況比較複雜，因為，美國傳統本身就有不同的典範觀念存在。

基於這樣的認知，本文將重新檢視非傳統安全研究的緣起、發展過程與現況來釐清其意涵，尤其聚焦在研究典範的爭辯過程，本文的基本假設是，非傳統安全觀所所以存在，最重要的背景，是為了不滿或反抗「以美國為中心的國家安全觀」而起源與發展，而這種不滿或反抗，早在冷戰結束、全球化與美國的九一一恐怖攻擊事件之前就出現，只是這三大衝擊使這種不滿或反抗得以普遍化，形成非傳統安全觀的流行。如此，吾人面對非傳統安全研究時，可以從這三個層面了解其不同文本脈絡的主張與論證。以下將依序說明其典範觀念上的差異、變革或決裂；典範的破碎化與批判安全研究的典範整合等三部分來討論之。

貳、在典範觀念上的差異、變革或決裂

所謂的安全研究的主流思想，是指 1947 年美國「國家安全法」正式的鑄造了「國家安全」一詞及其體制。接著，美國制訂圍堵戰略，系統地提出了圍堵蘇聯的主張，帶來了四十年的冷戰，也塑造出冷戰邏輯下的國家安全戰略。而這個法令與戰略開啟了二次世界大戰結束後「國家安全」研究與實踐的黃金時期，此時，它又被稱為「戰略研究」。這種現實主義的國家安全觀，從一開始就在理論典範上不斷受到理想主義的挑戰，六十年來無論現實主義與現實主義其後又演化出多種不同的形態，然而，美國國家安全觀與戰略研究的基本共識與價值沒有改變 [2]。美國的安全研究就如同哥本哈根學派Buzan, Barry, Ole Waever, Jaap de

---

[2] 可參閱 Amos A. Jorden, William J. Taylor .Jr, Michael J. Meese & Suzanne C. Nielson, ***American National Security,***（Baltimore: The Johns Hopkins University Press, 2009）.尤其是其第二章「傳統的美國國家安全途徑」（Traditional American Approaches to National Security）。

Wilde等人所說的:「傳統安全研究模式的思考產物— 國家中心論以及圍繞軍事—政治面向而組織起來的利害關係」[3]。

因此，對這種「傳統的」美國國家安全觀與戰略研究，無論它屬於現實主義或理想主義，第一個明確要求變革並提出不同研究典範的是哥本哈根學派(Copenhagen School)的Barry Buzan，如同Ken Booth所說的，他是第一個在理論上對安全概念做出全面性的分析，使得後人研究非傳統安全時，都必須在註釋中提起他[4]。1981 年Barry Buzan針對戰略研究提出兩點反省：第一，基於狂熱的經驗主義(hectic empiricism)，戰略研究必須永無止境的處理所有事務的新發展，因而造成要因應眼前的新事物又要深化理論研究之間的矛盾，換言之，由於執著在新的經驗事實，戰略研究無法提供理論成長所需的沃土；第二，受到E.H.Carr深刻的影響，戰略研究系統性的被狹隘的安全的軍事概念，以及既存(status quo)強國的認知與政策等偏見所限制[5]。當時，安全研究還不是一種很明確的概念，Barry Buzan矢志把它清晰化。

1983 年Barry Buzan出版「人民、國家與恐懼」一書，相對於傳統的戰略研究，較完整的提出安全研究的新典範，首先把安全研究的焦點集中在兩個問題：一、安全的指涉對象是什麼？二、什麼是安全的必要條件。其次，揭示其核心論點有二：一是安全研究的指涉對象應該從國家向下延伸到人，向上包含到國際體系，這三個層面之間無法孤立存在，

---

[3] Buzan, Barry, Ole Waever, Jaap de Wilde, **Security : A New Framework for Analysis** (Boulder, Colo. : Lynne Rienner Publishers, 1997).p.197

[4] Ken Booth," security and Emancipation", ***Review of International Studies***,Vol.17.No.4,（1991）,p.317.

[5] Barry Buzan , "Change and insecurity : A Critique of Strategic Studies", in Barry Buzan and R.J.Barry Jones（eds）, ***Change and the Study of International Relations : The Evaded Dimension***（London : Pinter, 1981）, pp.155-172.

是為整體安全的條件；二是擴展安全的範圍為：政治、經濟、社會和環境安全，與軍事安全並重[6]。

其實，Barry Buzan 在三十年前的這兩本書上指出，過去在理論上只有戰略研究而沒有安全研究，因此他要把安全研究的概念清晰化，那時，非傳統安全或新安全觀這兩詞都沒有出現在 Barry Buzan 的文章中，於是傳統與非傳統的相對意義是戰略研究與安全研究，只是，後來的學術界普遍的把戰略研究視為傳統的國家安全研究之一，而把哥本哈根學派的安全研究視為非傳統安全的開端及其一支學派。

其次，1981 年的文章名稱是「變遷與不安全：對戰略研究的批判」，彷彿預示了非傳統安全後來被納入「批判安全研究」(Critical Security Studies)之內；1983 年的書名為「人民、國家與恐懼」，認為既有的國家安全觀念，從國家的定義來說（政府、領土、人民、主權）既不確實，反而國家有雙重面貌，常常成為危害個人安全的威脅來源，故補充「人的安全」與「國際安全」[7]，成為「古典複合安全理論」(CSCT)。這打開了後來非傳統安全以人及社會做為研究途徑的不同典範，而具有劃時代的意義。

80 年代與 90 年代這二十年，安全環境、安全政策與安全思維都有了巨大的改變[8]，但是，2000 年時的安全研究還是在新理想主義及新現實主義的辯論範圍內，非傳統安全仍處於主流之外[9]。Steve Smith曾經

---

[6] Barry Buzan,People, States & Fear: The National Security Problem in International Relations (1983)

[7] Ibid.pp21-30.

[8] Stuart Croft, "Introduction", in Stuart Croft and Terry Terriff (eds.),***Critical Reflections on Security and Change***,（London :Frank Cass , 2000), pp.vii-xi.

[9] 相關的討論請參閱，Barry Buzan , "Change and insecurity : Reconsidered" ; Edward A.Kolodziej, "Security Studies for the Next Millennium: Quo Vadias ?; Patrick A. Morgan,

回顧了那二十年的非傳統安全研究，他把非傳統安全定義為：「在安全研究中的新思維」(new thinking)，訴說自己從戰略研究走向安全研究的心路歷程，感歎當時的非傳統安全研究還處於安全研究的邊緣，他舉例，在《國際組織》(***International Organization***)五十週年的紀念論文集中，Peter Katzenstein、Robert Keohane與Stephen Krasner公開宣稱，後現代主義(postmodernism)還處於社會科學研究社群之外。且《國際組織》這個期刊拒絕刊登後現代主義的著作，這些認識論上的正統思想，是新理想主義及新現實主義占據當時安全研究典範的核心原因[10]。

然而，Steve Smith的重要貢獻在於彙整了非傳統安全研究的七個領域，他依據跟傳統安全研究距離由近到遠分類為[11]：

一、不同的防衛與共同安全(Alternative Defence and Common Security)

主要指1982年的歐洲帕爾梅委員會報告(Palme Commission report)與戈巴契夫的「新思維」政策，主要的重點在於如何增進共同、集體、協作與綜合安全，(Common /Collective/Co-0perative/Comprehensive Security)，雖然，它們的安全仍被定義為國家安全，但其貢獻在於對西方的正統防衛政策提出了質疑。

二、第三世界安全學派(The Third World Security School)

主要指第三世界／南方國家的安全威脅不只是軍事的，還有政治缺乏獨立自主、經濟的脆弱與社會凝聚力不足，西方國家的安全威脅主要來自外部，第三世界／南方國家的安全威脅則來自內部，因此西方的安全研究模式不太適用，甚至，冷戰時的兩極對抗本身就是第三世界／南

" Liberalist and Realist Security Studies at 2000: Two Decades of Progress?, all in Stuart Croft and Terry Terriff,opcit.

[10] Steve Smith," The Increasing Insecurity of Security Studies: Conceptualizing Security in the Last Twenty Years, in Stuart Croft and Terry Terriff,opcit.,pp.72-78.

[11] Ibid. pp.80-96.

方國家的安全威脅來源，如此，在本質上，第三世界／南方國家的安全與發展有直接的關係。這方面的著作可參閱Caroline Thomas 與R.B.J.Walker[12]。

三、Buzan 與哥本哈根學派

1983 年，Barry Buzan雖然提出在討論安全時個人是不可簡約的基本單元，以及把安全議題擴展為政、經、社、環與軍等五個層面，但仍把國家做為安全研究的指涉對象，到了 90 年代早期，在Barry Buzan與Ole Waver後續的研究中，則有了重大轉變，即發展社會安全的概念作為指涉對象，過去的國家安全研究聚焦於主權，把它作為核心價值；社會安全則聚焦於認同，表現為社會維持傳統型態的語言、文化、宗教、民族認同與習俗的能力 [13]以此來超越「古典複合安全理論」。

重要的是，Ole Waver提出了「安全化」(securitization)觀念 [14]，它是指把安全看作一種推論行為，把某些事物貼上安全議題的標籤，這樣就可以用某種重要與緊急感來灌輸它，如此就可以用正常政治程序之外的手段來處置，並合法化這種特殊手段。因此，哥本哈根學派安全分析集中在「安全化的實踐過程」，而事實證明，這個清楚的研究綱領比起主流的安全研究更加具有創意。

---

[12] Caroline Thomas, In Search of Security: The Third World in International Relations,（Brighton: Harvester 1987）; R.B.J.Walker, One World, Many Worlds: Struggles for a Just World Peace, （Boulder: Lynne Rienner,1998）.

[13] Barry Buzan , Ole Waever & Jaap De Wilde, ***Security: A New Framework for Analysis***,（Boulder: Lynne Rienner , 1997）; Ole Wæver (ed.), ***Concepts of Security***, （Institute of Political Science: University of Copenhagen,1997）; Ole Wæver , 'Figures of International Thought: Introducing Persons instead of Paradigms,' in Ole Wæver and Iver B. Neumann (eds.), ***The Future of International Relations: Masters in the Making***,(London: Routledge,1997).

[14] Ole Waver," securitization and desecuritization", in Ronnie Lipschutz (eds.),***On Security***,（New York: Columbia University Press,1995）,pp.46-86.;

後來，Barry Buzan對哥本哈根學派所做的自我介紹是：「反對物質主義對『威脅』的那種思考，而將『觀念』做為替代性解釋——『威脅』是一種社會建構，它與物質條件或者密切相關或者毫不相關。對於國家和其它的妄想狂（誇大威脅）或者自大狂（看不見威脅或者視真實威脅於不顧）來說，都存在著想像的空間。因為像個體一樣，社會根據他們判斷『是威脅或者不是威脅』，來制定行動步驟。理解某事被安全化（當作一種威脅被指定和被接受），或者非安全化(insecuritisation，從威脅目錄中刪除)，是安全研究極富活力的一面，與傳統物質主義對『威脅』的假定完全不同，是國際關係理論從物質主義、實證主義認識論轉向建構主義認識論這一大規模思想運動的一部分[15]」。

四、建構的(Constructivist)安全研究

主要是把社會建構主義帶進安全研究，用社會建構結合Karl Deutsch的安全社群理論，思考社會過程與國際社群如何轉化成安全政治，把安全社群理解為一種路徑依賴與社會建構，在物質與規範的基礎上啟動安全社群的機制。他們最重要的貢獻在於，主張國家行為者是透過社群而不是透過權力來達成安全，集中的研究主題是，國家行為者對應文化因素來界定國家安全利益，把文化、規範與認同視為因果變數之一，而不單是國家行為者的構成成分。這方面的著作可　閱Emanuel Adler and Michael Barnett與Peter Katzenstein[16]。

---

[15] Barry Buzan , Ole Waever & Jaap De Wilde 著，朱寧譯，新安全論，（杭州：浙江人民出版社，2002 ），頁 34-35。

[16] Emanuel Adler and Michael Barnett (ed.), ***Security Communities***, （Cambridge: Cambridge University Press,1998）; Peter Katzenstein, (eds.),***The Culture of National Security: Norms and Identity in World Politics,*** （New York: Columbia University Press,1996）.

五、批判安全研究

是持續最久與一貫的對傳統安全研究持批判態度的學派，雖然在這個廣泛的研究途徑內存在許多差異，但他們對正統思想缺失的認知，又使這個學派統一起來。此處分成兩個支流來討論：批判學派與威爾斯學派(Welsh School)：

批判學派以Keith Krause與Michael Williams的著作為主[17]，他們引用法蘭克福學派(Frankfurt School)的批判觀點，認為傳統的安全研究目的是解決問題，他們把既存的社會與政治關係及體制作為安全研究當然的出發點；批判派問的是，這些既存的社會與政治關係及體制是怎麼來的，要如何改變它們。批判派質疑國家的角色，並意圖解構傳統安全的流行訴求。

威爾斯學派又稱為阿伯里斯特威斯學派(Aberystwyth School)，以承襲葛蘭姆西(Gramsci)與法蘭克福學派的知識傳統，以Ken Booth與Richard Wyn Jones為代表[18]，強調不只是對國家主義與正統的科學主義不滿，還對如何重新概念化安全研究有清楚的觀點，此即聚焦在人的解放(Human emancipation)，解放提供了一種政治進步的理論，給于政治希望，並為反抗政治提供指引。

綜合而言，批判安全研究在價值與目標上與主流的安全研究截然不同，把解放作為安全研究的目標，有效的批判了那些以為安全研究應該

---

[17] Keith Krause and Michael Williams, (eds.), ***Critical Security Studies ,***（Minneapolis University of Minnesota press,1997）.

[18] Ken Booth , 'Security and Emancipation' ,***Review of International Studies*** ,17: 319. 1991; Ken Booth , 'Security and Self: Reflections of a Fallen Realist,' in Keith Krause and Michael Williams (eds.), ***Critical Security Studies: Concepts and Cases***,(London: Routledge, 1997),pp.83–120.; Richard Wyn Jones, Richard Wyn Jones , ***Security, Strategy, and Critical Theory***.(Boulder: 1999); Lynne Rienner; Richard Wyn Jones , "Message in a Bottle'? Theory and Praxis in Critical Security Studies' ***Contemporary Security Policy*** 16: 1995,pp.299–319.

是客觀的、只是站在價值中立的立場去提供政策報告的想法，如此，對傳統安全研究造成最大範圍的批判。

六、女性主義安全研究

女性主義安全研究批判的是傳統國際關係所隱含的性別假設，它不是性別中立，而是性別盲目，其結果構成雄性認同與女性從屬的地位。而安全總是考慮陽剛議題，卻忽略安全議題對女性有更直接的影響，至少在 20 世紀，在戰爭中傷亡的大多數是女性與孩童，全世界的難民超過 80%是女性與孩童。女性的不安全還表現在：擁有全球一半的人口，三分之一的勞動力量，卻要負起全部工時的三分之二，收入是全球的十分之一，擁有不到百分之一的世界財富。

女性主義本身派別眾多，因此在安全研究裡也有不同的立場與主張，但整體來看，其最主要的貢獻是相當程度的動搖了正統思想的次領域，她們顛覆了國家是一個中立行為者的觀念，也把性別認同的問題形成一種問題架構，意即由軍事主義與父權體制交互影響所建構出來的陽剛特性，這可遠離了傳統戰略研究的自我形象。這方面的著作可參閱Ann Tickner、Jill Steans與M. Cooke and A. Woollacott[19]。

七、後結構安全研究(Poststructural Security Studies)

與上述其他的非傳統安全研究比較起來，後結構安全研究對傳統安全研究造成更根本的挑戰，他們質疑傳統安全研究的認識論、方法論與本體論上的假設，簡單的說，後結構安全研究拒絕接受主導安全研究辯論裡所有形式的知識基礎，認為傳統安全研究充斥著無法檢證的前提與假設。可想而知，這導致國際關係學科對後結構安全研究抱持著敵意，

[19] Ann Tickner, Gender in International Relations: Feminist Perspectives on Achieving Global Security(New York: Columbia University Press,1992); Jill Steans, Gender and International Relations: An Introduction（Cambridge: Polity Press ,1998）; M. Cooke and A.Woollacott ,(eds.), Gendering War talk, （Princeton: Princeton University Press,1993）.

甚至，大多數非傳統安全研究學派也反對後結構主義（部分女性主義者例外），因為，後結構安全研究也拒絕接受他們認識論上的基本假定。某種程度來說，後結構安全研究是「非－非傳統安全研究」。

由於後結構安全研究不但反對傳統安全研究也反對大多數的非傳統安全研究，因此不可能對這個學派的主張做簡單的總結[20]，僅舉兩例作為說明：一是Bradley Klein，他認為戰略研究除了對國家的政治軍事防衛之外，還剩什麼？戰略的暴力，較少是國家的功能，較多的是它自己所主張的立場。戰略研究就是無止境的國家來界定邊界。問題的核心不在於真或偽，而在於它們是如何獲得意義[21]。二是David Campbell，他認為安全首先及永遠都是政治秩序論述構成成分的表達，例如，美國的外交政策就是建構美國認同的實踐過程，藉由內部／外在、自我／他者、國內／海外等道德領域來書寫威脅，使認同的種族界線與國家的領土界線成為可能。綜上所論，後結構安全研究其實是對安全研究途徑的解構，是對政治的重新構圖，政治就是政治，它揭露了大多數的安全研究不是實踐研究，而是實踐安全本身[22]。

藉由 Steve Smith 的整理，讓我們可以初步了解非傳統安全研究整體複雜的圖像與各種不同的出發點與主張為何，雖然，在非傳統安全研究各個流派發展的過程中，都遭遇到質疑、批評與挑戰，然而，當時 Steve Smith 認為他們最大的成就在於打破了戰略研究所在的溫暖世界(cozy world)，威脅到戰略研究的核心概念，把它們帶進辯論之中。

---

[20] Steve Smith 推薦可閱讀下列文章，Jef Huysmans, " Security! What do you mean? From Concept to Thick Signifier", ***European Journal of International Relations,*** Vol.4 No.2.199),pp.226-255; Lene Hansen,"A Case for Seduction: Evaluating the Poststructuralist Conceptualization of Security", ***Cooperation and Conflict***, Vol.32 No.4.1997,pp.369-397.

[21] Bradley Klein, Strategic Studies and World Order: The Global Politics of Deterrence,（Cambridge: Cambridge University Press,1994）.

[22] David Campbell, Writing Security: United States Foreign Policy and Politics of Identity（Manchester: Manchester University Press,1994）.

但筆者關注的是，在 2000 年那時，所謂的非傳統安全研究，大多數還是針對所謂的戰略研究而來，繼而是相對於美國的國家安全研究而成立。且當時非傳統安全研究者們的自我認知是被排斥而處於主流之外，當然，當時客觀的環境也顯示，主流的地位意即正統思想，仍被新理想主義及新現實主義掌握，仍是國家為中心，以及確保軍事安全的實踐。

因此，就那時而言，所謂的非傳統安全研究，是指非主流，非正統的安全研究，而以「在安全研究中的新思維」來蓋括，所謂的新思維，是以對主流或正統的安全研究提出質疑為標準，當然，質疑是有不同的程度，用 Steve Smith 由近到遠的觀念，筆者使用差異、變革或決裂來區分。就此而言，不同的防衛與共同安全與第三世界安全學派屬於差異，它們與傳統安全研究只有議題與方法的不同，它們仍以國家為中心，也沒放棄軍事，更重要的是，它們沒有構成一種新的安全研究典範，也無此意圖。

哥本哈根學派、建構的安全研究、批判安全研究以及部分的女性主義安全研究屬於變革，它們或對傳統安全研究的基本假設、或出發點、或是目的抱持懷疑，而為了社會、或為社群、或為人本身、或為女性，而致力於重塑安全研究的典範，並且透過不同的方法來達成安全的目標。其他的女性主義安全研究與後結構安全研究則屬於決裂，他們在認識論、方法論與本體論上都想要推翻既存的安全研究典範，而想建立自己的安全論述體系。

參、典範的破碎化

進入 21 世紀後，在「在安全研究中的新思維」可以看到兩個明顯的變化，其一是批判安全研究的成果已經成功的呈現出傳統安全研究的思維與實踐的限制與危險，批判途徑的流行已在許多學術圈中顯現 [23]，並在學科研究中取得優異表現 [24]，批判派的學者宣稱：安全化理論作為批判安全研究的代表之一，不在處於學術界的邊緣，已經盡可能的獲得其在主流學術圈中的地位 [25]。但是，隨著非傳統安全研究的興起，卻如同Barry Buzan所說的：「造成了國際安全研究典範嚴重的破碎化」[26]。

2010 年，Barry Buzan根據時間排序把國際安全的不同視角分成十一個學派類，分別為：戰略研究、和平研究、早期擴展派、女性主義、後結構主義、哥本哈根學派、批判安全研究、人的安全、後殖民主義、常規建構主義、批判建構主義 [27]。按照Barry Buzan的時間排序，我們馬上可以發現，所謂的非傳統安全研究並不是在冷戰結束後（更別提全球化與九一一事件）才產生的，至少，冷戰時代就已產生了早期擴展派、女性主義、後結構主義與哥本哈根學派、其餘的批判安全研究、人的安全、後殖民主義、常規建構主義與批判建構主義，才是冷戰結束後才出現的。

若把Barry Buzan的整體安全研究十一學派分類與上述的Steve Smith非傳統安全研究七個學派分類做比較，首先，和平研究是一個難以

[23] Joao Nunes, "Reclaiming the political: Emancipation and critique in security studies", ***Security Dialogue,*** 2012, 43(4),p.345.

[24] Floyd, Rita and Croft, Stuart, "European non-traditional security theory : from theory to practice", ***Geopolitics, History, and International Relations***, 2011,Vol.3 (No.2). p. 153.

[25] Joao Nunes, opcit.

[26] 巴里· 布贊，「論非傳統安全研究的理論架構」，《非傳統安全研究》，浙江大學非傳統安全與和平發展研究中心，2010 年第 1 期（總第 1 期），頁 32。

[27] 同上註，頁 27-29。

界定的學派，按照Barry Buzan的說明，它是：「與戰略研究相對立的經典規範性研究，出現於 20 世紀 50 年代，力求減少或消除武力在國際關係中的使用，強調和批評存在於軍事戰略特別是和戰略中的危險」[28]；但是對Steve Smith來說，和平研究仍屬傳統安全研究，他說：「冷戰結束使美國學者必須走出戰略研究，歐洲學者必須走出和平研究」，因為他們都以國家的軍事安全做為研究焦點[29]。

其次，Barry Buzan 所說的早期擴展派的內容與 Steve Smith 的不同的防衛與共同安全派內容相同。而人的安全這個學派是否能成為一個學術派別則有疑義，Barry Buzan 的說明是它起源於 1994 年的聯合國「人類發展報告書」，若以人作為安全研究的指涉對象，非傳統安全研究裡的許多派別不同程度的、不同方式的都以人為研究對象，重點在於聯合國「人類發展報告書」是政策報告書，並沒有建立學術研究新典範的意圖與具體成果在內。

最後，Barry Buzan 的後殖民主義安全研究與 Steve Smith 的第三世界安全學派似乎是同一典範脈絡，只不過在 Steve Smith 那裡強調的是第三世界的威脅來源與安全需求與西方國家不同；到了 Barry Buzan 這裡，則強調的是「去西方中心主義」。至於常規建構主義(conventional constructivism)，Barry Buzan 與 Steve Smith 都它劃分為美國正統的國家安全研究之內的一個分支，因為它還是以國家做為指涉對象，若跟 Barry Buzan 分類的批判建構主義（等同於 Steve Smith 後結構安全研究）做比較的話，可以發現二者的重大差別，如同下述。

Barry Buzan 最重要的貢獻在於，他回答「怎樣界定非傳統安全研究以及傳統安全研究？」這個問題時，是區分出「該領域內的爭論基本直

---

[28] 同上註，頁 27。

[29] Steve Smith, opcit.p.78.

接或間接地環繞以下五個問題」來做比較，這五個問題是：安全的對象是什麼（指涉對象）？安全問題是內在驅動的還是外在驅動的？是將安全限制在國防領域、還是應該向其他領域擴展（領域／範圍）？安全研究該基於何種國際政治學的思想（安全政治的觀點）？以及安全研究該選擇怎樣的認識論與方法論？依此，他做出了國際安全研究領域關於五個問題的觀點表如下：

國際安全研究領域關於五個問題的觀點表

國際安全研究視角	指涉對象	內／外驅動	領域／範圍	安全政治的觀點	認識論與方法論
戰略研究	國家	主要為外驅動	軍事（訴諸武力）	現實主義	實證主義（從強經驗主義到模型化）
後結構主義	集體與個體	兩者皆有	所有	現實主義的變化；可能，但非空想主義／理想主義	解構主義語言分析
早期擴展派	主要國家	兩者皆有	主要為經濟與環境	轉變的必要性	實證主義為主
後殖民主義	國家與集體	兩者皆有	所有	西方國家的主導力量；可能，但難以實行	批判理論解構主義歷史性、社會學
和平研究	國家、社會、個體	兩者皆有	所有（軍事主導）	轉變可能	實證主義（從定量馬克思主義、唯物主義）
人的安全	個體	主要為內驅動	所有	變化的	強經驗主義到弱建構主義
女性主義	個體、婦女	兩者皆有	所有	主要是變化的	從定量到後現代結構主義
批判安全研究	個體	兩者皆有	所有	變化的	批判理論、詮釋學
哥本哈根學派	集體與集體	兩者皆有	所有	中立的（解放）	言語行為分析
常規建構主義	國家	外驅動	軍事	轉變可能	弱實證主義
批判建構主義	集體	主要為外驅動	軍事	轉變可能	敘事的、社會學的

資料來源：巴里·布贊，「論非傳統安全研究的理論架構」，《非傳統安全研究》，浙江大學非傳統安全與和平發展研究中心，2010 年第 1 期（總第 1 期），頁 31。

筆者認為這個表最有啟發性的在於「指涉對象」與「認識論與方法論」的歸納，因為，安全的問題是來於內在還是外在，今天在安全研究學界內已有共識，答案是兩者都有，認為安全的問題是只來於外在，那是「古老的」傳統安全研究。同樣的，現在也很少人認為安全的領域／範圍只限於軍事，當然，安全研究要不要以軍事為主，這是一個爭論重點，但是，那是屬於認識論與方法論的爭論，而不放在領域／範圍內，意即，今天無論非傳統安全研究或是傳統安全研究的領域／範圍都已經擴散到軍事以外。

最後，關於安全研究該基於何種國際政治學的思想？這是問題的核心，同樣的，既是非傳統安全研究裡不同派別的核心問題，也是傳統安全研究裡不同國際關係理論典範的核心問題，不適合也不可能把這個問題的答案簡單的放在這個表內。於是，本文聚焦在「指涉對象」與「認識論與方法論」這兩個問題來做討論。筆者認為「怎樣界定非傳統安全研究以及傳統安全研究？」的判準，在於「指涉對象」與「認識論與方法論」的區別。

就「指涉對象」而言，目前為止，它還是區分非傳統安全研究以及傳統安全研究的一種簡單而有效的標準，就 Barry Buzan 的分類而言，「指涉對象」有國家、社會、個體（婦女）、集體與環境，然而，實際上就只有國家、社會與個體（婦女），所謂的集體，包括後結構主義、後殖民主義、哥本哈根學派與批判建構主義，最後不是歸結到國家就是社會，實在沒有必要再多出集體這個稱呼；而環境更是領域／範圍的問題，不知道為什麼 Barry Buzan 要把環境放在哥本哈根學派的指涉對象內。

就「認識論與方法論」而言，可以說傳統安全研究以實證主義、經驗主義與建構主義為主；非傳統安全研究則以批判理論、建構主義、結構主義、解構主義、社會學與詮釋學為主，此處最集中的表現出Barry Buzan說國際安全研究典範嚴重的破碎化。例如，Nick Vaughan-Williams

與Columba Peoples彙集相關重要文選，在 2012 年出版了四冊一套的《批判安全研究》[30]工具書，在其序言中認為，過去 30 多年來只要是拒絕把安全概念視為是不證自明的那些研究，都可用批判安全研究的名義來分類，因此這四本書分別用安全的界定(defining)、深化(deepening)、擴展(broadening)與延伸(extending)等四個主題，來蒐集與分類各種研究成果，其結果不但把各種學派甚至把各類新興安全議題的研究，都歸入批判安全研究之中，其中並沒有「非傳統安全研究」這各派別與類別，也沒有所謂的「新安全觀」。換言之，他們直接用批判安全研究來取代了非傳統安全研究，但是這樣的分類，無疑的讓非傳統安全研究與批判安全研究的邊界與範圍更加模糊。

肆、批判安全研究的典範整合

在非傳統安全研究的領域內，最近的趨勢是往典範的整合方向發展，其整合的出發點是就回到了Keith Krause 與 Michael Williams所說的，批判安全研究追求的是藉由在概念與方法論的重新思考，來超越先前安全研究中所謂的「擴展」或「深化」運動[31]。

最顯著的變化莫過於哥本哈根學派與批判安全研究逐漸的整合，或是說批判安全研究逐漸整合了其他學派而成為非傳統安全研究的代表。Barry Buzan認為，批判安全研究奠基於哥本哈根和平研究所(PRIO)的哥本哈根學派安全研究，PRIO因而把《和平倡議》(***Bulletin of Peace Proposals***)學術期刊改成《安全對話》(***Security Dialogue***)而成為批判安全研究論文發表的大本營之一，當然，Barry Buzan強調，這並不意味安

---

[30] Nick Vaughan-Williams and Columba Peoples, Critical Security Studies: Critical Concept in Military, Strategic, and Security Studies,（Routledge:2012）.

[31] Keith Krause and Michael Williams, “Broadening the Agenda of Security Studies: Politics and Methods”, ***International Studies Review***, Vol.40,No.2. pp.229-254.

全是一個沒有異議的概念，事實上它比以往更具歧義，只是，它在超越以往視角的不斷統一過程中仍充滿爭議。[32]

前已提及，從 90 年代開始，批判安全研究在各個方面都遭遇到質疑、批評與挑戰，批判安全研究的學者們也都以各自的方式進行辯論，從而使批判安全研究（非傳統安全研究）這個領域呈現出大量且豐富的論文與書籍。一個明顯的發展趨勢是，這些辯論基本上是環繞在「安全化」、「非安全化」（二者都是政治化，politicization）與「解放」這三個理論進行。此處，筆者將挑選三篇較具整合意義的論文，概略介紹最近的發展趨勢，這是指 Ole Waever、Rita Floyd 與 Stuart Croft 與 Joao Nunes 的三篇最新的論文。

首先，Ole Waever極有貢獻的歸納出過去 15 年來，三類批判安全研究辯論的核心問題與意義[33]，第一類辯論集中在責任、道德與非安全化的討論，過去傳統派學者無法理解的是，安全理論來自於實際的、真實的安全威脅，但批判學派卻找尋機會反制主流話語而不斷的去論述「更重要的威脅」？為了因應這種質疑，使批判學派轉向安全研究的責任與道德判斷的問題，其中，非安全化理論是其中的代表，他們是綱領性的概念以及提供指引。決定性的問題不在於研究者採用這種或那種的政治概念，也不在於對某些特定的行為者說的太少或太多，是在於喚醒哪一種形式的責任與道德介入，而安全化理論在政治上有助於這個過程。

第二類辯論集中在官僚體制、風險與理性化的討論。過去對批判學派最重要的批評在於其理論內在的一致性與缺失。例如，所謂安全化的政治學至少有三種研究途徑，其一是對安全化與非安全化的政治過程的經驗研究（關於政治的知識，哥本哈根學派）；其二是揭露隱含在安全

---

32 巴里· 布贊，「論非傳統安全研究的理論架構」，頁 26。

33 Ole Wæver," Politics, security, theory", ***Security Dialogue,*** 2011 42(4-5),pp.471-476.

化理論中的政治概念（如何界定政治，大多數的批判安全研究）；由理論啟發的政治運動（如何政治地理論化，解放理論），簡言之，分成「政治的安全化實踐」(the political securitization practices)、「政治的安全化分析」(the political securitization analysis)、「安全化理論的政治」(the politics of securitization theory)[34]。

第一種「政治的安全化實踐」的缺點是只做觀察不做實踐；第二種「政治的安全化分析」的缺失是把安全政治帶進哲學領域，忽略在經驗世界如何應用；第三種「安全化理論的政治」則相反的強調在經驗世界如何解放，不關心理論如何作為理論，使安全研究變成政治立場的問題。於是，安全研究陷入例行的又散亂的形式，導致根本方法論的問題出現。其中最明顯之處是把風險的概念導入安全研究從而模糊其本質，綜合這些，批判安全研究的整體結構需要重新的理性化。

第三類辯論集中在後西方(Post--Western)與非西方世界的問題。論者認為批判安全研究已經游離到非西方世界了，具有後西方世界的理論意涵，意即運用這種理論武器，非西方世界的行為者可以跟其他的行為者進行權力鬥爭，但其中有一點不相適應之處是，批判安全研究過去所犯的主要錯誤是把戰爭這個議題留給了戰略研究，以致於忽略戰爭對社會所造成的重大衝擊。而非西方世界與後殖民理論看待戰爭與暴力的方式與西方傳統安全研究是有根本的不同。如此，未來的批判安全研究不能再忽略軍事這個領域。

從Ole Waever的這篇文章來看，它的目的在於盡可能的使用社會科學新發現來尋找結合安全化理論的可能性。對他來說，所有對批判安全研究的批判與質疑，並沒有挑戰到安全化理論的核心觀念，對安全化理論的任務來說，較少是用某個年代的理論來取代另一個，而是要實踐理

[34] Ole Wæver,op.cit.p.466.

論之間的交流。據此，安全化理論新的路徑首先是澄清理論的概念，其次是確定政治理論的位置以及釐清不同研究者的因果機制為何 [35]。

其次，Rita Floyd 與 Stuart Croft 認為，歐洲主要的安全研究焦點被稱為「非傳統安全研究」，歐洲的非傳統安全理論化具有相當的一致性，特別是「安全化理論」、「解放理論」與「非安全化理論」。他們主張，在範疇化所謂的學派時，這三者不需要相互排斥，這不僅是基於歐洲地緣，同時，也基於這三種理論的知識邏輯，都關切安全本身的意義、如何實踐安全與相對於安全政策時分析者的角色為何 [36]？顯然的，對 Rita Floyd 與 Stuart Croft而言，歐洲的非傳統安全研究不但就是批判安全研究，且還可以聚焦在「安全化理論」、「解放理論」與「非安全化理論」這三個理論。換言之，從認識論與方法論而言，批判安全研究可以整合非傳統安全研究，還可以從「安全化理論」、「解放理論」與「非安全化理論」這三個理論來著手。

在整合的問題上，Rita Floyd與Stuart Croft認為，只有經驗研究才能解決某些批判安全研究的理論困境，並且，理論的有用性最終只能以實踐做唯一的判斷標準，因此，要從是否能夠回應經驗主義的挑戰這角度來修正與整合批判安全研究，換言之，過去的批判安全研究有沒有達到「安全化」、「解放」與「非安全化」這三個目標？未來要如何達成？從這兩個問題著手來整合典範 [37]。

可供比較的是，Rita Floyd與Stuart Croft一樣把安全看做是政治的方式而分成三種 [38]，其一是它如何維持安全政策；其二是作為不同政治團

---

[35] IIbid.Abstract and pp.474-475.

[36] Rita Floyd and Stuart Croft, op.cit.p.155.

[37] Rita Floyd 與 Stuart Croft, op.cit.p.156.

[38] Ibid.pp.157-169.

體的競爭工具；其三是，安全是指某種特殊政治概念的支撐架構，意即，它是關於哪種政治社群的問題。如此，對安全化理論而言，安全化與非安全化都被界定為政治的過程（政治化）。而不同的理論所追求的目的也不同：安全化理論追求的是了解安全化的過程；解放理論的目的是要改變世界；非安全化理論的目的是為被壓迫者發聲[39]。為了達到這些目的，它們各自有不同的方法論選擇。

事實上，這三種理論根植於不同的認識論上的承諾，採用不同的本體論觀點，因而常常互相批評與反對，但是，這些安全研究也有共同的要素：他們奠基於論述權力、他們的共同興趣是改變、他們在自我意識上各自用不同的方式跟現實主義及理想主義劃清界線。從 Rita Floyd 與 Stuart Croft 的文章看來，似乎最近這三派的學者們都走入不對的方向，都忙於澄清自己的理論訴求與理解不同學派之間的理論連結為何，因此，Rita Floyd 與 Stuart Croft 才會主張，實踐是檢驗真理的唯一標準，因而強調批判安全研究要解決的問題是回到經驗研究，以及強化理論的實踐有效性。

第三篇Joao Nunes文章關切的問題是 15 年來的發展結果，「批判安全研究的多元化會不會模糊了批判的犀利性」[40]，他想要重新組織出批判安全研究的新路徑圖，方法是圍繞著所有批判安全研究途徑共享的核心承諾開始，這個核心承諾是把安全的觀念與實踐看做本質上是政治的，來達到挑戰的目的。他一樣認為批判安全研究不是對傳統安全研究的擴展或深化，而是把安全研究看做是一種政治過程，它的主張是被生產出來的，它的實踐是想像的與被合法化的[41]。然後，Joao Nunes檢視與修正了「政治化」理論與「解放理論」嘗試完成批判安全研究的新路徑圖。

---

[39] Joao Nunes, op.cit.p.344.

[40] Ibid.

[41] Joao Nunes, op.cit.pp.345-6.

從Joao Nunes的全文來看，他主要的論點有二[42]：第一、批判安全理論內在的不一致與缺失，已經損害到批判安全研究的理論基石——政治化理論，而「批判」的標籤被亂貼也導致批判力量的減弱。因此，他主張把解放理論作為重新訴求政治化的平台，以非安全化為起點，把理論視為實踐的一種形式，來啟動內在的批判。第二、修正解放理論，藉由構成安全現實的政治關係與結構的認知，重新思考權力的多重面貌，它是由行動、政府與宰制關係所組成的決定性因素。如此，必須放棄解構主義與建構主義的分工，就解放的目標而言，解構與建構是一體兩面的事情。換言之，對Joao Nunes來說，整合典範本質上是方法論與認識論的完善，而不只是經驗應用的問題。

綜合 Ole Waever、Rita Floyd 與 Stuart Croft 與 Joao Nunes 三者的論述，我們很難說批判安全研究的典範整合已經成功了，明顯的，對於如何整合，他們三者之間所運用的方法就不相同，三篇文章對本體論、認識論與方法論的認知與出發點也不一樣，乃至於他們都深入的討論到科學哲學的思辨。但是，他們有交集且有共識的地方也很明顯，共有三點：

一、他們都堅持批判安全研究對批判的承諾，在本體論、認識論與方法論上各自用不同的方式跟現實主義及理想主義相對立，同時，他們都理解批判安全研究相關理論的缺失與不足，且積極的尋求理論對話與整合，這些都表現出他們的開放態度與樂觀精神。

二、他們都集中的討論了「安全化」、「非安全化」（前二者都是政治化）與「解放」這三個理論，凸顯出批判安全研究典範整合的焦點所在，更重要的是，集中在本體論、認識論與方法論的討論，顯現出相對於傳統安全研究，批判安全研究的核心理念在指涉對象、認識論與方法論的不同，而較少是安全由內驅動或外驅動？以及是否有不同的安全

---

[42] Ibid.p.357.

領域之間的差異。就此而言，批判安全研究絕不是對傳統安全研究的深化與拓展。

三、他們最重要的共識，是共同確認了批判安全研究的核心理念，意即「把安全的觀念與實踐看做本質上是政治的」，據此，用不同的方式共同發展政治的過程，嘗試提出規範的政治過程的分析流程，最後，他們共同的目標是追求真實的安全，無論是以修正方法論或以強調實踐哲學的方式，他們都追求去安全化(desecuritisation)，意即，假如安全的涵意是威脅，必須採用特殊手段來處置，那麼去安全化就是去除威脅，讓其回到民主政治的正常軌道。

伍、結論

本文一開始就提到，如果安全是一個多意義的觀念，在不同的條件下，對不同的人具有不同的意涵。那麼，非傳統安全就更具有這樣的特色，因為歐洲、美國與中國，對待非傳統安全的態度不但不一樣，甚至是有截然不同的解釋。

歐洲學者們普遍的把美國的國家安全觀與戰略研究視為是「傳統的」，是「以美國為中心的國家安全觀」。相對的，Jef Huysmans認為，以歐洲為中心的(Euro-centric)的安全研究，不是表現在其研究焦點的不同，而是表現在其安全邏輯背後所隱含的特殊文化事實[43]。Rita Floyd 與 Stuart Croft 則直接把歐洲主要的安全研究焦點就叫做「非傳統安全研究」[44]。Daniel S. Hamilton則認為，美國在雙元系統下（海外與國內的區分），無法對安全有全面性、完整性的檢視與判斷，同時存在資源分

[43] Jef Huysmans, "Revisiting Copenhagen:Or, On the Creative Development of a Security Studies Agenda in Europe", ***European Journal of International Relations,*** 1998.Vol.4 No.4.,pp.447-477.

[44] 同註 35。

散的隱憂。儘管每天皆強調隨時有恐怖主義攻擊的到來，但是國土安全的年度預算，卻只佔五角大廈的 4%而已。美國的國防安全文化仍存冷戰思維，持續著須鞏固遠在萬里之外的駐防區及海岸觀念，對於國土境內的安全重視程度明顯輕忽。因此，美國應該矯正其對「安全」概念之偏差[45]。

有趣的是，美國政府並不用「非傳統安全」來認知新的威脅與擬訂戰略，雖然在其政府文件中偶有提及，但也把它視為是安全議題與層面的擴展[46]，而是使用「國土安全」(Homeland Security)一詞，國土安全作為一個新概念與新領域，是 2001 年美國遭受 911 恐怖攻擊事件後所激發的產物，它經歷了戰略擬定、組織建立、政策制訂，具體運作以及重新檢討、調整與修正等過程，在這段時間內，美國還發動了阿富汗及伊拉克兩次戰爭，同時致力於國際協調、國內整合及災後重建等項工作，國土安全這個概念是經由這樣的歷史過程而發展起來的，於是，是政策指導了學術研究，而不是學術研究引領政策的發展，因此，它不但具有美國特色，也可以看到「911 事件」激發同時也制約了美國國土安全概念的發展，它還帶有濃厚「美國中心思想」的傾向[47]。從這種發展過程來看，若就批判安全研究的角度而言，這就是一個典型的安全化與政治化的過程。

---

[45] Daniel S. Hamilton, "Transatlantic societal security: a new paradigm for a new era" in Anja Dalgaard-Nielsen and Daniel Hamilton (eds.) ***Transatlantic Homeland Security: Protecting Society in the Age of Catastrophic Terrorism***, (London ; New York, NY : Routledge, 2006), p.179.

[46] 例如美國國防部所發表的 ***THE UNITED STATES SECURITY STRATEGY FOR THE EAST ASIA-PACIFIC REGION 1998***, 25 November 1998, http://www.fas.org/man/docs/easr98.html.

[47] 相關討論請 閱拙作，董立文，「解析國土安全概念——國土與安全如何銜接？」，第一屆「國土安全學術研討會」，警察大學國土安全研究中心主辦，2007，12 月 7 日。

中國政府對待非傳統安全的態度則不同，簡言之，非常重視非傳統安全但把它給予「中國特色的」解釋。2002 年Barry Buzan的著作中文翻譯版在中國大陸出版時，Barry Buzan曾在其中文版序言裡說：「中國的國際關係研究仍然保持著以國家中心主義和權力政治學為特徵的現實主義傳統研究」[48]，他的觀察是對的，因此，有中國特色的非傳統安全觀，就是以國家為中心來解釋／閹割非傳統安全，最簡單的方法是把非傳統安全單純看作是安全議題與領域的擴展與深化。

一方面，中共「新安全觀」指的是國際安全合作，可以用「互信、互利、平等、協作的新安全觀」這一句話來概括，與其說「新安全觀」是一種安全戰略，倒不如說它是進行國際合作的指導原則，例如，「上海合作組織」一直被用來「宣導新型安全觀、新型區域合作模式和新型國家關係」成功的案例；另一方面，中共的「非傳統安全」一定跟「傳統安全」同時出現，而且，它是指「威脅」而非「安全」[49]。例如，從 2002 年中國的國防白皮書開始，「傳統和非傳統安全問題交織，非傳統安全威脅日益嚴重」這句話就一直出現在白皮書第一章安全形勢的「威脅來源」這個部份，「非傳統安全威脅」是與「傳統安全威脅」相對照的形容詞，它指的是威脅或問題，而非一種安全觀或戰略[50]。

從美國與中國的案例可以看出，當討論到所謂的「非傳統安全」時，第一個問題要問的是，誰的或是哪一個國家的非傳統安全？但是，如果談的是「非傳統安全研究」，那麼答案應該是指歐洲的非傳統安全研究，

---

[48] Barry Buzan , Ole Waever & Jaap De Wilde 著，朱寧譯，新安全論，(杭州：浙江人民出版社，2002)，頁 34。

[49] 「傳統和非傳統安全威脅交織」這句話分別出現在 2002 年 10 月 14 日「當今世界大三個大問題」與 2002 年 11 月 8 日「全面建設小康社會，開創中國特色社會主義事業新局面」， 見**江澤民文選第三卷**，(北京：人民出版社，2006)，頁 519、頁 566。

[50] 相關討論請參閱拙作，董立文，「重返『傳統』的中共新安全觀」，收錄於**非傳統安全威脅研究報告**，非傳統安全威脅參考叢書 2010 年，遠景基金會，未公開出版。

目前，可以用批判安全研究來取代非傳統安全研究，而且聚焦在「安全化」、「非安全化」與「解放」這三個理論的討論。從更寬廣的視野來說，只要是拒絕把安全概念視為是不證自明的那些研究，都可用批判安全研究的名義來分類，這裡就去除了地域與文化的考慮，而純粹用認識論與方法論來分類。

就某種層面而言，批判安全研究的整體圖像，很像是西方馬克思主義爭辯的縮小延長版，尤其是當他們借用法蘭克福學派的理論與概念開始，然後是葛蘭姆西、阿多諾等人，現在已經有越來越多的批判安全研究學者借用甚至是進入西方馬克思主義的脈絡，進行辯論或修正理論，假如這個觀察沒有錯的話，那麼就可以預測，下一階段的批判安全研究將更多元化與更帶有哲學思辨的色彩，如此，在批判安全研究的內部，典範將更難整合；但是另一方面，在面對傳統安全研究時，批判安全研究將更具有一體性與批判性。

建構型態的制度主義在安全研究中的運用

陳文政 *
（淡江大學國際事務與戰略研究所助理教授）

摘要

國際組織、國際規範與普世價值向來是自由主義運用到安全研究的重要媒介與議題，但既有的新制度主義主流型態（理性抉擇取向制度主義、歷史制度主義、規範與社會性取向制度主義）所提供的制度性觀點都過於靜態、且帶有濃厚的結構主義。而基於建構主義而生的建構型態制度主義，對於能動性與相互建構性的強調，使得對制度的分析有了新的角度。

本文試從建構主義對制度（結構）的觀點，說明建構型態制度主義的主要論點，並以之在制度化、制度效應與制度變化等三個制度性層面上區隔其與其他三項新制度主義主流型態的差異，最後以建構主義之能動性上的限制點出其與批判性安全的重要本體論上的邊界。

關鍵字

新制度主義、建構主義、安全研究

---

* 陳文政，英國蘭開斯特（Lancaster）大學政治學博士，現為淡江大學國際事務與戰略研究所助理教授。

前言

冷戰的結束帶給國際關係(international relations)、安全研究(security studies)與戰略研究(strategic studies)等領域的研究社群一個理論上反思自省的機預，不僅在國際關係理論發展上激發了另一波所謂的大辯論(great debate)，[1]連在冷戰期間保持穩定發展的安全研究與戰略研究也面臨到對其核心假設(core assumption)的質疑。[2]以安全研究言，社會建構主義(social constructivism）與批判理論(critical theory)在冷戰結束前後的興起，成為傳統的現實主義(realism)與自由主義(liberalism)之外的另類途徑。兩項新的途徑都間接或直接地挑戰既有研究途徑的本體論(ontology)立場與認識論(epistemology)觀點，對於安全研究的本質與研究議題範圍起了「深化與廣化」(deepening and broadening)的作用。[3]深化促使安全研究的研究者思考與探索相關理論背後的政治上與哲學上的假設；而廣化則試圖以政治理論的角度來觀察所有的安全議題。[4]易言之，深化，重新界定了安全的觀念；而廣化，擴大了安全的議題。

---

[1] 有稱此為國際關係研究上的第三次、第四次或甚至第五次的大辯論。見：Karin M. Fierke and Knud Erik Jorgensen, "Introduction," in Karin M. Fierke and Knud Erik Jorgensen eds., Constructing International Relations: The Next Generation (Armonk: M.E. Sharpe, 2001), p. 3; Steve Smith, "Introduction," in Tim Dunne. Miija Kuki, and Steve Smith eds., International Relations Theories: Discipline and Diversity (Oxford: Oxford University Press. 2007), p. 10; Steve Smith, "Six Wishes for a More Relevant Discipline of International Relations," in Christian Reus-Smit and Ducan Snidal eds., The Oxford Handbook of International Relations (Oxford: Oxford University Press,2008), p. 726.

[2] 就戰略研究言，對其核心假設的質疑之例，如：Richard K. Betts, "Should Strategic Studies Survive?" *World Politics*, Vol. 50, No. 1 (1997); Richard K. Betts "Is Strategy an Illusion?" *International Security*, Vol. 25, No. 2 (2000).

[3] Alan Collins, "Introduction: What Is Security Studies?" in Alan Collins ed., *Contemporary Security Studies* (Oxford: Oxford University Press, 2007), pp. 5-7.

[4] Ken Booth, "Critical Explorations," in Ken Booth ed., *Critical Security Studies and World Politics* (Boulder: Lynne Rienner, 2005), pp. 14-15.

另外，制度主義(institutionalism)本來就是政治學中分析集體行動與決策過程的重要理論工具，也廣被應用於國際關係與安全研究中，建制理論(regime theory)即為一例。[5]制度主義不僅淵源既久，[6]即便在現實主義成為國際關係的主流理論，與之對立而具有濃厚自由主義色彩的制度主義仍然據有一席之地，[7]並在 1980 年代經過一番翻整後，以新制度主義逐漸擺脫二個世代以來的低迷，重新獲得理論發展動力，[8]並相繼開展出包含了理性抉擇取向制度主義(rational choice institutionalism)、歷史制度主義(historical institutionalism)、規範與社會性取向制度主義(normative/sociological institutionalism)、建構型態制度主義(constructivist institutionalism)等四種類型之多元論點的風貌。[9]

國際組織、國際規範與普世價值等本是傳統的自由主義運用到安全研究之重要媒介與議題，而在傳統以自由主義為基底的安全研究中，理性抉擇取向制度主義、歷史制度主義、規範與社會性取向制度主義等都提供相當的理論支撐。新興的安全研究途徑—社會建構主義與批判理論

---

[5] B. Guy Peters, Institutional Theory in Political Science: The 'New Institutionalism' (London: Pinter, 1999), pp. 129-130.

[6] Klaus von Beyme, "Political Institutions: Old and New," in R. A. W. Rhodes, Sarah A. Binder, and Bert A. Rockman eds., *The Oxford Handbook of Political Institutions* (Oxford: Oxford University Press, 2006), pp. 743-746. R. A. W. Rhodes, "Old Institutionalism: An Overview," in Robert E. Goodin ed., *The Oxford Handbook of Political Science* (Oxford: Oxford University Press, 2009), pp. 141-158.

[7] Joseph M. Grieco, "Anarchy and the Limits of Cooperation: A Realist Critique of the Newest Liberal Institutionalism," International Organization, Vol. 42, No. 3 (1998), pp. 484-485.

[8] Colin Hay, Political Analysis: A Critical Introduction (Basingstoke: Palgrave, 2002), pp. 10-13. Also Arthur A. Stein, "Neoliberal Institutionalism," in Reus-Smit and Snidal eds., The Oxford Handbook of International Relations, p. 206.

[9] Colin Hay 以本體論上的獨特性為標準，區隔出以上四種類型的制度主義。見：Colin Hay, "Constructivist Institutionalism," in Rhodes, Binder, and Rockman eds., *The Oxford Handbook of Political Institutions*, pp. 58-59；另 B. Guy Peters 亦提出自 James G. March and Johan P. Olsen 之後，新制度主義大概發展出規範性制度主義、理性抉擇制度主義、歷史制度主義、實徵制度主義、國際制度主義、社會性制度主義等六種型態。見：Peters, *Institutional Theory in Political Science*, pp. 19-20.本文採取前者論點。

雖然更為重視國際組織、國際規範、普世價值在安全研究中的重要性，但對前述三類型態的制度主義所具有的濃厚結構主義(structuralism)色彩卻深表置疑。換言之，新一代的安全研究者雖然對於制度備為重視，但對於主流的新制度主義卻不敢恭維，而這形成建構型態制度主義萌芽的背景。

顧名思義，建構型態制度主義是具有建構主義特色的制度主義。但建構主義與制度主義兩者在論點上並非全然相容，建構主義強調結構(structure)與能動者(agent)的相互主體性(inter-subjectivity)，兩者是相互建構的；而主流的新制度主義多仍維持結構制約能動者能動性(agency)的看法。當主流的新制度主義仍然緊守制度不易改變且一旦有所改變必然是來自制度之外巨大的環境變遷所致的觀點時，建構主義者則認為制度的改變是常態性的、來自能動者互動的演進結果。建構型態制度主義固然旨在提供安全研究者處理國際組織、國際規範與普世價值等一個新的制度性觀點，但要達成是項目的，建構型態制度主義得先建立建構主義與制度主義兩個並非全然相容之理論間的橋樑。

為此，本文將先梳整建構型態制度主義的主要觀點，並從制度化、制度效應與制度變化等三個制度性觀點指出建構型態制度主義與其他三個新制度主義類型間的異同，並說明建構型態制度主義在新的安全研究途徑中的運用。

壹、建構主義的制度觀點

建構主義原為社會學的觀點，1980 年代中葉之後應用到政治學、國際關係乃至安全研究。建構主義具有三項本體論上的立場：[10]

一、規範性或信念性的結構(normative or ideational structure)具有與物質結構(material structure)同等甚至於更為重要的地位。在這點上，結構主義即便不是唯心主義(idealism)，也至少是反對唯物主義(materialism)。[11]唯心主義認為社會的本質與結構由觀念所構成；而唯物主義則認為由物質條件所構成。在國際關係的理論發展中，建構主義批判(古典與結構)現實主義純以唯物主義為主的理論假定，並提出對規範與身份認同的強調來補充結構現實主義的不足。[12]

二、建構主義強調行為者其身份認同所賦予其利益的概念，進而行為者據此行事並確定追求的目標。利益與身份認同並非既定的，身份認同在行為者互動中被建構而出，透過理念、價值、文化與規範等形塑出行為者的利益。

三、建構主義認為結構與能動者是相互建構的關係，行為者一方面形塑世界，另一方面也為世界所形塑。

---

[10] Christine Agius, “Social Constructivism,” in Collins ed., *Contemporary Security Studies*, pp. 50-51.

[11] 建構主義固強調理念因素，但誠如政治學者 Colin Hay 指出：建構主義並非純粹的唯物主義或唯心主義，而是視物質與理念因素為辯證關係。其中，有所謂建構主義的「厚實型態」者，在辯證關係中強調理念因素與建構效果者，但也不全然否認物質因素的重要性；也有建構主義的「薄弱型態」者，則往物質因素傾斜並強調因果邏輯，持此觀點者多注意到在建構作用中物質世界所施加的制約。見：Hay, *Political Analysis*, pp. 206-208.

[12] Jorgensen, “Four Levels and a Discipline,” in Fierke and Jorgensen eds., *Constructing International Relations*, p. 43.

這三項本體論立場是建構主義與現實主義的重大分野之一，也是進一步確立建構主義理論區隔性的起點：反唯物主義，是建構主義與自由主義重要的接軌點，投射到安全研究中，建構主義與自由主義的安全研究途徑都壓低以軍事能力為主的物質基礎在安全議題中的重要性。對身份認同、理念、價值、文化等概念的重視，使得建構主義者對制度的觀察無法認同理性抉擇取向制度主義(因其視行為者利益為既定)。對結構與能動者相互建構性的強調，使得建構主義者也很難背書理性抉擇取向制度主義、歷史制度主義、規範與社會性取向制度主義(因其都具有濃厚的結構主義色彩)。因此，既然新制度主義的三個主流型態─理性抉擇取向制度主義、歷史制度主義、規範與社會性取向制度主義─都無法見容於建構主義的本體論立場，一個純粹由建構主義而非自由主義出發的建構型態制度主義因之萌芽。

相形於新制度主義其他類型，建構型態制度主義是晚進，也是少數。[13]三個主流類型的新制度主義論述中或許可以找到部分與建構主義契合的論點，但建構型態制度主義的真正系統性的發展則始於英國學者Colin Hay，他在2006年由R. A. W. Rhodes, Sarah A. Binder, and Bert A. Rockman 等人所編的《牛津大學政治制度全集》(*The Oxford Handbook of Political Institutions*)中的一篇〈建構型態制度主義〉(Constructivist Institutionalism)是迄今最為完整的相關理論論述。Hay的〈建構型態制度主義〉純粹由建構主義出發，承接了建構主義的本體論立場。其主張有以下五點：[14]

---

[13] 在2000年之前，建構型態制度主義一詞幾乎未見於新制度主義論者的論述中，前註9中，在B. Guy Peters對新制度主義理論類型的六項分類中，並無建構型態制度主義，且建構主義被列為是社會性制度主義中一個附屬的論點，見：Peters, *Institutional Theory in Political Science*, p. 98.

[14] Hay, "Constructivist Institutionalism," pp. 63-65.

（A）行為者是具策略性的，他們所要實現目標是相當複雜、因人而定與持續改變的。行為者的作為依賴於他們對於該一制度系絡的認知，而理念形成此一認知，導向行為者對制度的因應。因此，行為者的欲求、喜好與動機並非制度所給定的事實，不是制度中所形成之物質或社會系絡的反映，而是出自於理念。就建構主義者，政治很少是對物質利益之盲目追逐，行為者的喜好順序或行為邏輯也不會取決於其所處的制度，行為者利益乃社會建構而致。

（B）制度不一定能用來降低不確定性，制度可能無效。建構型態制度主義重視社會制度無效或失能的本質，重視制度是政治鬥爭的主體與焦點，重視這些鬥爭的結果取決於人而非既有制度本身的特質。

（C）建構型態制度主義的主要分析取向在於制度的創新、演進與轉型。制度的變化存乎於行為者與制度間的關係、存乎於制度的創建者、制度化與制度的環境三者間。更明確地說，制度的變化是行為者策略性的作為與制度所形成的策略性系絡之間的互動。

（D）建構型態制度主義同意主流思維所主張的「路徑依賴」（path dependency）邏輯，但對此一制度的結構性效應的強調不應用以排除對於制度結構重大改變的「路徑形塑」（path-shaping）研究。

（E）即便是路徑依賴邏輯，建構型態制度主義也強調不僅是「制度上」的路徑依賴，而且是「理念上」的路徑依賴；不僅是制度本身，而是制度本身所創設推廣的理念也會對行為者的能動性產生限制。制度是建立在理念的基礎上，此一理念對於制度的後續發展當然有一定的路徑依賴效應。

對應於建構主義的本體論立場，建構型態制度主義的（A）與（E）承接了反唯物論；（B）與（D）凸顯了能動者的能動性；（D）與（E）

處理了結構的制約效應；（A）與（C）強調了相互建構的關係。基於此，Hay 總結道：

> 視行為者的作為由制度化的賽局中的效益極大化所驅動（如理性抉擇取向制度主義）、或由制度化的規範與文化慣例所驅動（如規範與社會性取向制度主義）、或兼具兩者（如歷史制度主義）等說法都不足以說明制度創設後的變化。這些〔前述理論〕可用以說明制度改變時的路徑依賴，但難以解釋制度改變時的路徑形塑。[15]

Hay 是建構主義者，他對制度的論點是從建構主義出發的，在下一節試著從另一的角度—即制度主義的角度—更貼近分析之前，吾人可從 Hay 所舉出建構型態制度主義與其他三個新制度主義主流理論類型在理論途徑、假設、方法與概念的區別（如表一）大致可獲知建構主義者對制度的基本觀點。

[15] Hay, "Constructivist Institutionalism," p. 61.

表一：建構型態制度主義在本體論上的區隔性

	理性抉擇取向制度主義	歷史制度主義	規範與社會性取向制度主義	建構型態制度主義
理論性途徑	系絡特定的理論化模式；較為嚴謹	瞭解在一定歷史與制度系絡下的能動性，並分析路徑依賴的邏輯	瞭解在一定歷史與制度系絡下的能動性，並分析在制度架構下行為合宜性的邏輯	瞭解制度改變的關鍵時點與制度改變的條件
理論性假設	算計，具有工具理性的行為者	結合算計與文化邏輯的行為者	文化，行為者遵循規範與慣例	策略取向與社會化的行為者會有多樣化的行動
分析途徑方法	演繹；數學模式	演繹—歸納；具理論意涵的歷史敘事	演繹—歸納；通常為驗證理論的統計法；少數為敘事	演繹—歸納；具理論意涵的過程追蹤；論述分析
對制度的概念	社會裡的遊戲規則	正式或非正式的程序、流程、規劃或慣例	文化上的慣例、規範或認知架構	信念的象徵化體系並以實踐加以維持
制度的變化	聚焦於制度的正向功能；或理性的制度設計	聚焦於界定爾後路徑依賴的制度創設；或間斷平衡論	聚焦於已有制度模式所擴散出的制度創設；或制度化與合宜性邏輯間的均衡	聚焦於政治機會結構的社會建構本質；或制度創設與之後的變化；或制度變化的信念前提
主要關鍵語	有限理性	路徑依賴	制度模式的擴散	危機的論述建構；政策典範在制度化中成為常態
弱點	功能主義；靜態	靜態	靜態	對於利益與信念系統的起源不甚清晰；無法說明理念與物質因素的相對重要性
	都有只注意到制度創設的時點，缺乏考慮到後續發展			

資料來源：Colin Hay, "Constructivist Institutionalism," in R. A. W. Rhodes, Sarah A. Binder, and Bert A. Rockman eds., The Oxford Handbook of Political Institutions (Oxford: Oxford University Press, 2006), pp. 58-59.

貳、制度與制度化

以下三節，作者將由制度主義的角度，分析新制度主義四種理論型態（包括建構型態制度主義）在三個制度面向（制度化、制度效應與制度變化）的論點差異。在此之前，我們先為制度一詞作個寬鬆的界定。

對新制度主義者而言，制度不必然是正式、定型的組織或律法，這是新制度主義與傳統的制度主義的重要分野。對新制度主義者，制度是「一組相關連的規則或慣例」，它們可能只是程序、符號或默契而已，但重點在於這組規則或慣例「透過角色與情況的關係以界定行為的合宜性。」易言之，在特定的情況下，對於一特定行為者來說，他的行為是否適當合宜，由其所處位置之規則或慣例來決定。[16]根據新制度主義的先驅者James G. March and Johan P. Olsen的定義，制度「深植於意義與資源的架構中，是相對持久的規則與有組織的實踐所構成的組合。」依他們的詮釋，制度離不開

> 制訂出來的規則或實踐，以規範特定行為者在特定環境上的合宜舉措。它離不開由身份認同與歸屬感所構成的意義架構，這些共同的目的與理由給了行為的方向與意義，並解釋、證明與合理化行為的準則。它離不開資源架構，創建了行動所需的能力。制度有區別性地授權或制約行為者，根據對合宜性所界定的規則，放大或縮小行為者的行動能力。[17]

---

[16] James G. March and Johan P. Olsen, *Rediscovering Institutions: The Organizational Basis of Politics* (New York: Free Press, 1989), pp. 22-23.

[17] James G. March and Johan P. Olsen, "Elaborating the 'New Institutionalism'," in Goodin ed., *The Oxford Handbook of Political Science*, p. 159.

制度是政治過程，也是政治結果。以過程論，新制度主義強調制度在政治輸入項與輸出項之間扮演著重要的居間促成角色(mediating role)。[18]以結果論，Kathleen Thelen and Sven Steinmo主張：制度「會明顯地形塑與限制政策策略，而其本身也是在政治衝突與抉擇中特定政策策略下之（意料中或意料外的）政治結果。」[19]主流的新制度主義者認為：制度一旦建立，在路徑依賴的邏輯下，其政治輸出趨於穩定，而既有制度也不易被逆轉。[20]無論過程或結果，新制度主義者大多採本體論上的結構主義立場，主張制度為一制約行為者能動性的結構。[21]

而制度化是讓行為者彼此之作為在持續關係中更趨向於一致的規範性標準或價值的一系列行動。[22]換言之，制度化是制度鞏固與強化的過程。針對制度與制度化在概念上的差異，根據Michael E. Smith所作的區分：

> 制度是某一特定社會團體的「遊戲規則」(rules of the game)，或在特定社會場域形塑行為的一套規範，它們界定或限制

[18] See Hay, *Political Analysis*, p. 14; also G. John Ikenberry, "Conclusion: An Institutional Approach to American Foreign Economic Policy," in David A Lake and Michael Mastanduno eds., *The State and American Foreign Economic Policy* (Ithaca: Cornell University Press, 1988), pp. 222-223.

[19] See Kathleen Thelen and Sven Steinmo, "Historical Institutionalism in Comparative Politics," in Sven Steinmo, Kathleen Thelen, and Frank Longstreth eds., *Structuring Politics: Historical Institutionalism in Comparative Analysis* (Cambridge: Cambridge University Press, 1991), p. 10.

[20] Paul Pierson, *Politics in Time: History, Institutions, and Social Analysis* (Princeton: Princeton University Press, 2004), pp. 44-48.

[21] Colin Hay and Daniel Wincott, "Structure, Agency and Historical Institutionalism," *Political Studies*, Vol. 46, No. 5 (1998), p. 952. 有關結構取向制度主義與能動者取向制度主義兩者的異同與調和，可見：William R. Clark, "Agents and Structures: Two Views of Preferences, Two Views of Institutions," *International Studies Quarterly*, Vol. 42, No. 2 (1998), pp. 245-270.

[22] W. Richard Scott, *Institutions and Organizations: Ideas and Interests* (Thousand Oaks: Sage, 2008), p. 14.

> 個人的行為。而制度化則是這些規範或行為的共通標準被創造或發展出來的過程。......
>
> 制度化意指許多事物，......首先，制度化指一群行為者長期持續採取特定行為。......其次，制度化指複雜度(complexity)的增加，造成集體的行為與選擇更加瑣細與更為相互連結，因此，可以適用於更多情況中。複雜度可以從規範的數量增加、規範的更加清楚、規範變成法則（制式化）或規範的拘束力變化（例如從行為上的標準或期待變成為行為上的義務）等等來加以衡量。......第三，......隨著制度發展，決策變得更加自動化(automatic)......。與其隨著新環境不斷調整，制度化行為的增加將會〔使決策〕更具本能(instinctive)取向（儘管未必是機械性的）。[23]

就最起碼的標準，制度化涉及制度被行為者長期地適用。而這種長期適用呼應了主流新制度主義一再強調的路徑依賴邏輯，它驅使行為者為更能長期適用而必須衍生發展出其他周邊的、支援的制度安排與規範，增加了制度的複雜度，使制度的適用能夠更能因應各種情況。制度安排與規範的增加，使行為者在制度外之行為減少，而受到制度制約的行為增加，導致行為者的行為更加可以預期，行為者間互動的政治輸出也更為穩定。制度的複雜度、穩定的政治輸出與制度長期持續的被適用三者間形成了制度化過程中相互建構與相互強化的循環。

時間—長期（甚至於規律性）的制度運作—本身當然是制度化的原因。[24]但驅動行為者願意長期依照既有的制度行事，W. Richard Scott區

---

[23] Michael E. Smith, *Europe's Foreign and Security Policy: The Institutionalization of Cooperation* (Cambridge: Cambridge University Press, 2004), pp. 26-27.

[24] Samuel P. Huntington, *Political Order in Changing World* (New Haven: Yale University Press, 1968), p. 13.

分出收益遞增(increasing returns)、承諾遞增(increasing commitment)以及客體化的遞增(increasing objectification)等三種制度化的機制。[25]

收益遞增效應聚焦於行為者依制度行事之成本與效益的「誘因」(incentive)。收益遞增效應一方面可指行為者在制度下的互動所產生之正面回饋(positive feedback)，在學習的效果下，使得行為者傾向持續依照既有制度行事；另一方面，也可指基於效益比較的衡量，認知到既有制度外的其他方案將會有較高的開設成本或多出來的協調成本，使得行為者不願意採取制度外的其他方案行事。[26]

承諾遞增效應聚焦於行為者依制度行事的「身份認同」(identity)，強調制度化不只讓制度更為複雜—比如設立更佳的溝通管道、管理流程或協調機制等等—而已，更重要的在於制度化是乃為制度「注入價值」(infuse with value)的過程，從各項可見的制度性安排之強化乃至較不易觀察的象徵符號、儀典或共識的植入，使制度內行為者建立共同邁向一致目標的身份認同感，並在同一身份認同下更加確認依制度行事的承諾與義務。[27]

客體化遞增效應聚焦於行為者依制度行事的「信念」(ideas)因素，[28] 客體化指制度不僅成為建構既有制度之行為者的行事標準，成為解讀外

---

25 Scott, Institutions and Organizations, pp. 122-128.

26 Brain W. Arthur, *Increasing Returns and Path Dependence in the Economy* (Ann Arbor: University of Michigan Press, 1994), p. 112; Paul Pierson, "Increasing Returns, Path Dependence, and the Study of Politics," *American Political Science Review*, Vol. 94, No. 2 (2000), pp. 252-253.

27 Huge Heclo, "Thinking Institutionally," in Rhodes, Binder, and Rockman eds., *The Oxford Handbook of Political Institutions*, pp. 735-736; Philip Selznick, *The Moral Commonwealth: Social Theory and the Promise of Community* (Berkeley: University of California Press, 1992), p. 235; Philip Selznick, "Institutionalism 'Old' and 'New'," *Administrative Science Quarterly*, Vol. 41, No. 2 (1996), p. 272.

28 客體化一詞出自社會學家 Peter Berger and Thomas Luckmann 著名的結構／能動者辯證三段論而來，Berger and Luckmann 主張：（一）外在化（externalization）：能動者透

在環境與判斷因應方案的既成認知上的濾鏡，更重要的在於此一認知上的濾鏡能為後續加入制度之行為者所繼承，成為視為當然的共同信念(belief)。換言之，制度越是客體化，越能成為超越人事變遷、約定俗成的共同信念，其制度化的程度也就越高。[29]

制度化的過程在透過收益遞增（誘因）、承諾遞增（身份認同）與客體化遞增（信念）等機制的作用下，強化了路徑依賴邏輯，使得行為者越為依賴既有制度行事，並擴大制度適用廣度與深度，而且願意持續長期適用制度下去。在理論上更值得注意之處，制度化機制也是不同類型新制度主義的區分起點，理性抉擇取向制度主義重收益遞增，建構型態制度主義重承諾遞增，而歷史制度主義以及規範與社會性取向制度主義兩者重客體化遞增。

參、制度的效應

制度的效應是新制度主義的論述核心，通常指涉三個面向：制度對於政治過程的效應、制度對於政治輸出的效應與制度對於行為者所處之社會與政治環境的形塑效應。[30]以下便以四種新制度主義的類型對照前述Scott對制度化機制（誘因、身份認同與信念）的區分，就制度在政治過程、政治輸出與對政治社會環境的效應分述之。

理性抉擇取向之制度主義強調誘因因素。就政治過程面，制度透過其所賦予的權力地位與分配而界定行為者的利益與動機，在理性抉擇的

過社會互動產製結構並賦予其共同的意義；（二）客體化：此一產製會成為超乎產製它能動者之外的事實而獨立存在，並為其他能動者所共同經驗的社會實體；（三）內在化（internalization）：客體化的世界透過社會化過程重新投射回能動者的意識中。見：Peter Berger and Thomas Luckmann, The Social Construction of Reality: A Treatise in the Sociology of Knowledge (London: Penguin, 1966), pp. 78-79.

29 Heclo, "Thinking Institutionally," p. 756.

30 Pierson, Politics in Time, p. 148.

理論取向下，制度被視為內含誘因的規則集合體，制度建立了集體決策中有限理性(bounded rationality)的條件與不同行為者互動的政治操作場域。讓行為者認為制度提供了雖非必然最好但至少是可以接受的收益，而不依制度行事的代價與風險讓行為者卻步。[31]換言之，制度產生誘因，形成讓行為者在政治過程中基於得失計算而順從制度的效果。如同前述，誘因產生收益遞增效應，讓行為者基於正面回饋與效益比較的衡量，使得行為者傾向持續依照既有制度行事。除了正面回饋與效益比較之外，Paul Pierson整理出制度產生誘因的另外兩項要素—否決點(veto point)與資產的特定性(assets specificity)。[32]制度會提高否決點，否決點是改變制度或不依制度行事所需獲得的同意，此一同意的來源可能是制度中具有權勢、職責或詮釋權的個別行為者，也可能來自規範或過去的事例。[33]依理性取向制度主義者觀點，制度安排通常會產生權力核心行為者與權力邊陲行為者的區分，前者具有相關知識、專業技能或法定地位等權力上或詮釋上的優勢，既具有否決後者不依制度行事或改變制度的較高正當性，也有否決後者挑戰其既有優勢的動機。資產的特定性指的是行為者（特別是在制度中的否決權者）為維持制度運作所需投入的政治與實質（如人、物力）資源，當投資於制度的特定資產越多，不依制度行事會造成資產的減損或虛耗的風險成本越高，行為者越會依制度行事（具否決權者越會否決對制度的挑戰）。[34]

---

[31] For example, Peter Hall, *Governing the Economy: The Politics of State Intervention in Britain ad France* (New York: Oxford University Press, 1986), p. 19; Peters, *Institutional Theory in Political Science*, p. 44; Kenneth A. Shepsle, "Rational Choice Institutionalism," in Rhodes, Binder, and Rockman eds., *Political Institutions*, p. 33; Arthur A. Stein, "Coordination and Collaboration: Regimes in an Anarchic World," in Baldwin ed., *Neorealism and Neoliberalism*, p. 37.

[32] Pierson, *Politics in Time*, pp. 144-153.

[33] 此一定義修改自 George Tsebelis 對具否決權者（veto player）的定義（指對改變現狀行使同意權之個別或集體的決策者）而來，見：George Tsebelis, "Veto Players and Institutional Analysis," *Governance*, Vol. 13, No. 4 (2000), p. 442.

[34] Peter A. Gourevitch, "The Governance Problem in International Relations," in David A.

就政治輸出言，制度所產生的誘因因素，可在長期規律的互動後降低對於未來的不確定性而引導行為者走出囚徒困境(prisoner's dilemma)，因而降低兩造行為者叛離制度的動機，有助於穩定與可預期的政治輸出。理性抉擇制度主義者認為：行為者在單一互動中叛離或選擇不合作的動機將會因制度化所提供的重複賽局(repeated games)之政治場域而有所降低。[35]

就對政治與社會環境的形塑上，理性抉擇取向的制度主義者則多傾向保留的態度。Robert O. Keohane曾指出：與現實主義相同，理性抉擇取向的制度主義者也認為行為者是個理性的自我主義者(rational egoist)，在國際關係中，妥善設計的制度是可以幫助自我主義者的國家在未改變國際間無政府狀態的前提下進行合作，但理性抉擇取向的制度主義者並沒有把國際建制哄抬成具有高乎國家之上的權威地位。[36]綜言之，以誘因為基礎的制度效應，在不改變行為者的系絡條件下，主要在改變行為者的喜好(preference)與達成此一喜好的策略(strategy)，從而影響行為者間的互動模式。[37]

與理性抉擇取向制度主義所強調的誘因因素不同，建構型態制度主義強調身份認同因素，強調經注入價值的制度化後的制度會成為特定價

Lake and Robert Powell eds., *Strategic Choice and International Relations* (Princeton: Princeton University Press, 1999), pp. 144-145.

[35] For example, Robert Axelord and Robert Keohane, "Achieving Cooperation under Anarchy: Strategies and Institutions," in Baldwin ed., *Neorealism and Neoliberalism*, pp. 91-94. James G. March and Johan P. Olsen, "The Institutional Dynamics of International Political Order," in Peter J. Katzenstein, Robert O. Keohane, and Stepjen D. Krasner eds., *Exploration and Contestation in the Study of World Politics* (Cambridge: MIT Press, 1999), pp. 309-311; Peters, *Institutional Theory in Political Science*, p. 52.

[36] Keohane, "Institutional Theory and the Realist Challenge After the Cold War," pp. 273-274.

[37] 喜好，據 David A. Lake and Robert Powell 的界定，乃「行為者對其所處環境下的可能結局所下的優先排序」，見：David A. Lake and Robert Powell, "International Relations: A Strategic-Choice Approach," in Lake and Powell eds., *Strategic Choice and International Relations*, p. 9.

值的表現，並透過行為者的實踐去建構與強化此一價值取向的制度系絡。價值投射於制度中，並在依制度行事中建立行為者間共同的身份認同感。對該特定價值承諾，即依制度行事。[38]

> 換句話說，制度性的思考既是價值的輸入，也是價值的播散。制度超越個人喜好，對其手上的任務播散價值。制度使得〔行為者〕的思維去認知到，並透過其選擇與行為去實現此一規範性的秩序。[39]

建構型態制度主義強調此一身份認同因素對政治過程、政治輸出與對政治社會環境的形塑等三方面的效應。行為者依制度行事的動機主要來自對特定價值的承諾，而不同於來自理性抉擇取向制度主義的個別得失計算或歷史制度主義之無特定目標指向的率由舊章(rule-following)。因此，建構型態的制度主義論者重視制度所帶來的價值甚過於制度本身。易言之，為達成特定價值，制度持續處於被建構狀態中。對建構型態制度主義者而言，相較於其他的制度主義者，制度在政治過程中對行為者的制約相對上要寬鬆許多，制度的可塑性（亦即可變化性）也高上得多（見下節所述）。[40]也因此，建構型態的制度主義也比規範與社會性取向制度主義裡的厚實結構主義多出了行為者能動性的面向。

建構型態制度主義者對於共同身份認同與價值的強調，也反映在政治輸出與對行為者所處的政治與社會環境的形塑上，就政治輸出言，建構型態的制度主義論者對制度的評估焦點不在穩定的政治輸出而已，而是透過行為者具目的性的一致作為去播散與實現特定的價值。就形塑政治與社會環境言，基於對制度可塑性與行為者透過制度實踐特定價值的

---

[38] Heclo, "Thinking Institutionally," pp. 735-737.

[39] Heclo, "Thinking Institutionally," p. 756.

[40] Hay, "Constructivist Institutionalism," p. 65.

強調，建構型態的制度主義論者持正面態度，視行為者可以透過非刻意或刻意的方式去形塑所處的政治與社會環境，並提出路徑形塑邏輯，行為者不會是他們所創造出來的制度的囚犯，行為者可以改變環境，促成制度朝向有利於達成特定價值的目標進行發展與改變。[41]

歷史制度主義或規範與社會性取向制度主義則多強調信念因素的制度效應，與建構型態制度主義相同處在於：兩者都主張制度效應主要並非基於物質性的得失計算，兩者也都主張認知濾鏡的重要性，但不同處在於建構型態的制度主義主張此一認知濾鏡由特定價值加以界定，而歷史制度主義或規範與社會性取向制度主義則認為行為的合宜性(appropriateness)是此一認知濾鏡的基礎，而合宜性可來自率由舊章下的慣例所形成（歷史制度主義），[42]或由社會學習所得的文化或規範（規範與社會性取向制度主義）。[43]

信念因素對於政治過程的效應是一種使行為者將依制度行事視為當然的效果，這種效果出於行為者的合宜性認知濾鏡所致，對行為者而言，此一認知濾鏡既非特定得失計算而生的誘因，也非因為主觀地想灌輸或播散特定價值，而是一種慣性或文化下的本能。

> 每一個制度都有其一套承襲的知識(knowledge)，是這套知識提供了制度上所認可的合宜之行為準則。這套知識建構出制度化行為的動機，它界定了行為的制度化領域，並設定了適用的情狀。它界定並建構了在此制度系絡中〔行為者〕應該扮演的角色。……由於此一知識是由社會性的客

---

[41] Hay, "Constructivist Institutionalism," p. 61.

[42] James G. March, *A Primer on Decision Making: How Decisions Happen* (New York: Free Press, 1994), p. 58; March and Olsen, *Rediscovering Institutions*, pp. 160-162; Thelen and Steinmo, "Historical Institutionalism in Comparative Politics," pp. 7-10.

[43] Peters, Institutional Theory in Political Science, pp. 102-104; Scott, Institutions and Organizations, pp. 54-59.

> 體化而使之成為知識，也就是說，它是被廣泛認為是對現實的正確見解(as a body of generally valid truths about reality)，而任何與此制度性秩序的顯著差異將被視為就是背離現實(departure from reality)。[44]

強調信念因素的歷史制度主義或規範與社會性取向制度主義也因此是新制度主義類型中最帶有濃厚結構主義論點者，最為強調路徑依賴。Robert Jervis指出：行為者在特定時點t的作為很大程度受制於他在前一時點t-1 時所持的立場。路徑依賴的邏輯一旦作用起來，政策選項將趨於穩定，路徑將會「鎖定」(locked in)，即便它並不是十分有效或有利的。[45]Philip Selznick更直白地說：制度化以兩種方式制約行為者的作為，「一是將行為帶入規範性的秩序中，二是讓行為成為其自身歷史的人質。」[46]

在制度化的過程中，制度的影響越增，路徑依賴邏輯越明顯，行為者的舉措越受到制度的制約，稍後加入制度者以遵從制度制約為前提。制度鼓勵行為者投入資源、深化與制度內其他行為者的關係以及發展出特定的政治與社會環境。[47]以專業技能與專業團體為例，專家的專業技能建立於對特定事務的知識之上，這些個別的知識由正式與非正式的學習而來，在制度中的互動，若干具普遍性的個別行為者之知識會形成體制性記憶(institutional memory)，構成集體性的認知，成為因應特定情況的行為基礎。Herbert Simon指出：就如同醫師們對於特定疾病都已有通用的處方一樣，體制性記憶會使得行為者依照這些普遍性的知識本能地

---

[44] Berger and Luckmann, The Social Construction of Reality, p. 83.

[45] Robert Jervis, *System Effects: Complexity in Political and Social Life* (Princeton: Princeton University Press, 1997), pp. 155-156.

[46] Selznick, "Institutionalism 'Old' and 'New'," p. 271.

[47] Pierson, *Politics in Time*, p. 35.

因應相類似的情況——包括對該一情況與合宜對應方式的認知。[48]因此，基於理念因素，政治輸出會趨於穩定，甚至容易預測；並形成自我強化的政治與社會環境。

肆、制度的變化

誠如前述，固然多數的新制度主義立基於結構主義之上，認為制度效應使行為者的政治過程、政治輸出與所處的環境趨向穩定與不易逆轉。但若以此遽論制度是不會改變，也失之偏頗。制度主義（不論是新的或舊的）雖然一向被認為是重視制度的穩定，而非制度的變化。制度主義（特別是新制度主義）並非認為制度就一成不變，而且也提供了對於制度變化（不論激進的還是漸進的）的解釋。[49]而比起國內或社會制度，國際制度更是相對上容易產生變動。[50]多數的新制度主義者認為此類的改變在頻率上是少見，但在型態上是劇烈的，如非出於環境所迫，行為者要主動地推動制度改變將會非常困難。而建構型態制度主義是例外的少數，主張：制度的改變是尋常的，多為漸進的，而且內蘊在制度發展中。建構型態制度主義在過程面上，不但強調身份認同因素對行為者喜好與動機的形塑，身份認同因素更反映在制度的設計與演進上。在結果面上，於路徑依賴邏輯外，更重視路徑形塑邏輯，透過「政治能動性的意料中或意料外的結果，制度與其路徑依賴的邏輯，可以被改向與重新設計」，[51]較之其他新制度主義型態重視制度的不易逆轉性與政治輸出趨

---

[48] Herbert A. Simon, "Bounded Rationality and Organizational Learning," in Stewart Clegg ed., *Central Currents in Organization Studies* (London: Sage, 2002), Volume 8, pp. 53-54.

[49] Royston Greenwood and C. R. Hinings, "Understanding Radical Organizational Change: Bringing the Old and the New Institutionalism," *The Academy of Management Review*, Vol. 21, No. 4 (1996), pp. 1022-1054.

[50] Peters, Institutional Theory in Political Science, p. 137.

[51] Hay, "Constructivist Institutionalism," p. 61, fn. 7.

於穩定之理論傳統，建構型態的制度主義更為注意到制度的創新、更動與轉型，也更為注意到行為者與制度間的建構關係。[52]

制度變化的原因很多，或出於外在的壓力，或出於因應不確定的因素，或出於制度內行為者的專業判斷。[53]對於制度的變化，多數新制度主義者採Stephen D. Kranser的「間斷均衡」(punctuated equilibrium)論點，認為在制度的長期穩定，偶而會因為制度外在的危機所帶來的迅速之制度改變所打斷，而在危機之後，改變後的新制度又會進入下一個長期穩定的週期。[54]此外，Peter A. Hall 另以「政策典範移轉」(policy paradigm shift)的概念表達相似的觀點。[55]

間斷平衡論常被認為是新制度主義在理論發展上的缺陷，因為它可能會削弱了制度在政治過程中的解釋力：一旦間斷平衡論為真，則制度非但不能形塑政治輸出，而反而是政治輸出的產物。Kathleen Thelen and Sven Steinmo 即指出，在穩定期間時，制度作為獨立變數解釋政治輸出；但當制度變化，它們反成為依賴變數，由政治衝突決定其型態。易言之，當制度產生變化時—即所謂「關鍵時點」(critical juncture)，制度主義所

---

[52] Hay, "Constructivist Institutionalism," pp. 63-65; Scott, *Institutions and Organizations*, pp. 76-79. 此外，也有許多傳統的制度主義觀點者，在行為者可驅動制度變化的觀點上與建構型態制度主義有相似的主張。這類主張多放大時間軸加以觀察制度的變遷，將特定時點的制度（政治結果）視為更長時間內的制度發展（政治過程）的一部，視路徑依賴為路徑形塑的一部。

[53] Paul J. DiMaggio and Walter W. Powell, "The Iron Cage Revisited: Institutional Isomorphism and Collective Rationality in Organizational Field," *American Sociological Review*, Vol. 48, No. 2 (1983), pp. 150-154.

[54] Stephen D. Krasner, "Approaches to the State: Alternative Conceptions and Historical Dynamics," *Comparative Politics*, Vol. 16, No. 2 (1984), pp. 223-246.

[55] Peter A. Hall 認為：常態的政策典範長期內不會被挑戰，當危機發生後，常態政策典範原本堅固的地位被挑戰，變得支離破碎，甚至被取代。See Peter A. Hall, "Policy Paradigms, Social Learning, and the State: The Case of Economic Policy-making in Britain," *Comparative Politics*, Vol. 25, No. 3 (1993), pp. 185-196.

強調「制度形塑政治」的邏輯將被反轉為「政治形塑制度」。[56]對此一質疑，歷史制度主義者與建構型態制度主義者分別提出因應論點。歷史制度主義者指出：宜以長期的角度觀察制度的變化，過度強調特定關鍵時點的快照式(snapshot)觀察容易忽略到制度趨於穩定的特質。Pierson特別強調制度具有彈性(resilience)，這種彈性會使得制度能夠吸納內外在壓力，並在制度內部做出調整，而這種調整本來就是制度發展的一部或制度化過程中的常態。儘管這種調整可能最後會對制度帶來意料外的重大變化，但它基本上是漸進的，需要時間的。此外，歷史制度主義者Thelen and Steinmo 也提出「制度能動論」(institutional dynamism)因應，除也認為制度可藉由調整既有的目標或策略來吸收內外在壓力外，更提出一項後來由建構型態制度主義者所廣為沿用的主張—制度內的行為者與制度之間的相互建構對制度改變所生的效應，這個主張修正了制度決定論的濃厚結構主義立場。Thelen and Steinmo認為：制度在穩定時期，行為者的策略操控空間與制度限制下行為者間的衝突會形塑出行為者間互動的制度性參數(institutional parameter)。而這些參數會限定行為者在制度內因應外在事件的操控空間。這些制度性參數會在危機時有所鬆動，但行為者不會被動地等候制度變化的結果，而是會利用參數鬆動之際所帶來的機會(opening)，盡力在制度內或甚至針對制度本身來維護或增進自己的利益與地位。[57]特別是在舊的制度安排中被迫居於劣勢或邊陲的行為者，不但可能是制度變化的觸媒，更常會利用此一機預期尋求翻身。[58]易言之，制度界定行為者在政治上可能、可行與可欲的(politically

---

[56] Thelen and Steinmo, “Historical Institutionalism in Comparative Politics,” p. 15.

[57] Thelen and Steinmo, “Historical Institutionalism in Comparative Politics,” pp. 16-17. 呼應的建構型態制度主義論點如：Hay, “Constructivist Institutionalism,” pp. 66-72.

[58] Pierson, *Politics in Time*, pp. 135-136; Kathleen Thelen, “How Institutions Evolve: Insights from Comparative-Historical Analysis,” in James Mahoney and Dietrich Rueschemeyer eds., *Comparative Historical Analysis in the Social Science* (Cambridge: Cambridge University Press, 2003), pp. 215-216.

possible, feasible, and desirable)範圍，但行為者也可能利用制度變化之際所帶來的機會，推動此一範圍的改變。制度能動論凸顯了行為者的能動性，而在制度內具有利位置而富創意的(well-situated and creative)行為者在制度變化上將扮演關鍵性的制度促成者(institutional entrepreneur)角色。[59]

現就有關新制度主義各類型在制度化、制度效應與制度變化等論點，綜整如表二。

表二：新制度主義不同型態的論點比較

<table>
<tr><td colspan="2">新制度理論型態</td><td>理性抉擇取向制度主義</td><td>建構型態制度主義</td><td>歷史制度主義、規範與社會性取向制度主義</td></tr>
<tr><td colspan="2">制度性動力</td><td>誘因</td><td>身份認同</td><td>信念</td></tr>
<tr><td colspan="2">制度化機制</td><td>收益遞增</td><td>承諾遞增</td><td>客體化遞增</td></tr>
<tr><td rowspan="3">制度的效應</td><td>對政治過程的效應</td><td>透過制度所形成的得失計算而界定行為者的喜好與策略，產生順從制度的效應</td><td>制度反映出特定價值，行為者透過依制度行事建立共同的身份認同、追求共同的價值</td><td>藉由規則或慣例的形成或由社會學習所得的文化或規範以強化率由舊章行為的合宜性</td></tr>
<tr><td>對政治輸出的效應</td><td>趨向穩定</td><td>播散與實現特定的身份認同與價值</td><td>趨向穩定，並容易預測</td></tr>
<tr><td>對政治與社會環境的形塑</td><td>持保留態度，認為制度會改變行者者的喜好與策略，但不會改變行為者間的環境</td><td>行為者可以透過路徑形塑改變環境，促成制度的發展</td><td>形成自我強化的環境，為行為者所難以改變的</td></tr>
<tr><td colspan="2">制度的變化</td><td>間斷均衡論（政策典範轉移）論點，制度的變化來自於外在環境的重大改變</td><td>行為者的建構而成，是制度發展時的常態，常以漸進方式推動</td><td>間斷均衡論（政策典範轉移）論點，制度的變化來自外在環境的重大改變</td></tr>
</table>

[59] Pierson, *Politics in Time*, pp. 136-137.

伍、從能動性到解放

據前述四節，建構型態制度主義對於制度改變的重視，其立論顯然必須去突出行為者能動性、行為者與制度兩者的相互建構關係，始能名實相符，並與理性抉擇取向制度主義、歷史制度主義、規範與社會性取向制度主義等三種新制度主義型態有所區隔。在針對制度的安全研究中，行為者能動性與行為者與制度兩者的相互建構關係兩者固然都是建構主義與批判主義的重要特徵，但程度輕重有別。多數的建構主義者對能動性採取的立場較為溫和，持均衡式的相互建構性。而少數建構主義者與批判主義者則放大能動性，在相互建構關係中更加強調行為者轉型甚至界定結構的動能。此本體論立場上的細微差異，將會在針對制度的研究中形成重大的差異。

先就最易瞭解的部分—「誰是行為者」—說明，一些建構主義者（以及大部分非建構主義的國際關係學者）為研究方便計，常工具性地將國家予以「擬人化」。[60]而最廣為人知的建構主義大師Alexander L. Wendt不僅視「國家可被認為是目標導向的行動單元，在此界定下可被視為能動者；」[61]並更進一步謂「各個國家就是各個個體的組合，藉由他們的實踐，彼此構成具有利益、恐懼等等的『個人』。」[62]Wendt藉由將國家逕視為個人，而非單單「擬人化」而已，使國家的活動與人類理性地追求其所欲的的活動便可視為同一。此一論點引來不少批評，但Wendt 對此的辯護與他最常批評的結構現實主義大師Kenneth N. Waltz倒有幾分

---

[60] Colin Wight, *Agents, Structures and International Relations: Politics as Ontology* (Cambridge: Cambridge University Press, 2006), pp. 180-187.

[61] Alexander L. Wendt, "The Agent-Structure Problem in International Relation Theory," *International Organizations*, Vol. 41, No. 3 (1987), p. 359.

[62] Alexander L. Wendt, "Anarchy is What States Make of It: The Social Construction of Power Politics," *International Organizations*, Vol. 46, No. 2 (1992), p. 397, fn.21.

相似，依舊堅持基於「國際」(international)關係理論的學科邊界不應有所混淆，將國家逕視為個人有其必要。[63]

在國際關係與安全研究中，此一國家核心(state-centric)論並不是所有的建構主義者都接納，[64]而批判主義者更是堅決反對。[65]在新制度主義（包括建構型態制度主義）的論述中或基於自由主義的理論起點、或基於研究主體為次（非）國家行為者當然有所保留。這些不接納、反對與保留都容易理解，但更富理論趣味的是，即便在以國家為成員身份的國際組織（或建制）中，建構型態制度主義所主張的制度效應之一，就是價值的注入。價值投射於制度中，並在依制度行事中建立行為者間共同的身份認同感。因此，國際制度（或建制）可以是成員國間共同身份認同建構的場域與結果。當這個共同身份認同確立鞏固後，至少在此場域內（有時擴散到此場域外），個別的成員國基於主權理念所建立的國家身份如果不是被取代或壓抑，就是變得無關宏旨。[66]

其次，在國際關係理論中，能動性的強調是建構主義與批判主義的共通處，但能動性本身的強弱指向如何卻是一個需要耕耘的研究課題。在國際關係理論中建構主義論者或能抽象概論之，但在建構型態制度主義中，因為結構系絡（制度）的確定，對於能動性當有較為具體的主張。

---

[63] Alexander L. Wendt, "Social Theory as Cartesian Science: An Auto-Critique from a Quantum Perspective," in Stefano Guzzini and Anna Leander eds., *Constructivism and International Relations: Alexander Wendt and His Critics* (London: Routledge, 2006), pp. 206-207.

[64] 如：Andreas Behnke, "Grand Theory in the Age of Its Impossibility: Contemplations on Alexander Wendt," in Guzzini and Leander eds., *Constructivism and International Relations*, p. 55.

[65] Booth, "Critical Explorations," p. 6.

[66] Caroline Fehl 在她對國際犯罪法庭（International Criminal Count）的研究中主張：人權的規範成為成員國身份認同的界定，即便有些國家未必遵從人權保障規範，但此一規範已對被認同為一個文明國家的標準起著建構性的作用。見：Caroline Fehl, "Explaining the International Criminal Court: A ' Practice Test' for Rationalist and Constructivist Approaches," *European Journal of International Relations*, Vol. 10, No. 3 (2004), p. 371.

特別是制度的變化既為建構型態制度主義最為重視的制度現象，更當對行為者（個別或集體）推動制度變化（與可能的變化方向）的能量有所分析說明。

更詳盡地說明，對建構主義者，「說某一事實『被建構』，指其之所以為事實乃取決於人類的特定行動。」[67]建構主義乃指所有的知識—也就是有意義的現實—均視人類的實踐而定，由人類與他們的世界內外互動所建構，並在社會性的網絡內發展與散播。[68]應用在國際關係中，「社會政治世界由人類的實踐所建構，並試圖解釋此一建構作用如何發生。」[69]在這些建構主義對能動性的基本主張後，我們必須問：這種能動性是止於針對不同行為選項以及利益、身份或決策程序等等「加以詮釋與選擇的能力與權力」？[70]還是如Roy Bhaskar 所認為的是足能針對世界施加影響的「有意的轉型性實踐」(intentional transformative praxis)？[71]還是更進一步如Ken Booth在批判性安全觀中所倡議的讓人們免於物質與人為諸多制約的「解放」(emancipation)？[72]

制度是人為產物，為行為者所建構，建構型態制度主義強調制度並非一成不變，而是具有轉型的可能性，行為者也不單純是制度的人質，而具有轉型制度的潛能。但一個關鍵問題：如果制度可為行為者任意地

---

67 Andre Kukla, *Social Constructivism and Philosophy of Science* (New York: Routledge, 2000), p. 19.

68 Michael Crotty, The Foundations of Social Research: Meaning and Perspective in the Research Process (London: SAGE, 1998), p. 42.

69 Vendulka Kubalkova, Nicholas Onuf, and Paul Kowert, "Constructing Constructivism," in Vendulka Kubalkova, Nicholas Onuf, and Paul Kowert eds., *International Relations in a Constructed World* (Armonk: M. E. Sharpe, 1998), p. 20.

70 Gil Friedman and Harvey Starr, Agency, Structure, and International Politics: From Ontology to Empirical Inquiry (London: Routledge, 1997), p. 11.

71 Roy Bhaskar, *Dialectic: The Pulse of Freedom* (London: Routledge, 1993 [2008]), p. 393.

72 Ken Booth," Security and Emancipation," *Review of International Studies*, Vol. 17, No. 4 (1991), p. 319.

變化、轉型或解放，那何來制度、制度與行為者相互建構關係之有，從這一點上，建構主義（與其建構型態制度主義）與批判主義開始分道揚鑣。

回到建構主義的社會學基礎上，給建構主義極大啟蒙效果的Bhaskar與Anthony Giddens 都認為：能動者的能動性與結構雖是互動的，但不能誤認為一。Giddens 的結構雙元性即指「社會結構不僅為人類能動性所建構，而且同時也是此一建構的基本媒介。」[73]同樣的，Bhaskar 亦認為結構是無時不在的條件，是人類能動性對之不斷地再產製的結果，但他堅持：人類（能動者）與社會（結構）必需區別。

> 社會提供人類有意欲的行動之必要條件；而人類有意欲的行動也是社會的必要條件。社會只存在於人類的行動中；而人類的行動必然會表達或使用若干社會型態。但是，〔社會與人類〕任一者不能被誤認為另一者，不可被化約成另一者，不能被以另一者來解釋。[74]

因此，若是制度僅為行為者互動之加總，可由行為者任意變化、轉型或解放，則不僅理論上制度無本體論上的獨立性，失去結構可行與可被建構之主體性，整個制度主義的論述亦隨之崩解。

因此，在批判性安全研究（或批判性理論）中，以解放來放大行為者的能動性，縱基於「尋求社會進步的理論以及一種反對壓制的實踐」之追求，[75]而有「解放—而非權力與秩序—才能產生真正的安全」的理

---

[73] Anthony Giddens, New Rules of Sociological Method: A Positive Critique of Interpretative Sociologies (London: Hutchinson, 1976), p. 121.

[74] Roy Bhaskar, The Possibility of Naturalism: A Philosophical Critique of the Contemporary Human Sciences (London: Routledge: 1979 [1998]), pp. 34-37.

[75] Ken Booth, *Theory of World Security* (Cambridge: Cambridge University Press, 2007), p. 112.

念，[76]但對制度主義（包括建構型態制度主義）而言，這恐怕是難以企及(a bridge too far)。

結論

> 制度性的思考，將過去轉型為記憶，這才能讓我們深藏的希望與恐懼有意義地存留下來……。同樣的，制度性的思考，會基於過去所接收到的，將未來轉型為當下。記憶與預期在當下一起發出聲音。[77]

制度關乎於過去、當下與未來；制度可以是保守的，但也能夠被轉型。隨著冷戰的結束，越來越多安全研究者走出過去以物質實力為基礎、國家核心論為假設的傳統觀念藩籬，跨越國界的國際組織、國際建制或普世規範獲得更多的討論，人們體認到為當前許多安全顧慮必須透過全球治理的方式聚集多國、跨階級組織與性別、眾人的力量才有解決的可能。制度，在國際安全的研究舞台上，越來越被重視。

建構型態制度主義提供一個新興的分析途徑，儘管仍在萌芽階段，但這樣的理論途徑，能夠讓安全研究者看到更多制度的可能性。如果說主流的學術論述像現行制度一般具有結構典範的制約，對於制度觀點的典範移轉或許現在言之過早，但建構型態制度主義正逐漸地轉型我們對制度必然惰性的既有認識，正推動著安全研究的深化與廣化。

---

[76] Booth," Security and Emancipation," p. 319.

[77] Heclo, “Thinking Institutionally,” p. 739.

行動戰略概念架構之研究：古典與現代的可能整合

施正權 *

（淡江大學國際事務與戰略研究所副教授）

摘要

當前國際環境質變快速，產生一系列的問題，包括：國家數量快速增加、非國家行為者的出現、經濟與生態等問題取代軍事安全成為焦點、核子僵局與行動自由範圍的萎縮、軍事效益的遞減。面對這種局勢，國家如何行動才能有效的達到目標？這需要一種指導行動的哲學與概念。本文旨在整合古典戰略與薄富爾的行動戰略概念架構，分析其可能性與操作性，進而形成一套行動概念體系，指導未來國家行動。本文界定行動的定義為：「在單個或多個對手的競爭中，積極地完成政治目標」。

在《孫子兵法》的行動戰略概念架構中，以慎戰為戰略思想的核心概念，最終目標為「安國全軍」與「保民利主」，並透過「五事七計」評估國家權力，進而建構有利於我之「勢」。戰略計畫則以「全」為最高理想，包含伐謀到攻城共四種不同的手段與層次，「稱」的目的在於形成以鎰稱銖的不對稱優勢。戰略行動則分為「伐兵」與「不戰」兩種模式，行動的原則為「詭道」與「速決」。而貫穿整個過程者，為戰略思考與情報。

---

* 施正權，中國文化大學中山學術研究所博士，現為淡江大學國際關係與戰略研究所副教授

相較於《孫子兵法》，薄富爾的行動戰略概念架構中，戰略思想包括最高政治目標與政治診斷，並形成政策進而進入戰略計劃；透過戰略診斷，根據敵我弱點與可動員資源，可形成戰略計劃，並決定適合的行動路線；戰略行動可分為直接模式與間接模式，由目標重要性、資源多寡與行動自由的大小，決定行動的模式。

兩者整合後發現，薄富爾與《孫子兵法》有若合符節之處，諸如雙方皆重視先知，求全、採取辯證法的思考。而薄富爾行動戰略的不足之處，例如情報、戰略行動的準則、國家利益的概念的部分，則可透過《孫子兵法》的戰略概念加以深化。

關鍵字

行動、行動戰略、戰略思考、戰略計劃、戰略行動

「吾人的文明需要一種採取行動的科學，或者可用阿宏(Raymond Aron)所創之名詞，即『行動學』。(Praxiology)」

—薄富爾(André Beaufre , 1902-1975)

一、問題的緣起

自 1648 年《西發利亞和約》(Peace of Westphalia)簽署以來，主權國家一直是國際體系的主要行為者。傳統現實主義分析國際政治時，以國家為分析對象。[1]大國甚至因過人的權力，被視為國際體系中唯一重要的行為者，小國因此被忽視。但此種以大國為行為主體的國際關係正產生質變，反映在：1. 國家數量的快速成長；2. 非國家行為者的出現。[2]

就前者而言，二次世界大戰結束後，國家數量以高速成長，且這些新生國家多為中小型國家。1945 年時，世界上僅有 51 個國家，時至 2011 年卻已有 193 個國家，成長幅度近四倍。[3]在多邊外交中，為數眾多的小國若聯合起來，即便擁有過人實力的大國，亦不一定能夠掌握主導權。面臨國際體系行為者日益增多，不論大國或小國皆需要一套完整的行動指導方針，方能適應此一局面。

就後者而言，國際政府組織(International Governmental Organizations, IGOs)與國際非政府組織(International Nongovernmental Organizations, INGOs)與國際區域組織(International Regional Organizations)，錯綜複雜

---

[1] 如在傳統現實主義的經典著作 *Political Among Nations* 一書中，Hans Morgenthau 僅以 1 章(全書共 31 章)的篇幅，分析非國家行為者—聯合國，其餘篇幅皆以國家為分析主角。詳參閱：Hans Morgenthau, *Political Among Nation*, 4th ed(New York : McGraw-Hill Humanities,1966).

[2] Joseph S. Nye, Understanding International Conflicts:An Introduction to Theory and History, 7th ed (New York : Pearson/Longman, 2009), chapter1.

[3] 此一數據來自聯合國統計，不包括其他政治實體，詳請參閱： “Growth in United Nations Membership, 1945-present,” http://www.un.org/en/members/growth.shtml#2000。

地影響國家行動。[4]以跨國公司為例，跨國公司跨越國家邊界，不但擁有較許多民族國家為多的資源，甚至產生富可敵國的現象。[5]雖然國家仍為武力的唯一合法擁有者，跨國公司因缺少軍事權力，仍無法取代傳統國家在國際體系中的地位，但是其在經濟上的影響力，無疑地可以影響一國的行動。另一方面，伴隨著跨國族群集團(ethnic groups)、恐怖主義集團、毒品卡特爾(cartel)等跨國集團的出現，所產生的問題使「國內事務」與「外部事務」之間的界線模糊化，提供了外界干預的藉口。這些衝擊著傳統主權國家的原則，也影響一國的戰略思考與戰略行動。此外，國際干預行動的合法性與正當性，由聯合國此一國際政府組織衡量。[6]前述因素使一國從事戰略思考、戰略計劃與戰略行動時，面臨更複雜且難以預測的計算。

傳統政府在思索國家安全時，以軍事安全為主；然而，當前經濟安全、生態安全、[7]傳染病的擴散等問題，其重要性已提升等同於軍事安全，[8]使得國家需要計算的因素遠較過去複雜、多元且多變。如同薄富爾所云：「正因為時代驚人的迅速進步，所以這個時候更需要一種特殊高明的遠見—只有戰略才能產生這樣的遠見」、「我們缺乏一種全盤性的觀念，因此無法預知世局的演變，當然更談不上對這種演變加以控制」。[9]面對快

---

[4] 詳細論述請參閱：李國威，《國際關係新論》(台北：台灣商務印書館，2001 年)，頁 23-50。林碧炤，《國際政治與外交政策》(台北：五南圖書出版公司，2003 年)，頁 438-447。

[5] Michael Brown et al., *Theories of War and Peace*(Cambridge, MA: MIT Press,1998).

[6] 蒂埃里・德・蒙布里亞爾著，莊晨燕譯，《行動與世界體系》(*Laction Et Le Systeme Du Monde*) (北京：北京大學出版社，2007 年)，頁 255-258。

[7] 有關人類安全與戰略思考的相關論述，可參閱：施正權，〈鈕先鍾戰略思考概念架構之研究：兼論對人類安全的思考〉，發表於「鈕先鍾百歲紀念戰略思想學術研討會」(南投天帝教鐳力阿道場：淡江大學國際事務與戰略研究所，2012 年 9 月 1 日-2 日)，頁 125-142。

[8] Nye, Understanding International Conflicts:An Introduction to Theory and History,chapter1.

[9] Beaufre, An Introduction to Strategy, pp.20-21.

速變異且日益多元、複雜的局勢，吾人於行動時必須具備遠見與全盤性思考，此即戰略。

相較於古典戰略將行動的定義往往限制在軍事行動，當前戰略的行動卻包含各種國家權力的行使。[10]甚至，今天軍事權力的效用日益減低，使國家選擇以軍事行動解決彼此糾紛的可能性大減。[11]國內的制約是軍事權力在當代效益減低的原因之一。當政府選擇軍事行動，將面對反軍事主義的道德聲浪，這普遍存在於民主國家中。當軍事行動的時間過長或是規模較大時，內部是否支持往往成為領導人重要考量點。另外，今日民族主義高漲、通訊工具發達，使得國內社會呈現高度動員，以軍事行動佔領他國領土，往往所費不貲；許多議題更是無法簡單地透過武力解決。[12]隨著全球化發展，經濟複合依賴的現象益深，世界已經形成一條供應鍊，更深化此一趨勢。[13]析言之，當今軍事權力計算遠較過去複雜，也非唯一行動選項，需要一種指導原則與運作觀念，使國家能夠有效的行動。

核子武器出現更帶來以下變化： 1.對立競爭國家之間的和平概念，變質為一種和平時期的戰爭(war in peacetime)，抑或是冷戰的形式。[14]換言之，戰爭與和平之間的界線模糊化。鬥爭以「小調」的方式永遠持續發展。大規模的戰爭與和平已經合葬在同一墓穴之中。[15]影響所及，單

---

10 鈕先鍾，〈論行動自由〉，鈕先鍾著，《戰略思想與歷史教訓》(台北：軍事譯粹社，1979年)，頁，292。

11 Klaus Knorr, The Power of Nation: The Political Economy of International Relations(New York : Basic books, Inc, 1975), chapter5.

12 Joseph S. Nye, *The Future of Power*(New York : PublicAffairs, 2011),pp.29-31.

13 Thomas L. Friedman, *The World Is Flat: A Brief History of the Twenty-first Century*,2ed.(NewYork:St Martin’s Press,2007), chapter14.

14 André Beaufre, *Deterrence and Strategy*(New York:Frederick A. Praeger,1966), p.30.

15 Beaufre, An Introduction to Strategy, p.70.

方面使用暴力解決矛盾的合法性遭到質疑，正式宣戰與簽訂和約的做法亦不復存在，衝突的爆發不明顯，且與內戰相類似。衝突往往只有中止，而非終結。[16] 2.在核武強大的毀滅力量下，任何的軍事活動極可能逐步上升為核子戰爭，結局為「相互保證毀滅」(Mutual Assured Destruction,MAD)。這種核子嚇阻造成的影響包括行動自由範圍的縮小與雙方行動的癱瘓，[17]同時也讓核子武器在真實世界使用的可能性受到限制。[18]由於戰爭與和平的界線模糊，需要一套有別於過去的思考模式，以適應新的情勢；由於行動自由的縮小，需要更巧合的行動指導，使國家有效利用所剩行動自由，並創造更多行動自由。

概括地說，當前的世界局勢係以驚人的速度變化，不同於過去歷史經驗。若缺乏一種行動指導的原則，也就是哲學，每當有新的思想或變化產生，國家因此隨波逐流，禁不起時代考驗。若缺乏一種行動的概念，也就是戰略，將使國家行動時無法了解對手的戰略運用，並把自身力量用於錯誤方向上。面對當代國際環境，需要一種研究如何採取行動的科學，其中戰略應居重要地位，使所有政策決定都是有意識且經過充分思考的。[19]薄富爾的行動戰略的整個過程，包含政治目標、政治診斷、戰略診斷與戰略行動，政治目標與政治診斷提供一種指導行動的哲學，戰略診斷選擇最適切的行動路線，並透過戰略行動完成政治目標。這樣的行動將是有效且經過充分思考的。

相較於薄富爾強調行動的原則與行動的概念，《孫子兵法》則更進一步指出行動必須是主動的。《孫子兵法》一書提出「致人而不致於人」

---

[16] 蒂埃里・德・蒙布里亞爾著，莊晨燕譯，《行動與世界體系》，頁 255。

[17] Beaufre, *Deterrence and Strategy*, p.49,57,60,61,88.

[18] Nye, *The Future of Power*,p.29.當然對恐怖份子而言，或許不受使用核武的限制，相關言論詳參閱：Peter J. Katzenstein ed., *Civilizations in World Politics: Plural and Pluralist Perspectives*(New York: Routledge,2009).

[19] Beaufre, An Introduction to Strategy, p.12,14.

的概念，申明行動必須掌握主動權，而非被動因應。此外，不約而同地，孫子與薄富爾的戰略思考皆帶有總體導向的特質。薄富爾將戰略行動分為直接與間接兩種模式，而孫子的行動概念體系中，則有「伐兵」與「不戰」兩種模式，並透過「必以全爭天下」的總體思維，進而追求「全國為上」的最高理想。[20]如高利科夫斯基(Krzysztot Gawlikowski)所稱譽：「今日行動學家的研究成果，與兩千年前《孫子兵法》所得者大致相同，《孫子兵法》可謂為行動學的先驅。」[21]

若從行動戰略的面向觀察，中國古典兵書中，僅有《孫子兵法》擁有較為完整行動戰略概念體系。《孫子兵法》以「慎戰」為其戰略思想，以「全」、「稱」為目標的戰略計劃，最後透過「速決」、「詭道」的行動達成目標，整個過程為完整的行動戰略體系。相較於《孫子兵法》，《吳子》僅為吳起之對話錄，六篇之間各有主題，彼此缺乏聯貫，且缺乏有系統的行動思想。[22]《孫臏兵法》乃在殘簡的基礎上編輯成書，缺乏完整行動戰略的概念體系。[23]《六韜》一書雖然在〈文韜〉一卷中，含有若干大戰略的思考成份，但缺少一完整思想來評估國家權力、造勢以及指導國家行動，且該書其他卷，多以低階層戰術為主。[24]同樣地，《尉繚子》所討論多為較低層次之概念，甚至許多概念與《孫子兵法》一書相

---

[20] 鈕先鍾，《孫子三論》(台北：麥田出版社，1996年)，頁28-29。

[21] Krzysztoc Gawlikowski, "Sun Wu as the Founder of Chinese Praxiology, Philosophy of Struggle, and Science," Presented in The Second International Symposium of Sun Tzu's of War, (Beijing, China Oct.1990).轉引自：鈕先鍾，《孫子三論》，頁253。

[22] 《吳子》其書可分為：1. 圖國：分析戰爭的起因、種類，以及各種戰爭該如何因應。2. 料敵：主要為敵情研判。3. 治兵：強調兵力的素質與組織。4. 應變與勵士：為戰術與訓練層次。從上述分析可知，該書各篇可獨立成為一主題，互不相關，不像孫子有完整的行動戰略概念體系。詳參閱：王雲路註譯，《吳子讀本》(台北：三民書局，1996年)。

[23] 《孫臏兵法》為一殘書。該書各篇獨立存在，缺乏關聯性，若將嚴重缺漏的下篇移除，更不可成書。且各篇體裁不一，或為論說體、或為記敘體，有的採問答體。請參閱：張震澤，《孫臏兵法校理》(北京：中華書局，2010年)。

[24] 鄔錫非註譯，《六韜讀本》(台北：三民書局，1995年)。

同，缺少指導國家行動的目標與計劃的思想體系。[25]《李衛公問對》一書，更是基於《孫子兵法》的虛實觀、奇正觀發展的結果。[26] 因此，古典戰略思想中，本文以《孫子兵法》作為探討的主體。

同樣地，在當代戰略中，也僅有薄富爾的行動戰略概念體系最為完整。李德哈特(B. H. Liddell Hart,1895-1970)在《戰略論》(*Strategy*)一書主張「間接路線」，並提出八條行動公理，做為行動的指導原則；[27]然而，行動所欲達成的目標內容為何，並無界定；行動前的計劃，內容由何構成，亦無說明。換言之，李氏缺少完整行動戰略的思想體系，故當代戰略中，本文以薄富爾為整合主體。

那麼，《孫子兵法》對薄富爾的行動戰略，能夠提供何種啟示？《孫子兵法》是否與行動戰略存在著相同處？換言之，本文試圖整合孫子兵法與行動戰略，一方面完善薄富爾行動戰略的內涵，另一方面分析整合的可能性，並驗證整合的結果是否具操作性。

就現有中文專書來看，並無以「行動戰略」為題之專書，[28]僅有鈕先鍾於《戰略研究入門》中以一章的篇幅進行介紹。該文檢視何為行動學、行動戰略的典型、行動自由與軍事權力的效用；[29]然該文雖然介紹行動學，卻沒有賦予行動一明確定義，此乃不足之處。不過文中分析行動的內容、目標、作用與來源，卻可提供本文建構行動定義的基礎。

---

[25] 諸如「兵起非可以忿也，見勝則興，不見勝則止」與「合於利則動，不合於利則止」、「主不可以怒而興師」相合，請參閱：張金泉，《尉繚子》(台北：三民書局，1996 年)。

[26] 鄔錫非註譯，《李衛公問對》(台北：三民書局，1996 年)。

[27] B.H. Liddell Hart, *Strategy*, 2nd (New York, N.Y., U.S.A. : Meridian,1991),pp. 335-336.

[28] 本文透過國家圖書館的〈全國圖書書目網〉，並以「行動戰略」為關鍵字進行蒐尋。〈全國圖書書目網〉，http://nbinet3.ncl.edu.tw/screens/opacmenu_cht.html。

[29] 鈕先鍾，《戰略研究入門》(台北：麥田出版社，1998 年)，第 10 章。

就中文期刊而言，國內與「行動戰略」相關的文獻共 3 篇，[30]分別為：〈行動戰略概述〉、[31]〈軍事權力與行動戰略〉[32]與〈東協 10 + 1 自由貿易區」成立後臺灣的行動戰略〉。[33]前 2 篇為翻譯薄富爾*Strategy of Action*之緒論與第 1 章，第 3 篇行動戰略僅為研究途徑，並非所探討之主體。就簡體文獻而言，僅有〈糧食大省糧食安全責任行動戰略分析〉與行動戰略相關。[34]該文行動戰略亦僅是研究途徑，旨在指導糧食大省如何落實糧食安全責任。

而學位論文的部分，除了《薄富爾戰略思想之研究》乃針對薄富爾戰略思想進行檢視外，剩下 8 篇行動戰略僅為研究途徑，並非研究主體。[35]析言之，《薄富爾戰略思想之研究》之優點在於全面檢視薄富爾的

---

[30] 本文透過國家圖書館的〈台灣期刊論文索引系統〉，並以「行動戰略」為關鍵字進行蒐尋。〈台灣期刊論文索引系統〉，http://readopac.ncl.edu.tw/nclJournal/。

[31] André Beaufre 著，萬仞譯，〈行動戰略概述〉，《軍事譯粹》，第 28 卷，第 7 期(1980 年 4 月)，頁 18-24。

[32] 萬仞譯，〈軍事權力與行動戰略〉，《國防雜誌》，第 6 卷，第 5 期(1990 年 11 月)，頁 5-15。

[33] 陳華凱，〈東協 10＋1 自由貿易區」成立後臺灣的行動戰略〉，《復興崗學報》，第 97 卷 (2010 年 3 月)，頁 47-73。

[34] 本文透過〈中國期刊網〉，並以「行動戰略」為關鍵字進行蒐尋，所出現者多為戰略行動，而非行動戰略。〈中國期刊網〉，〈http://cnki50.csis.com.tw/kns50/Navigator.aspx?ID=CJFD〉。

[35] 本文透過〈台灣博碩士論文知識系統加值系統〉，並以「行動戰略」為關鍵字進行蒐尋，得 8 筆碩士論文，包括：黃柏凱，《美國對北韓政策之研究（2001-2011 年）：以行動戰略理論分析》(台北：國立政治大學外交研究所碩士論文，2012 年)。賴柏丞，《戰國時代合縱連橫之研究－行動戰略觀點》(台北：淡江大學國際事務與戰略研究所碩士論文，2011 年)。陸裕黎，《新加坡國防政策改革及第三代空軍整建之研究：以行動戰略分析》(台北：淡江大學國際事務與戰略研究所碩士論文，2009 年)。江昱蓁，《後冷戰時期中共對北韓外交政策續與變之研究：以行動戰略理論分析》(台北：淡江大學國際事務與戰略研究所碩士論文，2009 年)。詹允中，《普魯士統一戰略之研究(1862－1871)：以行動戰略分析》(台北：淡江大學國際事務與戰略研究所碩士論文，2008 年)。孫弘鑫，《美國柯林頓政府的朝鮮半島安全政策:從薄富爾的「行動戰略」理論分析》(台北：國立政治大學外交研究所碩士論文，2005 年)。許勝泰，《中共對台統一戰略之研究—以薄富爾的行動戰略理論分析》(台北：淡江大學國際事務與戰略研究所碩士論文，2001 年)。吳崑玉，《美國八〇年代的低強度衝突行為一行動戰略之個案研究》(台北：淡江

戰略思想，然並未針對古典戰略與當代戰略進行整合。本文試圖彌補此一不足處，進而完備行動戰略之概念架構。

二、行動的定義與概念說明

行動一詞經常廣泛地與普遍地運用於各個領域中，但幾乎很少使用這一名詞的人，會去界定它的定義。在現代戰略研究領域中，對於「行動」一詞，也是運用多於界定，如同薄富爾所指出的：「我們必需細想何種現象可稱之為行動。一個精確的定義是必需的，然而現有的卻不足」。[36]

危機行為理論正反映出前述現象。查爾斯・麥克萊蘭(Charles A. McClelland)指出，危機行為理論主要關注以下五個問題： 1.危機的定義； 2.危機類型的劃分； 3.研究危機的結局、捲入危機之各方的目標； 4.在危機緊張壓力下的決策； 5.危機管理。[37]質言之，危機行為理論旨在解釋危機發生的原因、影響與危機本身性質。對行動之論述側重於行動與國際體系間的關係，或是行動之動機、行動間的關聯、大國的意象與行動、小國的行為模式，[38]界定行動之定義並非重點。行動戰略是行動學在戰略領域之應用，旨在尋求如何有效行動，不重視行為的動機與行為的實際行態，而是想要建立有效且合理之行動準則。[39]因此，危機行為理論之對行動的論述，不在本文行動的概念範圍之中。

大學國際事務與戰略研究所碩士論文，1990 年)。

[36] André Beaufre, *Strategy of Action*(New York:Frederick A. Praeger,1967), p.26.

[37] Charles A. McClelland, “Crisis and Threat in the International Setting: Some Relational Concepts,” cited in: Michael Brecher, “Toward a Theory of International Crisis Behavior,” *International Studies Quarterly*, Vol.21(March 1977), pp.39-40.

[38] James E. Dougherty , Robert L. Pfaltzgraff, *Contending theories of international relations : a comprehensive survey*, 5th (New York : Longman,2000),pp.630-644.

[39] 鈕先鍾，《戰略研究入門》，頁 272-273。

相較於危機行為理論，韋伯(Max Weber,1864-1920)對行動的定義為：「行動是社會的，是行為的個體將主觀意義賦予在行動上、考慮他人的行為，並在行動過程中指向他人。」[40]此一定義可引申出行動的以下特徵： 1.行動由個人主觀意義決定與指導； 2.辯證性，即雙方意志的相互作用。引申言之，與薄富爾對戰略的定義若干符節：「戰略是一種力量的辯證法藝術(dialectic of forces)，……，也就是兩個對立意志使用力量以來解決爭執時，所用的辯證法藝術。」[41]

舒茲(Alfred Schütz, 1899-1959)的定義與韋伯有異曲同工之妙。舒茲認為：「『社會行動』為行動者的動機、意識、意向、設想計劃、行動實施(conduct)，皆指向其他的行動者之『意識』的行動。」[42]若結合鈕先鍾對戰略的概念：「戰略是一種思想、一種計劃、一種行動。我們可以合稱之為『戰略三重奏』。不過思想、計劃、行動雖然是三種不同的功能，代表三種不同的層次，但事實上又還是三位一體，綜合起來構成完整的戰略體。」[43]。因此，行動定義應包含：1. 行動者的思想，即動機、意識、意向；2. 計劃，即設想計劃；3. 行動實施。三者雖然不同功能與層次，但在三位一體的思考下，如此定義方能構成完整的行動。此外，當行動指向其他的行動者的『意識』時，將產生雙方意志的相互作用，亦即對立意志的辯證法藝術。

帕森斯(Talcott Parsons,1902-1979)則指出：「行動是『行動者』以他人或集體為社會對象(social object)、那些不會互動或反應的工具或條件

---

[40] 舒茲(Alfred Schütz)著，盧嵐蘭譯，《社會世界的現象學》(台北：久大文化公司，1991年)，頁 169。韋伯（Max Weber）著，錢永祥等編譯.，《韋伯選集》(台北：允晨文化實業公司，1985 年)，頁 66。

[41] Beaufre, An Introduction to Strategy, p.22.

[42] Alfred Schütz, *The Phenomenology of the Social World*(Evanston, Ill. : Northwestern University Press, 1967), p.144.

[43] 鈕先鍾，《戰略研究入門》，頁 211。

為物質對象(physical objects)，文化的傳統、思想、信仰、表達的符號、或價值模式為文化對象(cultural objects)等，構成對個人行動者或集體行動者具有動機意義導向(motivational significance)的行動者情境系統，對相關行動者採取行動或反饋行動的過程。」[44] 按此一定義，包括：1.行動者：行動者並非單數，可能為複數。雖然當代行為者不僅限於國家，但在行動戰略的領域中，行動仍是以國家為主體，[45]因此行動者以國家為主，非國家行為者不在行動者範圍內，故文化對象排除在外。從對立意志的辯證而言，物質對象因無法互動或反應，本文不將其納入行動對象的範圍內。2. 動機導向，即行動應受思想的指導。就戰略思想而言，此一思想應包含四項取向：總體取向、主動取向、前瞻取向、務實取向。[46]3. 行動是一種過程，包含行動的執行與反饋。結合鈕先鍾的看法，行動過程應包括：思想階段、計劃階段與行動執行。

從行動學的角度觀察，行動學旨在建立法則，進而指導人類如何有效地行動(effective action)。行動學之原文為praxeology，意義即為「有指導的行動」。換言之，透過依循法則，進而有效地行動以達成目標。行動學所謂的「合理行動」(rational action)，意指能達到目標的行動。這有取決於能否正確認知與評估環境(environment)或行動領域(field of action)。錯誤認知將產生不合理的行動，無知與不合理意義相同。[47]如同薄富爾所言：「戰略……，其基礎是一些假定，而這些假定究竟是否錯誤，要等到實際行動時才能知道。任何估計錯誤，結果將受到殘酷的懲罰。這是戰略最大困難之所在，特別在我們這個快速演進的時代更是如

---

[44] Talcott Parsons, *The social system* (London: Routledge,1991),pp.4, 138-140.

[45] 鈕先鍾，〈論行動自由〉，頁 292。

[46] 鈕先鍾，《戰略研究入門》，頁 97。

[47] 鈕先鍾，《戰略研究入門》，頁 268-270。

此。」[48]概括而言，藉由前述分析可以初步賦予行動以下定義：「透過正確認知與評估環境，並遵循原則而有效行動以成達成目標」。

薄富爾在《行動戰略》(*Strategy of Action*)一書中，透過與嚇阻進行比較，並檢視行動的特徵，簡單地界定行動的定義。行動與嚇阻相對，前者積極，後者消極。行動意指：「在單個或多個對手的競爭中，積極地完成政治目標」。換言之，當行動者想要完成某些事，即為行動。這種努力有不同的程度表示，如戰爭、危機、威脅、壓力等等，但皆意味著政策施加積極的結果於其他國家。[49]薄富爾的定義不但簡潔，且清楚界定行動的成分。

三、《孫子兵法》的行動戰略概念架構

雖然鈕先鍾認為：「全書(《孫子兵法》)前後連貫，有頭有尾，誠如孫子所比喻的，有如恆山之蛇，形成完整的思想體系」。[50]然而嚴格地說，《孫子兵法》並無一套完整的行動戰略概念架構，相關行動的論述散見於書中各處。由於戰略是一種思想、計劃與行動，三者三位一體，故以此一概念架構分析《孫子兵法》的行動戰略概念。

(一) 思想：慎戰

《孫子兵法》的基本戰爭觀為慎戰，這是因為「兵凶戰危」。兵何以凶戰何以危，原因包括：

---

[48] Beaufre, An Introduction to Strategy, p.136.

[49] Beaufre, *Strategy of Action*, pp.26-28.

[50] 鈕先鍾，《孫子三論》，頁 37。

1. **人力的損失與國家存亡：**

因為戰爭是人民「死生之地」與國家「存亡之道」，故為「國之大事」，「不可不察」。換言之，國家存亡與人民生死，皆受到戰爭影響，需謹慎從事。如同李筌的解釋：「兵者兇器，死生、存亡系于此矣，是以重之，恐人輕行者也。」[51]

2. **經濟因素：**

戰爭對國家人力、資源與財力造成巨大的消耗。[52]戰爭的代價高昂，要「日費千金，然後十萬之師舉矣」。因此，孫子主張戰爭不可曠日持久，否則將導致「鈍兵挫銳」，並產生「國用不足」之結果。[53]換言之，為避免財政入不敷出，赤字嚴重，戰爭應速決。[54]

就國家內部耗損而言，戰爭耗損的不只是政府與民間的經濟力量，對於軍事權力也產生影響，「百姓之費，十去其七；公家之費：破軍罷馬，甲冑矢弩，戟盾蔽櫓，丘牛大車，十去其六」，最後為「諸侯乘其弊而起」，[55]使國家安全受到威脅。

由於兵凶戰危，故孫子主張慎戰。在慎戰的思考下，發動戰爭的標準為「非利不動」與「非危不戰」。換言之，以國家利益與國家生存，做為發動戰爭的準則，即「合於利而動，不合於利而止」，最終目標為「安國全軍」與「保民利主」。[56]在今天，國家行動更可以「利與害」做為行動的標準。

---

[51] 孫子撰，曹操等注，《十一家注孫子》(北京：中華書局，2012 年)，頁 3。

[52] 鈕先鍾，《孫子三論》，頁 54。

[53] 孫子撰，曹操等注，《十一家注孫子》，頁 29

[54] 鈕先鍾，《孫子三論》，頁 54。

[55] 孫子撰，曹操等注，《十一家注孫子》，頁 29，30，33。

[56] 孫子撰，曹操等注，《十一家注孫子》，頁 251-252。

戰爭對國家是否有利，取決於敵我權力比較的結果，此一計算與比較的過程稱之為「廟算」。《孫子兵法》一書主張「校之以計而索其情」，透過量度(measurement)與判斷(judgement)，分別處理可量化與不可量化的項目。[57]

《孫子兵法》將國家權力的評估項目分為：[58]

1. 道：令民于上同意者也，可與之死，可與之生，民不詭也。

道為爭取人民對政府的政策或行動加以支持，即政治戰略所指涉的國民向心力整建。[59]因此，道是戰略的國內與政治基礎。然而，實際整建國民向心力的作為，孫子並沒有進一步分析。[60]

2. 天：陰陽、寒暑、時制也。

3. 地：高下、遠近、險易、廣狹、死生也。

4. 將：智、信、仁、勇、嚴也。

將帥在《孫子兵法》的行動概念佔有重要角色，將帥不但是「民之司命，國家安危之主」，更是「國之輔」。甚至可以說，《孫子兵法》對將的要求是全面的，為將者必須瞭解「用兵之害」，方能知「用兵之利」，亦需「知可以戰與不可以戰」，能「識眾寡之用」、「以虞待不虞」、「役不再籍」、「糧不三載」、因糧於敵」，並使「上下同欲」。[61]

---

[57] 鈕先鍾，《孫子三論》，頁 43。

[58] 孫子撰，曹操等注，《十一家注孫子》，頁 4-9

[59] 方子希，《政治戰略》(台北：中華文化復興委員會，1981 年)，頁 86-87。

[60] 鈕先鍾，《孫子三論》，頁 43-44。

[61] 吳仁傑注譯，《孫子讀本》，再版(台北：三民書局，1998 年)，頁 10，11，14，21，22。

那麼，是否存在著將材選拔的標準？針對此一問題，《孫子兵法》提出智、信、仁、勇、嚴的標準。進一步來看，智、信、仁為衡量內在性格的標準，勇與嚴為衡量將領行動的標準。另外，誠如曹操所指出：「將宜五德兼備」。何氏更解釋：「將材古今難之，其性往往失於一偏爾。故孫子首篇言『將者，智、信、仁、勇、嚴也』，貴其全也。」[62]換言之，為將者的品德、將道與治軍三項能力應均衡發展，不可偏廢。[63]若失衡發展，或某項性格超過正常限度，會產生「五害」，分別為：「必殺可死、必生可虜、忿速可侮、廉潔可辱、愛民可煩」。這五種性格的瑕疵會導致「覆軍殺將」的結果，故不可為大將。[64]

異曲同工地，克勞塞維茨(Carl Von Clausewitz,1781-1831)對軍事天才亦主張均衡發展各項天賦。克氏指出：「軍事天才的要素。......特別重視聯合兩字。因為軍事天才的要素不能僅存在某一單獨的天賦中—如勇敢—而其他心智與性情卻闕如或不適合戰爭。天才是許多要素的和諧結合，可能某項能力會較具支配性，但任一種不可能與他種相衝突。」[65]除了重視各項天賦均衡的發展，克氏更進一步地指出各項天賦彼此間不應該相互衝突，而是和諧的相容。

5. 法：曲制、官道、主用也

曹操主張：「部曲、旛幟、金鼓之制也。官者，百官之分也。道者，糧路也。主者，主軍費用也」。[66]換言之，包括軍事組織與通訊、部隊編制與管理、人事制度、軍費與後勤。

---

[62] 孫子撰，曹操等注，《十一家注孫子》，頁 8，160。

[63] 鈕先鍾，《孫子三論》，頁 289。

[64] 孫子撰，曹操等注，《十一家注孫子》，頁 158-160。

[65] Carl Clausewitz, *On War*(London :David Campbell Publishers, 1993),p.115.

[66] 孫子撰，曹操等注，《十一家注孫子》，頁 9。

歸結地說：「五事」為評估國家權力的項目，而「七計」為「五事」的延續，進而構成勝負的關鍵，包括：主孰有道、天地孰得、將孰有能、法令孰行、兵眾孰強、士卒孰練、賞罰孰明。

透過前述對敵我權力進行完整地評估，可得到以下幾種結果：1. 因為勝利條件充分，故未戰而廟算勝；2. 因為勝利條件不足，故未戰而廟算不勝；3. 毫無勝利條件，必敗。此一「廟算」的結果，將構成後續行動計劃的基礎。[67]

(二) 計畫

《孫子兵法》的戰略計劃由「全」與「稱」兩者所構成。根據戰略評估，形成行動計劃，進而引導戰略行動。

1. 全

行動的最高理想為「不戰而屈人之兵」。換言之，在擬定行動計劃時，依四種不同的手段，由低而高構成四種不同的層次，所追求的最高理想為「不戰而屈人之兵」，進而達到全國、全軍、全旅、全卒、全伍的目標，最終「以全爭于天下」。[68]

最高層次為伐謀，以打擊敵方戰略計劃的方式，使其計劃無法遂行進而放棄原有意圖。次一等為伐交，打擊敵方同盟或附庸，使敵方整體實力受損，進而難以執行原定計畫。而伐交為間接的伐謀，因為敵方原有計劃，可能因為我方打擊其同盟而無法執行，伐謀與伐交往往交互使用。再次一層為伐兵，當前述兩種計劃無法執行時，會戰成為必然選項。最低層次為「攻城」，為不得已的選項。[69]攻城的弊病包括財力、資源、

[67] 吳仁傑注譯，《孫子讀本》，頁 6。

[68] 鈕先鍾，《孫子三論》，頁 62-63。

[69] 鈕先鍾，《孫子三論》，頁 64-65。

人力與時間的浪費，故張預解釋：「夫攻城屠邑，不惟老師費財，兼亦所害者多，是為攻之下者。」[70]

2. 稱

誠如前面所述，「廟算」的結果將成為行動計劃制訂的基礎。進一步而言，一國可動員的資源，決定其行動計劃的類型，也影響該國在行動時能否處於「以鎰稱銖」的不對稱優勢。除了「五事七計」的評估，亦可透過以下項目而「稱」：(1)度，即國土幅員大小；(2) 量，即資源量；(3) 數，即人力數量；(4) 稱，即實力對比；(5) 勝，戰爭勝負。[71]國家依此評估結果，選擇對自己最具優勢的計劃，並在外部積極「造勢」以為行動時的輔佐。

(三) 行動

「詭道」與「速決」為孫子戰略行動的指導原則。就行動模式而言，可分為戰與不戰兩種模式，前者行動的典型包括：攻城、奇正、虛實、迂直，後者則分為伐謀與伐交兩種典型。

以上是孫子兵法行動戰略概念之簡述。而戰略思考與情報則貫穿思想、計畫到行動整個過程。情報為安國全軍之前提，旨在知彼知己、知天知地、知諸侯，進而先知、全知、善知，而這正是戰略思考的取向，即總體取向、主動取向、前瞻取向、務實取向。[72]

---

70 孫子撰，曹操等注，《十一家注孫子》，頁 45。

71 孫子撰，曹操等注，《十一家注孫子》，頁 71。

72 鈕先鍾，《戰略研究入門》，頁 97-120。

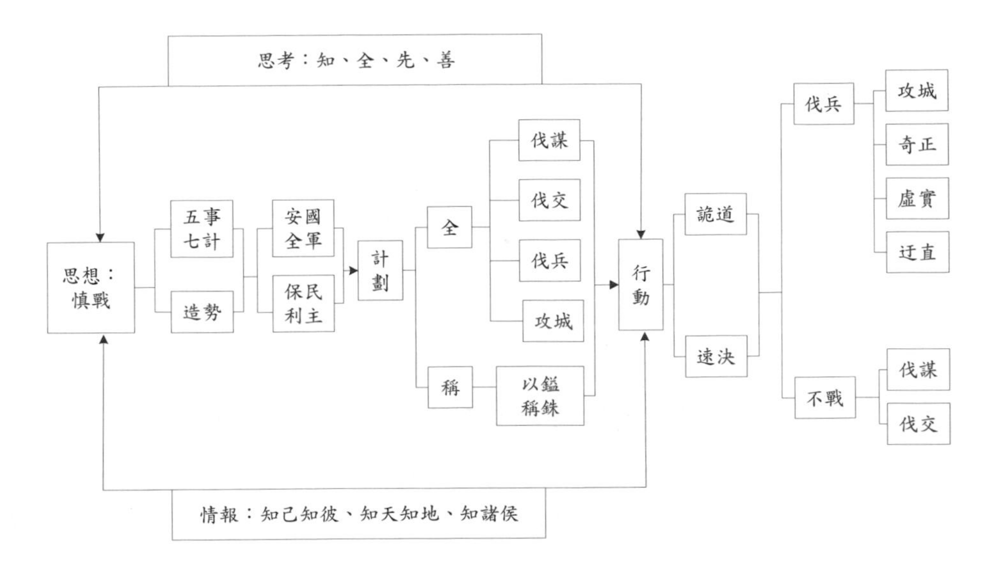

圖 1：孫子兵法行動戰略概念架構圖

四、薄富爾的行動戰略概念架構

薄富爾的行動戰略與總體戰略、間接戰略三者三位一體，形成戰略三重奏。面對資源與環境快速的變異性，戰略不能是固定的準則，「須以假設(hypothesis)為起點，並利用真正創造性思考(original thought)以來產生答案」。因此，戰略是一種「思考方法」(method of thought)，是兩個對立意志使用力兩解決爭執時，所用的辯證法藝術。但就執行而言，戰略是達到目標的手段，由政策決定戰略之目標，而政策是受到一種基本哲學的支配。換言之，戰略在於實現此一哲學。[73]

在薄富爾概念中，總體戰略下轄嚇阻戰略與行動戰略兩部分，以行動戰略為主。而行動戰略又可分為直接戰略與間接戰略兩者，以間接戰略為主。直接戰略與間接戰略差別在於軍事權力是否為主要使用工具，

---

[73] Beaufre, An Introduction to Strategy, chapter1.

若以軍事權力為主要行動則為直接戰略，若以非軍事權力為主要行動則為間接戰略。[74]

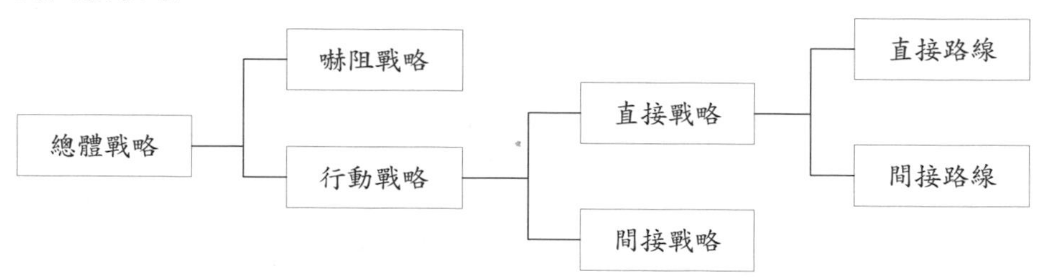

圖 2：總體戰略、間接戰略、行動戰略關係圖

資料來源：鈕先鍾，〈附錄：薄富爾的戰略思想〉，薄富爾著，鈕先鍾譯，《戰略緒論》(An Introduction to Strategy)(台北：麥田出版社，2000)，頁 188。

（一）總體戰略

薄富爾指出戰略就是總體戰略。[75]總體戰略應包括政治、經濟、軍事、心理等方向。彼此雖然形式不同，但皆受總體戰略的指導，如此才能互相協調、依賴，並指向同一個目標。[76]

薄富爾以金字塔來表明此一概念。在金字塔的最高點為總體戰略，由政府直接控制，並指導總體戰爭，進而決定分類戰略之目標與協調各個分類戰略。在總體戰略指導下，政治、經濟、心理、軍事各有其全面戰略(overall strategy)，以分配、協調所轄特定領域內之各種工作。最後，各全面戰略領域中，有作戰戰略(operational straetgy)透過行動將上層的

---

[74] 鈕先鍾，〈附錄：薄富爾的戰略思想〉，頁 189-188。

[75] 薄富爾指出，他曾在 *An Introduciton to Strategy* 中針對總體戰略提出兩個定義。但在 *An Introduciton to Strategy* 中，這兩個定義是其對戰略所下的定義。故可推論薄富爾認為戰略指的就是總體戰略，兩者是同義詞，只是表達不同。請參閱： Beaufre, *Strategy of Acton*, p.26.相同意見尚可參閱：鈕先鍾，《戰略研究入門》，頁 35。

[76] Beaufre, An Introduction to Strategy, p.30.

觀念付諸實行，並根據所遇到限制調整原有的想定。換言之，作戰戰略要使全面戰略所設之目標，能與戰術、技術的能力互相配合。並且，要使整個的發展是朝戰略所指定的方向發展，以求能適應戰略的要求。[77]

（二）間接戰略[78]

間接戰略乃是以非軍事行動為主之方式，達成政策目標。換言之，間接戰略中的軍事力量僅為輔助角色，而非主要行動選項，所運用的軍事權力極少，甚至不用，卻能為產生決定性的勝利。有鑑於核子時代中行動自由日趨窄化，若對所剩行動自由妥善利用，將能創造更多行動自由。間接戰略旨在對僅存的行動自由，做最妥善運用。因此，面對核子嚇阻產生的行動癱瘓，間接戰略能創造出有效且合理的行動。[79]特別是當前國際體系存在高度複合依賴之現象，軍事行動日趨受限，更凸顯出間接戰略的重要性。

（三）行動戰略

戰略是兩個對立意志進行辯證法式的競爭。換言之，行動戰略即為兩對立意志競爭行動自由，尋求確保我方行動自由，並剝奪對手的行動自由。[80]行動戰略可分成直接戰略與間接戰略。在直接戰略中，軍事力量居於優勢地位；在間接戰略中，軍事力量是次要的，甚至是輔助角色。所動用之軍事資源雖少，卻可產生重要與決定性勝利。[81]

---

[77] Beaufre, An Introduction to Strategy, pp.30-32.

[78] 有關間接戰略與間接路線的差異，請參閱：鈕先鍾，〈論「間接路線」與「間接戰略」(下)〉，《三軍聯合月刊》，第 16 卷，第 11 期，(民國 68 年 1 月)，頁 76-77。

[79] Beaufre, An Introduction to Strategy, p.109. Beaufre, Deterrence and Strategy, p.49, 57,61,88.

[80] Beaufre, *An Introduction to Strategy*, pp.22-24, p.50, 133, 135.

[81] Beaufre, Strategy of Action, p.103.

誠如前述，當代局勢的特性使更適合以間接戰略為主要模式。當然，一國無法永遠保證軍事力量始終居於優勢，能夠採取直接戰略，從另一面向來看，間接戰略能降低勝利的成本，何樂而不為？換言之，強調間接戰略旨在以最經濟之行動，完成政策目標。至於採取何種間接行動，取決於：第一，能徹底打擊對方弱點。第二，足以配合我方資源，並做最好的利用。這樣巧妙的運用，能使一國即使在資源受限的前提下，也能做出最有效率的行動。政策的任務是設定目標，並分配可用的資源進而直接或間接地行動，達成目標。而行動戰略的執行並非政策之任務，而屬於戰略。因此，戰略的目的就是運用間接戰略，以達成政策之目標。[82]

1.政策

行動戰略以政策為起點。政策可稱為高級政策或是總體政策。若將兩者相比，政策較具有主觀性，戰略則較客觀性。政策決定戰略所要達成之目標，而戰略選擇方法以完成目標。由於戰略是由政策決定，故政策對於戰略應該處於支配之地位。換言之，行動戰略是連結政策目標與行動結果的橋樑。戰略將發展、分配與運用資源，透過直接或間接之行動達成目標。[83]

---

[82] Beaufre, An Introduction to Strategy, p.23, 107, 126, 130,134,135. Beaufre, Strategy of Acton, p.21.

[83] 以上請參閱：C. C . Reinhart 著，鈕先鍾譯，〈國家政策與戰略計劃〉，《軍事譯粹》，第27卷12期(1979年9月)，頁5，8-9，23-24。Beaufre, An Introduction to Strategy, p.23, 107, 126, 130,134,135. Beaufre, Strategy of Acton, p.21.

2.政治診斷

政治診斷在於對當前事件發展方向進行評估，使我方能夠察覺哪些力量可以被利用，或是要加以抗拒。政治診斷指出戰略該採取何種行動，並計算出行動成功的勝算。政治診斷的產生是基於對當前事件給予解釋，並根據這些解釋，對選擇的政治目標加以驗證(justify)。換言之，政治診斷針對同一個時期所發生的重大事件進行解釋與評估，找出其背後的政治目標。解釋這些重大事件，可明白危險為何，並針對危險程度的輕重緩急做出排列順序。[84]在《行動戰略》(*Strategy of Action*)一書中，薄富爾藉由歐洲歷史提出以下問題：(1) 過去為何與如何傾覆。；(2) 現今情勢的特徵為何；(3) 未來危險要如何防範；(4)我們追求期待的未來是如何的。[85]

3.戰略診斷

政治診斷是戰略診斷之基礎。經過政治診斷後，戰略診斷則評估不同情況下各層次行動之可能性。戰略診斷將行動分成數個戰略目標，每個戰略目標各自產生一系列的分析主題，而這種分析可以演繹出程序的選擇。此一分析過程包含兩種推論程序，彼此雖不同卻互相依賴。

（1）找尋弱點與工具

分析國際環境時，可將該體系看成一多邊體系，並將體系內分為彼、我兩對抗性陣營，此兩陣營又可劃分四個群組的變動型框架。此四框架彼此利益有重疊與不重疊，又因彼此的互動，故情勢持續變動。分析時須依據此情勢，設定欲追求的目標，並運用手段來滿足所追求的目標。[86]將體系內國家區分為敵、我陣營，以及第三中立國後，接下來診斷重點

---

[84] Beaufre, *Strategy of Acton*, pp.35-37.

[85] Beaufre, *Strategy of Acton*,p.38.

[86] Beaufre, *Strategy of Acton*, p.57.

包括：第一，列出敵國與其同盟國的弱點(the vulnerable points)，並指出這些弱點可攻擊的方法。第二，評估、比較敵我雙方可動用的資源與弱點，並評估第三國以公開或潛在的方式，介入衝突之可能性。此一診斷引導出兩種行動模式：第一，直接對抗行動，以攻擊對方弱點，並掩護我方弱點之直接行動。第二，間接對抗行動，針對第三國的弱點，目的在於使第三國對抗我方之敵國，並避免第三國採取對抗我方之行動。[87]

（2）評估並選擇最合適行動路線

第二個推論程序為針對各時間點下，各行動層級的內容進行檢視。並對各種行動類型的效力加以評估，診斷的結果將可使我們選擇最適合的行動路線。[88]

4. 行動模式

戰略行動模式可分為直接與間接。[89]行動戰略旨在維持、甚至擴大我方行動自由之範圍，並使敵人可利用的行動範圍儘量縮小。透過內部動作與外部動作的配合運用，達成此一目的。

（1）外部動作(exterior manoeuvre)

在間接戰略中，行動自由的多寡，通常由有關地理區域以外之因素決定，如核子嚇阻的效力、國際反應的評估、對外來力量敏感的大小、敵人的精神力量等等，而非地理區域內的因素。換言之，任何特殊行動的成功與否，有賴於在世界廣泛層級的行動是否成功，此二者有極密切的關係。在外部動作中，一方面維持自己行動自由處在最大限度，另一

---

[87] Beaufre, *Strategy of Acton*, pp.58-59.

[88] Beaufre, *Strategy of Acton*, pp.88-91. 另外，雖然政策決定的層級穩固不變，但由於內外部的情勢處於變動，將使政治動機也產生變化，使原來的行動計劃之方向也發生改變。請參閱：Beaufre, *Strategy of Acton*, pp.96-97

[89] Beaufre, *Strategy of Acton*, pp.102-103.

方面又要運用各種不同的嚇阻癱瘓敵人行動。外部行動應當以心理性為主，同時輔之以其他手段，如：政治、經濟、外交、軍事。所有的行動都趨向同一目標，也就是以嚇阻敵人行動為目的。為了使此一嚇阻產生效力，行動可以從最輕微的，直至最粗暴為止。[90]

此外，外部動作的成功取決於：第一，軍事權力的嚇阻力量形成全面性的嚇阻，使對手不敢有大規模的回應行動。第二，一切行動構想須與政策路線配合，如此不致於發生矛盾。[91]

（2）內部動作

內部動作為指定地理區域內所使用的手段。外部動作確保相當程度的行動自由後，為獲致某種確定結果，緊接著為研擬「內部動作」。內部動作選擇取決於三項變動且關連的因素：物質力量、精神力量、時間，此三因素相互關連且處於變動狀態。[92]

內部動作分為兩種模式：[93]

a. 蠶食方法(piecemeal method)

如果物質力量較敵方遠居於優勢，則精神因素的重要性較低，並以極短時間完成行動。換言之，此時需在外部動作所提供的行動自由範圍內，以優勢物質力量快速完成中程目標，略事休息後，又繼續邁向下一個目標。

---

[90] Beaufre, *Strategy of Acton*, pp.110-111.

[91] Beaufre, An Introduction to Strategy, p.111.

[92] Beaufre, *Strategy of Acton*, p.113.

[93] Beaufre, *Strategy of Acton*, p.113.

b. 腐蝕方法(erosion method)

如果能使用的物質資源稀少，則需要強大精神力量，行動將長期化，此時採取長期鬥爭，使敵人逐漸感到疲憊。

行動模式的決定，依據於目標、資源與行動自由，可分為五種典型：[94]

（1）直接威脅(the direct threat)

目標重要性輕微，可動用資源巨大，或許以資源威脅，即可迫使敵人接受我方條件。

（2）間接壓迫(the indirect pressure)

目標重要性輕微，但所運用資源不適當，不足以產生決定性威脅，為達成目標須採行較陰險的行動，可能是政治性、外交性或經濟性的。此一典型適用於行動自由受限時。

（3）一連串連續行動(a series of successive actions)

行動自由與能動員之資源均有限，但目標重要性相當大，則須採取一連串行動，兼具直接威脅與間接壓迫，還需配合武力有限度使用。

（4）長期鬥爭(a protracted struggle)

行動自由大，但所能運用資源不足以獲得軍事決定，則應採取長期鬥爭的戰略，旨在磨垮對手士氣，使他因厭倦而放棄。

（5）軍事勝利(military victory)

當軍事資源充足，即可透過軍事勝利來尋求決定。此一衝突猛烈，但應使其時間儘量縮短。

---

[94] Beaufre, *Strategy of Acton*, pp.26-29.

概括而言，前述五種類型可分為：(1) 直接戰略：第一種和第五種軍事力量的使用是居於主要地位，故可歸入直接戰略，屬於熱戰層面；(2)間接戰略：第二種和第四種軍事力量僅為輔助性角色，可歸入間接戰略，屬於冷戰層面；(3)介乎兩者之間的第三種。[95]

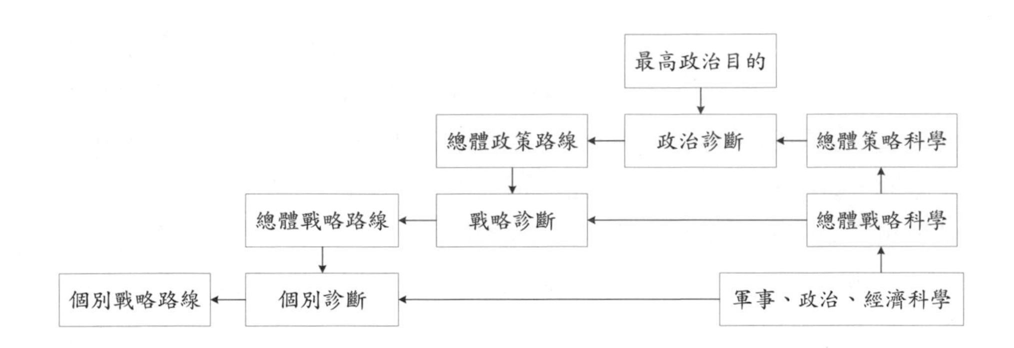

圖 3：薄富爾行動戰略概念架構

資料來源：Andre Beaufre, Strategy of Acton, p.99.

五、古典與現代的整合

透過前面分析，可發現薄富爾行動戰略的概念架構初具規模，但在細部原則上，可透過《孫子兵法》的概念加以補充。以下從「戰略思考」、「計劃」、「行動」幾方面分別論述：

(一) 戰略思考的部分

針對決策者應當如何進行戰略思考，《孫子兵法》主張「智者之慮必雜于利害」，提供前述問題一個思考方向。任何行動往往利害交雜，

---

[95] 鈕先鍾，《戰略研究入門》，頁 279。

決策者惟有充分考慮正反面因素，對於敵我行動的研判才兼具可行性與可信性。[96]甚至，舉凡與國家安全有關的議題，皆應兼固「利」與「害」的思考，見利思害以避免未來可能發生的危險，見害思利以建立行動的信心。[97]利害的思考有助於預知未來情勢的發展，這與薄富爾主張「必須擁有預測的能力，才能防備奇襲，並保持對演進的了解」，若合符節。[98]

前述「利與害」的辯證思考，構成了「知」的基礎，而「知」又是計劃與行動的前提。針對此一觀點，薄富爾與《孫子兵法》不約而同地視「知」為戰略思考的重要成分。薄富爾認為行動失敗的原因在於無知。[99]同樣地，《孫子兵法》也重視知，認為不知則無法行動，知是全勝的前提，知己知彼，百戰不殆；不知彼而知己，一勝一負；不知彼不知己，每戰必殆。[100]兩者不同點在於薄富爾採取反面的態度，未明白指出知是勝利或成功的主要條件，而《孫子兵法》則兼顧正反兩面，並且更為積極。[101]

不過，薄富爾對於「知」，亦有其積極的一面。薄富爾指出：「戰略的要義在於預防而不是治療」，透過對過去的研究，以操縱當前現象，進而控制未來。[102]為了讓未來替人類服務，必須能夠先知。[103]但是如何「知」，並無指出明確方向，這點可透過《孫子兵法》的情報觀加以補充。

---

96 鈕先鍾，《孫子三論》，頁 119。

97 陳湘靈，《武經七書與當代戰爭戰略》(北京：國防大學出版社，2003 年)，頁 52。

98 Beaufre, An Introduction to Strategy, p.45.

99 Beaufre, An Introduction to Strategy, p.13.

100 孫子撰，曹操等注，《十一家注孫子》，頁 57-58。

101 鈕先鍾，《孫子三論》，頁 252-253。

102 André Beaufre, *The Suez Expedition1956*(New York:Frederick A. Praeger,1967),pp.145-146.

103 Andre Beaufre, *1940:The Fall of France*(London: Cassell,1967),pp.214-215.

此外，誠如克勞賽維茨所指出的，戰爭是一種相對的行動，而非孤立的行動。兩造雙方將依據對手現在所採取的行動，以及將來可能採取的行動，從而決定己方行動為何。[104]與克氏相似，薄富爾的戰略思考亦具有辯證性，這可從他對戰略的定義而得知：「兩個對立意志使用力量以來解決彼此爭執的一種辯證法藝術」。[105]但是，其著作對於辯證的應用與分析，僅見於其分析國際環境中敵我陣營與中立國彼此互動，以及對攻與守、嚇阻與行動。[106]但《孫子兵法》的思想中，辯證法的應用更為多元與廣泛，包括利害之辯、虛與實、奇與正、攻與守，可進一步補充薄富爾之不足。

而薄富爾認為，一切的行動最終目標在於行動自由，其先決條件為維持主動。[107]這一點《孫子兵法》亦抱持同樣見解，「善戰者，致人而不致於人」。[108]薄富爾運用擊劍術的比喻，闡明如何獲得、擴張行動自由。總結其論述，行動自由的獲得取決於目標的重要性、擁有資源的多寡，以及時間的常短。[109]《孫子兵法》對於主動性的取得，則透過「利與害」、兵力的「寡與備」、「避實擊虛」等原則達成，兩者可互為彌補。

(二) 最高政治目標部分

薄富爾的戰略金字塔頂端為總體戰略，由政府所控制與指導，並決定分項戰略的目標，與協調各種政治、經濟、外交。[110]政府第一件必須

---

[104] Clausewitz, *On War*,p.84,87.

[105] Beaufre, An Introduction to Strategy, p.13.

[106] 有關攻與守、嚇阻與行動的詳細論述，可參閱：Beaufre, *Strategy of Acton*, pp.11-13.

[107] Beaufre, An Introduction to Strategy, p.36.

[108] 吳仁傑注譯，《孫子讀本》，頁37。

[109] Beaufre, An Introduction to Strategy, pp.37-41.

[110] Beaufre, An Introduction to Strategy, p.30.

作的事，便是決定政治目標。然而此一政治目標如何產生與實質內涵為何，薄富爾並沒有明確的說明。[111]相較於薄富爾，《孫子兵法》直指國家所追求者為「安國全軍」與「保民利主」，其性質具有自保、安全、與福利的意涵。更進一步地談，國家目標的界定，以及行動的標準，應由「依利而動」、「非利不動」的利害觀所決定，也就是由國家利益來決定。[112]

(三) 政治診斷

將同一個時期所發生的重大事件進行解釋與評估，找出其背後的政治目標，即是政治診斷。透過解釋這些重大事件，可明白危險為何，並針對危險程度的輕重緩急做出排列順序。[113]解釋與評估這些事件的標準，薄富爾卻沒有清楚界定。

借用《孫子兵法》五事七計與造勢的概念，或許可以彌補前述之不足。「五事」評可分為物質與人事兩大類型。物質部分包含天與地，為「自然環境」的評估，人事部分為道、將、法，包含將領素質、軍事組織與通訊、部隊編制與管理、人事制度、軍費與後勤，甚至是軍事組織能否與政府有效配合。[114]透過評估自然環境、政府組織素質與效能，進而量化敵我國家權力，成為計劃作為之基礎。

當然，《孫子兵法》評估模式在今天過於簡單，必須加以擴張及轉化。簡而言之，當前評估一國權力應包括：[115]

---

[111] Beaufre, Strategy of Acton, p.84

[112] 鈕先鍾，《大戰略漫談》(台北：華欣文化出版公司，1977 年)，頁 46-47。

[113] Beaufre, Strategy of Acton, pp.35-37.

[114] 鈕先鍾，《孫子三論》，頁 45。

[115] Ashley J. Tellis, Janice Bially, Christopher Layne, Melissa McPherson , Measuring National Power in the Postindustrial Age(Santa Monica, Calif. : Rand, 2000).

1. 國家資源評估：由技術、人力資源、物質資源、金融資源所構成。
2. 國家績效：政府組織效率、官僚素質、社會控制與整合程度、政府支持度。
3. 軍事能力：包含國防預算、基礎設施、軍事研發、戰略良窳，以及轉化能力與轉化後的作戰效能。

表一: 完整國家權力評估表

國家資源	國家績效	軍事能力
技術 企業 人力資源 財政/資本資源 物質資源	基本能力 觀念資源	戰略資源 軍事轉化能力 作戰能力

資料來源：Ashley J. Tellis, Janice Bially, Christopher Layne, Melissa McPherson , Measuring National Power in the Postindustrial Age(Santa Monica, Calif. : Rand, 2000).

經過前述診斷，可以得知敵我國家權力對比，並依「因利而制權」的原則，將各種事件或危險加以分類，以排列優先順序與選擇最有效行動。

(四) 戰略診斷

薄富爾戰略診斷包含兩個推理過程：1. 找尋弱點與可動用資源；2. 評估與選則最適合行動路線。就可動用資源而言，除了透過前述五事七計的評估，尚有五度：1.度，即國土幅員大小；2.量，即資源量；3.數，即人力數量；4.稱，即實力對比；5.勝，戰爭勝負。

就找尋弱點而言，即為「稱」的概念，藉由比較敵我雙方力量，思索敵我虛實，進而尋求「以鎰稱銖」的不對稱優勢，並避實擊虛。另外，五種知勝之道，亦可作為分析敵我弱點的標準。1. 戰機的掌握程度：知可以戰與不可以戰者勝；2. 精於兵力部署：識眾寡之用者勝；3. 上下是否同心：上下同欲者勝；4. 戰備完善程度：以虞待不虞者勝；5. 充分授權與否：將能而君不御者勝。[116]而這又可與前面五事七計結合，構成戰略評估的項目之一。

就評估最適行動路線而言，核心概念為「全」，包括全國、全軍、全旅、全卒、全伍，依此概念產生伐謀、伐交、伐兵、攻城由高至低的行動層次。選擇的標準取決於「五事七計」與「稱」的結果。

總結而言，「五事」與「七計」提供國家進行戰略計劃時，評估敵我力量的基礎，進而「為勢佐其外」。「校之以計」評估的是國家在某項權力得分的多寡，「而索其情」則是針對不同權力項目進行評估，前者得分越高越有利於行動，後者算的越精密，越符合現實狀況。[117]誠然，因為機會、摩擦力、不可預測性等因素，「戰爭之霧」是無法完全移除的，使計劃與實際現勢仍存在落差。[118]不過這種精密的分析將減少這種落差的產生，從而增加成功的勝算，故云：「多算勝，少算不勝，而況無算乎」。

(五) 行動模式

固然《孫子兵法》的行動模式是以直接戰略為主，間接戰略為輔，與薄富爾恰好相反，不過兩者皆重視總體的運作。薄富爾提出總體戰略，

---

116 孫子撰，曹操等注，《十一家注孫子》，頁 55-57。

117 鈕先鍾，《孫子三論》，頁 50。

118 有關這類的論述，究其實為「絕對戰爭」與現實的差距，詳細可參閱：Clausewitz, *On War*,pp.83-102.正因戰爭之霧難以移除，使戰爭充滿不可預測性，這種不可預測包括兩造雙方彼此互動的不可預測、磨擦力所造成的不可預測，以及機會所造成的不可預測性，並使戰爭呈現非線性的特徵。以上請參閱：Alan Beyerchen, "Clausewitz, Nonlinearity, and the Unpredictability of War," *International Security,* Vol.17, No.3(Winter 1992/1993),pp.72-82..

包括政治、經濟、軍事等工具的總體與協調運用，《孫子兵法》則為求「全勝」，有伐謀到攻城四種不同手段的運用，結合了直接與間接兩種模式。[119]換言之，《孫子兵法》的戰略行動模式可分為二：1. 直接戰略（戰），包括伐兵與攻城；2. 間接戰略（不戰），包括伐謀與伐交。

行動採取直接或是間接模式，薄富爾主張依據目標的重要性、資源的多寡與行動自由的大小而決定，並可分為五種典型。[120]在直接戰略的應用上，雖然兩者都主張速決，但《孫子兵法》更進一步地提出詭道、奇正、虛實、迂直等原則，這些原則旨在「致人而不致於人」，以求維持行動之主動性，皆可豐富薄富爾行動模式之概念。

誠如前述，不論奇正、虛實亦或迂直，都是為了行動能夠保持主動性。但從另一個角度而言，亦是透過這些方式，出其不意攻其不備，使對手因為無法預料，而產生心理上的奇襲，也就是李德哈特所謂的「間接路線」(Indirect Approach)。[121]當然，這種創造心理上的奇襲，不僅限於直接戰略，若應用於間接戰略，將因行動選項的多元化，增加對手計算的複雜性，更能造成我方專一而敵方備多力分的結果，有利於我方行動的遂行。

若結合李德哈特的戰略八條公理，更可完整啟示行動的原則，分別為：[122]

1. 調整目的以配合手段
2. 永遠謹記目標
3. 選擇期待最低的路線

---

[119] 陳湘靈，《武經七書與當代戰爭戰略》，頁 37。

[120] Beaufre, *Strategy of Acton*, pp.35-37, pp.26-29.

[121] Hart, *Strategy*, pp. 335-336.

[122] Hart, *Strategy*,pp.334-337.

4. 擴張一條抵抗力最弱的路線
5. 採取一條同時具有幾個目標的作戰線
6. 計畫與部署需彈性以適應環境
7. 當敵人有備時，不要將力量投於同一個打擊
8. 失敗後不沿同一路線或同一形式發動攻擊

概括地說，行動時除了謹記目標，同時也可依實際情勢調整目標，隨機應變，並且選擇敵方預期最小，抵抗最弱的路線行動。甚至「出其所必趨」、「攻其所不守」、「守其所不攻」，將能充分造成對手心理上的奇襲，產生不平衡，進而使我方致人不致於人。

此外，薄富爾將動作劃分為「內部動作」與「外部動作」，若借用《孫子兵法》的概念來看，即是「為勢佐其外」，意指在外部區域製造有利的形勢，進而成為行動的輔佐。《孫子兵法》列舉了「詭道十四勢」，作為在外部環境造勢的例證。但其核心要點為「因利而制權」，無常規地靈活採用各種手段，進而創造有利的勢態為我方行動鋪路。[123]

至於如何在外部環境中，驅策他國按照我方的意志行動，《孫子兵法》的利害觀可提供吾人思考的方向。簡言之，可分為三種方式，且彼此可以交互配合使用以增效益：[124]

1. 屈諸侯者以害：使對手因為預期的不利益，而屈從我方的意志。[125]
2. 役諸侯以業：引誘敵方從事消耗資源與權力行動，使其無暇或無力對我方採取威脅行動。
3. 趨諸侯以利：使對手因可預期利益，而改變或修正其行動。

---

[123] 鈕先鍾，《孫子三論》，頁 47-48。

[124] 鈕先鍾，《孫子三論》，頁 120-121。

[125] Knorr, The Power of Nation: The Political Economy of International Relations, p.4.

概括而言，前述三種方式乃透過「利」與「害」趨動對手，或消耗對手權力。然而此一「利」、「害」結果的形成，不限於單一使用軍事權力或非軍事權力，而應結合兩者採取總體戰略的應用，只不過依軍事權力是否居於主要地位，而有直接或間接戰略的區別。若與奈伊(Joseph S. Nye, Jr.)巧實力(smart power)的概念相比，巧實力強調軟實力(soft power)與硬實力(hard power)的搭配運用，[126]與行動戰略強調軍事、政治、經濟、心理各種權力協調運作，有異曲同工之妙。[127]

而徒有外部的勢，無內部的配合，亦無法有效行動，故《孫子兵法》指出「善戰者，先為不可勝，以待敵之可勝」。其次，透過廟算比對敵我實力後，可清楚明白我方是否有不可勝之態勢，若我方處於不對稱的優勢實力時，自然在行動時會造成「若決積水于千仞之谿」之形勢。[128]

誠然《孫子兵法》主張「先為不可勝，以待敵之可勝」，但不代表消極而不創造外部環境的優勢。藉由「詭道十四式」，並輔之以奇正、虛實，將創立有利於我方的外部態勢。

---

[126] 有關巧實力的完整概念，可參閱：Nye, *The Future of Power.*

[127] 當然，若將軟權力視同間接戰略，硬權力視同直接戰略，無疑是對奈伊與薄富爾的誤解。誠如前述，薄富爾的直接戰略以軍事權力為主要運作工具，間接戰略以非軍事權力為主要運作工具。而奈衣的硬實力不止是軍事權力，經濟收買亦屬於硬實力的類型之一。更明白地說，硬實力由威脅與誘惑所構成，當威脅與誘惑對對手形成強迫性(coercion)時，即構成硬實力，而軟實力則是一種吸引力，建立在塑造他人喜好的能力之上，其不具強迫性(coercion)。換言之，薄富爾是以軍事權力使用多寡區分直接戰略與間接戰略，奈伊以強制性與吸引力區分硬實力與軟實力，兩者為本質上的不同。以上有關軟硬實力的描述，請參照：Joseph S. Nye, Jr. *Soft power : the means to success in world politics*(New York : Public Affairs, 2004), chapter1.

[128] 吳仁傑注譯，《孫子讀本》，頁 25，28。

(六) 情報

薄富爾主張，戰略的無知為致命的錯誤，失敗的原因乃是因為缺乏情報所形成的無知，國家在無知中冒進而導致失敗。[129]同時，誠如薄富爾指出：「歷史的風若吹起，將壓倒人類意志，但預知風暴的來臨，並加以克服，更讓他們在長期而言，為人類服務，則又還在人力範圍。這要求一種先見之明」。[130]當前世界正迅速改變，使得戰略家不能依賴先例，甚至也沒有一套萬靈而不變的戰略可供應用。戰略家必須在環境不停的變化中預見未來，才能掌握趨勢變化並加以因應。這種先見來自於充分的情勢評估。[131]換言之，為掌握當前世界快速變化，國家需要遠見與全盤思考，而這種先知與遠見的基礎，在於國家建立情報組織，經常對各種不同的可能性進行檢討。[132]

與薄富爾主張先知與遠見相同，但《孫子兵法》也強調先知，並指出先知實為戰略計畫與行動的基礎。[133]例如：「兵之要，三軍之所恃而動也」，主張充分的情報為行動的必要條件。[134]在〈計篇〉中，《孫子兵法》開宗明義的指出戰爭是「死生之地，存亡之道」，其後便是如何「廟算」以獲得敵我完整的實力對比。甚至，《孫子兵法》主張「明君賢將，所以動而勝人，成功出于眾者，先知也。」因此，不論是戰略思想、戰略計劃與戰略行動都必需有充分情報作為判斷的基礎，才能保民利主，安國全軍。

---

[129] Beaufre, An Introduction to Strategy, p.13.

[130] Beaufre, 1940:The Fall of France, p.xiv.

[131] 鈕先鍾，《孫子三論》，頁 255-256。

[132] Beaufre, An Introduction to Strategy, p.20,45.

[133] 鈕先鍾，《孫子三論》，頁 256。

[134] 孫子撰，曹操等注，《十一家注孫子》，頁 266。

比較兩者可以發現，薄富爾雖然強調先知與先見為控制未來，使未來為人類服務的必要基礎，但並無指出情報蒐集的方法與分析的原則。《孫子兵法》恰好可補足薄富爾不足之處，包括：

1. 薄富爾未列舉情報蒐集方式

就情報蒐集的方式而言，《孫子兵法》情報取得來源包括：

(1) 敵我國家權力的評估與比較分析，如「五事七計」與「稱」。

(2) 利用示形動敵以取得情報，例如：「策之而知得失之計，作之而知動靜之理，形之而知死生之地，角之而知有余不足之處。」乃透過我方主動探敵而取得。

(3) 由自然環境與敵人行動之歸納取得，例如〈行軍篇〉的相敵三十二法。

(4) 由鄉間，內間，反間，死間，生間五種情報人員取得。[135]

2. 薄富爾未指出情報分析的原則

《孫子兵法》對於情報分析的原則包括：

(1) 科學與理性原則，「不可取于鬼神，不可象於事，不可驗於度，必取於人」。情報的取得不靠天象、不靠自我猜測，而完全取之於人，特別是反間。

(2) 不可濫用類比，因為環境與時代變異，濫用類比容易產生誤導。[136]

(3) 五間俱起、無所不用間。情報的取得不限於直接戰略層面，間接戰略亦需要以情報為基礎。換言之，不論直接或是間接模式，情報為行動的根本基礎。

---

[135] 孫子撰，曹操等注，《十一家注孫子》，頁 109-110，258。

[136] 鈕先鍾，《孫子三論》，頁 154。

大抵而言，薄富爾與《孫子兵法》有若合符節處，例如皆重視先知，求全、採取辯證法的思考。然而，薄富爾行動戰略的概念架構多半僅具有說明性與解釋性的架構，缺乏實際操作與指導的概念，這部分可透過孫子對情報、行動的準則、非利不動的概念加以整合，並提供未來繼續發展的可能性。

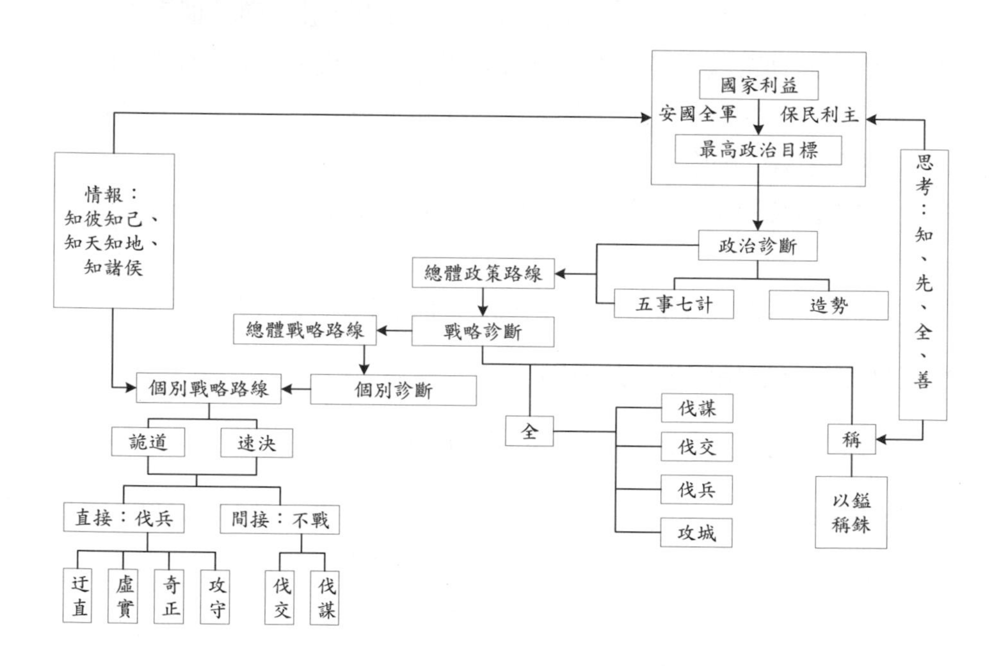

圖 4：孫子與薄富爾行動戰略概念整合圖

六、結論

本文初步整合結果顯示，《孫子兵法》與薄富爾同樣都具有總體戰略的思維，而《孫子兵法》一書以直接戰略為主，薄富爾則更強調行動戰略。但是，《孫子兵法》一書的利與害、奇與正、攻與守，以及情報等概念，無疑可豐富薄富爾的概念架構，使其更具操作性。

正如前述，後冷戰時代經濟安全與人類安全議題的重要性，遠大於軍事議題。同時，今日軍事權力的效益遞減，而各國使用軍事權力的成本與內部限制也日漸提升。早在冷戰時期，因為核子武器的出現，各國已不敢輕易動用軍事力量；現在又因前述新情勢的影響，使得軍事行動的自由更為限縮，再加上全球化造成高度的經濟複合互賴，更見軍事力量的使用，係損人不利己。因此，當代無疑是間接戰略大行其道的時代，直接戰略雖不會消失，但重要性則遠不如間接戰略。

若從最高政治目標來看，當前各國無不以發展做為首要目標，直接戰略的採行無疑與此一目的相悖，若因軍事行動而導致各國干預，這些都與「保民利主」的目標不合。

在評估國家權力時，傳統戰略思考係以「作戰能力」的評估為重點；但是，於今而論，這樣的評估顯然不足，必須加以擴充，使國家在戰略診斷時，不只是「得算多」，更是「算的精密」，以充分探知敵情，成為戰略計劃的基礎。

即便在經過「五事七計」的診斷後，發現我方擁有不對稱的優勢，可以在短時間內取得勝利，並且不會造成負面影響：但是，隨之而來必須考慮外部造勢的問題，例如，何取得聯合國的支持，便成為不可迴避的問題。更進一步地說，當前國家數量快速地增加，如何「伐謀」與「伐交」，以擴大我方的支持群，縮小對手的支持群，並積極爭取第三方國家的支持，這些都是進行戰略診斷時，必須一併納入思索的。

概括地說，本文在此僅是針對前述概括的新形勢問題的可能行動戰略，做一初步檢證，似乎此一整合兩千多年前與二十世紀的行動概念架構，呈現其可操作性與有效性；然而，整體世界形勢的加速變遷，除面臨前述的各種不同變動之外，國際權力的加速流散，結構分殊化、國際行動者的多元化、可用資源的複雜化等，在在挑戰著此一新整合後的行動概念架構的可操作性與有效性。在此一情勢下，是否仍然如本文所呈現的初步研究成果，則有待更進一步的的驗證，甚或更加以完善。

臺灣戰略研究歷史途徑的發展與限制

沈明室*
（國防大學戰略研究所副教授）

> **就思想傳統而言，戰略與歷史幾乎是不可分。所有的古典戰略家無一不是歷史學家。**
>
> 鈕先鍾，《戰略研究入門》(台北：麥田出版公司，1998 年)，頁 288。

壹、前言

近五年來，因為有機會參加國防大學戰略與國際事務研究所、淡江大學國際事務與戰略研究所博碩士班研究生計畫書與博碩士論文的口試，自然比較了解研究生有關戰略議題研究方法與途徑的運用狀況。經過非正式的統計，許多研究生的論文在描述研究方法與途徑的撰寫都非常類似。例如，多數學生論文的研究方法會採用文獻分析法，提到研究途徑則多半採取歷史研究途徑，有學生將兩者混合成為歷史文獻分析法，甚至將歷史研究途徑升格成為歷史研究法。[1]

這樣的研究方法運用趨勢，可能有兩種原因：第一，認為歷史研究途徑最為簡單，不會形成學生的負擔；第二，在初階戰略研究論文中以歷史研究途徑最為恰當，自然人人採用，以作為學習的入門之道。尤其是國內已故戰略大師，淡江戰略學派始祖鈕先鍾老師強調戰略研究的四

---

* 沈明室，政戰學校政研所博士，現為國防大學戰略研究所副教授。

[1] 顧及隱私因素，不便列舉相關論文，但令人擔憂，是否研究生僅會此一招半式就要闖蕩學術江湖。

個境界，[2]即以歷史為首，並對歷史觀點進行戰略研究非常重視，因而得到許多學生的青睞，並成為常用戰略研究途徑之一。

事實上，從這些學位論文可以看出，其研究途徑雖自稱為歷史研究途徑，卻與以往如馬漢(A. T. Mahan)、克勞塞維茲(Carl von Clausewitz)、約米尼(Antoine Henri Jomini)等著名戰略家所運用的歷史研究途徑大異其趣。例如馬漢的海權論觀點，出自《海權對歷史的影響》(The Influence of Sea Power upon History)一書。馬漢歸納了從1660年帆船時代，到1783年美國獨立為止的著名海上戰爭，強調海權爭取對歐洲整個歷史過程的重大影響。整本書是馬漢海權論的基礎之作，主題雖強調海權對歷史的影響，但其途徑則是綜合敘述1660至1783年許多的海上戰爭歷史，從中發展出海權要素及對國家的影響。[3]

約米尼的《戰爭藝術概論》(The Art of War)也有類似的情況，他在書中引證了大量戰史例證，涉及著名軍事人物五百餘人及重要地名一千多個，內容非常豐富。而且他以親身經歷綜合歸納法國大革命與拿破崙戰爭的體驗，才完成此本傳為經典的著作。[4]此種由個人經驗及對過去諸多戰爭歷史的詮釋與歸納，未必會讓行為主義者認同為科學研究，成為「I」字輩期刊所登的文章，然其引述資料豐富及認真，卻足以堪稱為戰略家的重要著作。

可惜，檢視國內有關戰略研究的論文，能夠如約米尼、克勞塞維茲等人，潛心參酌大量歷史資料，從中爬梳過去的理論研究成果，並檢證二十一世紀戰略環境改變對理論影響的論辯並不多，而其運用的歷史研究，只不過是對戰略研究主題的過去發展歷史，做一簡單回顧，而非在

---

[2] 鈕先鍾，《戰略研究入門》(台北：麥田出版社，1989年)，頁287-293。

[3] A. T. Mahan, *The Influence of Sea Power Upon History, 1660-1783*(Boston: Little Brown and Company,1889),12th edition.

[4] Antoine Henri Jomini, *The Art of War*(Philadelphia: J. B. Lippincott and Company,1862).

真正的進行歷史研究或分析。然而，如果沒有對戰略研究歷史研究途徑加以釐清，恐怕歷史研究與文獻探討會被一再誤用，而使運用歷史研究途徑的成果，學術性不足，參考價值也不高，只能當成習作。本文企圖先對戰略定義加以正名，探討戰略的學科構成，戰略研究方法途徑與運用，另指出現行許多碩士論文對於歷史研究途徑的限制，進而提出未來發展期許。

貳、戰略研究的發展

一、戰略的定義

進行戰略研究首先要了解研究主體的定義。換言之，先要了解戰略是甚麼。過去筆者曾對戰略定義進行廣泛蒐集，將歸納區分為五個面向。[5]

(一)戰略等於野戰戰略

中國從春秋戰國時代開始，即因國家交戰而使得戰略的運用蓬勃發展。但當時以兵法稱之，如孫子兵法中將「安國全軍」作為理想的戰略目標，並以「伐謀」、「伐交」、「伐兵」、「攻城」等作為逐次選擇的戰略手段，並且須考量可用的戰略資源及方法。[6]而且此種「用兵之法」，以現在戰略層次的觀點加以區分，亦涵蓋國家戰略至戰術的統合運用。

然西方戰略發展始於拿破崙戰爭時期，剛開始對於戰略的定義，也侷限於野戰戰略的運用。例如，拿破崙認為「戰略是遮斷交通線之術」，兩軍作戰兵力部署及運用的戰略目標，就在威脅敵方戰略翼側並截斷敵之補給線。[7]普魯士戰爭時期認為「戰略是關於在視界和火砲射程以外進

[5] 沈明室，《台灣防衛戰略三部曲》(高雄：巨流圖書公司，2011 年增修版)，頁 9-18。

[6] 潘光建，《孫子兵法新論》(台北：維新書局，1981 年)。

[7] 1796 年 5 月的義大利的曼圖亞(Mantuya)爭奪戰是拿破崙最典型的以內線作戰行側翼攻擊包圍敵交通線的戰例。

行軍事行動的科學」，[8]將兩軍對陣之前的各種野戰用兵的準備作為，視為一種戰略；當兩軍接觸之後的行動，則歸納成為戰術的層次。

伯恩哈地(Friedrich Bernhardi,1849-1930)認為戰略就是率領部隊朝決定性方向，在有利條件下，遂行戰鬥的藝術。[9]法國福煦元帥(Ferdinald Forch,1851-1929)認為戰略的作用，要求在最優條件下，去探索如何與敵人會戰及準備會戰。[10]強調戰略在會戰中的運用，亦成為會戰成功的基礎。日本早期海軍在其《海戰要務令》中認為戰略是「與敵在遠距離而用兵之術」。而後則稱為大戰術，認為是在戰爭的高層運用。[11]

日本《陸軍軍語辭典》則認為戰略是綜合運用各種戰鬥之方法；換言之，即規定於何時、何處以多少戰鬥力實施戰鬥。台灣早期聘請日軍顧問的「石牌軍官訓練班」，[12]對國軍撤退來台後防衛戰略制定，具有重大的影響力。國軍也受到日本戰略觀念的影響，主要負責的白鴻亮則認為「戰略者，乃關於力的準備用兵之術」。更進一步延伸「戰略者，當運用大部隊時，為完成我所企圖決勝會戰之戰力優勢，或妨礙敵此一企

---

[8] 普魯士比洛（Adam Heinrich Dietrich von Blow,1757-1807）的觀點，引自《戰爭與戰略理論集粹》 (北京：軍事科學出版社，1989 年)，頁 466。比洛主要著作有《新軍事體系的精神》、《新軍事原理》、《新戰術》等書，他認為要達到戰爭的目的，不在於消滅戰場上的敵軍，而在於破壞其交通線，所以作戰的藝術就是威脅敵軍基地與補給線，迫敵不戰而降。有關介紹參見百度百科，http://baike.baidu.com/view/240794.htm. (檢索日期：2013 年 4 月 15 日

[9] Friedrich Bernhardi（1849-1930）主張攻勢作戰，只要願意承受重大損失，仍能達成絕定性勝利。Friedrich von Bernhardi, Translated by Allen H. Powles, *Germeny and the Next War*(New York: Longman,Green and Co.,1914);Barbara Tuchman, *The Proud Tower*(New York: Macmillan Publishing Co., 1966).

[10] 福煦元帥原著，張柏亭譯，《戰爭論》 (八德：國防大學戰爭學院翻印，2008 年)，頁 35。

[11] 參見白鴻亮，《論戰略》 (台北：實踐學社，民 54 年)，頁 12-16。

[12] 參見林照真，《覆面部隊：日本白團在台祕史》(台北：時報出版，1996)；楊碧川，《蔣介石的影子兵團－白團物語》(台北：前衛出版，2000)。

圖或欲對此退避之方案。」[13]在這樣的意涵架構下，將軍事戰略等同於戰略。

(二)戰略是統帥軍隊的藝術

除了實際用於野戰用兵之外，戰略亦被界定為領導統御的藝術。最初戰略(strategy)源於希臘語的將道(strategos)，泛指統帥軍隊的藝術，所以是為將之道。[14]這樣的說法有兩個重點，一個是在強調統率軍隊，一個則在強調不同風格將領領導與指揮的藝術。就統率軍隊而言，英國陸軍將領莫迪(Frederick Stanley Maude,1864-1917)延續希臘將道的說法，認為戰略，就是一種將軍之術。[15]這也讓戰略基本單位的指揮官必須由將軍擔任的人事運用具備理論基礎，成為中西國家的慣例。[16]

部分戰略家將戰略視為一種藝術，如李德・哈特(Liddel Hart,1895-1970)將戰略當成配置和運用軍事手段以實現政策目的的藝術。[17]薄富爾(André Beaufre,1902-1975)則認為戰略是兩個對立的意志運用力量解決其爭端的辨證藝術。[18]約米尼則認為戰略是在戰場巧妙指揮大軍的藝術；[19]就是把一支軍隊的最大部分兵力集中到戰爭區或作戰地區的最重要點上去的一種藝術。[20]另外，法國馬蒙元帥(Marshal Auguste de Marmont,1774-1852)則認為戰略是應用於部隊整體運動的一種作戰藝

---

[13] 白鴻亮，《論戰略》，頁 15。

[14] 轉引自鈕先鍾，《西方戰略思想史》（台北：麥田出版社，1999 年 12 月），頁 14。

[15] 莫迪曾於克里米亞戰爭中獲得英國維多利亞十字勳章，後於 1917 年病死於伊拉克巴格達。

[16] 獨立旅旅長以上的主官均為將級的准將或少將。

[17] Basil H. Liddel Hart, *Strategy: The Indirect Approach*(New York: Frederick A. Praeger, 1954, 2nd edition), p.335.

[18] Andre Beaufre, *Introduction to Strategy*(New York: Praeger, 1965),p.22.

[19] 約米尼原著，劉聰譯，《戰爭藝術概論》，頁 26。

[20] 約米尼原著，劉聰譯，《戰爭藝術概論》，頁 346。

術。[21]既為藝術，表示戰略和戰略行為者的個人特色息息相關，也因為如此，他人成功的戰略則不一定能夠轉移適用於其他人的戰略情境。

(三)戰爭方略與指導

有些戰略家則將戰略與戰爭緊密結合，將戰略歸納為戰爭方略與指導。例如，德國的老毛奇(Helmuth Karl Bernhard Graf von Moltke,1800-1891)認為戰略是一位統帥為了達到賦予給他的預定目的，而對自己手中掌握的工具所進行的實際運用。[22]高爾茲(Colmar Freiherr von der Goltz,1843-1916)認為戰略是掌管及指揮部隊的理論依據；戰術則為掌管及指揮部隊的方法。[23]德國小毛奇(Helmuth Johan Ludwig von Moltke, 1848-1916)認為戰略是找出遂行戰鬥的最佳方法。[24]故追求如何以最佳戰爭方略來贏得戰爭。

奧地利皇太子查爾斯(Karl Ludwig Johann Charles, Archduke of Austria,1771-1847)則認為戰略是戰爭的科學，並且是描述作戰的計畫，包涵及決定軍事行動的過程。[25]克勞塞維茲認為戰略乃規定須於何地、何時，

---

[21] Raoul Castex, *Strategic Theories: Classics of Sea Power*(Annapolis: Naval Institute Press,1994),Chapter 1.

[22] 1857-1888年間擔任普魯士參謀總長，策劃三次德國統一戰爭，重視參謀訓練。See Arden Bucholz, *Moltke and the German Wars,1864-1871*(New York: Palgrave Macmillan, 2001); see also Martin von Creveld, *The Art of War: War and Military Thought*(London: Cassell & Co.,2000), p.109.

[23] 高爾茲（Colmar Freiherr von der Goltz,1843-1916）曾著有「全國皆兵」一書，主張德國普遍徵兵。See Isabel V. Hull, *Absolute Destruction: Military Culture and the Practices of War in Imperial Germany*(New York: Cornell University Press,2005),pp276-277.

[24] 制定有名的施利芬計畫(the Schlieffen Plan)，著重鐵路建設與補給線的運用。See Terence Zuber, *Inventing the Schlieffen Plan: German War Planning,1871-1941*(:Oxford University press, 2002); also see Annika Mombauer, *Helmuth von Moltke and the First World War*(London :Cambridge University Press, 2001).

[25] 奧地利皇太子查爾斯（1771-1847）是奧匈帝國國王利奧波底二世(Leopold II)的三子，著有高級戰爭藝術之原則、戰略之原則等書。查爾斯在1796年的25歲時，指揮萊茵河的奧匈帝國陸軍擊敗法國入侵軍隊，爾後又於1799年再度擊敗法軍。隔年則因並轉

以幾何之戰力從事戰鬥者。[26]日本防衛研究所認為戰略是「有關軍事力量的運用與計畫」。[27]這些定義均偏重軍事戰略指導的運用。美國海軍戰略家馬漢認為戰略不拘平時或戰時，創設並協助軍隊，準備戰爭，而是一種使用軍隊之術。[28]強調戰略是調動軍隊準備戰爭的方法。

中共官方對戰略的界定比較簡單，並延續毛澤東的觀點認為戰略學是「研究帶全局性的戰爭指導規律」，[29]其所指戰略是全局性的戰爭指導規律。如中共 1980 出版的《辭海》和《中國大百科全書》軍事卷中將戰略學定義為「籌畫和指導戰爭全局的方略」，[30]強調戰略是全局性戰爭方略與指導。

另外，中共國防大學出版的《戰略學》一書認為戰略是「對軍事鬥爭全局的籌劃與指導」，以軍事鬥爭比擬為戰爭，而更詳細的基本含義則是指「戰略指導者基於對軍事鬥爭賴以進行的主客觀條件及其發展變化的規律性認識，全面計畫、部署、指導軍事力量的建設和運用，以保證有效地達成既定的政治目的。」[31]

另一本《軍事戰略論》亦提出類似的觀點認為，戰略的基本涵義是「戰略指導者基於對軍事鬥爭全局性客觀規律的認識，全面計畫、部署、指導平時和戰時軍事力量的建設與運用，以保證有效達成既定的戰略目

為波西米亞省省長。參見 Encyclopedia 123, http://www.encyclopedia123.com/C/Charles.php. (檢索日期：2013 年 4 月 15 日)

26 克勞塞維茲(1780-1831) 原著，《戰爭論》 (北京：解放軍出版社，1996 年)，頁 81，142。

27 引自孫向明，張輝燦主編，《戰爭與戰略理論集粹》 (北京：軍事科學出版社，1989 年)，頁 44-59。

28 美海軍馬漢及梅耶斯的觀點，引自白鴻亮，《論戰略》，頁 15。

29 毛澤東，《毛澤東選集》，第一卷（北京：人民出版社，1991 年），頁 175。

30 姜椿芳、梅益總主編，《中國大百科全書軍事卷》 (北京：中國大百科全書出版社，1989 年)，頁 1214。

31 王文榮，《戰略學》 (北京：國防大學出版社，1999 年)，頁 17。

的。」[32]同為國防大學的教材對於戰略定義的描述，仍有語意程度的不同。上述戰略定義係以功能為取向，主要強調透過各種指導作為及方略，贏得戰爭的勝利。

(四)目的、手段及方法的運用

戰略除了運用於軍事與國家安全議題之外，也可以廣泛運用於其他領域，遂有學者將戰略界定在戰略目的、手段與方法之間的關係。例如，布爾(Hedley Bull)認為戰略為達到既定政策目標，對軍事力量的運用。[33]葛雷(Collin S. Gray)則認為戰略是軍事實力和政治目的之間的關係。[34]史耐德(Craig A. Snyder)從國際關係的角度認為戰略涉及在國際關係中對力量的實際或威脅使用。[35]美國海軍戰略家艾克利斯(Henry E. Eccles)認為戰略是為了達成目標所需狀況與區域控制的廣泛指導方針。[36]美國陸軍軍事學院認為戰略是運用一國的軍隊，經由動用武力或威脅動用武力，以達成國家政策目標的藝術與科學。[37]這樣的定義將目標與武力運用結合在一起，與傳統戰略的定義不同。

後來，美國陸軍的定義更為原則化，適用範圍更廣。如美國陸軍戰爭學院認為戰略可從兩方面加以界定，首先是概念性的，指戰略是目的、

---

32 范震江、馬保安主編，《軍事戰略論》 (北京：國防大學出版社，2007 年)，頁 1-2。

33 Hedley Bull, "Strategic Studies and It' s Critics," *World Politics*, Vol. XX, No.4, July 1968, pp.593-605.

34 Collin S. Gray, *Modern Strategy*(New York: Oxford University Press,1999), p.17.

35 克雷格•斯耐德（Craig A. Snyder）著，徐緯地譯，《當代安全與戰略》 (長春：吉林人民出版社 2001 年)。

36 艾克利斯以後勤專長聞名，曾官至北大西洋公約組織司令部後勤次長。二次大戰太平洋戰爭的跳島戰術(island-hopping strategy)最原始概念即由他所提出。See also Eveleyn Cherpak, *Register of the Henry E. Eccles Papers*(New Port, RI: Naval War College, Naval Historical Collection, 1988);see also Henry E. Eccles, *Military Power in a Free Society*(New Port, RI: Naval War College Press,1979), p.3.

37 美國陸軍軍事學院編，軍事科學院外國軍事研究部譯，《軍事戰略》 (北京：軍事科學出版社，1986 年)，頁 3。

方法與手段之間的關係。另外，指的是戰略藝術，即欲達成之目標、行動方案、和達成目的手段，必須將這三者作技術性、協調性的運用。[38]第二個定義比較像大戰略藝術(grand strategic art)，但在手段上有所差異。而且美國陸軍戰院對於戰略的定義更要求控管可能影響戰略達成的風險，並須做好事先的風險管理，而且達成手段有資源的限制，並非以絕對代價去贏得戰略的勝算。

這樣的定義比較能夠放諸四海而皆準，適用於不同層次的戰略運用與需求。但如果將這樣的戰略運用過程簡化，可以將之視為一種簡單問題的解決，可以作為處理政治、軍事、經濟等問題途徑的普遍邏輯方法，這也成為戰略廣泛運用的關鍵因素。如果以目的、方法及手段做為戰略的定義，可使戰略獲得廣泛運用，不必侷限在軍事與國防用途，而能延伸到國際戰略或安全戰略，使戰略研究可以運用其他學科的研究方法與途徑。

國軍對於戰略的界定表現在《軍語辭典》上，強調戰略是「為建立力量，藉以創造與運用有利狀況的藝術，俾得在爭取所望目標或從事決戰時，能獲得最大之成功公算與有利之效果。」[39]有目的及手段，在方法上則指出須有最大成功公算，這樣的界定已經兼具風險管理與資源考量的內涵。

---

[38] J. Boone Bartholomees, Jr., “A Survey of the Theory of Strategy,” *U.S. Army War College Guide to National Security Issues*, Vol. 1, Theory of War and Strategy(Carlisle, PA: U.S. War College, 2008), p.15.

[39] 國防部編，《國軍軍語辭典》 (台北：國防部印，2003 年)，頁 2-7。

(五)思想與行動的配合

除了上述的定義之外，部分戰略家將戰略界定為思想與行動的配合。如法國波納爾將軍(Henri Bonnal,1844-1917)是拿破崙戰爭時期的名將，他致力研究拿破崙與老毛奇的戰略與戰術思想，認為戰略是種構思的藝術，戰術則是付諸行動的學問。[40]蘇聯戰略家則認為戰略是軍事學術的組成部分和最高領域，它包括國家和武裝力量準備戰爭、計畫與進行戰爭和戰略性戰役的理論與實踐。[41]

美軍近年也開始研究戰略思考的相關議題，[42]我國著名的戰略家鈕先鍾認為戰略可以分為三大部分，也代表三種不同境界。戰略是一種思想、一種計畫、一種行動，可以稱為戰略三部曲或戰略三重奏，三者綜合起來構成完整的戰略體。[43]他強調戰略是思想與行動的配合，但是從思想到行動之間，並非直覺的跳躍，必須經過不同期程的計畫作為(planning)，或稱為戰略規劃，才能得到及評估不同的行動方案，並選擇最適切者，加以落實執行。因此，鈕先鍾認為戰略不僅是一種思想，而且也是一種思想方法，戰略計畫作為就是戰略思想方法的實際運用。若缺乏一套完整的戰略思想，對於計畫作為就不能提供必要的基礎。[44]

---

40 法國波那爾將軍生平及論述參見 Andre Corvisier, *A Dictionary of Military History*(Hoboken, NJ: Blackwell Publishing,1994).

41 《蘇聯軍事百科全書》，第一卷（北京：解放軍出版社，1986 年），頁 342。

42 Harry R. Yarger, Strategy and the National Security Professional: Strategic Thinking and Strategy Formulation in the 21st Century(New York: Prager Security International, 2008),pp.8-15.

43 鈕先鍾，《戰略研究入門》 (台北：麥田出版，1998 年)，頁 211。

44 鈕先鍾，《戰略研究入門》，頁 213。

二、戰略的學科構成

研究生在上戰略理論課程時，常會詢問戰略研究與國際關係研究的先後發展與相互關係。在戰略研究屬於兵學的年代，戰略研究的工具性色彩強烈，因為學習兵法就是用於作戰，主要是學習謀略或是戰術戰法的運用，過去在講武學堂或是軍官學校的軍事課程，會比較著重這方面的內涵與技術。但是這些較強調實務或是作戰運用的課程，屬於軍人職業或軍事專業訓練的課程，如果要成為一種學科或學門，恐怕有所不足，自然也就無法成為一種大學殿堂的課程或學程。根據鈕先鍾的說法，核子時代造成戰略研究新學域出現，戰略研究問題範圍比過去要寬廣，傳統兵學的思考，已經有所不足。[45]

換言之，如果研究議題在如何打贏一場戰鬥或是一場戰爭，不論是影響因素或是戰爭勝負關鍵，都會偏重個人的經驗，而成為個人主觀式論述。舉例而言，某位將軍因為打贏勝仗，而其戰略戰術會被認為戰無不勝的關鍵，反而忽略一些不明顯卻即為重要的因素。如拿破崙戰爭中，約米尼即使歸納出戰爭的基本原理，遵守原理者未必總是可以大獲全勝，總有少數例外。[46]而孫子兵法中所強調的「戰勝不復」，[47]也在強調複製戰爭勝利是不可能的，作戰指導方略，不能重複使用，完全隨敵我形勢之變。

問題是，如果國家經常處於戰爭狀態，對於武將與軍事戰略家需求殷切，有志於此者或受家學淵源，或是以此求功名，強化個人的武藝與兵學素養，那就會成為常態。但若國家長時間的處於穩定與和平狀態，執意去追求贏得戰爭，可能會先引起戰爭，反造成國家利益的損失。當

---

[45] 鈕先鍾，《戰略研究入門》，頁 49。

[46] 約米尼原著，《戰爭藝術》(台北：麥田出版，1996 年)，頁 75。

[47] 潘光建，《孫子兵法新論》，頁 78。

國際關係研究將戰爭研究主題納入之後，其重點並非在贏得戰爭，而是在避免戰爭或是維持和平。而且初期隨著政治學進入大學校園之後，即使以戰爭為研究主題，也必須穿上理論的外衣，並且能夠與學術語言結合，綜合系統性的研究成果之後，自然形成學術研究議題。

著名經濟學家伯丁(Krenneth Boulding)曾主張新學科建立的標準在於是否擁有參考文獻、能否開設課程、能否就其內容舉行考試、是否具備專業期刊等四項標準。[48]而就戰略學而言，雖然在國科會或教育部學科分類當中，尚無戰略學科，但是要達到伯丁的四項標準殆無疑義。另有學者認為有利的學術條件、有利的政治環境、有利的制度提供機會，造成國際關係學門的快速成長。[49]相對的，戰略學因為缺乏上述三項條件，僅能成為蜇伏在兵學體系，難以成為學科，必須搭國際關係的便車。

在認可戰略成為學科之後，其他學科與戰略的關係為何，也有不同的說法。如陳文政認為傳統的戰略研究是一種軍事科學，屬於戰略研究內涵的一部分，而戰略研究則屬於安全研究的一部分。[50]施正鋒則認為，傳統戰略研究屬於兵學，向外延伸依次是戰略研究→安全研究→國際關係→政治學。若將安全研究抽離，戰略研究又可以和國際政治經濟、外交政策分析產生交集。[51]兩位學者的漸層式區分非常清楚的說明了戰略與其他學科在內涵與範圍的區分，也意味著越向外延伸，範圍越廣，研究主題偏離戰略越遠。

---

[48] Kenneth Boulding, "Future Directions in Conflict and Peace Studies," *Journal of Conflict Resolution*,Vol.22,1978, pp.342-344.

[49] Stanley Hoffmann, "An American Social Science: International Relations," *Daedalus*,1977, pp.45-51.

[50] 陳文政，〈戰略研究與社會科學的磨合：戰後西方戰略研究的發展〉，翁明賢主編，《當代戰略理論與實際：淡江戰略學派的觀點》(新北市：淡江大學國際事務與戰略研究所，2011 年)，頁 239。

[51] 施正鋒，〈戰略研究的過去和現在〉，《當前台灣戰略的發展與挑戰》(台北：台灣國際研究學會，2010 年)，頁 8-9。

然而值得注意的是，當運用國際關係的理論去分析戰略議題時，此時應該屬於戰略研究或國際關係研究，仍難有定論。例如以決策理論分析中共八二三砲戰的作戰決策，究竟應該屬於國際關係議題或是戰略議題。雖然可以巧妙說成國際關係的戰略議題，但又會陷入戰略研究與國際關係研究的發展孰先孰後的爭論。另外，如果以戰略的概念分析國際關係議題，如以攻守勢觀點探討戰爭發生原因，[52]或是以攻守勢觀點探討大國現實主義等，[53]很明顯的，這些都被歸納為國際關係研究，而非戰略研究。

三、戰略研究方法與途徑

被歸納為國際關係研究或政治學研究的好處是在可以擴充研究議題，因為無論從戰略觀點研究原本國際關係或政治學議題，或是以國際關係或政治學已發展成熟的理論與概念，重新檢視傳統戰略議題，必然可以將兩者結合而能擴充研究議題與成果。戰略研究的方法與途徑也會隨著正統學科的加入而增加。

事實上，在戰略具備自身定義體系、充足學科化的條件之後，隨著研究成果的增加，研究方法與途徑日趨多樣化。例如陳偉華的《軍事研究方法論》中，詳細列舉有關軍事研究的方法與途徑。[54]他認為如果對戰爭或戰略進行研究，自然也可以運用上述的哲學研究途徑、歷史研究途徑、法律研究途徑、社會研究途徑、心理研究途徑及行為研究途徑，來觀察戰爭與戰略。[55]

---

[52] Stephen Van Evera, *Cause of War: Power and the Roots of Conflict* (New York: Cornell University Press,1999).

[53] J.J. Mearsheimer, *The Tragedy Of Great Power Politics* (New York: W. W. Norton & Company,2003).

[54] 陳偉華，《軍事研究方法論》(龍潭：國防大學，2003 年)，頁 105-168。

[55] 陳偉華，《軍事研究方法論》，頁 105-132。

在研究方法方面，他認為軍事研究方法包括了觀察法、文獻分析法、內容分析法、比較研究法、田野調查法、訪談法、調查法、演習實證法、戰例研究法等。而在這些研究法中，最常被使用的應該是文獻分析法、比較研究法、戰例研究法等。其他方法則須依照研究主題的不同，而有不同的取向。例如對於一個國家戰略文化的研究，可能要用到觀察法、文獻分析法、內容分析法、田野調查法、訪談法、調查法等，若涉及到多國戰略文化的研究比較，則須加入比較研究法。

中共學者則提出理論與實踐結合、系統分析、比較研究的方法，[56]但與西方觀點格格不入。另外，像戰略研究與其他學科的科際整合，則須遷就其他學科的研究方法與途徑，才能強化研究成果的說服力。例如，若結合認知心理學的學者共同研究一位戰略決策者的戰略決策認知，雖然可以從文獻分析去了解其認知形成的過程及因素，但容易流於規範性研究，研究成果好壞受到參考文獻的來源及可靠度的影響，而且無法取得經驗性的數據或事實。頂多是文獻的累積，或是初步認知模式的推論與假設而已。

叁、傳統戰略研究為何著重歷史研究途徑

中國古代研習戰略多數以熟讀兵法加以戰場實際驗證而得，著名的兵學大師多數文武全才，並能熟讀《武經七書》與其他兵學著作。然而現代從事戰略研究除了仍須熟讀各種傳統兵法著作外，也必須透過戰略研究的方法與途徑，從廣大範圍的戰略運用中，梳理出重要的理論與觀念，強化戰略研究成果的邏輯性與系統性。[57]

[56] 王文榮，《戰略學》，頁 14-15。

[57] 如岳飛、戚繼光等先賢名將不勝枚舉。

鈕先鍾認為研究戰略的目的在求知、改進政策、創造權力與引導歷史，[58]然而戰略研究者不論是為了個人戰略知識的累積，或是為了國家改進政策與創造權力，都必須具備豐富的戰略知識及實務經驗。戰爭實務經驗並非人人有機會可以得到，但是可以透過戰略研究的方式，學習掌握及熟悉古今中外戰爭與戰略的發展及運用。而其中最重要的學習方式，就是透過戰略研究的方法與途徑，去描述及解釋目前面臨的戰略議題，進而獲得最佳的戰略思維，以最有效率的計畫作為，制訂出贏得戰爭，以達成政治目的。

傳統戰略研究的目的是在研究如何贏得戰爭，尋求一種制勝之道。約米尼雖為銀行員出身，對戰略相關素養多數自學而成，並且是研究著名戰役史例所做的原則歸納，甚至分別運用在法國拿破崙與俄國戰爭中去實際驗證。[59]就當時的戰爭型態而言，具有非常高的實證基礎。從其出發點到撰寫相關戰略原理論述的功能取向，並以此做為俄國皇太子的教材，具有特定的取向和規範性，形成某種「約米尼信仰」(Jominian faith)，[60]但可以將約米尼的論述視為一種打贏戰爭的藝術，可以從這些原理去鋪陳如何在台海防衛作戰贏得勝利。

對研究傳統戰略理論的學者而言，因為必須追溯古今中外著名戰略家的思想與理論，所以戰略與歷史幾乎是不可分的。[61]薄富爾與所有戰略家一樣，非常重視歷史的教訓，但是反對濫用歷史的成例，來牽強附會自己的觀點。[62]無論如何，可以發現戰略理論研究的一個明顯趨勢，古典戰略家們無一不是歷史學家，所以強調戰爭歷史研究的重要性。甚

---

58 鈕先鍾，《戰略研究入門》，頁 30。

59 高新寧，「拿破崙戰爭的詮釋者」，《環球軍事》（北京），2002 年第 4 期，頁 26-28。

60 John Shy, “Jomini,” in Peter Paret, ed., *Makers of Modern Strategy: from Machiavelli to the Nuclear Age*(Oxford:Claredon Press, 1994), p.181.

61 鈕先鍾，《戰略研究入門》，頁 30。

62 Andre Beaufre, Introduction to Strategy,p.14.

至連自稱寧願將全部精力投入歷史研究的李德・哈特，也認為戰略理論不過是歷史研究的結論。[63]

研究戰略原則須以務實的方法為之，戰略理論的結果都以大量觀察加以驗證的概要原則，主要來自歷史方法，必須極具洞察力才能加以運用。透過歷史研究主要在看過去的戰略原則是否適用於新型態戰爭，能否將新科技武器運用與戰略原則結合，而不是僅止於歷史情境的描述。西方的福隆提納(Frontinus)學派即是如此。該學派認為戰略隱藏在歷史之中，並從歷史中列出歷史教訓與戰爭原則，舉出歷史加以例證，以利專業軍官的學習。[64] 這也能看出傳統戰略研究著重歷史的原因。

肆、戰略研究歷史途徑的限制

要了解戰略研究的歷史途徑，首先要了解戰略研究與歷史研究的差異。換言之，當戰略成為一個學門或學科，或被稱為戰略學時，與歷史學的研究有何不同。一般而言，研究戰略可以從心理學、社會學、物理學、歷史學等不同的角度切入，探討戰爭或戰略制定過程中的心理問題、社會問題、物理問題與歷史問題；相對的歷史學的研究則可以區分不同的主題，如政治史、經濟史、文化史、軍事史、戰爭史或戰略（思想）史等，就是以歷史學的觀點去看不同的研究素材。例如在社會科學研究中，會區分取向途徑與概念途徑。取向途徑就如哲學研究途徑、歷史研究途徑、法律研究途徑、社會研究途徑、心理研究途徑及行為研究途徑，作為研究的切入角度。[65]

---

[63] Brain Bond, Liddell Hart: A Study of His Military Thought(New York: Rutger 1977), p.235.

[64] 陳文政，〈西方戰略研究的歷史途徑：演進、範圍與方法〉，《第三屆國防通識研討會論文集》，元智大學舉辦，2009 年 5 月 8 日，頁 79。

[65] 陳偉華，《軍事研究方法論》，頁 108。

概念途徑則容易顯示出分析的架構，因為此種研究途徑運用戰略研究或戰爭研究本身的重要概念及理論，運用作為分析架構，而能有效解釋戰爭行為或戰略意圖。如地緣戰略生存空間可以解釋二次世界大戰德國向外擴張的原因；而最近不論是南海主權爭議或是東海釣魚台的爭議，也可以用地緣戰略利益來解釋和已無足輕重的島嶼，會升高國家間的衝突，以致瀕臨戰爭狀態。[66]

陳偉華在所著的《軍事研究方法論》中，提出七項研究軍事議題的研究途徑，包括戰爭歷史研究途徑、軍事哲學研究途徑、戰略研究途徑、軍事心理行為研究途徑、軍事組織決策研究途徑、軍事衝突研究途徑、軍事演習研究途徑。[67]他認為戰史研究與一般歷史研究相同之處在於強調歷史殷鑑與鑑往知來，從而將歸納所得發現，提供作為解釋與預測的參考。兩者最大的差異在於一般歷史研究重點置於歷史事件的源起、演變與發展，以及歷史事件的因果關係及影響。但是，戰史研究所重視的不僅是宏觀的戰爭歷史結果，也探討戰爭過程中微觀的軍事戰略運用，以及相對能力的流變與因果關係。[68]

這樣的觀點其實可以歸納為一般歷史研究在研究歷史發展的趨勢，找出影響歷史發展的變數；而戰爭歷史研究除了研究對象是戰爭歷史，而非文化歷史或國家歷史之外，其關注重點在於戰爭中雙方運用戰略的內涵，影響此戰略的因素與過去戰略傳統，對戰爭結果的影響等。然而綜觀國內相關戰史研究或是官方的戰史專著，卻是有濃厚的價值取向，多數是鋪陳對歷次戰爭的官方定調說法，而非提供完整的歷史研究，作為戰略研究的參考。

---

[66] 劉雪蓮、許琳，《中國東北亞地緣戰略研究》(長春：吉林人民出版社，2006 年)，頁 175。

[67] 陳偉華，《軍事研究方法論》，頁 105-132。

[68] 陳偉華，《軍事研究方法論》，頁 105。

歷史是人類經驗的累積，戰爭歷史更充滿對戰爭發展過程的檢討與省思，戰爭歷史最大的貢獻，就是提供戰略家不必親身體驗的經驗與教訓，擴大後續學者的了解與判斷能力。所以，時殷弘認為「學習歷史，對於理解、締造、貫徹戰略有特別重要的意義。」「戰略只有通過歷史才能了解」，[69]可見歷史研究雖然在戰略研究的四個境界中，屬於最基本的境界，[70]仍然在戰略研究中扮演重要的角色。

但歷史研究途徑不是在藉古斷今，以過去台灣戰爭的歷史為依據，斷定現在的事實發展趨勢，而是在以過去歷史的相關戰爭經驗，去思考現今面臨的戰略問題，所以是藉古思今。因此，面對現在的防衛戰略問題，並非去沉緬過去的防衛作戰成功或失敗的經驗。相對的，反而是在重新回顧以往相關戰略史例及經驗，從中汲取啟發性的戰略理論，對照現今戰略環境的差異，並提出具體可行，也適用於亞太區域情勢的戰略擬議。

伍、對台灣戰略研究歷史途徑的期待－代結語

就傳統戰略研究的觀點而言，或許歷史研究途徑仍然是歸因或形塑戰略通則或理論的主要研究途徑。但是在台灣戰略研究界，尤其是研究所碩士班學生，已經對歷史研究途徑形成誤解及濫用的現象。任何國際關係或戰略的議題，在決定以文獻分析為方法之後，為了補足研究途徑的篇幅，多數會寫上歷史研究途徑。而其探討內容，可能是中共航空母艦發展歷程、北韓發展核武經過、美國亞太戰略的發展、兩岸關係的歷程，只要研究議題在回顧過去歷史，就用歷史研究途徑。

---

[69] 時殷弘，《戰略問題三十篇：中國對外戰略思考》(北京：中國人民大學出版社，2008年)，頁 18。

[70] 鈕先鍾將戰略研究區分四個境界：歷史、科學、藝術、哲學，歷史境界最易達成，也是最基本的。鈕先鍾，《戰略研究入門》，頁 287-307。

如果就求全的觀點而言，先求有再求好是研究生的通病，指導教授基於鼓勵學習模仿的立場，實也不忍苛責。但也造成研究生的誤用，對歷史研究途徑產生誤解。期待研究生能夠針對傳統戰略議題，苦下身段，廣泛蒐集歷史資料，完成論述深入的著作，即使方法傳統，仍將有可觀之處。也更歡迎透過其他學科的理論與概念，重新檢視一些傳統或新生的戰略議題，賦予戰略研究新的內涵與特質，深化學科的基礎。兩者其實並不相違背，因為歷史事實不可更改，以歷史為據的解釋，說服力較強，而且歷史本身就有一定的規律，若能根據歷史的脈動與規律，[71]一樣可以達成週延的解釋與預測戰略。

但重要的是，戰略研究不是在堆積不同類型的戰略論述，或是羅列不同研究方法或途徑所得之戰略通則，而是在能夠解釋國家或戰略決策者的戰略行為，提出新的因應戰略，並能落實運用在國家的政策中。雖然戰略研究在學科化之後，成為大學課堂討論與考試的議題，出現眾多戰略性刊物，並累積許多參考文獻。然而戰略研究的結果應著重在實用及政策。其形成與發展不能脫離學術的嚴謹度，但也以政策服務為目的，即使採用傳統歷史研究途徑也未必遜色。但不是膚淺的歷史回顧，而是廣泛蒐集歷史事實，提出具說服力的解釋。

---

[71] 閻學通，《國際關係研究實用方法》(北京：人民出版社，2001 年)，頁 145。

空權理論的省思：杜黑、謝林、佩及其後

楊仕樂 *
（南華大學國際暨大陸事務學系專任副教授）

摘要

空權理論往往認為單獨使用空中武力即可取勝，但卻遭到基於實戰經驗的反駁。順著 1920 年代杜黑(Giulio Douhet)、1960 年代謝林(Thomas C. Schelling)、1990 年代佩(Robert A. Pape Jr.)等三位代表性理論學家的時間脈絡，本文嘗試提出相反的主張。二次大戰中古典的空權理論看似失敗，是因為它並未被如實地遵守，未能使用最慘忍、最有效的方法對民間目標實施空襲。引用克勞塞維茲的觀點，古典空權理論真正的缺失其實在於，它只提供了僅適用世界大戰這樣無限戰爭的無限戰法，而沒有提供在一般有限戰爭中的有限戰法，忽略了政治目的與軍事工具之間的聯繫。此一缺憾，已經為二次大戰之後現代的空權理論所填補。在有限戰爭中對民間目標的空襲，只要目標國的經濟結構允許，逐步升高的程度也能與政治目的大小相稱，仍然可以單獨取得勝利。基於迄今理論的發展以及實戰的檢驗，世人已經能知道如何以正確有效的方式使用空中武力，達成空權能力範圍內所能夠達成的政治目的。

關鍵字

空權、空中武力、政治目的、軍事手段、懲罰、阻卻

---

* 楊仕樂，國立政治大學國際關係學博士，現為南華大學國際暨大陸事務學系專任副教授。

壹、前言

空權(Air Power)，藉由飛行而獲致的力量，在今天的戰爭之中可說有著特殊的分量。每當爭端與衝突升高，需要使用武力之時，空權往往是考慮中的首選。這背後的理由是很可以理解的，飛行是迄今速度最快的移動方式，也不受地形地物與海陸分佈的阻礙，如果只要派遣幾架飛機投下幾枚炸彈，就可以迅速地以最小的成本、最少的破壞贏得戰爭，自然是最理想不過。[1]其實，「單獨依靠空中武力取勝」的期待，[2]早在人類經歷漫長血腥的一次大戰以後，就已經開始滋長了。只是這麼多年下來往往事與願違，但人們卻還是樂此不疲，總是懷抱著一樣的幻想，[3]反映出理想與現實的落差。然而，事情真的是如此嗎？本文嘗試順著 1920 年代杜黑(Giulio Douhet, 1869~1930)、1960 年代謝林(Thomas C. Schelling)、1990 年代佩(Robert A. Pape Jr.)等三位代表性理論學家的時間脈絡，提出一些另類的看法，並分為兩大部分進行。

第一部份，本文將檢討本文所稱的「古典空權」理論，也就是在一次大戰結束後出現，主張單獨以空中武力攻擊民間目標快速取勝的觀點。在此，本文主張，一般所常見，基於二次大戰經驗駁斥古典空權理論的見解並不正確。其實，古典空權理論的主張沒有錯，二次大戰中單獨依

---

1 Eliot A. Cohen, "The Mystique of U.S. Air Power," *Foreign Affairs*, Vol.73, No.1 (January/February 1994), pp. 109-124.

2 本文探討的範圍，也就僅限於有關「單獨」使用空中武力的理論，也就是一般所稱的「戰略」(Strategic) 空權或獨立空權，至於與地面部隊配合的「戰術」(Tactical) 空權則不在本文討論範圍內。見： Hal M. Hornburg, "Strategic Attack," *Join Force Quarterly*, No. 32 (Autumn 2002), pp. 62-67; James A. Huston, "Tactical Use of Air Power in World War II: The Army Experience," *Military Affairs*, Vol. 14, No. 4 (Winter 1950), pp. 166-180. 當然，純粹「單獨」使用空中武力在現實中幾乎是不可能的，至少機場也需要衛哨防止可能的滲透破壞。因此，本文所說的「單獨」僅是指以空中武力為主要的進攻力量。因此，後文仍將提及所謂「阻卻」(denial) 的空襲形式。

3 Timothy R. Reese, "Precision Firepower: Smart Bomb, Dumb Strategy," *Military Review*, Vol. 33, No. 4 (July/August 2003), pp. 46-53.

靠空中武力之所以沒有帶來迅速的勝利，是因為當時的轟炸，並沒有如實依照古典空權理論的指導，沒有以最殘忍、最有效的方式進行。古典空權理論真正的缺失在於，引用克勞塞維茲(Carl von Clausewitz)所提出重要的觀念，它只提供了只適用世界大戰這樣無限戰爭的無限戰法，而沒有提供在一般有限戰爭中的有限戰法，忽略了政治目的與軍事工具之間的聯繫。

第二部分，本文則將檢討本文所稱的「現代空權」理論，也就是在大戰之後的核子時代中，嘗試以有限的方式單獨依靠空中武力取得有限勝利的觀點。在此，本文主張，一般延續二次大戰以降空權無法單獨取勝的觀點，其實並不正確。儘管在大部分的情況中，以空中武力攻擊軍事目標，剝奪敵人執行軍事任務的能力，才是有效的辦法，但在有限戰爭中對民間目標的空襲，只要目標國的經濟結構允許，逐步升高的程度也能與政治目的大小相稱，仍然可以單獨取得勝利。易言之，現代的空權理論，已經能填補古典的空權理論所遺留下的缺憾。

也因此，最後在結論中，綜合迄今理論的發展以及實戰的檢驗，世人已經可以用更有效正確的方式使用空中武力，達成空權所能夠達成的政治目的。

貳、古典空權

本文所稱的古典空權理論，可以義大利的杜黑為代表。[4]古典空權理論大致而言有三個核心主張：一、只憑從空中攻擊敵方民間目標，無論是城市人口還是關鍵經濟設施，就足以屈服敵人；二、這樣的空襲很快就可以取勝，敵人從事戰爭的物質能力很快就會瓦解，敵人抵抗意志甚至在此之前就已崩潰；三、在進行這樣的空襲時，轟炸機可以獨自抵達

[4] Robert S. Dudney, "Douhet," *Air Force Magazine*, Vol. 94, No. 4 (April 2011), pp. 64-67.

目標不需要戰鬥機掩護。[5]對此，一般的觀點多認為，經歷二次大戰的洗禮之後，這三項主張都被證明是錯誤的：敵國人民的抵抗意志超乎想像堅決，轟炸也使人民更依賴政府維持治安，提供飲食、居住、與醫療；敵國經濟生產的彈性與適應力也超乎預期，因為目標廣泛的疏散與偽裝，空襲效果不彰；航空科技的快速發展使戰鬥機性能大增，加上有雷達指引無線電管制的防空網，沒有戰鬥機掩護的轟炸機飛入敵國領空形同自殺。[6]不過，如果再繼續仔細檢討對照古典空權的理論與二次大戰的實踐，可能會發現事情並非如此。

首先，統計數字清楚地呈現，只要派出機隊的規模夠大，即使沒有戰鬥機護航，轟炸機的空襲從來都是無往不利，證明古典空權理論的主張並沒有錯。二次大戰期間損失最大的幾次任務，包括 1943 年 8 月 1 日出擊 178 架損失 48 架（損失率 26.9%），1943 年 10 月 14 日出擊 291 架損失 60 架（損失率 20.1%），1943 年 8 月 17 日出擊 376 架損失 60 架（損失率 15.9%），1944 年 3 月 30 至 31 日夜間出擊 795 架損失 95 架（損失率 11.9%），[7]損失率都還低於古典空權理論原本的預期。[8]很明顯的，

---

[5] 除了杜黑，美國的米契爾（William Mitchell, 1879~1936），以及英國的滕恰德（Hugh Trenchard, 1873~1956），也可謂是古典空權理論的代表。他們三人的觀點存有相當差異，也未必相互影響，但大致上仍有共通性。杜黑的制空權（*Il Dominio dell'Aria, The Command of the Air*）一書，中文譯本請參閱：曹毅風、華人杰譯，Giulio Douhet 原著，制空權（北京：中國社會出版社，1999 年）。米契爾的著作：William Mitchell, *Winged Defense: The Development and Possibilities of Modern Air Power—Economic and Military* (Tuscaloosa: The University of Alabama Press, 1925); William Mitchell, *Skyways: A Book on Modern Aeronautics* (The Gold Shoe Philadelphia & London: J. B. Lippincott company, 1930). 另可參閱：Phillip Meilinger, "Trenchard and 'Morale Bombing:' The Evolution of Royal Air Force Doctrine Before World War II," *The Journal of Military History*, Vol. 60, No. 2 (April 1996), pp. 243-270; 劉慶主編，西方軍事學名著提要（南昌：江西人民出版社，2001 年），頁 149-181。

[6] 見：鈕先鍾，西方戰略思想史（台北：麥田出版，1997 年），頁 497-513。

[7] 可參閱：賴吉生譯，Cajus Bekker 著，攻擊高度四千米（下冊）（台北：麥田出版，1999 年），頁 580；黃文範譯，Gene Gurney 編，鵬摶萬里：偉大的空戰（台北：麥田出版，1994 年），頁 199-201，220。

就算是最成功的防空也只能阻止大約四分之一的轟炸機，其餘至少還有四分之三的轟炸機能飛抵並摧毀目標。為何如此？因為古典空權理論中不需要戰鬥機護航的論述，是基於飛機速度快此一特點，壓縮了防空的時間，轟炸機自然總是有辦法以排山倒海的機群突破攔截。

當然，高達 25%的損失會是難以忍受的，那表示機群會四次任務後就損失殆盡；甚至即使只是 6%的平均損失率，[9]仍足以在兩週內讓空襲停擺。[10]既然二次大戰沒有在兩週內就結束，沒有戰鬥機掩護的轟炸機損失率之高也不能支撐長期的持續空襲，古典空權理論究竟還是失敗的。只是，就此而言，古典空權理論其實並沒有被徹底執行。在針對工業的轟炸方面，轟炸之所以遲遲沒有效果，最主要的理由是目標選擇錯誤。[11]在當時，很多的炸彈都是針對可以疏散的眾多武器工場，而不是能源與交通設施等無法疏散的少數關鍵要害。[12]戰後的檢討即發現，其實只要短短幾天的轟炸，就可以毀滅德國的燃料工業或是日本的鐵路系統。[13]少了燃料，所有以引擎推動的武器都無法作戰；少了鐵路，分散各地的武

---

8 例如，杜黑在他「一九 XX 年戰爭」的虛構想定中，轟炸機機群的損失率就高達 40%之鉅。可見：曹毅風、華人杰譯，Giulio Douhet 原著，制空權，頁 517。

9 這是 1944 年 2 月間的「大週」(Big Week) 轟炸行動，美軍出擊 3,800 架次，英軍出擊 2,651 架次。其中，美軍損失 226 架，損失率為 6%；英國則損失 157 架，損失率為 6.6%。見：鈕先鍾譯，Adolf Galland 原著，鐵十字戰鷹（台北：星光出版社，1994 年），頁 286。

10 Rebecca Grant, *The Radar Game: Understanding Stealth and Aircraft Survivability* (Arlington: IRIS Independent Research, 1998), pp. 3-5.

11 Melden E. Smith, Jr., "The Strategic Bombing Debate: The Second World War and Vietnam," *Journal of Contemporary History*, Vol. 12, No. 1 (January 1977), p. 180.

12 Kenneth P. Werrell, "The Strategic Bombing of Germany in World War II: Costs and Accomplishments," *The Journal of American History*, Vol. 73, No. 3 (December 1986), pp. 707-708.

13 鈕先鍾譯，Basil H. Liddell Hart 著，第二次世界大戰戰史（第三冊）（台北：麥田出版，民國 84 年），頁 280-299；Richard G. Davis, "German Rail Yards and Cities: US Bombing Policy, 1944-1945," *Air Power History* Vol. 42, No. 2 (Summer 1995) pp. 46-49.

器零件也無法集合組裝。二次大戰的經驗其實證明，轟炸的確有辦法在短時間瓦解一國的生產力。

至於在針對城市的轟炸方面，造成的損害是十分驚人。在德國總計有 600,000 人死亡，780,000 人受傷，7,500,000 人流離失所；在日本也有 400,000 人死亡，433,000 人受傷，9,200,000 人流離失所。[14]只是，這樣的傷亡似乎還不夠大，畢竟還不到他們人口的 3%。表面上看來這樣的結果似乎證明，古典空權理論對於空襲的殺傷力的估計未免太高，但在古典空權理論中其實十分強調毒氣甚至細菌的使用，[15]這是二次大戰中所不曾大規模進行的。[16]毒氣與細菌配合炸彈與燃燒彈會產生加成效果，一面妨礙救災使火勢不斷蔓延，一面又使空襲後已然吃重的清理與救護工作更為困難。更重要的，毒氣與細菌還有更大的心裡效果。面對爆炸與火焰，逃開就能獲得安全，但看不見摸不到的毒氣與細菌卻會四處飄散，使人覺得無處可安身。當人民不知道何處才能脫下防毒面具，何處的飲食才潔淨無虞，意志是否會崩潰？這樣恐怖的轟炸迄今沒有發生過，效果自然無從考察，但可以肯定一定是更大。

毒氣與細菌的使用可能是個道德的問題，儘管這樣的道德非常的奇怪。古典空權理論主張攻擊民間目標，甚至盡可能屠殺民平以贏得戰爭，本來就已顛覆了將戰爭侷限在武裝部隊之間的傳統原則，[17]但執行時卻又只允許用炸彈與燃燒彈而不用毒氣與細菌，真不知是什麼理由。[18]其

---

[14] 姜永俐譯，Friedrich Korkisch 著，「1944/1945 年歐亞二洲之戰略空權」，軍事史評論，第五期（1998 年 6 月），頁 173-180。

[15] 可見：曹毅風、華人杰譯，Giulio Douhet 原著，制空權，頁 395-396，414。

[16] George Quester, “Bargaining and Bombing During World War II in Europe,” *World Politics*, Vol. 15, No. 3 (April 1963), p. 417.

[17] J. E. Hare and Carey B. Joynt, *Ethic and International Affairs* (New York: St. Martin’s Press, 1982), pp. 55-56; John T. Rourke, *Taking Sides: Clashing Views On Controversial Issues in World Politics* (Guilford, Ct: The Dushkin Publishing Group, Inc., 1994), pp. 350-354.

[18] 毒氣與細菌看似慘忍，但若能更快速的結束戰爭，同時不破壞戰後賴以重建的資源，

實，戰爭的進行要殘忍到什麼程度，或說道德該被遵守或被忽視到什麼程度，都是進行戰爭背後的政治動機所致。引用克勞塞維茲的名言，戰爭只是政治的延續，「政治目的」將決定「所要求努力的份量」。[19]就此而言，二次大戰中的轟炸實在極端的不協調。一方面，這是一場要求敵人「無條件投降」的戰爭，是一種無限的政治目的；但在另一方面，轟炸進行時卻還是留了餘地，手段反倒是很有限的。[20]如果二次大戰期間的轟炸再慘忍一些，而投降的條件則能寬大一些（譬如，只求恢復戰前的邊界），古典空權理論所期望單獨以空襲迅速取勝並非不可能。[21]

這種手段與目的之間的不協調似乎意味著，轟炸應該是盡可能用無限慘忍的手段達成有限的政治目的，但這種似是而非的觀點恰恰反映出，古典空權理論的真正罩門不是別的，就是忽略了軍事手段與政治目的之間的聯繫。畢竟，「政治目的」決定「所要求努力的份量」，以有限的手段追求無限的目的固然無效，但反過來以無限的手段尋求有限的目的也不正確。仍如同克勞塞維茲所指出，假使戰爭中有一方對暴力的使用毫不保留而另一方則否，前者將佔上風而迫使對手也不再保留，戰爭也就

其實應該是最道德的武器：鈕先鍾譯，J.F.C. Fuller 著，戰爭指導（台北：麥田出版，1996 年），頁 285-288。

[19] 鈕先鍾譯，Carl von Clausewitz 原著，戰爭論（臺北：軍事譯粹社，1980 年），頁 129-148。

[20] Michael A. Carlino, "The Moral Limits of Strategic Attack," *Parameters*, Vol. 32, No.1 (Spring 2002), p. 16; Ronald Schaffer, "American Military Ethics in World War II: The Bombing of German Civilians," *The Journal of American History*, Vol. 67, No. 2 (September 1980), p. 333.

[21] 日本在大戰最後的投降可能就是一個最顯著的佐證。儘管日本在投降時，各個戰場上都遭到嚴重的挫敗，但日本畢竟是在本土尚未被入侵佔領以前就放下武器。當然，這多少是原子彈的緣故，但原子彈的使用正足以說明，在原子彈之外沒有使用毒氣與細菌，是如何地削弱了空襲的效力。同時，早在原子彈使用之前日本的戰力就已經枯竭，但日本卻為了保持天皇制度而負隅頑抗，如果盟國對此能事先鬆口（這也是戰後實際的安排）而不是強調無條件投降，則戰爭老早就可以結束了。見：鈕先鍾譯，Basil H. Liddell Hart 著，第二次世界大戰戰史（第三冊）（台北：麥田出版，民國 84 年），頁 299-305。

走向暴力的極端。[22]無限的手段往往也使目的也變得無限，想以無限的手段達成有限的目的，會使暴力沒有必要的升高，到頭來得不償失。[23]換言之，手段與目的之間必須是相稱的，太多或太少都不行。於此，古典空權理論總是自動假想，戰爭是處在克勞塞維茲所說的絕對狀態，也就是只以總體戰的角度來思考戰爭，於是才會主張採取無限殘忍的手段。在這樣的戰爭中，古典空權理論的確沒有錯。然而，有限戰爭究竟才是常態。如何以有限的手段達到有限的目的？究竟如何在有限戰爭中，單獨有限地使用空中武力達成有限的政治目的？古典空權理論並沒有提供解答。

參、現代空權

二次大戰之後，隨著核子武器出現並逐漸形成相互保證毀滅的僵局，古典空權理論中以無限殘忍方法進行轟炸的觀點，算是走到了盡頭（無限制的使用核子武器，將是人類文明的滅絕），而古典空權理論所遺留下來，如何在有限戰爭中單獨有限使用空中武力取勝的問題，也就成為隨後本文所說現代空權理論的課題。該怎麼作呢？攻擊的主要目標仍然指向民間，只是得要有節制而非肆無忌憚：轟炸時所追求的並不是盡可能製造最大的破壞效果，而是逐步透過摧毀一些特定的目標，使敵人相信繼續衝突下去的損害會大過收益。意即，目標選擇時應先避開那些最有價值者，把它們當作「人質」，以讓敵人為了保全這些價值而停止敵對。這種由美國學者謝林在 1960 年代所發展的理論，[24]很快就在當時最

---

[22] 鈕先鍾譯，Carl von Clausewitz 原著，戰爭論，頁 110-111。

[23] 也因此，克勞塞維茲才會說：「政治家與指揮官所應作的最首要、最重大判斷，就是確定其所要從事的戰爭的種類；既不將之誤認為，又不嘗試將之變成某種違反其本性的東西。」見：鈕先鍾譯，Carl von Clausewitz 原著，戰爭論，頁 130-131。

[24] Thomas C. Schelling, *The Strategy of Conflict* (Cambridge, Massachusetts: Harvard University Press, 1960); Thomas C. Schelling, *Arms and Influence* (New Haven and London: Yale University Press, 1966).

大規模的戰爭，也就是越南戰爭中付諸實行，只是成效並不顯著。儘管美國實施了相當猛烈的轟炸，累積投下的炸彈也遠超過二次大戰，北越終究沒有放棄他統一整個越南的企圖，並且在最後達成了目的。

有鑑於此，另一位美國學者佩，遂在 1990 年代提出另一種理論。[25] 佩將攻擊民間目標的轟炸稱為「懲罰」(punishment)，於此無論是古典空權理論中無限慘忍的方法，或是謝林這種有節制逐步升高的方式，都是無效的。這是因為比起戰爭中所牽涉到的重大利益（通常是領土的征服或保持)，傳統武器的威力並不夠，而有限戰爭中又不會使用核子武器，通常也不會使用化學與生物武器，所以無法產生大過收益的損害。在佩看來，空中武力有效的使用方式，是他所稱的「阻卻」(denial)，也就是剝奪敵方執行軍事任務的能力，將攻擊指向軍事目標，特別是指連接前線與後方的交通線。[26]嚴格的說，這種「阻卻」才有可能成功的觀點，等於只是重申空權不能獨自贏得戰爭的錯誤論調，畢竟這「阻卻」用佩自己的話說，其是就是「阻絕」(interdiction)，已經算是支援地面部隊的一種形式了。[27]無怪乎，佩還進一步指出，阻卻的方式並不是一定成功，而得視敵方用兵型態而定。如果敵方採取游擊戰，阻卻就不會成功，因為游擊戰用不到什麼重裝備，需要的補給也很少，幾乎不受空襲的影響；反之，如果敵方採取機械化戰爭的型態，阻卻就會成功，因為機械化戰爭就是指動用大批重裝備，因而需要大量的補給，一旦遭到空襲很快就會停擺。這個觀點也可以進一步延伸到未必使用大量機械化裝備的陣地

---

[25] Robert A. Pape Jr., “Coercive Air Power in the Vietnam War,” *International Security*, Vol.15, No.2 (Fall 1990), pp. 103-146; Robert A. Pape Jr., *Bombing to Win: Air Power and Coercion in War* (New York: Cornell University Press, 1996).

[26] 這些交通線自然也有民間目標的性質，但在「阻卻」之下攻擊這些交通線，是為了切斷前線敵軍的補給，而不是為了打擊敵國的民心士氣或經濟生產。見：Robert A. Pape Jr., “Coercive Air Power in the Vietnam War,” p. 111, fn23.

[27] Robert A. Pape Jr., Bombing to Win: Air Power and Coercion in War, pp. 23-24.

戰，因為只要以佔領為目的，就會形成空襲可以輕易發現並擊中的目標。

佩隨後將他的理論套用到越南戰爭期間美國四次主要的轟炸行動，並獲得了成功。1965 年 2 月至 1968 年 10 月的「滾雷」(Rolling Thunder)作戰，美國採取的是懲罰與阻卻，懲罰本來就是無效的，而阻卻對此時北越所採取游擊戰的也沒有效，滾雷作戰也就以失敗收場。此後，1972 年 4 月至 5 月的「自由列車」(Freedom Train)作戰也是採取懲罰所以也再一次失敗，使美國在接下來 5 月至 10 月的「後衛一號」(Linebacker I)，以及 12 月的「後衛二號」(Linebacker II)作戰都改採阻卻，而此時北越是採取機械化戰爭的型態，因此美國的轟炸成功迫使北越停戰，暫緩了南越的滅亡。[28]如同佩自己所標榜的，他的理論解釋了越戰中空襲成敗的迷團。以往的觀點多認為美國空襲北越之所以失敗，是因為北越的決心高於美國，但北越的意志其實一直都很堅定，而美國的意志卻隨著時間不斷下降，越戰早期的空襲失敗而後期的空襲反倒成功，這個問題唯有他的理論可以解釋，[29]可見其理論的確有過人之處。[30]

---

[28] Robert A. Pape Jr., “Coercive Air Power in the Vietnam War,” pp. 104-105, 113-116.

[29] Robert A. Pape Jr., “Coercive Air Power in the Vietnam War,” pp. 107-109.

[30] 基於這樣的發現，佩也一併批判了與他同時代其他各類主張不空襲敵方軍事目標即可取勝的說法。例如華登（John A. Warden III）所倡導的「效基作戰」（Effects Based Operations, EBO），華登與達根（Michael J. Dugan）所提倡的「斬首」（Decapitation）戰法，還有伍爾曼（Harlan K. Ullman）與偉德（James P. Wade）提出的「震懾」（Shock and Awe）概念，這些觀點大致上都認為，拜當代航空科技進步與精確導引彈藥（Precision Guided Munitions, PGM）之賜，只要空襲少數非軍事目標即可快速屈服敵人。詳見：John A. Warden III, “The Enemy as a System,” *Airpower Journal*, Vol. 9, No. 1 (Spring 1995), pp. 40-55; Harlan K. Ullman and James P. Wade, *Shock and Awe: Achieving Rapid Dominance* (Washington, D.C.: National Defense University, 1996); Richard H. Shultz and Robert L. Pfaltzgraff, *The Future of Air Power in the Aftermath of the Gulf War* (Maxwell Air Force Base, Alabama: Air University Press, 1992). 就佩來看，這些見解都是不切實際的。無論武器變得如何準確，空襲還是得指向軍事目標並配合地面部隊才能取勝，詳見：Robert A. Pape Jr., *Bombing to Win: Air Power and Coercion in War*, pp. 211-244.

不過，佩的理論很快就在 1999 年的科索伏(Kosovo)戰爭中失靈。此次戰爭的原因，是南斯拉夫對其科索伏省境內的阿爾巴尼亞裔少數族群進行種族淨化，北大西洋公約組織國家為了迫使南斯拉夫停止此一舉動，發動了代號「聯軍武力」(Allied Force)的空襲行動。最後，在持續 78 天（1999 年 3 月 24 日至 1999 年 6 月 9 日）的轟炸之下，南斯拉夫竟然就屈服了，同意從科索伏撤軍並讓國際和平維持部隊進駐，實質上等於是喪失了這一片領土。[31]從佩的理論來看，科索伏戰爭這樣的結果是完全出乎意料之外。北約的空襲一開始採取的正算是佩所說的阻卻，也就是攻擊軍事目標，希望剝奪南斯拉夫軍隊的戰力，使他們無法繼續迫害科索伏境內的阿爾巴尼亞裔居民。然而，如同佩的理論所說，阻卻是否成功取決於對手的用兵型態，而種族淨化只需要很少的部隊與輕武器，正是種接近游擊戰的形式，使得北約阻卻式的空襲徒勞無功。[32]

由於阻卻失敗，北約的空襲開始轉往懲罰的方向移動。北約選定了四大目標類型擴大空襲：政府機關、媒體、安全部隊、與經濟生產，攻擊煉油廠、石油儲存、鐵公路橋樑、鐵路、軍事通信站，武器零組件工廠等目標。1999 年 4 月 21 日，美軍空襲了貝爾格勒的國營廣播與電視台，以及南斯拉夫執政黨的辦公室；5 月 24 日，起連續三天攻擊了南斯拉夫的電力設施，切斷 80%的電力供應；針對克拉古耶瓦茨(Krujevac)地區汽機車與彈藥工廠的攻擊，造成 15,000 名工人失業，40,000 名相關聘僱員工也受牽連。南斯拉夫統計北約的空襲一共擊毀了 12 處鐵路車站、36 座工廠、24 座橋樑、7 座機場、17 處電台以及其他基礎與通訊

---

[31] Earl H Tilford Jr., “Operation Allied Force and the Role of Air Power,” *Parameters*, Vol. 29, No. 4 (Winter 1999/2000), pp. 24-38.

[32] 最後的評估是，空襲大約摧只毀了南斯拉夫 40 至 50 輛戰車、50 輛裝甲車與 60 門火砲，因為絕大多數這類的重武器都疏散、偽裝起來了，北約許多炸彈只是擊中假造的誘餌。見：Barry R. Posen, “The War for Kosovo,” *International Security*, Vol. 24, No. 4 (Spring 2000), p. 64.

設施。[33]空襲對於南斯拉夫經濟產生了毀滅性的效果，南斯拉夫的經濟專家指出，他們所遭受的破壞比二次大戰時還要嚴重，南斯拉夫全國的經濟總產值將損失一半之鉅，已來到崩潰的邊緣。[34]

按照佩的理論，即使如此嚴重的懲罰還是不會成功的，那麼南斯拉夫為何會認輸呢？一些論點嘗試將此歸因於科索伏當地阿爾巴尼亞人組成的反抗組織「科索伏解放軍」(Kosovo Liberation Army, KLA 或 Ushtria Clirimtare E Kosoves, UCK)。因為北約的空襲壓制了南斯拉夫軍隊，遂使科索伏解放軍有辦法還擊，終於導致南斯拉夫撤軍。意即，這還是在剝奪敵方執行軍事任務的能力，還是屬於阻卻的範疇，科索伏戰爭的勝利還是阻卻的勝利。但是，北約在戰後的調查否定了這一點，並沒有任何證據可以支持科索伏解放軍曾經發動有過有效的攻擊。[35]另一些論點則主張，就是因為空襲一直無法生效，北約最後只得準備地面攻勢，迫使南斯拉夫屈服的就是這地面部隊的威脅，因為在北約空襲的壓制下，南斯拉夫將無法集中調兵抵抗北約入侵。意即，這還是在剝奪敵方執行軍事任務的能力，還是屬於阻卻的範疇，科索伏戰爭的勝利仍是阻卻的勝利。但是，證據也不支持此一論點，北約對於派遣地面部隊並沒有足夠的共識，兵力調動不是沒有但十分畏縮而猶豫，淪為舉世的笑柄。[36]

所以說很明顯的，科索伏戰爭其實是空中武力可以獨立透過攻擊民間目標贏勝利的鐵證。成敗的關鍵究竟何在？答案仍是政治目的與軍事

---

[33] Daniel L Byman & Matthew C. Waxman, "Kosovo and the Great Air Power Debate," *International Security*, Vol. 24, No. 4 (Spring 2000), p. 18.

[34] Benjamin S. Lambeth, NATO's Air War for Kosovo: A Strategic and Operational Assessment (Santa Monica: RAND, 2001), pp. 41-43.

[35] Andrew L. Stigler, "A Clear Victory for Air Power: NATO´s Empty Threat to Invade Kosovo," *International Security*, Vol. 27, No. 3 (Winter 2002/03), p. 129.

[36] Andrew L. Stigler, "A Clear Victory for Air Power: NATO´s Empty Threat to Invade Kosovo," pp. 131-136

手段間的聯繫：雖說有限戰爭中手段也得是有限的，但手段上的限制還是得與目標有限的程度相稱。是佩自己以越戰為主的案例選擇，把決定空襲成敗的這最重因素，給控制掉了：比起科索伏只是南斯拉夫全國約八分之一的領土，放棄進攻南越對北越而言，等於是要他放棄整個越南的一半。當北越已不惜傾全國之力來實現其國家統一時，美國空襲對北越的懲罰如同佩自己的評語是太「溫和」了（死傷只佔北越人口的0.3%），[37]既然北越實際上等於已是全民階兵，美國就得再相對應的升高空襲。於此，套用佩自己的話，如果「阻卻」的成敗得視敵國的用兵型態而定，「懲罰」的成敗同樣也得視敵國的經濟結構而定。如同佩自己也寫道，早在古典空權理論裡就已經指出，現代工業化社會與城市居民仰賴電力、石油、鐵公路交通等基礎設施，光是空襲這些目標也足以在經濟上產生重大的損失。[38]比起大體上是農業經濟的北越，炸毀全部工業目標後要再繼續升高轟炸，就很難不殺傷大量平民；[39]南斯拉夫則是個工業國家，空襲重要基礎設施產生的損害自然會大得多，同時仍能將平民的傷亡控制在較低的範圍內。[40]南斯拉夫之所以會在損失了一半的經濟後投降，不正如謝林的理論所說，是為了保障那另一半還沒有被摧毀的經濟嗎？換言之，佩所駁斥謝林的理論，其實已經提供有限戰爭中，單獨以有限的空中武力屈服敵人的方法了。

---

[37] Robert A. Pape Jr., "Coercive Air Power in the Vietnam War," p. 126.

[38] Robert A. Pape Jr., Bombing to Win: Air Power and Coercion in War, pp. 20-22.

[39] 美國在 1967 年間幾乎已經把北越為數不多（工業產值只佔北越整體經濟的 12%）的重要基礎設施與工業全都摧毀了，但美國接下來就自己採煞車，空襲力度沒有因為北越仍然不屈服而再繼續升高，反而逐步降低。見：Robert A. Pape Jr., "Coercive Air Power in the Vietnam War," p. 119.

[40] 科索伏戰爭中轟炸造成的平民死亡大約是 2,000 人，越戰期間則大約是 65,000 人。見：Robert A. Pape Jr., "Coercive Air Power in the Vietnam War," pp. 143-144.

肆、結語

綜合本文的討論可以發現，順著1920年代杜黑、1960年代謝林、1990年代佩等三位代表性理論學家的時間脈絡，從古典的到現代的，空權的理論當然不完美，但也決非是不切實際的願望。一方面，它能規範地指出在無限與有限戰爭中單獨使用空中武力的有效方法；另一方面，它也能實證地解釋單獨使用空中武力究竟在什麼條件下可以成功。在無限戰爭中，針對民間目標的空襲，必須無所不用其極的慘忍，並且要針對一國真正關鍵的交通與能源要害加以攻擊，以求產生最大的破壞效果。在有限戰爭中，空襲則得逐步升高，升高的程度也必須大過目標國對於其政治目的的堅持，這個前提是否能滿足，除了看政治目的本身的大小，也得視目標國的經濟結構而定。空襲工業化國家以迫使他放棄比在空襲中所遭受的損失要小的政治目的，是可行的。如果這個條件不允許，空襲就只能以軍事目標為主，並且需要地面部隊配合，成敗則以目標國的用兵型態而定（整理為下表一）。

表一：總結古典與現代空權理論

<table>
<tr><td colspan="6">無限戰爭：空襲得儘量殘忍、尋求最大破壞</td></tr>
<tr><td colspan="6">有限戰爭：空襲得逐步升高，成功與否取決於</td></tr>
<tr><td>政治目標</td><td colspan="2">大</td><td colspan="3">小</td></tr>
<tr><td>目標國經濟結構</td><td colspan="2">---</td><td colspan="2">農業</td><td>工業</td></tr>
<tr><td>目標選擇</td><td colspan="2">軍事目標</td><td colspan="2">軍事目標</td><td>民間目標</td></tr>
<tr><td>目標國用兵型態</td><td>陣地戰</td><td>游擊戰</td><td>陣地戰</td><td>游擊戰</td><td>---</td></tr>
<tr><td>成敗</td><td>成功，需地面部隊配合</td><td>不成功</td><td>成功，需地面部隊配合</td><td>不成功</td><td>成功</td></tr>
</table>

從此，二十一世紀以來的幾次重大戰爭，其間空中武力的運用方式與結果，也都可以理解。2001 至 2002 年的阿富汗戰爭，北約國家就是以空中武力支援地面特種部隊與當地反對勢力，因為在荒涼的阿富汗除非直接大量殺傷平民，不然無法只用空中武力產生夠大的損害，推翻神學士政權的統治。[41]2003 年的伊拉克戰爭，英美聯軍也是同時運用空中武力與地面入侵，因為對伊拉克即使有石油工業可以攻擊，要求其元首縊首這樣強烈的政治目的，仍不可能只靠空襲達成。[42]類似的，2011 年的利比亞內戰，在推翻其既有政府這樣強烈的政治目的之下，歐洲國家以空襲政府軍的方式讓叛軍取得上風，才會是有效的方式。[43]同樣的，2013 年的馬利內戰，想要阻止其其叛軍的進攻，也不可寄望於對叛軍控制的荒漠實施攻擊，法國武力介入時非得空襲叛軍的武力，並派遣地面部隊協助其政府軍抵擋叛軍，[44]才有可能奏效（整理為下表二）。

表二：二十一世紀初的四次戰爭案例解析

戰爭	阿富汗戰爭	伊拉克戰爭	介入利比亞內戰	介入馬利內戰
政治目標	大	大	大	大
目標選擇	軍事目標	軍事目標	軍事目標	軍事目標
目標國用兵型態	陣地戰	陣地戰	陣地戰	陣地戰
成敗	成功，有地面部隊配合	成功，有地面部隊配合	成功，有地面部隊配合	成功，有地面部隊配合

41 Jenna Jordan, "When Heads Roll: Assessing the Effectiveness of Leadership Decapitation," *Security Studies*, Vol. 18, No. 4 (December 2009), pp. 719-755.

42 Stephen Biddle, "Speed Kills? Reassessing the Role of Speed, Precision, and Situation Awareness in the Fall of Saddam," *The Journal of Strategic Studies*, Vol. 30, No. 1 (February 2007), pp. 3-46.

43 Bagehot, "The Crisis in Libya: Mr. Cameron's War," *Economist*, August 25, 2011, http://www. economist.com/blogs/bagehot/2011/08/crisis-libya-0

44 Bruce Crumley, "The War in Mali: Does France Have an Exit Strategy?" *Time*, February 26, 2013, http://world.time.com/2013/02/26/the-war-in-mali-does-france-have-an-exit-strategy/

當然了，正因為成功的條件其實可遇不可求，上述戰爭都不是空權所能單獨取勝的，但空權究竟能做到什麼又不能做到什麼，世人至少已經能在事前知悉，而不必重蹈覆轍去嘗試。如此，許多不必要的殺戮與破壞，也就可以避免了。

霸權更迭與權力成長模型：國際體系權力結構的變遷

羅慶生 *
（淡江大學國際事務與戰略究所博士候選人）

摘要

探討霸權更迭一直是國際關係領域深感興趣的問題，但除坦曼(Ronald L. Tammen)及庫勒(Jacek Kugler)在權力轉移理論中運用數學模型分析外，其他多屬抽象陳述，雖然能解釋霸權「為何」更迭，但探討「如何」更迭時卻缺乏分析工具容易在權力假定下逕行歸結於戰爭；而在推論「何時」或何種狀態下霸權才會轉移，則往往陷入預測性不足的窘境。本文探討國際體系權力結構的形態與變遷，嘗試在理性主義基礎上建立一個新的分析工具：國家權力成長與挑戰者超越的數學模型。本文將先論述研究的理論基礎與基本假定，而後探討國家權力的本質，提出國家權力除權力因素的物質性外還包括心理性；其次，將討論國際體系結構的形態，提出領導者權力成長與挑戰者超越模型；最後再分析國際體系領導者的權力基礎如何衰退，以致其他的權力大國有機會挑戰。本文將指出，國際體系權力結構的變遷是因為領導者，即位於權力金字塔的頂端的霸權(hegemony)或超級強權(dominant Power)，在維持國際規則的公共財時，因環境變遷終使其付出超過收益的成本，在國家實力逐漸侵蝕下，才會造成搭便車(free rider)的次級強權有超越的機會。

關鍵字

國際體系、權力成長模型、權力轉移、公共財

---

* 羅慶生，現為淡江大學國際事務與戰略究所博士候選人。

一、前言

探討霸權更迭一直是史學與國際關係領域深感興趣的問題，前者觀察歷史過程而提出論述，如保羅・甘迺迪(Paul Kennedy)從經濟變遷與軍事衝突的角度詮釋 16 至 20 世紀 500 年間的霸權興衰；[1]後者則試圖建立科學性的理論命題，多位現實主義與自由主義學者即在國家追求權力假定下探討國際體系的霸權轉變，[2]較近回應中國崛起的「權力轉移理論」還引入戰略概念，[3]意味著行為者的能動性也必須考慮而不只是結構而已。屬於社會科學的理論雖有其合理假定，也經常列舉相關數據做為其理論命題的依據，但除坦曼(Ronald L. Tammen)及庫勒(Jacek Kugler)在權力轉移理論中運用數學模型分析外，其他多屬抽象陳述，雖然能解釋霸權「為何」更迭，但探討「如何」更迭時卻缺乏分析工具容易在國家追求權力假定下逕行歸結於戰爭；而在推論「何時」或何種狀態下霸權才會轉移，則往往陷入預測性不足的窘境。

本文認為建立數學模型對理解國際體系的權力結構與變遷來說是個有意義嘗試，但作為一個分析工具，模型應具可操作性並符合簡潔性原則。坦曼及庫勒的權力轉移理論以人口(population)、生產力(productivity)與政治能力(political capacity)作為權力函數的變項，[4]以為權力轉移即超越(overtaking)的分析基礎，但卻未列舉該權力函數；以致

---

[1] 請參閱：Paul Kennedy 著，潘文國、陸錦林、劉精忠、陳舒、單俊毅合譯，《霸權興衰史》(The Rise and Fall of the Great Powers)(台北：五南，2009)。

[2] 請參閱：Robert Gilpin, *War and Change in World Politics*(Cambridge: Cambridge University Press, 1981)；George Modelski, *Cycles in World Politics*(Seattle: University of Washington Press, 1987)； Jacek Kugler and A. F. K. Organski, "The Power Transition: A Retrospective and Prospective Evaluation," in Manus I. Midlarsky ed., *Handbook of War Studies*(Boston: Unwin Hyman, 1989), pp.171-194；John J.Mearsheimer, *The Tragedy of Great Power Politics*(London: W. W. Norton & Company Inc., 2001)。

[3] 請參閱：Ronald L. Tammen and Jacek Kugler, *Power Transitions: Strategies for the 21st Century*(New York: Chatham House,2000)。

[4] Ibid, p.15。

難以對兩個國家行為者的權力進行數據比較。[5]因此，雖然該模型界定挑戰者權力發展至超級強權的 80%以上時出現均勢(parity)，而超過 20%以上則均勢結束，過程即為超越，[6]但無法觀察得知均勢是否已經出現？超越是否將發生？同時，其部分圖型例如權力、滿意度與衝突的三維空間模型在二維空間的平面（例如紙張）上呈現時也過於複雜，[7]喪失透過圖形讓讀者更容易獲得理解的目的。

本文探討國際體系權力結構的形態與變遷，嘗試在既有基礎上建立一個新的分析工具：國家權力成長與挑戰者超越的數學模型。在研究架構上，本文將先論述研究的理論基礎與基本假定，而後探討國家權力的本質，提出國家權力除權力因素的物質性外還包括心理性；其次，將討論國際體系結構的形態，提出領導者權力成長與挑戰者超越模型；最後再分析國際體系領導者的權力基礎如何衰退，以致其他的權力大國有機會挑戰。本文將指出，國際體系權力結構的變遷是因為領導者，即位於權力金字塔的頂端的霸權或超級強權，在維持國際規則的公共財時，因環境變遷終使其付出超過收益的成本，在國家實力逐漸侵蝕下，才會造成搭便車的次級強權，亦即其它的權力大國有超越的機會。

二、理論基礎與基本假定

本文試圖在理性主義上建立國際體系具因果關係的量化模型，理論基礎是源自肯尼斯·華茲(Kenneth Waltz)的以「系統—結構」描述國際體系中的國家行為。[8]所謂理性主義即溫特(Alexander Wendt)所指出新現

---

[5] 例如，我們不能比較出兩個政治能力類似的國家，A 國人口 5 億、經濟規模（GDP）200 兆美元，B 國人口 10 億、經濟規模（GDP）100 兆美元，哪一個國家的權力大？

[6] Ronald L. Tammen and Jacek Kugler, pp.7-21

[7] Ibid, p.26。

[8] 請參閱：Kenneth Waltz, *man, the State, and War*（New York: Columbia University Press, 1959）以及 *Theory of International Politics*（New York: McGraw Hill, 1979）。

實主義與新自由主義本質上的相似性，並歸之於是理性主義所提供的基本上行為主義的概念。[9]新現實主義與新自由主義有共同信奉的理論基礎，因而「霸權穩定論」雖被歸為現實主義學派論述，卻是由吉爾平(Robert Gilpin)、基歐漢(Robert Keohane)等新自由主義學者所強化；基歐漢在討論國際制度的兩個研究途徑時即認為，新現實主義者與新自由主義者的爭論，是以共同信奉的「理性主義」作為基礎。[10]坦曼及庫勒也強調他們並非現實主義者或自由主義者，而是理性主義者。[11]國際關係學者雖多數認為當代國際關係理論是由新現實主義、新自由主義與建構主義鼎足而三，但理性主義與建構主義的二分法分類方式也有其優點。兩者最重要的差異，依據溫特的觀察，在於理性主義者認為國際體系是無政府狀態下的自助體系，國家是主要行為者，並且按照自身利益來定義安全，國際體系下必然存在強權，同時理性主義提供一個基本上是行為主義的概念，認為國家行為的認同與利益是外部給定，進程與制度能改變行為者行為，卻不改變其認同與利益，亦即國家行為是受國際體系的結構因素所限制；而建構主義者則認為，自助並不是由無政府狀態的結構所給定的，而是進程，無政府狀態存在著一些實踐，除了這些實踐外並不存在無政府狀態的邏輯，除了進程外不存在結構，也不必然存在著強權；自助與權力政治是無政府狀態的制度，而不是基本特徵，無政府狀態是國家造成的。[12]

---

[9] Alexander Wendt, "Anarchy is what states make of it: the social construction of power politics" *International Organization*, vol. 46, no. 2（1992）, pp.141-144.

[10] Robert Keohane, "International Institutions：Two Approaches" *International Studies Quarterly ,* Vol. 32, No. 4 (1988), pp.379-396.International Institutions: Two Approaches. Author(s): Robert O. Keohane. Source: International Studies Quarterly,

[11] Ronald L. Tammen & Jacek Kugler, p.6.

[12] Alexander Wendt, "Anarchy is what states make of it: the social construction of power politics" , p.141.

就如同溫特對理性主義的陳述，本文的基本假定即包括：國際是無政府狀態的自助體系、國家是主要行為者、在相對理性下國家追求自我定義的安全等。同時，本文認為在此基本假定下，從華茲開始的「系統—結構」論述已建立了理性主義國際關係理論的特定典範，其以實證主義的認識論為基礎探討國際體系結構，企圖尋求能描述、解釋、預測與控制的通則；而包括辛德柏格(Charles P. Kindleberger)所提出的「霸權穩定論」與後續的相關論述均屬之，[13]而坦曼及庫勒的「權力轉移理論」所企圖建立的數學模型，則是此一典範的較新發展。

本文即此前述基礎與基本假定上進行研究。然而本文雖對坦曼及庫勒企圖建立數學模型的努力給予掌聲，但認為其方法或某些論點仍有不令人滿意之處，這些對其理論體系的批判將成為本文的重要觀點：

1. 在權力因素中忽略了國家權力的心理性，將國家權力與權力因素的人口、生產力與政治能力直接劃等號。本文則認為國家權力來自行為者對權力因素的主觀評估，而非客觀的權力因素本身；此一心理面的評估對觀察者而言是權力主體的「威望」，對權力客體來說則是「預期心理」，即對其行為拒絕權力時所可能遭到報復或後果的預期。權力大小除了物質面外還有如何操作的心理面；我國學者陳欣之即認為中國春秋戰國時代的「以德服人」理念有其意義，主張霸權興衰不僅僅是權力分配狀態的改變，更是領導地位的移位，以及霸權治理權威被解構與重新建構的過程。[14]強調心理性並不違反理性主義的量化基礎，

---

[13] 霸權穩定論最早是 1970 年代由美國政治經濟學家辛德柏格（Charles P. Kindleberger）所提出；Charles Poor Kindleberger, *The World in Depression,1929~1939*, (Berkeley: University of California Press, 1973).不過最初理論所揭櫫的是霸權存在對國際金融、貿易與世界經濟發展的重要性，未強調霸權存在對國際或區域軍事安全的貢獻，爾後的霸權穩定理論則演化為強調霸權對兩者都具有同等的重要性。請參閱：宋學文、陳亮智，<美國對台灣民主發展之影響：一個「霸權穩定論」演化的分析觀點>，《東吳政治學報》，第 29 卷，第 3 期（2011 年），頁 9。

[14] 陳欣之，<霸權治理的省思：權力消長與權威起伏>，《問題與研究》，第 49 卷，第 1

經濟學上將消費的「效用」定義為「使用財貨或接受服務時心理上滿足的程度」即強調其心理性；威望雖是主觀的心理現象，但在概念上卻同樣可以量化。

2. 坦曼及庫勒在權力因素中忽略了國家權力的心理性，但在解釋超越過程中戰爭發生的可能性，卻是以防衛者及挑戰者對現況的「滿意/不滿意」的心理現象來評估；此一以防衛者或挑戰者對現況「滿意/不滿意」作為戰爭發生與否的命題將產生以下的幾個問題：

(1)缺乏「滿意/不滿意」的度量方法；在難以客觀度量下，防衛者或挑戰者對現況的「滿意/不滿意」將很容易成為空洞的概念。無論是透過觀察防衛者及挑戰者的言論、文件或解讀彼此的戰略互動，都將因不同觀察者所界定的不同指標而有所不同，如此將喪失量化研究的客觀；因而僅在戰爭發生後具有解釋力（即戰爭的發生是因為防衛者或挑戰者對現況的不滿意），卻無法預測戰爭是否會發生。

(2)權力具有相對性，國際權力結構的變遷（即出現超越現象）不只是因為挑戰者的興起，還包括防衛者即原來的超級強權的權力衰落。當防衛者權力出現相對性衰落才給予挑戰者挑戰原有國際權力結構的機會，在這種情況下除非防衛者願意讓出權力，否則挑戰者對現況必然是不滿意的。如果「滿意/不滿意」的戰爭命題成立，則很容易推論出「要避免戰爭只有防衛者願釋放權力給挑戰者」的結論；也就是戰爭與和平的責任在防衛者身上，如此將與一般的認知不同。

(3)坦曼及庫勒認為超級強權是藉由強於其潛在對手的優勢以及以有利於盟邦及滿足盟邦期待的規則管理國際系統，[15]因此，除非挑戰者違反國際規則，否則防衛者將沒有條件在盟邦的支持下發動戰爭而破壞

期（2010 年），頁 59-85。

[15] Ronald L Tammen & Jacek Kugler, Power Transition : Strategies for the 21st Century., p.6.

本身所制定的規則。然而在行為者具相對理性的假定下，除非評估錯誤，挑戰者不會在實力不如防衛者（如果可以明確度量）的情況下破壞規則以避免遭至防衛者制裁。貝金肯(Jeffrey D. Berejikian)即指出：決策者決策時並非選擇最大的利益獲取，而是權衡風險損失，即使可能遭受最小風險損失，也不會冒險改變現狀。[16]如此在挑戰者權力不如防衛者時戰爭將不會發生，而一旦挑戰者權力超過防衛者，即意味著權力已經轉移，挑戰者無須再發動戰爭，防衛者也缺乏足夠實力發動戰爭，戰爭也不會發生；如此滿意/不滿意的戰爭命題將不具意義。

基於以上的理解，本文認為「滿意/不滿意」在處理國際體系結構的變遷上並不是個好用的概念。本文認為，戰爭作為一種屈服對方意志的方法與最後裁判，[17]行為者是否使用軍事武力以貫徹其政治目的是有選擇性的，國際體系的權力結構雖制約行為者，卻不必然引發戰爭，而是行為者企圖透過戰爭結果改變國際權力的結構或規則以擺脫制約。行為者的能動性在權力結構下的意義即在評估與選擇，在相對理性的假定下，戰爭是否會發生只在挑戰者或防衛者評估戰爭的收益大於損失下才會發生。這種評估的本質是種預期；因此，即便挑戰者或防衛者對權力分配的滿意或不滿意是戰爭發生的自變項，也是透過防衛者威望喪失的中介變項才會造成戰爭，在「滿意/不滿意」無法度量下，不如透過「威望」推論戰爭發生的可能性。

---

[16] Jeffrey D. Berejikian, "A Cognitive Theory of Deterrence," Journal of Peace Research, Vol.39, No.2（2002）. pp.165-166

[17] 克勞塞維茲（Carl Maria Von Clausewitz）即將戰爭定義為一種強迫敵人遵從我方意志的武力行動（War is thus an act of force to compel our enemy to do our will），鈕先鍾譯，克勞塞維茲著，《戰爭論全集》（台北：軍事譯粹社，民國 69 年），頁 110。

三、國家權力與國際體系權力結構的形態

國家權力的概念是本文首先要處理的問題。溫特曾指出理性主義的論述是種經濟學式的理論，[18]因此本文期望能像經濟學一樣模型化理論，並將「國家權力」的抽象概念在理論模型中表現出來。

（一）國家權力本質

坦曼及庫勒依循現實主義典範將權力界定為「強迫或說服對手遵守我方要求的能力」，並認為權力是由：能夠工作或作戰的人數、這些人的經濟生產力，以及政治系統獲取與整合個人貢獻以達成國家目標的能力等三個因素構成。[19]這三項國家權力構成因素是簡潔的，能充分表現出國家達成國家目標的能力。雖然未提出軍事與科技能力等直接影響霸權的因素，但軍事事務與科技都是社會經濟正相關的函數，正如托勒佛所指出：作戰方式即生產方式，軍事革新是在社會轉型迫使軍隊徹底改變時發生。[20]軍事與科技的發展不脫離經濟的觀察指標；因而能工作或作戰人數、這些人的經濟生產力、政治系統能力等三項指標已可涵括國家在軍事、經濟、政治、外交等諸面向的實力。

雖然這三項因素在概念上已可代表國家實力，國家實力愈高，強迫或說服對手遵守我方要求的籌碼就愈多，能力就愈強。但國家實力並不能與國家權力直接畫等號；要強迫或說服對手遵守我方要求，除實力外還有意願與其他心理層面的問題。以第一次世界大戰後的美國為例，雖

---

[18] 溫特曾指出其建構主義觀點與國際關係學中具體系理論主流地位的「經濟學」理論不同，即指主張行為進程概念中認同與利益是外生的理性主義。Alexander Wendt, "Anarchy is what states make of it: the social construction of power politics" , p.43.

[19] Ronald L Tammen & Jacek Kugler, Power Transition : Strategies for the 21st Century., pp.15-18.

[20] Alvin and Heidi Toffler, War and Anti-war: Survival at the Dawn of the 21st Century（Boston：Little, Brown and Company , 1993）pp.29-33.

然其國家實力很高，但在不干預歐洲事務的信念下，當時的國際權力結構仍是歐洲諸強國的權力分配。國家實力是權力的物質基礎，但國家能夠遂行權力還有其心理因素，本文以「威望」一詞來負載此一概念。

1.威望的意義

理性主義假設國際無政府狀態下的國家自助原則，華茲提出的國際體系結構主要論述，即秩序原則、區分原則與權力分配，[21]因此國際體系的結構是權力分配的結果，國際秩序是由國際體系的領導者，亦即擁有最高權力者（無論是霸權或超級強權）建立並負責維持。領導國透過定義與建立國際規則維持國際秩序，國際規則通常符合領導國的利益（至少在建立之初），卻不一定符合其他國家的國家利益，然而在無政府狀態與自助原則下，各國仍願意接受與服從領導國所建立的國際規則，這主要是基於以下三種理由：

（1）自願合作

（2）利益交換

（3）擔心遭受制裁

被領導國自願合作是因為在利益或自我定義的安全上與領導國一致，其他則是在利益交換與擔心遭受制裁下而願意服從。利益交換是胡蘿蔔，誘使各國配合；制裁是棒子，脅迫各國服從。能給胡蘿蔔或揮舞棒子固然需要強大的國家實力支持，但領導國遂行權力卻不是在特定事件上與特定國家直接交換利益，或者逕行制裁脅迫以獲取對方的服從，而是透過具普遍性的規則以管理國際秩序。被領導國服從的對象是國際規則，而不是領導國本身；願意被領導則是出於服從各國均接受的規則將可得到利益，不服從終則將遭受制裁的預期心理。在領導國也遵守其所設定規則的前提下，國際社會將被抽象出一個虛擬的、位階在所有國

---

[21] Kenneth Waltz, Theory of International politics（Boston：Addison-Wesley,1979）, pp.79-109

家之上包括領導國在內的超國家概念，進行國際秩序的治理。這使被領導國的服從，無論最初是基於哪個理由，最終都將趨向一致：被領導國對利益交換與遭受制裁的預期，轉化為本身利益（或安全）與領導國一致的信念。華茲即曾指出，制約國家行為的兩種機制包括競爭與社會化；雖然因此被建構主義者批評：既是個體主義者又是結構主義者，[22]但無論是認同或吸引的概念，心理的作用並未被理性主義所排除。艾肯貝理(G. John kenberry)與奈伊(Joseph Nye, Jr.)也強調「軟權力」(soft power)結合政治、外交與軍事力量對美國延續霸權的意義。[23]領導國愈能強化此一信念，就愈能使被領導國自願合作，即便胡蘿蔔與棒子仍然是具有意義的工具。此一被領導國在主觀心理上願意合作或懼怕不合作的程度，即為本文所界定的領導國「威望」。本文認為，所謂國家權力，應是國家實力與威望的乘積（如公式一）。

公式一

$$NP = Pm * Pp$$

NP：國家權力

Pm：實力

Pp：威望

威望(Pp)是國家權力的倍增器(Multiplier)，放大或縮小國家實力對外的影響力。當 $Pp < 1$，表示國家權力未達到其實力應有的水準；$Pp > 1$，表示國家權力超過其實力；$Pp=1$，則表示其國家權力與實力相當。威望是在權力形成的過程中，透過預期心理的滿足而成長。由於國際體系不

---

22 有關建構主義對華茲這方面的批評，請參閱：Alexander Wendt, "Anarchy is what states make of it: the social construction of power politics", pp.151-2.

23 Joseph S. Jr. Nye, *The Paradox of American Power: Why the World's Only Superpower Can't Go it Alone*, (New York: Oxford University Press, 2002). Ikenberry, G. John. "Democracy, Institutions, and AmericanRestraint." in G. John Ikenberry. ed. *American Unrivaled: TheFuture of the Balance of Power*, (Ithaca: Cornell University Press,2002),pp.213-238.

存在法定的最高權威，領導國不會也不能採取類似國內司法的行動對違反規則者施以懲罰，國際制裁具有不確定性。因而對為爭取本身利益而企圖違反國際規則的國家而言，拘束其作為或不作為的關鍵在於其是否遭到制裁以及制裁強度的預期心理。這種預期心理除了對當時國際環境的判斷外，還有來自國際互動的經驗，亦即領導國對違反規則國家施以懲罰或不懲罰的歷史教訓。如果其他國家預期違反者將遭到制裁，而其後也的確遭到制裁，就將強化領導國的威望；反之則弱化。威望是在建立懲罰信用與遵守利益承諾的過程中累積，透過預期心理的滿足而成長，沒有預期的懲罰不僅無助反而傷害威望。這也形成威望成長的遲滯性，因為預期與實踐間有時間落差。競爭者通常缺乏發展威望的機會，在國家實力成長時威望小於 1，國家權力因而不能反映其國家實力；而領導國則因已建立威望（大於 1），其國家實力即便已相對衰落，國家權力卻未必同步衰退。

2.國家實力的具體表徵

在國家實力上，本文同意坦曼及庫勒的架構是由能夠工作或作戰的人數、這些人的經濟生產力，以及政治系統獲取與整合個人貢獻以達成國家目標的能力等三個因素所構成，但坦曼及庫勒並未界定這三者的關係，本文則認為國家實力是這三項因素的乘積，因為這是三個不同性質的概念，必須相乘才具有意義（如公式二）：

公式二

$$Pm = Po * Pr * Pe$$

Po：能夠工作或作戰的人數

Pr：這些人的經濟生產力

Pe：政治系統獲取與整合個人貢獻以達成國家目標的能力

在數學上的解讀，Po 為從事生產的人口數，Pr 為單位生產力，其乘積即為國家總生產(GNP)；Pe 則是政治系統整合「生產力—國家目標」

效率的指數，雖然難以度量，但短期內對特定國家而言是個常數。因此在該國政治系統未發生革命性變革的假定下，國家實力的公式可從公式二修正為公式三：

公式三

Pm = GNP ＊ Pe

Pe 為常數

這意味著經濟發展，即為國家實力的具體表徵。

（二）國際體系的權力結構形態

在無政府狀態下，權力是種相對的分配概念，領導國權力愈大，其他國家權力就相對愈小，反之亦然。國際體系透過權力分配確定其權力結構，因權力結構的不同將有以下四種型態：

1.單級金字塔結構

坦曼及庫勒提出權力金字塔模型的單極結構（如圖 1），為國際權力結構的原型。此結構為層級型態，各層級在超級強權之下分別是：大權國(Great Power)、中權國(Middle Power)、小權國(Small Power)。雖然坦曼及庫勒是以超級強權取代霸權概念定位最高層級的領導者，但本文認為，如果領導國擁有極高威望使其下一層的大權國均以自願合作形式接受領導，則為霸權。霸權與超級強權在權力上結構沒有差別，只有權力大小的差異：超級強權有時仍必須與大權國利益交換以維持其權力，不若霸權所具有的高度威望能使其他國家願意自動合作。

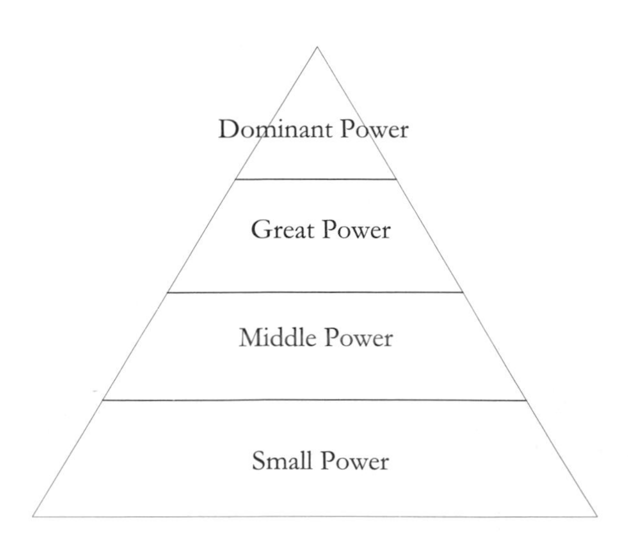

圖 1Classic Power Pyramid

資料來源： Power Transition：Strategies for the 21st Century, p7

2.複合金字塔群結構

坦曼及庫勒在描繪權力金字塔模型時還曾提出區域強權的次級結構概念，指出大權國往往是區域強權，即在強權國家之下還有次級的金字塔，如此將呈現複合金字塔群的結構（如圖 2）。在此結構中，大權國在各自區域或國家集團內為領導國，有特定權力，在其他區域或國家集團內則不能分配權力，但可透過利益交換爭取合作。超級強權則擁有全球利益或權力，但在特定區域內仍將尋求區域大權國的合作或利益交換以遂行權力。由於超級強權與大權國的權力在區域內重疊，因而這種複合金字塔群的結構並不穩定，權力結構也較為鬆散。

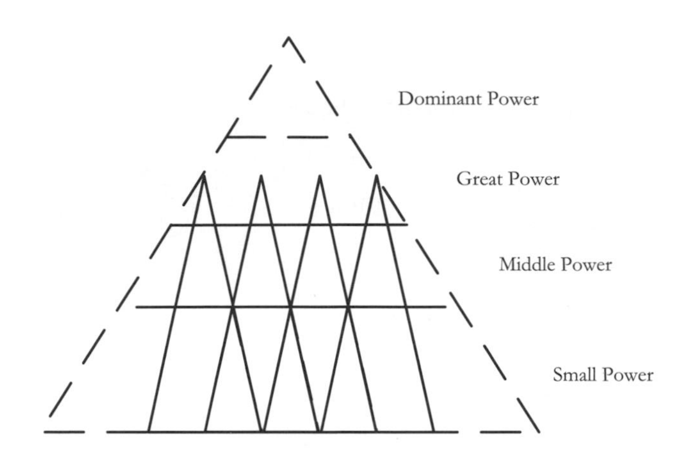

圖 2 國際體系複合金字塔群結構

3.多級金字塔群結構

霸權或超級強權雖然位於金字塔頂端，但並非一定存在。如果一個國際體系沒有一個權力大到足以領導各大權國的超級強權，那麼就是多級的金字塔群結構(如圖3);各大權國各自領導一群盟邦成為權力集團，相互競爭以爭取更高的領導權。多級金字塔群結構因相互競爭激烈，在各自定義國際規則並相互要求其他權力集團也遵守下，只有少數具有歷史性的規範才能得到普遍承認，國際秩序因而是較為混亂，也最容易引起戰爭。

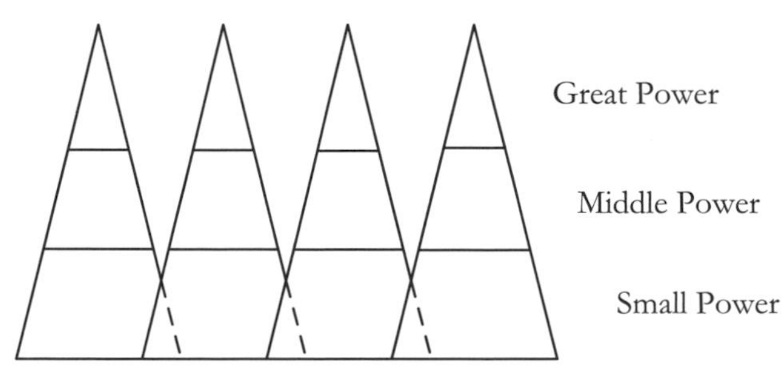

圖 3 國際體系多級金字塔群結構

4.兩極對立金字塔結構

多級結構在相互競爭下可能有某個權力集團勝出，領導國成為超級強權，使國際體系成為圖 1 或圖 2 的型態，也可能只剩下兩個權力集團的競爭，如此就成為對立金字塔形態的極端兩極結構（如圖 4）。兩極對立金字塔結構是最緊密的，兩大集團的領導國在集團內部都將擁有類似霸權的較大權力，除了不影響霸權權力運作（亦即不重要或可忽略）的小權國還有機會游離於兩大集團外，極端的兩極結構國際體系可能迫使中權國以上的國家都必須選邊站，而呈現的是兩個霸權金字塔對抗的極端兩級結構。

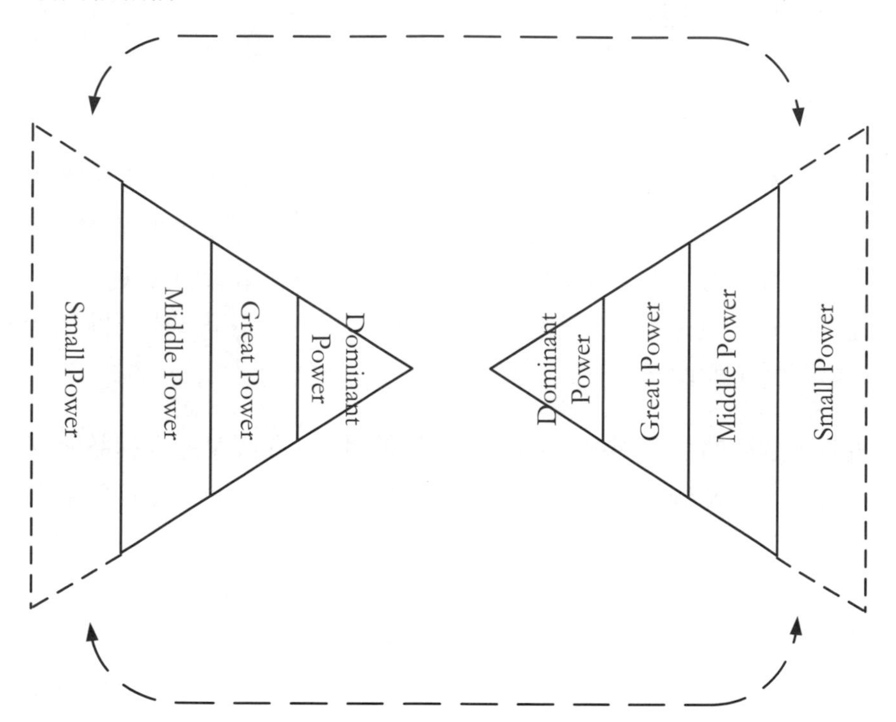

圖 4 國際體系對立金字塔形態的極端兩極結構

四、國際體系權力結構的變遷

從以上國際體系的各種結構可以理解，如果界定圖 1 的結構為國際體系的基本形態，則權力結構的變遷將包括多種形式，由圖 1 的基本結構向圖 2、圖 3、圖 4 的結構變動，或各結構彼此間的變動。為簡化分析，本文將建立國際體系權力成長與超越模型，而後再討論對其它變遷形式的適用性。本文將處理以下幾個主要問題：在無政府且自助的國際體系中領導國的權力如何形成？經過何種歷程？實力與威望如何呈現？挑戰者如何挑戰？超越如何出現？為了理解此一過程，本文嘗試透過一個初始狀態的概念來探討。

（一）領導國權力成長模型

在國際體系的層級結構中，挑戰權力者都是次一層級國家：挑戰超級強權者必然是區域大權國，挑戰大權國者必然是該區域內的中權國。這些具有挑戰實力的國家本文稱為競爭者，在諸多競爭者中最後只有一個會躍升而成為領導者，而通常一次也只有一個主要競爭者成為挑戰者，一旦挑戰形勢（即均勢）形成，領導者將成為防衛者。

假設一個初始狀態的國際體系有 N 個競爭者，在國家追求利益與安全的假定下，這 N 個競爭者均有意願角逐領導者權力。而在國際互動開始前，心理層面還不具意義，國家權力應由物質基礎即國家實力所決定。然而，國家實力的絕對概念並不足以說明權力的變化，能成為競爭者的國家實力均約略相當；國際互動一旦開始，造成權力客體預期心理改變的原因將是權力主體的實力增長，而不是其原本擁有的實力。因此決定權力增減在於國家實力的相對變化，亦即國家實力增長幅度的比較，在概念上，可視為競爭者的競爭力。

$$SGn = (GNP\langle x+1 \rangle - GNP\langle x \rangle) / GNP\langle x \rangle \ast Pe\langle n \rangle$$

$$n = \underbrace{a\text{、}b\text{、}c\ldots}_{N}$$

$$ASG = SGa + SGb \cdots + SGn / N$$

ASG：這N個國家的國家實力平均成長率

$$SGOn = SGn - ASG \quad n = \underbrace{a\text{、}b\text{、}c\cdots}_{N}$$

SGOn：該國國家實力成長率與平均成長率差額

假設其它因素不變，[24]依據公式三：Pm = GNP ＊ Pe，國家實力是由國家總生產與特定常數的乘積所決定，則競爭者的國家實力成長率為：基於權力的相對性，SGOn若為正值，就表示該國的國家實力成長優於競爭者平均值；其值愈高，就表示相對其他競爭者實力成長愈為快速，也就是競爭力愈強。因此，若某國的SGO值能穩定增加，就終將能超越其他競爭者而成為領導者（如圖 5）。

採用國家實力成長率比較的概念具有可以觀察的優點，較直接比較國家實力簡潔且更具操作性。這並不意味國家實力的絕對概念不重要，只是各競爭者的國家實力都已具有一定基礎，因而關鍵將不是國家實力本身，而是優於其他競爭者的成長率。

領導國的權力成長將經歷發展、崛起、強盛、衰退等四個階段：競爭者的政治系統整合能力(Pe)如果能使其國家實力成長率高於各國平均值（SGO 為正值），即有成為挑戰者的資格，而進入崛起期；在此之前，

[24] 這些其它因素不變的假定包括沒有戰爭、沒有毀滅性的瘟疫或天災；較強競爭者沒有透過戰爭削弱其他競爭者，也沒有透過威脅或利誘手段併吞他國（即便只是鄰近的小權國），各競爭國的領土與人民數量都是自然增長。

則為發展期。進入崛起期後透過國際互動的競逐過程使權力快速增加，然而崛起期也是最辛苦的時期，因為建立信用與遵守承諾的國際互動經驗尚待累積，其威望小於 1，國家權力未達到其實力應有的水準。然而當 SGO 值拉到顛峰時，國家實力已成為所有國家中最大者，權力也凌駕在各國之上成為領導者；此時將制定國際規則以管理國際秩序而進入強盛期。爾後雖因管理與維持國際秩序必須出成本（這一點將在下一節論述），使 SGO 值開始衰退，然仍有優於各國實力成長平均值的表現；國家權力透過國際規則的建立也呈穩定狀態。一旦國家實力成長率低於各國平均值（SGO 為負值），即進入衰退期，將有其他國家的實力成長逐漸增加，但因其威望大於 1，權力即便略為衰退，也並非隨著國家實力衰退率而同步縮減。

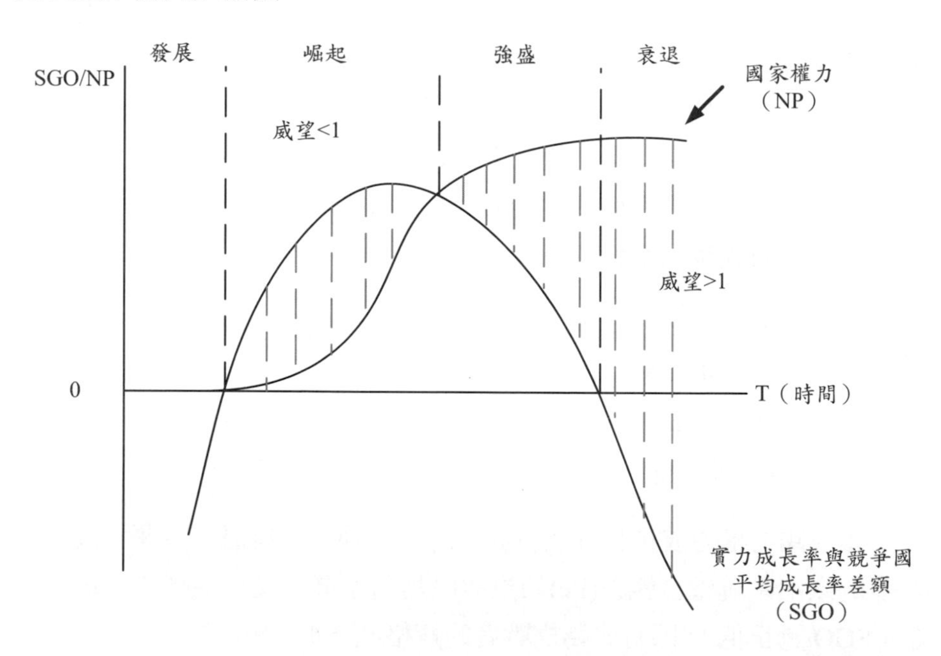

圖 5 領導國權力成長模型

（二）挑戰者超越模型

當某個競爭者成功的取得領導權後，國際體系將成為圖 1 的單級金字塔結構。當體系繼續發展，該領導國國家實力成長率低於平均值（SGO 為負值），即表示有相當數量的國家實力成長優於領導國；如果其中有某個國家實力快速且穩定成長，即將領先他國而具有挑戰者資格而進入均勢，領導國則變成防衛者；如果防衛者實力衰退與挑戰者實力增長趨勢依舊，則將出現超越，挑戰者超越模型如圖 5。

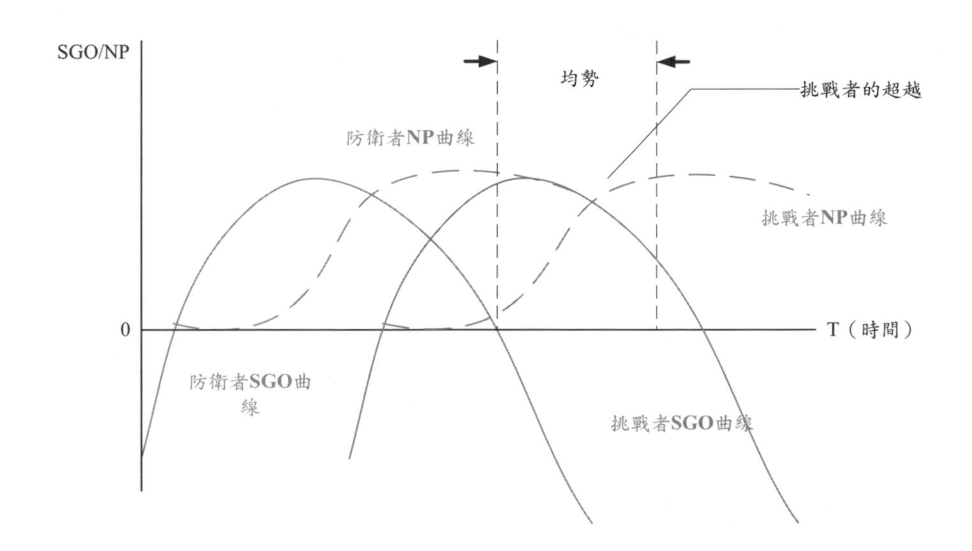

圖 6 挑戰者超越模型

當防衛者實力成長率低於各國平均值時，雖然國家整體實力仍高於其他國家，但因挑戰者實力快速成長，將要求權力重分配，此時即進入均勢狀態。而隨著挑戰者實力的增加與防衛者實力的衰退，挑戰者實力將逐漸超過防衛者；但因防衛者仍有威望，權力不會被完全取代，直至挑戰者已開始「藉由強於其潛在對手的優勢以及以有利於盟邦及滿足盟邦期待的規則管理國際系統」時，也就是取得再制定國際規則的權力，就算完成超越，挑戰者成為新的領導者。然而，因為管理與維持重新建立的國際秩序必須付出成本，使其 SGO 曲線開始下彎，但因新領導者威望已經建立，權力成穩定狀態。

圖 5 的模型顯示一個自然狀態下領導國國家權力發展，最終將呈現單級金字塔結構；圖 6 則是挑戰者超越的過程。如果挑戰者成功超越，國際體系仍可能維持單級金字塔結構，但不完全成功的超越則可能使挑戰者與防衛者都成為區域強權，如此國際體系將成為兩極對立金字塔結構（圖 4）；或者在其他競爭者也崛起的情況下出現多級金字塔群的結構（圖 3）。國際體系的發展有多重可能性。

（三）國際規則與戰爭

本文設定挑戰者超越的指標是「取得再制定國際規則的權力」，這是因為不同的國際規則意味著不同的國際秩序，領導者係藉國際規則管理國際系統，當挑戰者能廢止定義舊秩序的國際規則，新的國際秩序即形成，挑戰者完成超越而成為新的領導者。因而進入均勢的另一個觀察指標即為挑戰者成功修訂部分功能性的國際規則，而全面性修訂即為均勢的結束。

1.功能性與定義性國際規則

由於領導者是透過國際規則管理國際系統，因而這些規則與領導國及其盟邦的利益將緊密相連。雖然具有權力與秩序概念的國際規則將侵蝕各國部分主權，但領導國及其盟邦透過規則貫徹所獲得的利益將超過其主權讓渡，或至少可得到彌補。國際規則雖由領導國及其主要盟邦制訂以維持其利益，但金字塔較底層的國家也願意在公平讓渡主權下支持此國際秩序的建立，以減少或避免區域強權的相對剝奪。國際規則中有功能性的部分，包括：衛生、生態與環境保護的需要（如對黃鰭鮪捕殺數量的限制)、太空與科技發展的秩序（如衛星軌道與無線電頻率的統一分配)、各產業產品與服務的國際規範（如豬、牛肉中瘦肉精的含量標準)、國際經濟與金融操作的習慣（如以美元作為國際通貨與貨幣儲備）等。無論是基於技術性需要或隱藏的利益考量，例如改變國際貿易以非美元計價的慣例，挑戰者修訂這些功能性的國際規則或許能為領導國所容忍；但如果是定義世界秩序的規則，例如特定地區的主權歸屬、協議後的國家界線，以及海洋航道與運河的自由通行權等，則是領導國所要維持最重要的國際規則。因為那既是為維持國際政治次序所提供於國際社會最重要的公共財，也是領導國權力的表徵。若挑戰者採取實際行動否定，即意味著企圖超越，防衛者將強力回擊，尤其在挑戰者企圖使用武力改變現況的情況下，戰爭的確有可能發生。

2.戰爭發生的可能性

雖然本文在權力成長模型的假定中排除戰爭因素，但戰爭的可能性仍必須釐清。在本文觀點，戰爭是能動性而不是結構性問題。國際體系行為者受結構制約，要突破結構限制，只有改變結構；而改變結構最劇烈的方式就是戰爭，因此發動戰爭是行為者能動性的表現。結構不會導致戰爭，而是戰爭改變結構。

然而在行為者相對理性的假定下，除非誤判，否則戰爭發生的機會低。因為爭取霸權的戰爭容易擴大，無論贏家屬誰，戰爭結果都可能造成挑戰者與防衛者的國家實力受損，反而讓其它競爭者趁機崛起的可能性高；正如中國古諺：「鷸蚌相爭，漁翁得利」。此一合理推論將促使行為者避免以戰爭方式處理權力超越的問題；除非其他競爭者實力均不足以構成領導權的威脅，否則無需以戰爭方式確認霸權歸屬。挑戰者最好的戰略是等待實力成長後的自然超越，無須過早挑戰或否定國際規則；防衛者則是維繫威望以抵銷實力的衰退，並視挑戰者的實力發展適當分享權力並要求相對提供公共財。在當代資訊發達、行為者間溝通順暢的情境下，對彼此實力與行動誤判的可能性相對較低，以戰爭處理超越問題的可能性因而也低。雖然本文認為領導國國家實力增幅相對於平均增幅(SGO)的減緩為必然的發展，但不意味著挑戰者 SGO 必然增長，也不排除出現其他競爭者實力也大幅增長下取代而成為新的挑戰者的可能；如此防衛者保持金字塔頂端地位的機會大於以戰爭阻擋超越。至於防衛者 SGO 為何必然衰退？本文則認為是在國際公共財上付出的成本超過收益。

五、領導國在國際公共財的收益與付出

國際體系的領導國是藉由強於其潛在對手的優勢以及以有利於盟邦及滿足盟邦期待的規則管理國際系統；這些國際規則如果像交通燈號般能帶來一定秩序，就如同領導國對國際系統提供公共財的服務，其他國家則是搭便車。領導國雖然從這些自我定義下的國際秩序中獲得利益，但提供國際公共財服務須付出成本；在各國均尋求增加國家實力的競賽中，這些額外付出的成本與利益間的失衡是使領導國國家實力增幅減緩的原因。就圖 5 領導國權力成長模型而言，即為解釋 SGO 曲線為何會往下彎曲。

（一）國際公共財與國際規則

所謂國際公共財(International public goods)或全球公共財(Global Public Goods)是指具有非競爭性(nonrivalrous)—使用或進行活動時不會降低其他行為者使用的效用—以及非排它性(nonexcludable)—使用或進行活動時不會排斥其他行為者的使用—而利益及於一個以上國家，且未歧視其他族群或世代的財貨。[25]在這個定義下的國際公共財範疇非常廣

[25] Inge Kaul, Isabelle Grunberg, Marc A. Stern, *Global Public Goods: International Cooperation in the 21st Century*, (New York: Oxford University Press, 1999), pp.3-9.

泛，包括基礎學術研究與特定發明的知識領域、抑制全球暖化與強化臭氧層的環境利益，以及維持和平與交通號誌型態的各種規則等。[26]從國際體系的權力結構觀點來看，所有國際規則都對國際社會提供公共財，因為它們雖然是由霸權或超級強權基於本身利益或為滿足盟邦期待所制訂，但提供了國際政治或經濟活動的必要秩序，並在跨國界的外溢效果(spillover effect)下為整個國際體系所共享。國際是無政府狀態的自助體系，若行為者都不受限制的各自追求自身利益所定義下的安全，將威脅整個國際體系的穩定性。辛德柏格即指出國際經濟的穩定與發展需要一個穩定者(stabilizer)，提供國際經貿與金融的安全環境，例如交易市場、資金、貨幣體系，並某種程度的管理各國的匯率及協調內部的貨幣政策等。[27]領導者所扮演的角色，即是透過各種形態的國際規則與慣例，管理並維持經貿與金融秩序。

然而國際社會需要維持的秩序並不只經貿與金融領域，還包括能源供給與衛生、生態、環境的保護，以及全球與區域的軍事安全。對領導者所企圖維持的權力來說，後者較前兩者來得更為重要；因為後者的秩序意味著定義性的國際規則，前兩者則屬功能性，定義性國際規則是領導者權力的表徵。領導者雖然是透過其自我定義的國際秩序維持全球與區域的軍事安全，[28]但提供了國際體系最重要的公共財：和平，[29]使得佔多數的中權國與小權國無需擔憂遭區域大權國的併吞或脅迫，無需在

---

[26] Ibid.

[27] Charles Poor Kindleberger, "Dominance and Leadership in the International Economy," *International Studies Quarterly*, Vol.25, No.2（1981）,pp.246-8.

[28] 例如美國所定義了東亞秩序包括將琉球主權（包括釣魚台群島行政權）歸於日本，並在東亞駐軍以維持該區域的軍事安全。

[29] 就技術上而言，領導國所提供的公共財是「和平」而非「維持和平」，兩者的差別是前者在減少戰爭誘因，後者則是直接阻止兩造間戰爭。形成現代主權國的西伐利亞體系並不禁止戰爭，因而領導國無須也不必干預兩國間的戰爭（如兩伊戰爭），但透過戰爭占領他國領土（如 1990 年伊拉克占領科威特），就可能會破壞領導者所定義的國際秩序，為領導國所不容許。

軍事上大量投資以防範強鄰入侵。金字塔底層的行為者既享有超級強權所提供的和平公共財，不同地區或族群的人民就樂於分離以擁有獨立主權；霸權或超強權的權力結構愈穩固，金字塔底層的小權國就會愈來愈多。反之如權力弱化甚至崩解為多級金字塔群結構，則底層的小權國甚至中權國都將愈來愈少，即便不是遭大權國兼併，也可能同意併入大權國以尋求軍事上保護或重新定義自身安全。

國際秩序雖然是由領導國所定義，但領導國本身也必須遵守定義後的國際規則；領導國的軍事武力是被用來維持全球與區域的軍事安全，而不是併吞或脅迫他國。辛德柏格即認為霸權的定位是去除宰制(dominance)元素而強調其領導(leadership)的特質；霸權一方面有能力對其他國家在國際經濟領域提供公共財的服務，另一方面，霸權國必須有意願也同時有來協助國際經濟秩序的建立與發展，而不是以唯利是圖的心態去掠奪其他國家或世界的資源而豐厚自己。[30]在國際經濟與金融領域是如此，在國際政治領域同樣也是如此。然而霸權國雖然不能透過其宰制地位掠奪其他國家資源或土地人口而增強自己的國家實力，但提供公共財的服務卻可增加其威望。威望是國家權力的倍增器，因此領導國在國家實力的部分雖然增加有限甚至減少，但國家權力卻將因此增加並非減少或持平。

（二）領導國公共財的收益模型

領導國在維持國際規則上並非僅付出公共財成本而沒有利益，這是因為國際規則是由領導國所訂定，領導國將以符合其本身與盟邦期待的利益而訂定國際規則。但這種利益卻表現在訂定規則之初，尤其是國際秩序的定義性規則，以作為其取得領導權力的確認。因此，其公共財利

---

[30] Charles Poor Kindleberger, “Dominance and Leadership in the International Economy,”,pp.242-5.

益是在成為領導國時即達到巔峰，在本身也必須遵守國際規則，即不能透過其宰制地位掠奪其他國家資源或土地人口而增強自己的國家實力下，其利益不會再增加。

雖然透過國際規範可以要求搭便車的行為者也付出公共財的維護成本，但多屬功能性而非定義性；領導國維持定義性的國際規則的公共財成本極高，超過功能性國際規則，[31]而且除了少數盟邦可要求在特定事件中分擔經費外，大多數將由領導國付出。領導者為維持其定義國際秩序的規則須付出高昂成本，此一成本在國際秩序被定義之初最低，爾後則隨著國際政治與經濟的複雜化，以及次級強權企圖崛起的挑戰而逐漸升高（如圖 7）。

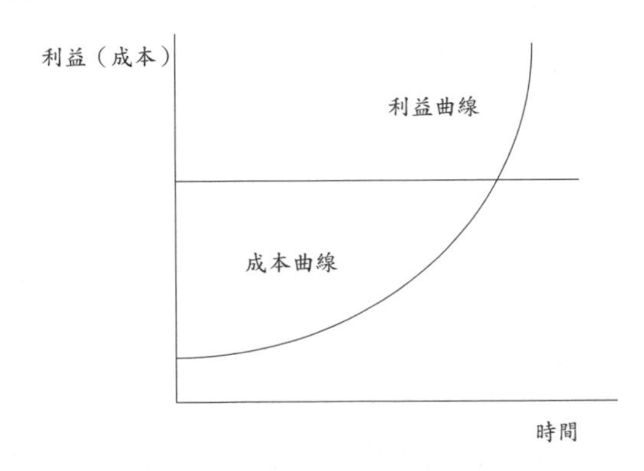

圖 7 領導國公共財的利益與成本曲線

[31] 例如 2009 年 12 月 19 日「聯合國氣候變遷會議」通過的哥本哈根協定（Copenhagen Accord），富裕國家承諾 2010 年至 2012 年的三年間出資約 300 億美元以協助貧國打擊氣候變遷，即包括美國、歐盟與日本等國在內每年共同負擔約 100 億；但美國從 2001 年「911 恐怖攻擊」後至 2009 年已付出反恐軍費累計約 9,700 億美元，2010 財政年度再批准 1,280 億美元用於伊拉克和阿富汗的軍事行動預算。新華網，「美反恐軍費將逾 1 萬億美元」，2009 年 7 月 23 日，http://big5.xinhuanet.com/gate/big5/news.xinhuanet.com/world/2009-07/23/content_11755966.htm，（檢索日期 2009/12/7）。中時電子報，「哥本哈根協定認知何意爭辯不息」，2009 年 12 月 19 日，http://news.chinatimes.com/2007Cti/2007Cti-News/2007Cti-News-Content/0,4521,50402396+132009121901100,00.html，（檢索日期 2009/12/25）

公共財收益為利益扣除成本的部分，即：

公共財收益 ＝ 利益—成本

領導國在建立規則後公共財利益維持不變，但成本則愈來愈高下，最後成本超過利益，其收益（利益—成本）曲線將呈現下彎趨勢（如圖8）。

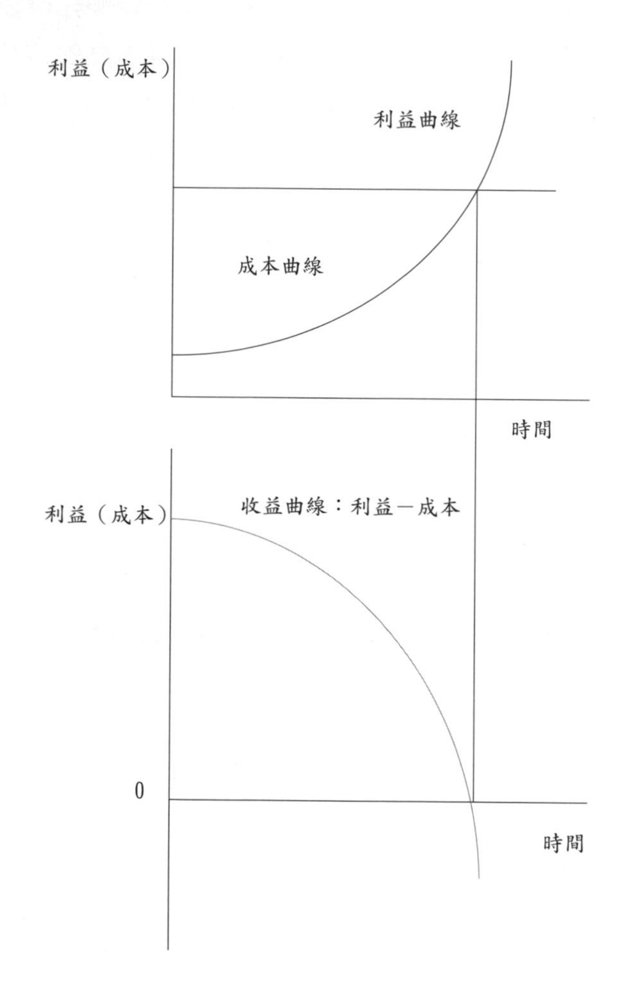

圖 8 領導國公共財收益模型

公共財收益曲線下彎對國家實力增幅會造成影響，是由於資源的排擠作用，在經濟學的觀點即為機會成本(Opportunity cost)，亦即該資源如不投入國際公共財，就可投入其它更能創造價值增加(value added)的生產活動。當公共財收益曲線下彎，即表示已消耗較多資源而排擠其他更能創造利益的生產，進而造成實力成長增幅的減緩。因此，若其他次級強權（及競爭者）均搭便車而沒有分擔公共財成本下；領導國實力成長率原本相對平均增幅仍能維持繼續成長趨勢，將因公共財資源投入愈來愈增加的排擠作用（收益曲線下彎的影響）而改變成長趨勢，逐漸減緩，最後將低於平均值增幅，並隨著愈來愈增加的成本付出而形成下降趨勢（如圖 9）；最終給予挑戰者（如圖 6）的超越機會。

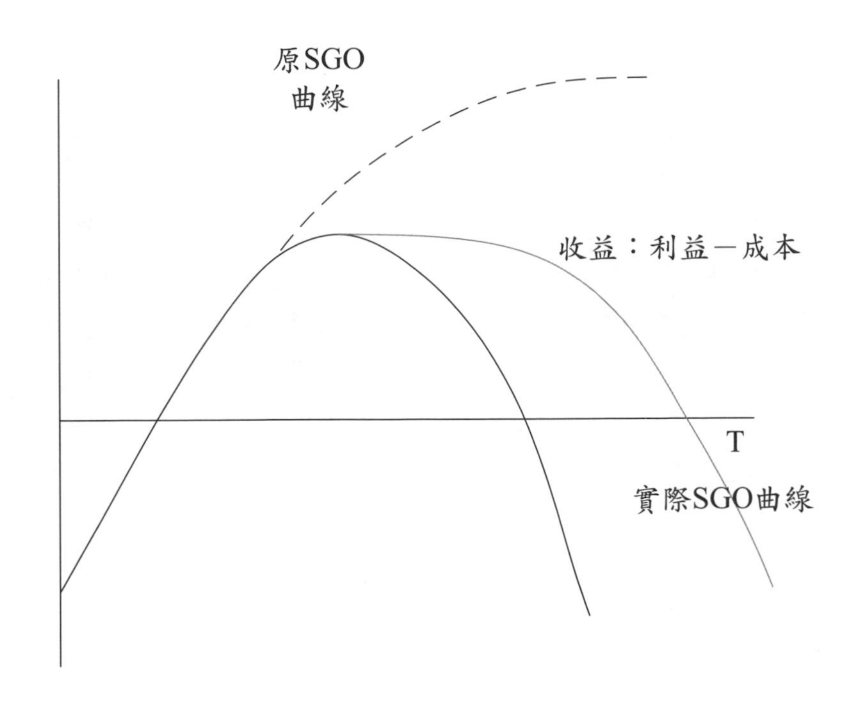

圖 9 受公共財收益影響下的國家實力成長模型

六、結論

本文試圖在理性主義的基礎上，尋求國際體系權力成長與結構變遷的因果關係，整理結論如下：

1. 國際體系的各權力結構形態，不存在所謂「較好」的價值判斷，但卻有「較穩定」的權力結構。單極金字塔結構的霸權或超級強權如果能透過國際規則維持秩序，行為者行為將有較高的可預測性，相對穩定性較高。兩極對立金字塔結構就是兩組對立的單極金字塔，穩定性同樣較高。複合金字塔結構則有超級強權與區域強權權力重疊的問題，與多級金字塔結構各強權爭奪領導權，同樣都屬穩定性較低的結構。對金字塔底層的弱權國來說，結構愈穩定就愈有國際秩序，也就愈有利。
2. 無論霸權國或超級強權，領導國的權力成長將經歷發展、崛起、強盛、衰退等四個階段，而衰退必然出現的原因，是領導國維持國際規則而付出的公共財成本終將大於收益，在資源的排擠效應下造成國家實力增幅的減緩，因而提供在公共財上搭便車的挑戰者超越的機會。
3. 在單級金字塔結構中如果挑戰者成功超越，國際體系將仍維持單級金字塔結構，但不成功的超越則可能使挑戰者與防衛者成為對立強權，如此國際體系將成為兩極對立金字塔結構；或者在其他競爭者也崛起的情況下出現多級金字塔群的結構。國際體系的發展有多重可能性，所有結構的型態的只是過程而不是結果。
4. 挑戰者超越的指標是「取得再制定國際規則的權力」；當挑戰者能廢止定義舊秩序的國際規則，新的國際秩序即形成，挑戰者完成超越而成為新的領導者。國際規則可區分為定義性與功能性兩種型態，定義性國際規則是領導國權力的表徵，也是定義國際政治秩序而提供於國際社會最重要的公共財。挑戰者將先尋求修訂功能性規則，而當企圖否定定義性國際規則時即意味著企圖超越；因此進入均勢的另一個觀察指標即為挑戰者成功修訂部分功能性的國際規則，而全面性修訂即為均勢的結束。

5. 挑戰者的超越雖造成權力轉移，但在行為者相對理性的假定下，除非誤判，否則戰爭發生的機會低。因為可能兩敗俱傷而讓其它競爭者趁機崛起的推論，將促使兩方行為者都避免以戰爭方式處理權力超越的問題。挑戰者最好的戰略是等待實力成長後的自然超越，無須過早挑戰或否定國際規則。防衛者則是維繫威望以抵銷實力的衰退，並視挑戰者的實力發展適當分享權力且要求相對提供國際公共財服務。如此防衛者在公共財成本得到分攤的情況下，有機會延緩國家權力衰退的時程。

分析奧巴馬政府的兩岸政策與解析「再平衡」戰略的影響

王裕慶 *

（北京大學國關學院臺港澳研究方向碩士研究生）

摘要

伴隨著奧巴馬的再次連任，海峽兩岸政府都受到了奧巴馬政府執行的「再平衡」戰略的影響，而產生了與以往非常不一樣兩國和兩岸的互動方式。從最近的釣魚臺問題和南海問題來看，美國政府似乎就是把這兩個攸關東亞安全的地區問題當成了美國本身在東亞與大陸爭奪主導權延伸的角力場。除了這兩個地區安全問題之外，現今美國政府對於它的「再平衡」戰略方針計劃地區是全方位的運用在攸關它生存的其國家利益之中；從對臺灣和日本等國的軍售項目裡的武器清單，再到美國積極的要求其製造業回美國製造，再到它在國際戰略上的重新部署和加強。本文對於其項目和內容都有很多的介紹。因此，從國際戰略和國際政治的觀點的角度來分析與評估，本文對於這個「再平衡」的解讀是和其他專家的看法有些不同。而且，本文也對於美國國情、兩岸各自的國情與「再平衡」戰略間的關係有深入獨到的分析和評估。最後，本文希望兩岸的炎黃子孫都夠善用中國老祖先的「中庸之道」與「天下為公」的精神來處理任何「再平衡」戰略裡可能發生的地區和國際變局，並也寄望兩岸人民身為龍的子孫都能夠平安、和平度過和得利於美國這個「再平衡」的大戰略與政策裡。

關鍵字

奧巴馬當局，美臺貿易，臺美軍售，再平衡，力量與權力，中美關係的蹺蹺板。

---

* 王裕慶，現為就讀北京大學國關學院臺港澳研究方向的臺灣籍碩士研究生。

壹、前言

在這個新的一年裡，伴隨奧巴馬的再次當選，不論是中美關係，還是兩岸關係都因奧巴馬的新任政府而有了新的局勢發展。在這新的局勢發展裡，本文也發現美國對於現今各項有關臺灣海峽與其周邊的問題的角色上，比小布希政府在臺海與東亞問題上在表態與行動顯得更加主動。然後，在這 2012 年奧巴馬總統再度連任的時刻，我們發現到美國新政府制定的「再平衡」戰略對於東亞地區的和平與發展有著不可分割的關係。在回顧奧巴馬政府前四年在兩岸關係的發展裡，我們會發現到再次連任的奧巴馬政府其實在臺美關係的交往中是一直不斷的有很多大不同於陳水扁時代的「親密」互動；這或許是由於 2008 年臺美兩方所當選的總統都是一位比較溫和、擁有美國高學歷 [1、2]和同時得到美國與兩岸間大家都共同期盼友好與認同的領導者；因而，美對臺的各方面溝通和關係來往都比與陳水扁政府時代有了非常多的進步和進展 [3]。而且，在臺美國間傳統「非公開」與其他「公開」的外交管道的交往上，兩地的關係也是隨著兩位同時擁有美國高學歷與個人特質相近的總統當選，而有了更順暢的溝通方式。

從這些臺美關係發展的細節來看，我們就可以發現到臺美關係的良好發展，是真的因為兩方領導人的改變而有不同結果，這就正如馬英九對於臺美關係之間的評價，「30 年來最好的時刻」[4]與美國在臺協會(AIT)主席薄瑞光在馬英九總統「過境」到達加州的時候形容美臺關係如「加

---

[1] Whitehouse,"President BarackObama",2013.
<http://www.whitehouse.gov/administration/president-obama>

[2] 中華民國總統府，略傳，馬英九總統，2013 年。
<http://www.president.gov.tw/Default.aspx?tabid=95#02>

[3] 陳培煌，外交部：臺美溝通管道暢通，《中央通訊社》，2013 年 2 月 22 日。
<http://www.cna.com.tw/News/aIPL/201302220107-1.aspx>

[4] 李宏典，臺美關係　馬總統：30 年來最好的時刻，《今日傳媒 NOWnews.com》，2011 年 11 月 28 日。<http://www.nownews.com/2011/11/28/301-2761575.htm>

州的太陽」和「西雅圖的大太陽」[5]那樣漸入佳境且是六十年來最好的階段。在分析到美國政府近年來對於兩岸事務的實際影響事件裡，我們會發現到美國在對於臺灣的美牛進出口問題的議題和給予臺灣免簽的事情上都表現出對於臺灣政局方向的影響作用；然後在對於兩岸簽訂ECFA的支持上也有一定的推動作用；並且，美國在對兩岸問題的主導上，美國政府也是善用自己對於臺灣社會的充分了解，在兩次的臺灣大選中表現出關鍵決定者的角色，而使得美國在兩岸政策的觀點變得非常權威與重要。

除此之外，本文也發現到美國在奧巴馬第二次當選前就對於現今東亞局勢中的變化早已有所防範，尤其是在對於中國大陸的崛起與兩岸之間的客觀緊密的聯繫都一直保持著「調整」戰略的心態，因而站在美國的立場和利益來看所謂「再平衡」政策的形成也是不能避免的必然。因此，本文建議兩岸政府都應該保持平常心來看這個時局的改變。接下來，本文首先就先分析奧巴馬政府對於兩岸政策的歷史延續與延續中的創造。

貳、奧巴馬政府兩岸政策中的「歷史延續」與「延續中的創造」

談到了奧巴馬 2008 年的當選，本文相信讀者們對於這個新聞並不陌生。從奧巴馬的演講與其個人魅力來看，奧巴馬本身就如同臺灣馬英九一樣，是一位在同一個時期充滿群眾魅力的政治家。在他 2008 年成功當選以後，奧巴馬政府對於兩岸不論是臺灣還是大陸，他都保持著祝福和觀望的態度來看兩岸的交往和政治的和諧；並且，奧巴馬政府也因為自己的當選而忙碌於交接美國政府的各部門系統，而當然在這些部門的交接中也包括了美國政府對於中華民國（臺灣）政府之間的傳統關係

---

5 黃瑞弘， 馬總統出訪 驗證台美中三方架構穩定，《中央社》，2009 年 6 月 10 日。<http://www.ocac.gov.tw/unit_data/unit_pop.asp?no=50822>

與承接將近 100 年的交往友誼管道了。從瞭解美國歷史的觀點來看，我們會發現美國和臺灣之間的關係，其實就是中華民國與美國間的外交「延續」關係。

從 1949 年美國隨著國共內戰的結束與兩岸分治的開始，美國和中華民國之間的關係就從原本的「中美」關係轉成了「臺美」關係。在這個關係裡的轉折與好壞的發展，我們也觀察到美國政府對於臺灣的要求都隨時代不同的不同而改變。從原先 1960 年代反共冷戰年代的「Free China自由中國」，再到今天的「Taiwan臺灣當局」[6]，我們都會發現到臺美關係的改變都是隨著美國利益的改變而改變。除此之外，美國政府歷任的總統對於臺灣的支持也不會因為哪屆的總統而有所動搖，並且他們也有一代傳一代的傳統，來延續他們對於臺灣一貫的政策與支持和美國多年在臺海堅持的價值。那個一貫的政策與堅持的價值就是，美國政府是支持臺灣是一個民主社會的一員，也是民主自由中華政權的典範。至於，臺灣的地位在美國一貫的國政的地位裡，臺灣雖然是「完整」中國[7]的一部分，但絕對不是「中華人民共和國的一省」，更不是「紅色中國」的一員。因此，當我們看待臺美關係時，我們一定要瞭解臺美關係不是 1949 年後所產生新的外交段代關係，而是屬於我們中華民國的外交延續關係。

再談到了新任總統奧巴馬接班美國後的對臺關係，美國奧巴馬政府對於臺灣的處理態度也是沒有脫離美國歷年來對於臺灣的傳統與政策，甚至本文還觀察到奧巴馬政府對於臺灣的交往政策也有稍微的突破與增加兩方交往的創意，並且對於「災難」救援時機的利用也給了臺灣不

---

[6] Garver, John W. ,"The Sino-American Alliance: Nationalist China and American Cold War Strategy in Asia", M.E. Sharp. 1997 April.

[7] 中央日報："完整中國"有利兩岸和平，中評網，2013 年 2 月 28 日。<www.chinareviewnews.com/doc/1024/5/3/1/102453165.Html>

少「驚奇與驚喜」。我們就拿 2009 年臺灣的八八水災的臺美合作為例子來開始談起，臺灣 2009 年的八八水災是一個突如其來的一個巨大災難。由於，八八水災嚴重的傷亡引起了國際（包括大陸的）關注與關懷，因而美國政府就「善用」這個機會，直接派軍用飛機抵達臺灣的臺南機場運送來自美國基地的救援物質，以便協助臺灣政府救災。而且，這次美國派遣的軍機來臺救援災難的義舉，也是自從臺美斷交以後，第一次出現美國官方的飛機「公開」來臺直接降落臺灣機場的歷史時刻。更值得一提的是在這次救援行動裡美國特別利用來臺飛機的「塗裝的變化」來著墨其對於臺灣外交關係突破與支持，以便在不違背與臺灣關係法和其他與大陸建交時候所簽署的公報之間，來圓滿完成兩地政府間自從斷交以來直接救援臺灣的任務。有關美國飛機的塗裝，依據臺灣各大媒體的報道 [8、9]，這次來臺灣救援運送物質的美國軍機，美國特意的把美軍的標誌改漆成暗色，並且還特意開放給臺灣媒體拍攝，以凸顯美國對於臺灣的關心。

從這個角度來分析，這個「充滿技巧性」的救災模式也是凸顯美國對臺智庫研究出的對於臺灣外交突破的新方式，而這個新方式的突破在本文看來也就是奧巴馬政府在對臺灣關係是特有「救災」外交模式。或許，這也是因為馬英九政府對於美國的幫助沒有像前政府陳水扁一樣的大肆宣揚，而美國奧巴馬政府和馬英九政府間有了信任和沉穩的默契。因此，美國奧巴馬政府之後在對於臺灣關係的處理上就常給予中華民國（臺灣）意外的「驚奇」與「驚喜」。再到了 2010 年一月臺灣對於友邦海地地震的救援，美國相同的運用八八水災的默契來默許中華民國（臺

---

8 敏感！美軍機抵臺塗軍徽避爭議，《中國評論》，2009 年 8 月 16 日。<http://www.chinareviewnews.com/doc/1010/4/9/3/101049334.html?coluid=7&kindid=0&docid=101049334>

9 美軍機抵臺，斷交後首次，《法國國際廣播電臺》，2009 年 8 月 16 日。<http://www.rfi.fr/actucn/articles/116/article_15505.asp>

灣）政府派自己的C-130H軍用運輸機用「臺灣在 2005 年 8 月 9 日與新加坡所建立的救災「過境」模式」[10]來千里飛行經過美國領空與基地，來完成對於友邦海地的救援行動，並且利用這個機會來表示美國政府對於中華民國（臺灣）的外交關係交往有所突破[11]。因此，從這兩個例子我們真的可以研究發現到，臺灣和美國間的關係是如何的因為彼此默契而建立了特殊的模式；而這些模式從國際法的角度來看，不論是美軍的飛機來臺灣，還是臺灣飛機跨越美國領空而到達中華民國（臺灣）的友邦海地，他們代表了臺美兩方的官方飛機都首次用人道救災模式來達到彼此默認主權存在的意義[12]。因此，從國際關係的交往發展來看，美國政府已經非常有智慧與靈活善用現今全球多災多難的局勢，來與臺灣政府做一個前所未有的外交救災突破模式。

當然，這些美國願意給的突破也是取決於馬英九政府對於美國好意的沉默與不張揚和沉穩的應對了。美國奧巴馬政府對於臺灣在國際政治關係上的突破，也沒有忘記依據以往的臺美間的外交默契，特別運用馬英九三次計劃訪問中南美洲友邦的機會，以「過境」的名義來邀請新任領導人馬英九總統多次過境訪問美國洛杉磯與舊金山[13]。在這幾次的過境美國訪問裡，馬英九總統可以抵達美國雖然不是有什麼大的外交突破，但是從奧巴馬習慣給予臺灣「驚奇和驚喜」的態度來看，美國政府就特別允許在馬英九專機降落的停機坪與下榻的旅館門口地面鋪上「紅地毯」

---

10 遊太郎、許紹軒，空軍 C-130H 運輸機 沒國徽、編號，《自由電子報》，2005 年 8 月 9 日。

11 王光慈、李明賢，海地救援臺軍機中轉美基地，《世界日報》，2010 年 1 月 21 日，A3 版。

12 Chrystel Erotokritou，"Sovereignty Over Airspace: International Law, Current Challenges, and Future Developments for Global Aviation"，Student Pulse，2012，Vol. 4 No. 05 . <http://www.studentpulse.com/articles/645/sovereignty-over-airspace-international-law-current-challenges-and-future-developments-for-global-aviation>

13 馬英九過境美國訪問中南美洲，《BBC 中文網》，2010 年 1 月 22 日。<http://www.bbc.co.uk/zhongwen/simp/china/2010/01/100123_taiwan_us_ma.shtml>

且掛上中華民國國旗，以代表美國政府給予馬英九的來訪以領袖級的待遇來溫暖歡迎他「過境」美國，而且這些小待遇就是代表美國政府對於臺灣領導人在待遇上最特別溫馨的表現[14、15]。

除此之外，美國政府還利用這次「過境」外交的機會來讓馬英九總統與其他美國官員見面和美國奧巴馬總統在下榻旅館內建立電話連線[16]，以達到主人對於客人「貼心」的照顧。而且，幾任臺灣領導人在美國過境的規格的比較，也是許多政治觀察家來分析美國政府與臺灣政府關係好與壞的指標。因此，就以這幾次馬英九政府的過境規格來和前任領導者陳水扁的幾次過境規格來做比較分析，美國奧巴馬政府對於馬英九政府的接待規模的確是比陳水扁政府後期的接待規模來的進步了很多[17]，並且還多了點奧巴馬式給予臺灣政府的外交小溫馨和驚奇。雖然，陳水扁政府執政的初期，美國小布希政府對於陳水扁的「過境紐約」的接待是有比對於馬英九現在的過境接待的待遇來的高規格，但由於陳水扁政府執政的後期，他與他的團隊本身涉及了一系列國際洗錢和一再挑戰中國大陸的外交底線與危害了美國自身在東亞的平衡利益，因而美國政府就對於陳水扁政府「過境」來訪美國的規模日漸收緊，以防止陳水扁政府錯誤解讀和利用美國的接待來成為他操作政治的空間。

---

14 馬英九抵洛杉磯　薄瑞光看著紅布條開玩笑，《中國評論》，2008 年 8 月 13 日。<http://www.chinareviewnews.com/doc/1007/2/0/4/100720489.html?coluid=9&kindid=3750&docid=100720489&mdate=0813152735>

15 久睦專案／馬低調過境　美鋪紅毯貼心相迎，《TVBS》，2009 年 5 月 27 日。<http://www.tvbs.com.tw/news/news_list.asp?no=ghost20090527175751&&dd=2012/8/1%20%A4U%A4%C8%2008:40:54>

16 馬出訪／過境洛城　馬總統可望與奧巴馬、麥肯開通熱線，《今日傳媒 NOWnews.com》，2008 年 8 月 13 日。<http://rumor.nownews.com/2008/08/13/11490-2319438.htm>

17 馬英九 8 月過境美國　規格超越陳水扁甚多，《中國評論》，2008 年 7 月 14 日。<http://www.chinareviewnews.com/doc/1006/9/4/7/100694782.html?coluid=98&kindid=2994&docid=100694782>

由此可見，美國對於馬英九政府期待也可以依據這幾次過境美國的待遇，來瞭解馬英九總統在美國政府心中的重要性了。還有最值得一提的是，大陸雖然對於馬英九的訪美是有所注意的，但是由於兩岸步入和平交往與外交休兵的時代，大陸這次對於美國的提升並沒有特別大的反對與抗議。因此，我們也可以發現到兩岸關係的和平發展與外交休兵政策，也是增加臺美關係正常交往的一個非常重要的一環[18]。至於，有關美國與臺灣間的在軍事上的合作，美國新任奧巴馬政府還在2008至2012年軍售了180億元的武器給臺灣[19]，並與臺灣本身有別於公開性的管道與秘密性的管道來與臺灣軍方交往[20]。

除此之外，美國國務院為了降低大陸對於美國的疑慮，還特別在記者會上宣布了這次對臺軍售是為了改善中華民國（臺灣）的防衛能力與維持臺灣政治穩定和不會改變地區軍事平衡原則下軍售臺灣[21]。甚至，美國政府在臺灣屬下的美臺商會還在2012年的3月出版「Chinese Reactions on Taiwan Arms Sales」的評估報告裡，一再提出美國政府應該不要害怕中國的威脅來完成臺灣的軍售[22]。有關2008年至2012年以內新的軍售內容，本文依據媒體報導得悉就有114枚愛國者導彈、30架阿帕奇攻擊直升機、魚叉反艦導彈、獵雷艦和防衛通訊設備與F-16A/B和E-2T

---

[18] 中國政府默認馬英九過境美國，英國《金融時報》，2008年8月11日。<http://www.ftchinese.com/story/001021160>

[19] 馬晤美臺商會，感謝美國批准180億元軍售，星島環球網，2013年3月22日。<http://news.stnn.cc/hk_taiwan/201303/t20130322_1872004.html>

[20] 曾複生，臺美軍事合作的挑戰與契機，《財團法人國家研究基金會》，2010年6月15日。

[21] 美國國務院捍衛對臺軍售計劃，《美國之音》，2010年1月30日。<http://www.voachinese.com/content/us-taiwan-china-20100130-83154182/460516.html>

[22] "Chinese Reactions to Taiwan Arms Sales"，《US-Taiwan Business Council》，2012年3月。

偵察機升級及武器配備等，但是不包括中華民國要求的F-16 C/D戰機[23]。

從這些武器的採購名單列表裡，我們真的可以發現到美國對於馬英九政府的信任與其對於臺灣歷來深入友好關係，在軍購問題上都有了很大的延續與延續外的發展[24]。還有，美臺關係除了軍售的問題以外，我們也可以看到奧巴馬政府對於臺美關係在歷史情結和文化交流上的發展，也做出特別的接連來增加兩地的外交情感與友誼。由於，本文之前提出過臺美關係就是中華民國和美國間長久延續的外交關係，因此，在解釋美國與臺灣之間的歷史情感的時候，我們真的不能忽略了美國和臺灣之間的情感，即美國和中華民國政府之間的情感。從 1949 年再到現在，美國和臺灣在文化上雖然依據「一個中國」(One China Policy)[25]的原則，不能大方的和在臺灣的中華民國政府正常交往，但是在美國傳統的對華外交史裡，中華民國與美國兩國卻是是彼此曾經有過的奮鬥戰友關係，而且這個兩國的奮鬥戰友關係也永存在美國人民的心中而難以磨滅。因此，奧巴馬政府對於中華民國與美國之間 100 年的外交關係紀念年，就有了靈活操作發展關係的空間了。我們就拿美國在臺協會(AIT)2011 年在臺灣舉辦的中華民國建國百年紀念展覽會的例子來分析，在此次展覽裡美國在臺協會就特別展出了國父孫中山在美國革命時的照片[26]，以示兩國在中華民國建國時的友情，並也藉由這個機會來使得臺灣人民和政府得到奧巴馬政府方式的溫馨與關懷；然後，在臺灣方面

---

[23] 美國宣布軍售臺灣 60 億,《法國國際廣播公司 RFI》，2010 年 1 月 29 日。 <http://www.rfi.fr/actucn/articles/121/article_19111.asp>

[24] 蘭寧利，奧巴馬當選總統後對臺軍售的影響，《財團法人國家研究基金會》，2008 年 11 月 14 日。

[25] Y. Frank Chiang,"One-China Policy and Taiwan", Fordham International Law Journal Vol. 28:1, December 2004．

[26] 王宗銘，馬總統：AIT 辦展紀念中華民國國父，具有重要意義，《今日傳媒 NOWnews》，2011 年 7 月 4 日。 <http://www.nownews.com/2011/07/05/11650-2724967.htm>

也相同的特別出版美國自願飛行隊飛虎隊在中華民國的大陸時期幫助中華民國空軍抗日的影片來感念他們對於中華民國的功勞[27]。除此之外，臺美兩地還有一些促進兩地友好的民間人士也把 1949 年後美國在臺灣民間的教會交流照片與駐軍期間和當地老百姓的親善友好交流的照片和文章也一起分享在網上。從這些例子裡來看，我們都會發現到奧巴馬政府對於中華民國建國百年紀念的機會有著極為珍惜的運用，來用心促進臺美關係。

然後，臺美雙方還為了促進兩地的友好關係，兩方都在各自自己的國家裡舉行了無數次的研討會和展覽來討論與強調美國政府與臺灣政府之間是有密不可分的合作關係。因此，臺灣與美國關係的交往真的不能用兩個國家簡單交往關係那樣簡單來解釋和想像的，而必須是要瞭解他們之間的革命情感才可以明白的。因此，從文化與歷史的角度來分析，臺美關係的交往就是一部有你有我的革命建國歷史，而這個建國史就是指 1912 年中華民國的成立史。之後，我們再談從臺美經貿層面的交流來分析臺美關係，在 2008 年後臺灣由於對大陸一系列的大開放，例如三通與ECFA；因而奧巴馬政府與其他美國對臺學者都對於這些對大陸的開放與兩岸經濟情勢的改變都表示支持態度[28]；然而，他們在支持兩岸大開放的同時，也是要符合美國在東亞的利益。因此，在奧巴馬政府執政初期的對臺制定經貿政策的時候，也是相同的採取一手支持臺灣的兩岸政策來對大陸開放而取得和平與繁榮，另一手則是盡力拉近臺灣與他自己在兩岸政策主導的影響力，而不希望因為兩岸的開放而失去美國在臺灣控制力與影響力[29]。從國際戰略的角度來看，臺灣儼然是一個從

[27] 虎躍鷹揚－陳納德與中國抗戰，《國史館》，2012 年 12 月。

[28] 美專家：臺能在 ECFA 中發揮競爭優勢，《美國之音》，2010 年 5 月 20 日。
<http://www.voachinese.com/content/ecfa-tw-20100517-93970704/479797.html>

[29] Daniel H. Rosen ，Zhi Wang，"The Implications of China-Taiwan Economic Liberalization"，Peterson Inst. Int'l Economics，2011，pp.128 .

政治到經濟地位一直被兩邊拉攏較勁的東亞局勢主導的決定點；或許，這個情況也就是新上任的奧巴馬政府所延續昔日美國各時代的對臺關係政策中，所創新的一種對兩岸交往的模式。到了 2010 年的春夏相交之際，由於奧巴馬政府逐漸對與美國的政治有了實際的掌握與國際上經濟與軍事和政治的局勢都有了巨變。因而，奧巴馬政府就一步步的改變了執政初期對華與涉臺的政策，然後此時的「再平衡」的政策就變成了我們華人媒體各家爭相關注的焦點。

有關「再平衡」戰略的制定，在本文的判斷看來，這個「再平衡」政策也是美國隨著其經濟、政治與其他各方面的局勢彼長短己的局勢改變，而有了「被驚醒與覺醒」所制定出的新戰略與政策。這個「再平衡」戰略政策雖然也是我們華人媒體報導的焦點，但是我們華人媒體把「再平衡」政策翻譯成「重返亞洲」一詞，這會失去這個政策探討的核心點；那是因為，本文發現到美國的「再平衡」戰略其實是包含了全球性與各領域方面的政策，而所謂的「重返亞洲」一詞則太狹隘的探討了美國對於「再平衡」的思維與其需要。因此，本文現在就介紹一下什麼是「再平衡」與「再平衡」對於兩岸關係的影響。

叁、解析奧巴馬政府「再平衡」(Rebalancing)政策與對於兩岸政府的影響

有關奧巴馬政府所謂的「再平衡」(Rebalancing)戰略與政策，其實是有一定的外在客觀條件與內在主觀條件所共同形成的一種「全球性」、「全方面」與「各層次」的提升美國國力的大戰略與政策，而且在這個「再平衡」的大戰略與政策中，本文也發現到其由三大現象的定義共同特點組成，那就是美國政府其實一直都非常的積極的運用「調整」(Adjustment)政策、「改變」(Change)傳統戰略思維與「再主導」(Resume Leading)對它有利情勢，來試圖達到完成「再平衡」有利於美國發展在

全球佈局與各層次和各領域的發展政策與戰略。然後，本文還發現到Power（力量或權力）的「再平衡」也是美國希望完成在各領域與各方面和全球性的重點。就以現今美國的各項國家政策和戰略來分析，Power的定義和運用其實也是現在西方世界學界研究一項學問。就拿經濟學中的Buy Power（購買力）來說，購買力就是美國經濟復甦的其中重要因素。從現在美國鼓吹的買美國貨的政策來看，我們似乎也看到一個新的「再平衡」政策。除了本文用購買力為證明「再平衡」的例子外，本文也發現 Power 的內涵是包括了經濟(Economic)，政治(Political)，區域(Regional)，工業(Industrial)與商業和企業(Commercial and Corporation)等其他許多項目的 Power（力量或權力）。至於，我們華人媒體與學界翻譯「再平衡」戰略政策為「重返亞洲」一詞，其實是非常不正確的。那是因為，美國在任何對外文件裡，對於這個提升與增進本國實力的戰略和政策名稱的用法都是使用(Rebalancing)一詞來形容全部的內涵；況且，美國對於東亞的利益，也從來沒有離開過東亞。

因此，如果當美國從來都沒有離開過亞洲時，請問讀者美國需要為了這個「再平衡」戰略政策再次「重返亞洲」嗎？還有，對於"Pivot"一字的翻譯其實也不是稱為「重返」，而是稱為「重心」；然後，這個「重心」(Pivot)的用法，本文認為也只是一個議題開頭的「形容詞」。這就如同在 2012 年 8 月《外交政策》(Foreign Policy)談論非洲問題時，就有學者用了「Pivot to Africa」[30]為其文章的名稱來刊出，用"Pivot"一詞來開頭突出美國應該對於非洲政策有調整，改變和再主導的重要性。因此，從本文的介紹中，我們就可以知道如果華人學界和媒體普遍使用「重返亞洲」(Pivot To Asia)這一名稱來介紹和比喻這個「再平衡」政策與戰略，是真的會完全失去瞭解這個政策與戰略的主要核心點與瞭解其內涵的。

---

[30] Rosa Brooks, "Pivot to Africa", Foreign Policy, August 16 2012.<http://www.foreignpolicy.com/articles/2012/08/16/the_pivot_to_africa>

再談到美國之所以會在東亞實行「再平衡」戰略，那是因為美國本身在世界的利益隨著各地與各方面和各領域的局勢改變，而不得不實行另外一種新的「調整」,「改變」與「再主導」的新戰略與政策來淘汰不符合時代政策與戰略，並且我們也會發現到這個戰略與政策之中的「改變」也是和 2008 年奧巴馬當選時所使用的口號「Yes, we can change！」（翻譯：是的，我們可以做到改變！）[31]有了異曲同工之妙的延續性。因此，當我們如同某些學者斷定奧巴馬政府制定「再平衡」政策與戰略是為了圍堵某些國家，那這就會對「再平衡」戰略與政策產生狹隘的判斷與評估。就從現今亞洲勢力的變化和對於東亞本身在「再平衡」政策與戰略的局勢來分析，我們除了知道大陸在民族復興和圖強有發展與最近東亞一些地區安全問題有些風波外，其實在我們大中華以南的東盟與北邊的俄羅斯，他們的部署與發展也都有了與以前局勢不同的「調整」與「改變」。尤其是自 2009 年韓國天安艦的擊沉事件 [32]與 2012 年釣魚臺海域中日爭端後，美國在東亞的外交布局都圍繞在修改和調整它如何保持東亞局勢主導權和影響力的外交政策。這種對於東亞局勢主導權和影響力的「再平衡」，當然也是指美國實行以美國利益為領導核心的「再平衡」政策與戰略。

就以美國的利益和立場來看，美國至今之所以會處處看似為難中國，那是因為美國的確希望中國能成為它在東亞利益的「經銷商」(Distributor)與變成一位完成它們美式理想裡大同世界的「夥伴」(Partner)，而做出的一種試圖「馴服」對方聽話來寄望中國能回到在自己所主導東亞局勢和國際規則的方式。然而，這個理想對於中國的利益而言，卻是非常不可能的事。那是因為，本文觀察現今中國的發展與局勢，發現到中國是

---

[31] Barack Obama,"Obama Speech：Yes,we can change!", CNN, January 27, 2008. <http://edition.cnn.com/2008/POLITICS/01/26/obama.transcript/>

[32] 天安艦事件大事紀，國際焦點，中央社，2013 年 3 月 28 日。

不會屈膝成為美國東亞利益的「經銷商」，並且也更不會和美國完成沒有在中國本身利益之下的美國式的大同世界理想[33]。因此，現今的美國在很多大陸周邊問題上，我們都會發現兩國在很多問題的處理上都有很大的摩擦。不過，本文仍然是認為這些摩擦是不會導致兩國有更深層的長期衝突，因為中美兩國本來就是文明與好禮的國家。所以，如果兩國就算有了誤會和衝突，本文相信他們一定會有自己的溝通管道來處理解決任何摩擦和誤會的。相同的，在分析有關臺灣在現今美國對於亞洲的「再平衡」外交戰略的裡，本文也發現到臺灣的地位是真的比以往的國際局勢，更是被擠在國際兩強中間；雖然臺灣現在已經和大陸的關係日漸改善，但是對於臺灣的周邊局勢來說，它還是要非常小心的處理美國與大陸之間關係與其發生在臺灣周邊的問題。

從這個局勢來看，我們會很容易發現到，臺灣對於釣魚臺這類型的周邊問題，一直保持著保守與中立的立場。本文認為臺灣之所以會堅持這個立場，那是因為臺灣的地理區位和在東亞的國家實力是真的不能主動支持哪一方的表態或是聯合哪一方的行動。正是因為，臺灣現今的周邊局勢處於非常詭譎的狀態，因此，本文對於臺灣近些日子的態度與政策做法表示非常贊同和理解。然後，美國再平衡政策下對於臺灣與大陸關係的影響，本文則認為由於臺灣現今與大陸缺乏互信，因此如果臺灣貿然的在某些牽扯到美國在東亞戰略利益方面的事情與大陸聯合，那臺灣的局勢就會因為美國的反對而變得非常的危急與動盪。這個美國「再平衡」政策的能量就會變成臺灣與兩岸關係的負能量，而不會對於兩岸關係的增加有任何幫助的。

由此可見，不論是大陸或是臺灣在「再平衡」戰略與政策的情勢裡，美國對於東亞「再平衡」政策，都出現了猶如海嘯般襲捲而來的形勢衝

---

[33] 湯紹成，美國重返東亞及其後果，《海峽評論》261 期，2012 年 9 月。
<http://www.haixiainfo.com.tw/SRM/261-8545-A6.html>

擊著大家，而兩岸的政府也都仍然需要適應美國新一代「再平衡」政策所產生知的變數。所以，本文建議大陸在應對這個以美國主導「再平衡」的東亞外交戰略，該示弱就示弱，不要過度強硬，而使周邊國家都對大陸有了威脅感而與美國有了密切合作的機會，把真的利益拿到才是真的。在兩岸合作問題上，本文則建議先給兩岸一段時間交流，等大家都有了真的互信，再創造兩岸談判與互利雙贏合作的機會。

如果兩岸能照著本文這些建議來實現兩岸在雙贏與互信的立場合作，本文相信不論是臺灣還是大陸，大家都會有更深入的共榮共利的外交和內部合作的空間。最後，大家也就可以安然度過美國過激的外交同盟政策與其他對東亞局勢有壓制性的外交政策。當本文淺析完了兩岸在「再平衡」的局勢與應對之道。說實在的，深入研究美國「再平衡」政策與戰略會運用在哪些地方，就是我們研究美國和國際政治研究學界應該認真關注的焦點和分析方向。在本文的研究與分析中，發現到美國「再平衡」政策與戰略的制定的確是有如本文前面所提及的，「再平衡」是一個「全球性」、「全方面」與「各層次」的大戰略與政策。從美國經濟發展的考量，到軍事部署和換裝武器的計劃，而後再到外交的聯盟和區域力量的整合，我們都會看到美國所制定「再平衡」政策與戰略幾乎都變成了奧巴馬政府時代處理各項問題執政的一種「特色」。從世界經濟「再平衡」的層面來先分析，美國對於商業的自由和公平與主導市場，都是非常「凸顯」在美國「再平衡」世界經濟戰略和政策之中。談到了美國實際對於世界「再平衡」的經濟戰略與政策裡，美國在這方面的「再平衡」是一直希望留在中國的製造商回到美國生產，也就是稱為「買美國貨」(Buy America)或是稱為「美國製造」(Made In USA)的政策來減少其國內的失業率。

依據筆者在美洲長年居住的觀察，美國政府之所以會很在意美國企業在亞洲製造的局面，除了是希望減少失業率外，他們是希望這些在亞洲製造的美國企業能回來帶給美國新的技術與稅收增加。從美國的長遠利益來說，如果美國企業長年在海外製造商品回銷美國，對於美國的國家安全會產生非常危險的局面。那是因為，如果美國的製造業沒有一定的產量，有很多如好的工具機與機械設備就無法有一定的量回到美國幫忙生產，當美國需要產其軍事設備與其他國家安全設備工程時，那這些機械與設備就因為無法有一定的銷量而無法或是要用很高的價格來買，到時對於美國的國家安全才是種傷害。況且，這些為美國製造的企業，也會利用為美國市場製造的機會偷偷學美國現在研發最新的技術與科技給他們自己國家的軍事工業與有競爭關係的產品。

因此，美國對於這些在海外的美國企業是希望他們能回美洲來生產他們的商品，進而可以把他們研發的成果與技術回送給美國。談到有關稅收方面，美國政府其實本身真的不在乎個人的失業問題。那是因為，他們認為美國是一個機會很多的地方，而你失業就是因為你不努力而造成的問題。因此，失業率的問題只是會在選舉中提出為難執政當局的手段，但不見得會是對於選舉有影響，就如今年剛剛結束的美國大選一樣，奧巴馬政府雖然在失業率上有超過落選「魔咒」的 7%基本線[34]上，但他仍然因為自己誠意與努力來突破這個「魔咒」而再次當選。所以，依據本文的觀察美國政府之所以希望這些企業從亞洲回來到美國製造，就是為了增加美國政府國內的稅收，而在這個「再平衡」戰略調整也就是對於美國稅收收入增加和對付海外富豪與大企業不繳稅所調整的「再平衡」經濟戰略與政策。

從這些現象來分析，美國政府真的是對於國際製造業的分工制度有了非常大的態度「調整」，並且也使得美國學術界從原本支援國際製造

---

[34] 失業高經濟情勢嚴峻　奧巴馬挑戰，《TVBS》，2012 年 11 月 7 日。<http://www.tvbs.com.tw/news/news_list.asp?no=nunumt198720121107192416=2013/1/28.2004:14:05>

分工的態度，從原來的支持「改變」成為支援「美國製造」的態度。從這個現象來分析，我們也可以從著名的經濟學作家湯馬斯・佛里曼(Thomas L. Friedman)的兩篇著作中，瞭解到美國學界這幾年對於海外分工製造的看法所有截然不同的思考。從湯馬斯・佛里曼(Thomas L. Friedman)2005 年的《世界是平的：一部二十一世紀簡史》(The World Is Flat: A Brief History of the Twenty-first Century)的著作中，可以發現美國學界原本對於海外分工製造制度是保持完全支援的態度，並且作者還特別的提出「世界製造的分工制度」就是未來全球企業應該推行的主流趨勢發展；但到了這幾年，由於國際金融海嘯的來臨，同樣是著名經濟作家湯馬斯·佛里曼(Thomas L. Friedman)與麥克曼德鮑(Michael Mandelbaum)合寫的另一本《我們曾經輝煌：美國在新世界生存的關鍵》(That Used To Be Us: How America Fell Behind In The World It Invented And How We Can Come Back)的著作 [35]裡，對於之前的觀點卻有了截然不同於原先支援世界製造分工制度的看法。而且，作者佛里曼甚至還認為如果美國依據他前本著作的理論來實行世界分工的製造制度，會使得美國的經濟有了非常慘的局面，而無法找回以前經濟強盛的局面。除此之外，佛里曼還認為美國企業如果實行的海外分工製造制度對於美國的國家安全與稅收來說，是產生了非常危害性的改變 [36]。因此，我們發現到美國的稅收的確是會因為公司的外移與海外製造而有了稅收入不敷出的悲慘局面。

甚至，美國政府也會因為海外製造公司申報稅務的不實和避稅，造成美國本身嚴重的稅務損失。正是因為如此，美國政府為解決這個問題，最近開始嚴格執行查稅和追稅等經濟「調整」的行為來做為「改變」逃稅惡習與抵制海外逃稅的「再平衡」經濟政策，尤其是專門對付那些類

---

[35] Thomas L. Friedman，Michael Mandelbaum，"That Used To Be Us: How America Fell Behind In The World It Invented And How We Can Come Back"，Abacus，June 7 2013.

[36] 邱辛曄 ，美國在新世界生存的關鍵-我們曾經輝煌，《世界日報》，2012 年 4 月 15 日。

似開曼群島富人避稅與逃稅的避難所(Haven)的執法手段和追查臺灣僑民在美國以外的資產來查稅等行為 [37、38]；因此，我們可以看到美國為了自己國內政府的收入平衡，而對於美國海外企業和居民實行了專門針對他們收入查詢與交納合理稅收回國的「再平衡」政策。還有，在美國一系列「再平衡」政策的經濟策略裡，美國政府也一直非常希望中國與亞洲各國政治透明和市場化匯率。從 2005 年起，美國對於中國大陸操控匯率的政策一直都是不滿意的。美國之所以會不滿意中國的匯率政策，那是因為就從經濟貿易學的角度來分析，如果中國大陸的人民幣一直因為政府本身控制而不市場化的升貶，再加上大陸人口與土地紅利的加分，那美國的本土產業就會因為中國大陸的影響，造成非常大的出口傷害與產生長期性貿易逆差。因此，對於美國的貿易利益來說，要求人民幣市場化來達到公平貿易目標，就是促成它制訂匯率政策「再平衡」的東亞經濟戰略中的重要原因。還有，除了這個匯率政策的「再平衡」外，本文也同時發現到美國的「再平衡」戰略政策對於專利戰和技術輸出許可的問題有了非常重要與突出的表現；而且，對於專利與技術輸出許可的「再平衡」戰略政策也是種美國對於世界的「控制」與對付亞洲製造最好的「武器」。有關美國對於專利的保護與獲利，我們都知道美國是一個以保護專利與依靠專利獲利而崛起的國家。

在當 1871 年美國完成了專利立法和設立專利申請辦公室與其保護政策 [39]後，專利的保護與獲利自然就變成了美國富強與吸引國外發明家回流美國經濟發展的重要一部分；而且，美國從以前到現在也對於本國企業輸出本國關鍵技術的法律，也是非常的嚴格與強而有力的。就從美

---

[37] 黃昭勇編譯，美國追討富人稅 臺灣 60 萬人成肥羊，《天下雜志》，2012 年 9 月號。

[38] 查稅　暴刮向『避稅天堂』　，《環球》，2013 年 2 月 28 日。<http://news.xinhuanet.com/globe/2013-02/28/c_132193732.htm>

[39] "History and Background"，The United States Patent and Trademark Office，2013. .<http://www.uspto.gov/products/library/ptdl/background/index.jsp>

國商業文化的經驗來分析美國專利權的保護來談起，美國政府對於侵犯它專利權利的國家和地區都是非常嚴厲的打擊。我們就拿中華民國（臺灣）的例子來談起，之前的中華民國（臺灣）由於是一個開發中國家，因此在臺灣工業產品中模仿與學習美國的技術都會難免侵犯了美國的專利權。然後，在 80 年代的臺美貿易談判裡，美國就因為臺灣的侵權而嚴厲懲罰臺灣的貿易，並用 301 條款來懲罰臺灣產品進口美國的數量與增加美國技術進口臺灣的管制與限制，因而使得臺灣不得不就範美國的要求予以改進[40]。到了現在，同樣的事情一樣就發生在同是開發中國家的大陸，由於東亞山寨產品，尤其是大陸的山寨產品為最多；於是使得美國政府不得不把對於亞洲國家的山寨行為的懲罰政策制定在它的「再平衡」經濟戰略裡。在這個「再平衡」之打擊山寨物品的政策裡，美國政府也還與其他國家一起聯手，在他們的海關嚴厲控管來自中國與其他國家製造的山寨品如美洲與其他歐洲地區。相同的，美國也常常把專利權與其核心技術的出口權綁在一起來管理，而且有些核心技術裡的專利都被美國政府嚴格管制，以防止這些專利技術變成對手和敵國危害美國利益的武器。

依據國際貿易的經驗來看，美國政府對於企業要出口它國的商品中，軍民兩用的核心技術和零件也都保持著非常嚴格管制的態度來對待它國輸入的企圖。我們就引用Sony在 2004 年美國製造的PlayStation 2 產品為例子來分析，由於Playstation2 裡面的圖像處理晶片能力過大，而美國與日本都懷疑這個晶片可能會用在國防導彈研發上的科技，因而Playstation2 就被美國政府嚴厲管制而禁止出口，以防他們被恐怖分子與其他野心國家利用其技術在他們軍事工業導彈與無人機的控制系統

[40] 楊國華，美國貿易法「301 條款」案評析——兼談 WTO 專家組報告的特點，世界貿易組織法律制度，2012 年。
<http://article.chinalawinfo.com/Article_Detail.asp?ArticleID=2257>

裡[41]。同樣的，美國企業對於臺灣的廠商也有很嚴格的管控，尤其對於一些在大陸製造與加工的臺商公司內的技術需求和技術指導。正是因為，現今臺灣的商人有很多在大陸投資與設廠製造，因而在美國的本國公司在選擇臺灣供應商製造他們的商品時就會非常的嚴格審查這個供應商在大陸關係與對其生產技術有特別的分類管理，更重要的是，美國政府還特別的對這些需要到海外製造的美商制定非常嚴格的輸出技術製造的法律，並且美國的國安單位也會不定時的調查這些美商與其臺灣的製造商在亞洲製造的狀態和發展動向。所以，在這個美國政府制定對付山寨技術和技術出口管制的「再平衡」戰略裡，技術專利與技術出口的控管一體化就是對於兩岸商業發展有了很大的衝擊和影響。還有，美國政府同樣對於亞洲經濟結盟也是非常積極的，尤其是對於中國周邊國家的拉攏和敵我的區分最為關切。

透過這個現象看來，本文認為又是另外一個國際結盟的「再平衡」戰略。就當 2009 年奧巴馬訪問日本的時候，提出美國要加入「跨太平洋戰略經濟夥伴關係協定」(Trans-Pacific Partnership，簡稱TPP)談判的時候，我們會發現到美國在TPP裡的角色瞬間變成了主角。接下來，在 2010 年的APEC會議閉幕的當天，美國又被其他成員國一起拱出來，同意將以美國總統奧巴馬的提案為主，來完成TPP的夥伴協議綱要。就是因為，美國在TPP的角色變成了非常重要，甚至有了絕對的領導地位，因而現今國際社會看待TPP的時候，大家自然就會認為，TPP就是以美國利益為主導的組織，而其他國家也都會以美國的利益為導向來完成TPP的談判。從 2011 年APEC會議後，美國政府對於在TPP取得優勢的領導權，一直保持以「再平衡」戰略為核心的做法來運用TPP組織影響力控制其他國家；與此同時，大陸政府雖然一再表示出善意願意「認真

[41] 15臺PS遊戲機能造無人機，美日恐小芯片引發戰爭，《搜狐新聞網》，2004年3月3日。<http://news.sohu.com/2004/03/03/76/news219277683.shtml>

考慮」美國的邀請來加入這個組織TPP談判的公開經貿聲明，以試圖減輕大陸與美國之間在太平洋地區的矛盾與誤會，但是美國卻以人民幣匯率不自由來婉拒了它的善意回應。從這個局勢來看，本文反而認為雖然美國現在是表面上拒絕了大陸加入TPP的談判，但是由於國際貿易政治本來就是相互需求而無法真的完全拒絕大陸經濟上對於美國的幫助；因此，從美國的長遠利益來看，大陸遲早會很融洽的加入TPP的談判並完成加入組織，以增進兩國的貿易發展與政治需求的[42]。這個問題談到此，本文相信讀者們一定會問，那美國為何希望和大陸合作而又處處為難大陸呢？

其實這個道理很簡單，那是因為美國一向在 1949 年以後的對華政策，都是保持一種「兩方先對抗以求合作」的「傳統」模式。這個「傳統」模式，當然對於現在的奧巴馬當然也是不能免俗的就延續了下去。因此，當大陸對於美國有了某些讓步例如人民幣升值等類似的政策後，美國自然就會用其他名目來邀請大陸加入 TPP。由此來看，本文反而認為大陸應該留意自己的利益，萬不可以貿然讓步太多而被美國繼續「吃豆腐」下去。而且，本文更建議大陸能務實的讓步一些虛名的事務給美國，不要太高估自己的實力，例如提出什麼大陸會取代美國經濟與市場的言論等，而應該實事求是的防守住自己真正的利益，不應讓熱錢錯誤的導入中國房地產、股市與外匯的炒作等其他投機性的方向而造成大陸經濟貧富懸殊等，會導致大陸本身社會政治和經濟的問題，使得美國可以達到更深層的經濟「再平衡」戰略的目標來遏制大陸經濟的平衡崛起發展。至於，談到了美國對於臺灣貿易聯盟所實行「再平衡」戰略的例子，那就是美國一直在積極的希望臺灣能與他們簽訂一個有如其他國家的自貿協議。由於兩岸關係有了一個海峽兩岸經濟合作框架協議（英文

---

[42] 劉昌黎，泛太平洋經濟夥伴關係協定的發展與困境，《國際貿易》，2011 年 1 月。<http://www.360doc.com/content/11/0708/11/7292363_132297859.shtml>

為 Economic Cooperation Framework Agreement，簡稱 ECFA；臺灣方面的繁體版本稱為海峽兩岸經濟合作架構協議）的模式後，因此美國政府就希望臺灣也能與他們簽訂一個臺美的《貿易暨投資架構協定》(Trade and Investment Framework Agreement，簡稱 TIFA）已表現出他在臺灣商業中的影響力。從這次眾所皆知的美國牛肉議題來說，要開始 TIFA 的談判是必須放開美國牛肉在臺灣自由買賣的限制，從美國經濟利益上來說，當臺灣市場有限度的法律開放含有微量的美國牛肉，就是等同為未來美國雞肉與豬肉的進口開了一個先例。

依據整個臺灣食品市場來看，臺灣人民吃牛肉的比例都不如吃豬肉與雞肉的比例來的高，因此對於美國在臺灣商業上的利益來說，依法開放了美國牛肉那就等同有了開放雞肉與豬肉的門票，本文因此認為美國政府遲早會對於臺灣的豬肉開放政策上施壓的[43]。於此同時，美國也利用臺灣本身依賴美國市場的優勢與本身可以給臺灣提高強大資源的影響力，來抗衡大陸和臺灣簽訂的ECFA和其他讓利政策，因而在 2011 年 12 月正式宣佈開放加入了臺灣對與美國免簽證的候選國名單和正式與臺灣政府表態開放牛肉後就可以馬上重啟TIFA談判等重要政策利多，來把美國對於臺灣問題的主導權和影響力發揚光大。在這些政策利多的誘惑下，美國與臺灣的貿易結盟關係自然而然就會表現出有你有我的經濟需求局面，而不怕大陸已和臺灣簽訂ECFA等經濟協定與兩岸擴大交流後，對於臺灣問題的主導權和影響力。到了現在，美國又與臺灣提出加入TPP的構想，只是現在就卡在TIFA的談判與臺灣本身主權戶口的適格性和其他商業談判細節的項目而已。因此，本文認為臺灣未來勢必也會和美國政府簽訂如同ECFA一樣的TIFA，但至於有關TPP那就要看國際局勢的改變與兩岸關係的發展而定了。最後，在有關美國對於臺灣納入TPP

---

[43] 陳郁仁，美國會施壓 瘦肉精美豬叩關，《蘋果日報》，2013 年 1 月 18 日。<http://www.appledaily.com.tw/appledaily/article/headline/20130118/34777700/>

的再平衡戰略裡，本文預測美國政府勢必會極力的支持臺灣加入TPP與實際簽訂TIFA。

不過，加入的方式也就會適用與 WTO 會員名稱一樣的資格，以「臺澎金馬」或是「中華臺北」的名義來加入 TPP 與簽訂 TIFA。臺灣仍然會是美國強力拉攏立足的經濟東亞據點，其可以在島內爭奪其 ECFA 對於臺灣經濟影響力上的主導權。當本文分析完經濟方面的「再平衡」亞洲戰略，我們接下來就是看軍事方面的「再平衡」。從軍事的角度來分析，所謂的美國在軍事上的「再平衡」，本文認為美國就是注重在軍事武器替換、地區武力的部署和新的軍事聯盟思維政策等三方面來分析。從軍事武器替換上來分析，美國會持續的把它最新的武器來個非常大的「再」替換。

從駐紮在日本琉球的美軍裝備來說，隨著中國現今的軍事武器和現在東亞美軍裝備的實力比較都已經可以大成平手的狀態。從美國的軍事利益來說，這種兩方「打成平手」的軍事局勢對於美國在亞洲的部署來說就是一種失敗。因此，在美國「再平衡」的亞洲軍事裝備的換裝部署裡，就把它過去使用已久的武器與裝備從本土移轉到亞洲來，以企圖「再平衡」增加它在亞洲軍事局勢上的主導權。從它派駐日本琉球基地的F-22戰機與實驗X-47B的無人艦載機，再到它的隱形戰艦與新型航母和兩棲航空突擊艦，我們都會發現到美國對於東亞地區的軍事裝備的「再」部署後「調整」的主導權[44]有了很大的用心。當然，它還聯繫東亞四周的國家並與其結盟來部署它研發多年的長程雷達與駐紮那些新武器，以企圖築成一道對付中國與俄羅斯同盟在東亞崛起的島鏈性的「困龍鎖」[45]。

---

44 美國重返亞洲的軍事和戰略部署，《美國之音》，2013 年 3 月 23 日。<http://www.voacantonese.com/content/us-china-and-the-pivot-to-asia-part-two>

45 周鑫宇，美國的亞太軍事「再平衡」針對誰，《世界知識》，2012 年 13 期。

並且，就現今的美國來看，美國是的確希望東亞能有個矛盾而能使它研發多年的新武器能名揚四海在真實戰場裡。

所以，本文推測美國未來在主導亞洲軍事裝備的戰略上，是希望東亞地區的軍事平衡有些矛盾，而後好給予美國來推銷它研發已久的新科技武器的機會，而可以名揚四海推銷它的新武器。當然，只要新武器在機會中得到了「戰功」和「戰績」，美國就如兩次波斯灣戰爭和科索沃戰爭一樣的，把這些得到的「戰功」和「戰績」放在它們對外軍售推銷的宣傳品裡面來吹捧與牟利。因此，對於兩岸政府的影響上，本文認為美國和其他強權也是希望大陸軍方能成為他們美國新武器的較量對象與對手，而臺灣海峽則是美國與其他強權放置與運用它新武器的實驗地點，就如同 1950 年後的臺海對峙和國際冷戰時代，這些強權就是利用了臺海對峙與冷戰時代在臺海創造了不少世界軍事武器史上的第一次。所以，本文非常誠心的建議兩岸，千萬別把兩方關係搞壞，對於彼此能包容就包容。在依據國際政治的現實與現況，假如美國政府真的軍售臺灣先進武器，而臺灣無法拒絕的時候，本文就希望大陸沉住氣不要貿然把兩岸關係帶向冷淡和惡化，同時本文也希望臺灣政府能把這些武器變成備而不用的狀態，使得美國在軍事武器與裝備的「再平衡」問題上，少了一個製造事端與介入臺海的理由。

雖然，兩岸政府都是各自成家的狀態，但畢竟兩岸是血溶於水的兄弟呀！至於，有關美國軍事部署上的「再平衡」亞洲戰略，美國其實一直積極的用似有似無的方式來挑釁與改變亞洲原有的和平與局勢，來借機「再主導」介入一些本來美國漸漸失去的事端與部署與聯合本來不與美國軍事上的亞洲國家如緬甸和越南，或是企圖染指一些本來不是美國實力的國家來加強它的軍事基地據點部署的正當性。從反恐戰爭，再到「再平衡」的戰略，美國對於東亞國家和其他中國周邊國家的軍事部署，都是採取半強迫與利誘對方邀請美軍的方式來駐軍。雖然，我們沒有看到美國用明目張膽對抗中國崛起的理由來給各國「指示」對抗中國；但是，美國在很多亞洲問題裡，仍然對於中國的崛起有非常多的私下警惕與故意放縱其盟國踩破壞亞洲和平與友好關係的紅線來製造中國威脅論與支持其加強地區駐軍的正當性。

從本文的這個論點來看，這個「再平衡」東亞戰略政策其實對於兩岸政府都有了非常大的影響。從天安艦事件開始，再到現在的釣魚島與南海的問題，我們都會發現到美國「再平衡」亞洲戰略的影子與它企圖想利用事端來增加美軍在亞洲裡的軍事部署。因此，在本文分析來看，兩岸的政府真的需要用中華民族的大智慧來與對方建立一定的互信，而使美國無法用任何的駐軍方法與模式來破壞兩岸本有的和平與和諧。還有，對於大陸四周的國家，本文非常建議大陸要要耐心、誠心和忍耐的和四周合作與維持大家本來就有的默契，千萬不可藉由任何民族主義的模式，製造四周國家對於大陸發展的疑慮，就如為了宣稱主權而在護照上刊出令四周不高興的地圖樣式，導致美國希望見縫插針增加駐軍亞洲推銷武器和威脅的機會，而使得本來矛盾其實不大大陸四周的朋友一一的離你而到美國「再平衡」對抗我們的軍事同盟裡。

再談到了美國「再平衡」的軍事政策，本文也發現到增加軍事同盟就是一個「再平衡」的戰略。從美國與緬甸的化解與邀請其參加今年的「金色眼鏡蛇」軍事演習來看，美國真的對於自己在亞洲軍事平衡聯盟上，是有了很大的突破[46]。雖然，大陸的軍事專家一再的評論如何看不好這個美國的聯盟，但是美國對於亞洲的軍事合作與聯盟真的有了新的進展與政策。就例如美國對於緬甸的合作上，他們還特別希望借由彼此的關係改善來改變緬甸原本願意大陸海軍租地設港的部署印度洋案子。美國又借由南海的航行自由權的危機感來和菲律賓合作，他們不但簽訂

---

[46] 王崑義，美國舉行金色眼鏡蛇聯合軍事演習的意涵，《漢聲廣播電臺》，2012 年。<http://www.voh.com.tw/99030905.html>

很多經濟協議與蘇比克灣的駐軍計劃外，美國還送菲律賓一艘二手「漢密爾頓」級巡邏艦與其他戰機裝備和船艦設備，以示美國與菲律賓之間的鐵血合作[47]；當然，本文判斷美國有可能會「半買半送」的提供菲律賓連臺灣都夢寐以求的二手F-16C/D，如果南海局勢有危急和威脅菲律賓的時候。還有，最值得一提的就是，新加坡的地位。那是因為，眾所皆知新加坡是比較親我們華人的國家，它對於兩岸的合作與關係以往也是常有了很大的幫助。但是最近的新加坡在對於南海與其他地區立場上，卻是變的保守與中立。這或許就是因為現今南海局勢和新加坡地位在東南亞的位置有些敏感，因而美國對於新加坡的投資和在東南亞的佈局也有所增加的改變，反而新加坡對於兩岸的與中美間紛爭的調停都無法有很大的幫助。

由此可見，國際間也因為中國現在提出大國實力與大國崛起的態度而起了很大的反感。甚至，有了反抗中國的局勢，並給予美國在亞洲利益重新佈局與執行所謂「再平衡」擴展的空間。至於對於在臺灣與美國的軍事同盟上，美國其實真的不會需要臺灣的地位。那是因為，臺灣在整個島鏈裡，雖然軍事裝備上沒那麼強，但是依據四周與美國在大陸周邊的部署，臺灣的地位真的只要固守其局勢就好了，而在臺灣自己的安全防禦上，政治文守就是勝於武守的力量。我可以不論是從國際地位還是其他周邊地區位置來看，臺灣地位就是一個東亞平衡點。如果大陸貿然攻擊臺灣，那一定會引起四周國家對於大陸的不滿而給臺灣政府的強烈同情，到時美國就會背後偷笑的大肆介入東亞問題，甚至還會故意的號召各國聯合制裁中國的動作，而有了美國希望的對華在國際問題裡算總賬的作用。因此，不論是南海還是本身自己的地位，臺灣都成了不可碰觸一個問題。這也就如臺灣媒體曾經報導說越南本來想在今年八月派

---

[47] 菲律賓要求美國提供二手 F16 戰機，《BBC》，2011 年 12 月 21 日。
<http://www.bbc.co.uk/zhongwen/trad/world/2011/12/111221_philipine_us_fighters.shtml>

軍占領臺灣擁有的太平島，最後由於中國與美國共同反對而不敢動作進軍太平島[48]。因此，臺灣的地位在這次「再平衡」的亞洲軍事同盟戰略中，已處於非常微妙的地位，這就如同本文筆者的觀察「臺灣看似地位不重要，但其實臺灣的地位就是東亞和平局勢中美關係「蹺蹺板」中間局勢的平衡支點。」

所以，臺灣政府應該繼續保持這個不卑不亢的中庸態度來維繫自己在東亞兩強間利於自己的關係。從這些角度來看，其實奧巴馬政府對於他們所制定的「再平衡」亞洲戰略包含了很多深層次的國際政治陰謀與可以成立的客觀條件的。在國際輿論上，美國就是先故意利用媒體故意喊出放棄臺灣和 G2 與中國第一等輕敵論調，來使大陸肆無忌憚的發展與宣揚國威和自以為是的輕忽。最後，美國就一步步的在亞洲實行它的「再平衡」戰略來製造中國威脅論以達到它外交上、經濟上與軍事上的大利益。本文談到此，希望大陸一要留意美國最近的動作，萬不可輕忽美國實力與影響力，千萬別被它自己媒體放出來示弱的消息而中計。換句話說，從美國的經濟結構與製造創新能力上，美國時代與世界第一強國還沒結束。總之，實事求是就是兩岸政府要的思維，而且在這個「再平衡」的局勢裡，低調平安發展就是一個福！ 耐心與誠心友好四周就是一個合作！

肆、結語：以和為貴處理任何周邊問題，「天下為公」與「中庸之道」就是兩岸在「再平衡」局勢中的生存與發展之道。

本文分析完了奧巴馬的兩岸政策與美國「再平衡」的亞洲戰略後，其實本文對於兩岸政府與美國間的關係展望並不會那麼悲觀。那是因為，中美兩國實質上就需要同舟共濟的關係。雖然美國最近害怕大陸搶了他們對於國際問題的主導權與亞洲的掌控權，但是從各種東亞議題的本質

---

[48] 張凱勝，越謀奪太平島 美陸將聯手勸阻，《旺報》，2012 年 8 月 31 日。

上來分析，中美兩個在彼此間的經濟復甦與地區安全議題，環保問題和貿易聯盟問題都處於缺一不可的關係。因此，本文可以預見，在未來的中美兩國的外交政治裡，兩方強權在各項議題上仍然會是合作多於對抗的，而所謂的「再平衡」戰略對於中國而言，也將只會成為中美關係間的一個插曲；而且臺灣問題也會被擱置。兩岸關係也會因為兩強間的合作與平衡，有了更多彼此交流的機會。所以，美國雖然現在一再故意挑起東亞周邊問題來凸顯出它在東亞的重要性，但如果大陸不隨他起舞或是做出極端表現，而只是努力的發展自己國內的民生與其他發展。則本文預料未來的中美局勢將會變成，美國會因為中國的不起舞而自己沒趣，就可以回到兩國以前友好的「真平衡」狀態，而不會再折騰大陸自己強國復興的角色。總而言之，本文對於大陸政府在美國所主導的「再平衡」戰略中生存得利之大國發展的道路裡，誠心建議大陸政府一定要穩重與低調的處理很多周邊與國際的問題，與鄰居友好。在國際關係的處理上，萬事以合為貴的態度來真心的對待四周國家們現在對於大陸崛起的誤會，用務實和互利的態度來解決任何矛盾。至於，在總結臺灣局勢中自身的立場裡，本文更建議臺灣一定要瞭解自己的局勢，並且明白自己在局勢裡就是中美關係「蹺蹺板」中間的局勢平衡支點，而不要太過妄自菲薄的看低自己，或是夜郎自大的高估自己，而使得中美兩強勢力對抗的「蹺蹺板」，從原來的對抗轉而變成聯合，進而成為威脅自己發展的阻力。最後，「天下為公」與「中庸之道」就是兩岸在「再平衡」的新局勢中的發展生存之道，我們兩岸要一起以不亢不卑與「天下為公」的態度來認真做好兩岸關係與中美問題，並且寄望建立屬於我們兩岸的「大同世界」。

戰略研究的位置：戰略研究定位與學科界限的爭辯

王信力 *
（淡江大學國際事務與戰略研究所博士生）

摘要

戰略研究(Strategic Studies)是一個兼具歷史和未來的學科。在這一學科中，許多相關的研究成果相當的豐碩，尤其是近些年來，大批研究人員投身在戰略研究之中。但有關這一學科的可持續性與獨立性，卻一直存在著爭論。「戰略研究」到底是不是一門獨立的學科，還是只是從屬於「國際關係」或是「安全研究」的分支？要理解此一問題，若是僅從方法論以及認識論來分析是無法得到具體的回答。許多學者都認為，本體論是所有研究的開始，本體論與認識論、方法論三者之間存有前後的依賴關係，先本體論，後認識論與方法論；本體論的混淆，無法藉由認識論的辯論獲得澄清。從這個意義上講，對本體論的研究會為一門學科進行科學探討打開大門。本文將從本體論出發，探討戰略研究的本質為何，與國際關係、安全研究是否有本體上的界線？並透過「科學實存論」的哲學思辨，來探究「戰略研究」是藝術還是科學，希望能夠釐清戰略研究的定位問題，尋找戰略研究未來的出路。

---

* 王信力，現為淡江大學國際事務與戰略研究所博士生。

一、戰略研究的位置：戰略研究定位與學科界限的爭辯

戰略研究(Strategic Studies)是一個兼具歷史和未來的學科。在這一學科中，許多相關的研究成果相當的豐碩，尤其是近些年來，大批研究人員投身在戰略研究之中。但有關這一學科的可持續性與獨立性，卻一直存在著爭論。研究的可持續性代表著學科的生命，一代一代的戰略研究人員為之付出心血，學科的獨立性代表著學科是否必須繼續存在的問題。時至今日現狀如何？無論對研究人員抑或是學科本身而言，可持續性與學科的獨立性都是一個嚴肅的挑戰。學者指出戰略研究學術化是第二次世界大戰之後的事，也就是冷戰的兩極對立時期。而核子武器問世造成戰爭型態丕變，並促成戰略研究的快速轉型。[1]Ken Booth指出研究發展可分三個階段，各有不同的研究取向與重點。[2]第一階段為 1945-1955，稱為早期戰略研究，也是戰略研究的概念形成期，期間並無特別著作問世。第二階段為 1956-1985，稱為戰略研究黃金期(golden age)，此期間是戰略研究進入大學及學術研究機構的重要時期，「嚇阻」成為戰略研究的核心議題，研究的範疇不再侷限於軍事層面，成為跨越政治、經濟、心理、歷史、外交、甚至科技各個層面的科際整合式研究(interdisciplinary study)。隨著冷戰兩極對立發展，多元學術專業思維(discipline)與方法論湧入，其中最具代表性學者應屬物理學者Kahn、經濟學者Schelling、歷史學者Kissinger、政治學者Brodie及Huntington、安全學者Jervis與戰略研究學者Gray與Buzan等所做之研究，戰略研究整體達到顛峰狀態。第三階段為 1985-1991，稱為晚期的戰略研究，前期建立的典範受到嚴厲批判，戰略研究陷入混亂與方向不定的時期。至此，Booth與Buzan均表示，以冷戰為主的戰略研究舊典範已過時，而新典範仍未產生，所以戰

---

[1] 陳偉華，〈戰略研究的批判與反思：典範的困境〉，《東吳政治學報》，第二十七卷，第四期，2009 年 12 月，頁 6。

[2] Ken Booth. “Strategy”. In A.J.R Groom and Margot Light, eds. Contemporary International Relations: a Guide to Theory（London: Mansfield Publishing Limited.1994）, pp.109-119.

略研究將要滅絕了。[3]只是，戰略研究的困境是否真如Booth與Buzan所言是因為「舊典範」過時，新典範尚未產生造成的？還是對於戰略研究的本質的混淆，產生認知的混亂，而放棄對於戰略研究的堅持。或是戰略研究社群對於戰略研究的內容，朝向國際關係、安全研究的範圍擴延，而逐漸失去了研究的焦點、模糊既己的定位，而受到「戰略研究」是否必要繼續存在的質疑。本文將從本體論出發，探討戰略研究的本質為何，與國際關係、安全研究是否有本體上的界線？並透過「科學實存論」的哲學思辨，來探究「戰略研究」是藝術還是科學，希望能夠釐清戰略研究的定位問題，尋找戰略研究未來的出路。

二、戰略是什麼？

近年來戰略研究受到質疑的一重要因素，是因為「戰略」一詞的意涵被無限制的擴展。不僅是對因為與安全研究與國際關係之間的混淆，而是「戰略」一詞以變成「策略」的同義詞，任何一個學科在研究本身的策略時，都可以加上「戰略」一詞。中國大陸的「中國社會科學院」近年來成立了三個戰略研究院，分別是：財經***戰略***研究院、亞太與全球***戰略***研究院、社會發展***戰略***研究院，將加強對相關問題的研究。據新華社報導，財經戰略研究院是在原來的財政與貿易經濟研究所的基礎上組建的。財經院院長高培勇表示，該院將進行大陸的「***財政經濟發展戰略、貿易經濟發展戰略、服務經濟發展戰略、收入分配問題、住房問題等的研究***」。亞太與全球戰略研究院則是在原***亞洲與太平洋研究所***的基礎上設立的。院長李向陽指出，在中國大陸未來的***對外發展戰略***中，***周邊戰略***將居首要地位，只有構建一個成功的***周邊戰略***才能構建***全球戰略***。至於在***社會發展研究所***的基礎上成立的***社會戰略發展***研究院，將研究中國大陸社會發展的重大現實和理論問題。報導指出，組建這些「***戰略***研究院」，是中國社會科學院實施創新工程的重要措施，它們將是「跨學

---

[3] Ibid。

科、綜合性、創新型」的學術思想庫。[4]藉由以上這個報導，可以很清楚的看到，「戰略」一詞的含意在中國大陸學界是如何的被無限制的展延。

如果說，如同報導的內容指出中國社會科學院的財經所研究的是有關「財政經濟發展***戰略***、貿易經濟發展***戰略***、服務經濟發展***戰略***」，那麼這個「***戰略***」與戰略研究學者眼中的「戰略」是否相同？如果相同，意味著這些問題不只是財經專家可以研究的範圍，任何一個研究戰略的學者都應該可以去研究，那又為何要專門成立一個專門研究所進行研究？相同的，其它學門的學者都在研究「戰略」，淡江大學的「國際事務與戰略研究所」是否有存在的價值與必要？如果不同，這些「***發展戰略***」、「***周邊戰略***」，是不是可以「策略」或「政策」替換，以免讓人產生混淆？在新聞中指出的這些「○○發展戰略研究所」，似乎都是針對財經、貿易、外交、內政問題的研究，雖然都可納入「總體戰略」的研究對象，但是「總體戰略」應該是指研究如何運用國家總體力量來達成國家政策目標的一種全面性的戰略，甚至是研究如何運用國家總體力量來達成軍事目標的戰略，而不是國家或某一政策的「發展戰略」，除非這個「發展戰略」最終目的是要展現國家權力。[5]循此思路，我們所謂的「戰略研究」，到底在研究甚麼「戰略」？簡言之，「戰略」應該是為達成國家政策目標的計畫與行動，而不是為達成某種發展的策略。類似上述對於「戰略」此一名詞的謬用，說明當代戰略研究的困境與定義上的模糊。這也點出了傳統的「戰略研究」與「政策研究」之間的本體論差異。傳統的

---

4 〈大陸社科院成立3個戰略研究院〉，《中央社》，2011年12月29日，http://www.cna.com.tw/Views/Page/Search/hyDetailws.aspx?qid=201112290334&q=%E7%B6%93%E6%BF%9F

5 薄富爾指出總體戰略「位居於頂點，在政府(即最高權威)的直接控制之下，其任務即為決定總體戰爭應如何加以指導，此外又應替每一個特殊分項戰略指定目標。並決定政治、經濟、外交、軍事等方面應如何配合協調。」由此可知道薄富爾的總體戰略仍然是以因應「總體戰爭」為考量。參照薄富爾，鈕先鍾譯《戰略緒論》(台北：麥田出版社，1996年)，頁38。

「戰略研究」指涉的範圍是以軍事戰略為研究主體的學科，而政策研究是針對政府的各項政策的進行的研究，二者有所不同。

針對戰略研究受到的質疑，我們必須先釐清到底何謂「戰略研究」？以及戰略研究倒底要研究「甚麼」？我們經常聽到的「經濟戰略」、「選戰戰略」、「人生戰略」、「發展戰略」，這些戰略與戰略研究者進行的「戰略研究」有關嗎？鈕先鍾老師在《戰略研究與戰略思想》一書的序言中曾慨然指出；「戰略是一門古老的學問，有其悠久的傳統，但時代是進步的，現代戰略思想和傳統觀念又已有相當差異，其含義也已加深和擴大，所謂總體戰略的研究已不僅限於軍事，也非僅限於戰爭。事實上，一切有關國家安全、世界和平，人類前途的問題莫不包括在內。因此，戰略已不再是職業軍人所能壟斷…」。[6]Richard K. Betts則指出「戰略是軍事手段與政治目的之間的連結…」。[7]Colin S. Gray亦指出「戰略是軍事權力與政治企圖之間的橋樑...是為達成政策目的選擇使用或不使用武力的研究」。[8]由以上學者的看法可知，戰略研究內容的擴展，雖已不再侷限於軍事領域，但也仍然有其研究的範圍。戰略研究這個學科研究的「戰略」，至少應該是與國家安全、世界和平有關，或是研究如何運用國家權力達成政策目標的方法與途徑，而非包羅萬象，什麼都可以拿來研究。而「戰略」一詞更應該有其專門指涉的對象，而非任何有關達成計畫目標的「策略」都可稱之為「戰略」。

近代文人戰略家的出現，雖意味著「戰略研究」已非軍人的專利，只要是對於戰略有興趣的人都可以投身戰略研究。Gray指出古典時期的戰略研究學者大多有軍事背景，但是當代在文人投入後，戰略研究的發

---

[6] 鈕先鍾，〈論戰略研究的四個境界〉，《戰略研究與戰略思想》，(台北：軍事譯粹出版社，1988 年)，初版，自序。

[7] Richard K. Betts, “Is Strategy an Illusion?” International Security, Vol. 25, No. 2 (2000), p.5

[8] Colin S. Gray, Modern Strategy (Oxford: Oxford University Press, 1999), chapter 1, pp. 16-47.

展有更多的面向。[9]但這不表示，任何人都可將自己對於某一項事務的發展趨勢的看法或提出的因應對策，稱之為「○○戰略」。例如小吃攤為提升業績而提出的「小吃攤競爭戰略」、「小吃攤發展戰略」云云。固然其內容可能意味著一套思維與程序甚至是行動方案，但這絕非我們所說的「戰略」。誠如鈕先鍾老師所說「時至今日，不僅戰略觀念已經有了新的定義和解釋，而且戰略研究也已經發展成新的學域。在目前的世界上到處有人高談戰略，似乎人人是戰略家；但事實上，戰略研究是一種遠較嚴肅而認真的課題，真正想要從事戰略研究是一種相當艱難的嘗試，絕非一般『紙上談兵』之士所想得那麼簡單輕鬆」。[10]法國學者Thierry de Montbrial針對這一點，提出一個判別的標準，可以讓我們辨識一個人類的行動是不是戰略。[11]Montbrial指出「戰略是有目的、主動、困難的人類行動」。[12]大部分的人類行動並不屬於「戰略」的範疇，因為這類行動不符合有目的、主動、困難的標準的任何一種。吃飯點菜可能也是一種人類行動，也包含了目標選擇與實現，但這些不是戰略。只有在「意願」和由此而生的「持續張力」佔據重要位置的情況下，才談的上是戰略。Montbrial指出評斷行動是否為戰略的關鍵在於「困難」。制定大量的目標，例如決定預先要去那裡度假，不是戰略學家或是戰略家關注的問題，因為需要克服的障礙太過平淡、被動。[13]我們由此可知，即使是人類有

---

[9] Colin S. Gray. Straregic studies and Public Policy: The American Experience.（Lexington: University of Kentucky, 1982）pp.15-17.

[10] 鈕先鍾，〈論戰略研究及其取向〉，《國家戰略論叢》，(台北：幼獅文化出版，1984 年)，頁 35。

[11] Thierry de Montbrial, 莊晨燕譯，《行動與世界體系》(L'action et le Systeme du Monde)，(北京：北京大學出版社，2007)，頁 129-131。

[12] Ibid。蒙布里亞爾指出，有目的是指具有明確的目標或目的；主動，是指行動單元的意願(具有可持續性)是實現目標的基本條件。所謂困難，是指為實現目標必須做出確實、長期的努力，只有這樣才能克服或掃除包括執行敵對戰略的對手在內的各種障礙，這些障礙至少在一段時間內會使最終結果具有不確定性。

[13] Ibid。

計劃、目標的行動，並非就是我們所說的「戰略」，因為過於簡單、沒有困難橫亙在前的行動，是不需要「戰略」的。Montbrial所指的戰略，雖沒有強調是運用於軍事範疇的或是國家權力的運用，但由他的定義中，我們至少也可領略到「戰略」的嚴肅性，而且明白其是具有困難度的。

基此，本文認為戰略研究應該是用一種比較嚴謹與嚴肅的態度，來探討具有目標與困難性的議題，而其研究的範圍仍應有所限制，而不是包羅萬象。這並非是認為戰略研究有其崇高而不可侵犯的地位，而是認為戰略研究有其嚴肅性，而且避免「戰略」這個概念指涉的對象變得模糊。但是如果沒辦法向戰略學者以外的人士說明清楚「戰略」指涉範圍的嚴肅性，「戰略」一詞就不會是戰略研究專有的名詞。如果沒有辦法說清楚到底戰略研究與其他的期他學科所採用的「戰略」有何不同，戰略研究被誤認為只是在研究某種「策略」的誤解，也就很釐清了。

三、「戰略研究」是什麼?

「戰略研究」這個學科近年來常被討論的問題是，「戰略研究」到底是不是一門獨立的學科，還是只是從屬於「國際關係」或是「安全研究」的分支。要理解此一問題，若是僅從方法論以及認識論來分析是無法得到具體的回答。因為戰略研究與國際關係、安全研究都是屬於政治學門的研究範圍，在認識論與方法論上都可採用相似的研究途徑，也都面臨到是不是適用於「科學方法」進行研究的問題。這些學科也都存在著實證主義與後實證主義、行為科學主義與傳統方法的辯論。[14]在批判某些國際關係理論的實證立場之時，如果將「○○主義」的名詞替換為「安全研究」、「戰略研究」，似乎也可以通用。因此很難看出戰略研究與國

[14] Rogers M. Smith, "Science, Non-Science, and Politics," in Terrence J. McDonalded., The Historic Turn in the Human Sciences (Ann Arbor: University of Michigan Press, 1996), pp. 119-159.

際關係、安全研究在方法論與認識論上倒底有甚麼不同。但是如果從本體論來進行討論，則可能比較容易區分三者之間的不同。

許多學者都認為，本體論是所有研究的開始。因為如果不預先假定一個包括各種重要實體之間關係模式的特定的基本結構，我們就無法說明全球政治中的任何問題。淡江大學戰國際事務與戰略研究所陳文政教授指出：「本體論與認識論、方法論三者之間存有前後的依賴關係，先本體論，後認識論與方法論；本體論的混淆，無法藉由認識論的辯論獲得澄清」。[15]從這個意義上講，對本體論的研究會為一門學科進行科學探討打開大門。例如就國際關係理論的本體論而言，它要回答國際關係的「存在」和「構成要素」是什麼的問題，回答「無政府狀態」的實體形式是什麼的問題，因此形成了不同的學派和各自的理論闡釋。[16]若從本體論分析國際關係各種理論的差別，是要探究的理論本身到底要探討的問題是屬於權力本體、制度本體、法制本體還是社會本體或觀念本體的問題。

從國際關係主流理論的發展看，第三次和第四次論戰直接與本體論有關。這兩場論戰被認為是國際關係學界最大的理論反思和本體思辨。雖然這場論戰也涉及到實證主義與後實證主義在認識論上的爭辯，但它主要探討是有關「國際關係的組成要素的」的問題。[17]例如，現實主義以權力作為國際秩序的主要支柱，並強調均勢的本體屬性。理想主義以國際組織、國際法作為國際秩序的所在，並以世界政府為目標，從而強調與現實主義不同的國際關係本體存在。新現實主義以體系結構解釋國際秩序的形成，在保留權力這一核心概念的同時，其對國際關係本體的

---

15 〈戰略研究與社會科學的磨合：戰後西方戰略研究的發展〉，《當代戰略理論與實際：淡江戰略學派觀點》（台北：淡江大學國際事務與戰略研究所，2011 年），頁 215-246。

16 李義虎，〈本體論問題與國際關係理論研究〉，《國際觀察》，2011 年 12 月 9 日，轉引自宣傳家網站，網址 http://www.xj71.com/2011/1209/655272.shtml。

17 基歐漢編，《新現實主義及其批判》，(北京：北京大學出版社，2002 年)，譯序。

解釋比傳統現實主義更具有靈活性。新自由主義以國際制度和國際規範來解釋國際關係的本體存在，反對過分強調「權力本體」的立場；這樣，它擴大了在理論上對國際關係本體的解釋空間。建構主義則以認同、觀念的變遷作為國際關係的本體，由於強調非物質性本體的觀點，對以「物質本體」為基礎的國際關係主流理論（包括新現實主義和新自由主義）提出挑戰。這些對國際關係本體構成的理論研究和解釋，構成了國際關係基本理論發展和演變的脈絡，也一直是國際關係理論所要回答核心問題。可以說，所有對無政府狀態和對無政府狀態對立面的研究，包括均勢、國際組織、國際法和國際制度的研究都是對國際關係本體論問題的探討。[18]

什麼是戰略研究的構成要素？也就是探討戰略研究的「本體」到底是什麼的問題。在戰略研究之中，本體論在處理「什麼是戰略」的問題，也就是戰略研究到底在研究什麼？[19]是研究過去戰爭中的戰略問題，還是研究如何運用前人的戰略思想來解決當今面臨的問題？這些問題若是單從認識論來進行分析，必須要界定戰略研究的內容是研究者主觀的認知還是客觀的認識。如果從方法論上來討論戰略研究的內容，則是要理解戰略研究的採用的方法符不符合「科學標準」，也就是處理戰略研究的方法是否符合社會科學家們所訂定的標準，有沒有一套原理、原則，能不能達到「描述、解釋、預測」的理論功能。[20]這樣的問題對於定位戰略研究的內涵似乎不太有作用。但若從本體論來進行探討，則可以藉由對於戰略研究的內容去理解戰略研究的構成要素是什麼。

---

[18] 李義虎，〈本體論問題與國際關係理論研究〉。

[19] 陳文政，〈戰略研究與社會科學的磨合：戰後西方戰略研究的發展〉，《當代戰略理論與實際：淡江戰略學派觀點》(台北：淡江大學國際事務與戰略研究所，2011 年)，頁 215-246。

[20] Bernard Brodie, “Strategy as a Science,” reprinted in Thomas G. Mahnken and Joseph A. Maiolo ed., Strategic Studies: A Reader (London: Routledge, 2008), pp. 8-21.

本文認為，戰略研究的本質是對於國家權力運用方式的探討。如果從戰略研究本身的本體論來看，戰略研究應該是要探討國家權力的內容與運用的環境與方式的問題，並探討底是「物質本體」還是「理念本體」。也就是說，是「物質的因素」還是「理念因素」影響國家戰略選擇與行動。就本體論而言，物質本體的理論會重視物質性因素對行為體行為的直接作用，如國際環境中的物質條件和國家的物質性實力被認為是影響國家行為的主要因素；理念本體的理論則會重視觀念的作用，強調物質因素是通過觀念因素而產生意義的。[21]因此如果戰略是「物質本體」，國家會針對威脅來源的武器裝備數量來決定戰略的選項，可能會採取「建軍備戰，擴張武力」的戰略，來處理面臨的威脅。如果戰略是「理念本體」，國家可能會針對威脅來源的「敵意」高低進行分析，以評估對方武器裝備的威脅。亦可能會考慮採用「軟實力」的戰略，來企圖影響對方、爭取認同，以降低可能面臨的威脅。但如此的分析雖然可以助於理解「戰略研究」有自己的「本體」，但還是很難說服批評者對於戰略研究是否為一個獨立學科的質疑。因此，如果以「相對主義」的角度來分析，戰略研究的本體就必須要透過相對於其他學科的比對來獲得。例如，以與戰略研究領域相近的國際關係、安全研究來進行比對，或許可以相對的看出戰略研究的是否為獨立學科的端倪。

---

[21] 秦亞青，〈國際政治的社會建構－溫特及其建構主義國際政治理論〉，《美歐季刊》，第15卷，第2期（2001年夏季號），頁249。

四、國際關係、安全研究與戰略研究三者相同嗎?

透過本體論要處理戰略研究的第二個問題是，戰略研究與國際關係、安全研究三者是否有所不同。傳統語言哲學理論主張「專名」（proper name，專有名稱，例如一個人的名字）有指稱(reference)和意涵(sense)兩個部分。一個專名指稱一個特別的對象(individual object)，擁有一個客觀抽象的意涵，而且其指稱的對象乃是由意涵所決定的。[22]就這個理論來看，「戰略研究」與「國際關係」、「安全研究」若是一個具有指稱對象的「專名」，所指稱的東西應該各自不同，且應各自擁有自己的意涵。在概念形成的過程中，命名是很重要的步驟。因為以精確的命名來稱呼一樣東西，是理解(understanding)的開端，它是允許心智掌握現實及其他關係之程序的關鍵。但命名並不容易，基本上語言是透過「共識」而產生的，但這些共識有時可能無法很精確。[23]

但要實際上區別戰略研究與國際關係，安全研究三個學科的不同，是相當困難的。因為長久以來許多學者的「共識」就相當的混淆。東華大學教授施正鋒指出，就傳統的學術領域的劃分，「戰略研究」可以說就是「安全研究」的一環。而安全研究應該算是「國際關係」範疇的一部分。至於國際關係大體上屬於政治學這個「學門」。[24]可見從政治學者的觀點而言，戰略不過是國際關係之下的一個從屬學科。此外，施正鋒教授亦指出在過去我們把安全=國防=軍力，那麼戰略研究幾乎就是等於安全研究。[25]而學者趙明義指出，有人認為安全研究等同於「戰爭研究」或是「戰略研究」，又與「和平研究」有部分相同，如此眾說紛紜，莫

---

[22] 陳瑞麟，《科學哲學：理論與歷史》，(台北：群學出版社，2010 年)，頁 253。

[23] Kenneth Hoover，Todd Donoven，張家麟譯，《社會科學方法論的思維》，(台北：韋伯出版社，2006 年)，頁 19-20。

[24] 施正鋒，〈戰略研究的過去與現在〉，《台灣涉外關係》，(台北：翰蘆圖書，2011)，頁 7-8。

[25] 同上註，頁 8。

衷一是。[26]難怪哈福特東(Helga Hafterndorn)將安全研究比喻為「各自表述的猜謎活動」。[27]從以上所例舉的國內外學者的看法可知，就算我們認知「戰略研究」與「國際關係」、「安全研究」是一個具有指稱對象的「專名」，但由於內涵的擴展，逐漸使三者之間的界線趨於模糊，而令人感到迷惑。但作為一名戰略研究者，實有必要將「戰略研究」與其它二者之間的區別說明清楚，否則戰略研究的能量終將會被稀釋，甚至是消失。

基於這個想法，本文嘗試從本體論的分析，說明「戰略研究」與「國際關係」、「安全研究」三者在本質上的差異。本體論在於研究「存在事物」的基本種類。在科學哲學中，理論本體論也就是理論承認存在的事物種類。因此牛頓力學承認質量的存在，以作為事務的內在性質。愛因斯坦的力學則承認質量為事物的相關性質及它們的參考架構。[28]前述「戰略研究」與「國際關係」、「安全研究」若是一個具有指稱對象的「專名」，就應各自擁有自己的意涵，也應該有自己的內在性質。基此，我們從三者的內在性質進行描述，以理解三者之間是否有不同之處。

首先我們探究「國際關係」的內容為何。「國際關係」顧名思義是研究國與國之間關係的學科。牛津出版的政治學辭典，將國際關係界定為：「研究國家間的互動，及更廣泛意義的國際體系(international system)的運作之學科。」並進一步指出國際關係是多元學科(multidisciplinany field)整合的領域，包括了國際事務的歷史、政治學、經濟學、社會學、法律學等知識。[29]從結構層面上理解，在國與國關係的不同層面上分佈

---

[26] 趙明義，《當代國家安全法制探討》，(台北：黎明文化出版社，2005 年)，頁 32。

[27] Helga Haftendorn,"The Security Puzzle: Theory-Building and Discipline-Building in International Security",International Studies Quarterly,Vol. 35, No. 1 (Mar., 1991), pp. 3-17

[28] Alex Rosenberg，歐陽敏譯，《科學哲學的論證》，(台北：韋伯文化，2009 年)，頁 223。

[29] 彭懷恩主編，《國際關係辭典》，(台北：風雲論壇，2010 年)，頁 165。

了諸多問題，但它們都是在國與國之間關係的架構之上存在的，因此也屬於國際關係研究的範疇。[30]從研究主題區分，國際關係的研究課題可區分為幾個部分，包括國際關係理論、國際體系、區域研究、國際組織、國際安全、國際經濟等範圍。在楊永明所著「國際關係」一書中，第一篇探討國際社會與國際體系，第二篇包含國際政治與國際安全、第三篇探討國際經濟與國際環境、第四篇探討國際秩序與國際治理。在張亞中主編的「國際關係總論」一書之中，第一章探討國際關係的發展。第二章探討現實主義。第三章為新自由主義。社會建構主義及英國學派，第四章為國際關係理論中的後實證主義學派。第五章探討分析層次與國際體系。第六章為外交與決策分析。第七章探討民族主義與恐怖主義。第八章探討軍備競賽與武器管制，第九章探討國際法與國際組織。第十章探討國際政治經濟學理論。第十一章探討國際貿易與金融。第十二章探討全球化的爭辯。第十三章探討全球不平等發展。第十五章探討科技與國際關係。第十六章探討國際傳播與過際關係。第十七章探討國際環境政治。由這二本國內有關國際關係的教科書，可知道國際關係研究學者對於國際關係的主要研究範圍的認知，在於探討國際間的政治與經濟、安全及相關的理論。學科的核心概念應該是探討「權力」與「結構」的之間的關係，較少涉及如何運用權力達成政策目標的戰略問題。

其次針對「安全研究」的概念進行探討。「安全研究」的概念，依Buzan的說法，安全是「面對威脅而能生存的能力」，也就說安全研究應是指「發掘威脅來源，尋求因應之道」的研究。[31]國內部分學者認為安全研究與戰略研究部分重疊。施正鋒教授指出在過去我們把安全=國防=

---

[30] 劉靖華，〈國際關係研究需要政治哲學基礎〉，《中國社會科學網》，2011年5月13日，網址 http://www.cssn.cn/news/160689.htm

[31] 施正鋒，〈戰略研究的過去與現在〉，《台灣國際研究季刊》，第6卷、第3期（2010/秋季號），頁35-36。

軍力，那麼戰略研究幾乎就是等於安全研究。[32]學者趙明義則指出，安全研究是一個多學科的研究，它與戰爭研究、戰略研究、和平研究重疊之處甚多，很難定出一個兼容各方的定義。因此他將安全研究定義為：「國家尋求生存發展的策略與途徑之探討，其最大目的在排除或撫平非安全因素之困擾」。[33]彭懷恩主編的《國際關係辭典》中，將安全研究定義為「國際關係的次領域，專注於澄清『安全』的概念，對外政策的執行以及在世界政治中對結構與過程的後果。在冷戰期間，安全言就屬於軍事安全議題，具有強烈的政策導向，並與戰略研究有重疊；直到後冷戰時期，政治經濟以及環境領域的改變，擴充了傳統主義學者對於安全研究的議題，而認為其是『高層政治』向『低層政治』的轉向，也因此安全研究成為國際關係異軍突起的領域。」施正鋒亦指出，近年來安全的概念化逐漸擴充，不斷的「廣化」、以及「深化」。所謂廣化，是指對於安全造成威脅的來源，已經由傳統所關注的軍事／政治議題，慢慢擴及經濟、環境、甚至於社會／認同等非軍事議題。至於所謂的深化，是指威脅的對象、或是安全的主體，已經由傳統所唯一關心的國家，往上擴及整個國際體系，同時又往下推及個人。換句話說，我們不僅要關照「國家安全」，還要思考「國際安全」(international security)可能帶來的影響，甚至於更要關心「人的安全」(human security)。[34]由此可推論，安全研究的核心概念是「威脅」與「生存」的相互作用，而且範圍已超出了軍事武力可以處理的議題。

最後再對「戰略研究」的概念進行理解。簡單的說，「戰略研究」是針對「戰略」的研究，首先必須要理解「戰略」是什麼？才能理解戰略研究的範圍是什麼。1958 年倫敦「國際戰略研究所」(International

---

[32] 施正鋒，〈戰略研究的過去與現在〉，《台灣涉外關係》，頁 8。

[33] 趙明義，《當代國家安全法制探討》，頁 32。

[34] 施正鋒，〈戰略研究的過去與現在〉，《台灣國際研究季刊》，頁 35。

Institute for Strategic Studies, IISS)的定義：「戰略研究是對於在衝突狀況下如何運用武力之分析」。[35]鈕先鍾對於戰略研究的定義則是「對於在國際事務中如何使用權力的分析」，[36]這二個對於戰略研究定義的重點在於「使用權力（或武力)」的分析。也就是說，無論對於「戰略」的傳統定義是認為是研究如何運用軍事武力的方法，或是擴及到政、經、軍、心的總體戰略，應該都是指稱研究如何運用軍事權力以達成國家政治目標的方法。這裡所指的運用軍事權力不一定是發動戰爭，也可以用來嚇阻，或是做為國家軟實力的工具。Richard K. Betts強調戰略研究是軍事武力與文人政府間的關鍵樞紐，不僅掌控著武力的使用，也影響政治目的的達成。[37]戰略研究雖然旁涉許多議題，如經濟、社會、政治、文化等，但都不應該使戰略研究逸出以探討武力與政治目的為焦點，更不能期待戰略研究者有效解釋與處理此一議題之外的其它安全問題。[38]此處探討的戰略並非是純軍事領域的軍事戰略、野戰戰略，因為那是軍人必須要理解如何在一個戰場上獲得勝利的知識與計畫。我們要探討的是國家層次的戰略，也就是國家求生存與安全的智慧。

我們可藉由鈕先鍾老師所著「國家戰略論叢」一書來一窺戰略研究的內容倒底是什麼。紐老師書中收錄了廿八篇論文，其內容都與國家戰略有關的，有些以理論分析為目的，有些從戰略觀點來檢討實際問題，尤其以歷史為對象。[39]其中包括了戰略思想的探討，在理論方面包含核子戰略、嚇阻理論、地緣戰略、等。在戰史研究方面包括了波蘭問題、英國戰略、二次大戰以及中國的古代戰史等。戰略家的研究包含克勞賽

---

[35] 陳偉華，〈戰略研究的批判與反思：典範的困境〉，頁 9。

[36] 鈕先鍾，〈論戰略研究及其取向〉，《國家戰略論叢》，頁 35。

[37] Richard K. Betts, Ibid , p.5

[38] 陳偉華，〈戰略研究的批判與反思：典範的困境〉，頁 39。

[39] 鈕先鍾，《國家戰略論叢》，序文。

維茨、麥金德、史匹克曼等人的戰略思想，由此可約略理出戰略研究的主題與內容，明顯的與安全研究與國際關係的研究內容並不一致。

論述至此，已可知戰略研究與國際關係、安全研究的本質並不相同，三個名詞所指涉的範圍是不一樣的。簡單的說，國際關係是研究國與國之間、國際體系與國家之間關係的學科，處理的是國與國之間以及國際體系與國家之間發生的問題；安全研究是研究國家以及人類安全威脅的來源與如何因應的問題；而戰略研究是則是分析國家面對軍事威脅應採取何種回應，以及如何運用國家權力達成國家政治目標的問題。戰略研究與國際關係、安全研究的研究議題內容涵蓋面可能有部分重疊，但本質與重點可能不盡相同，因此有各自的名稱、各自的定義，也就是說，三者有各自的本體。雖然Betts與Buzan都認為戰略研究應與安全研究不可分，或是認為戰略研究是國際關係的分支。但Rober Ayson在「戰略研究」(Strategic Studies)一文中，指出必須將「戰略研究」與「國際關係」分隔開來。因為戰略研究聚焦於國家及其他行為者如何回應國際安全問題。Ayson指出如果安全是一種「情況」(Condition)，戰略則是一種反應(Reaction)。[40]也就是說，戰略研究雖與國際關係、安全研究有相互重疊的部份，但國際關係與安全研究著重找出問題，而戰略研究著重於如何行動；國際關係與安全研究著重的是體系結構的問題，戰略研究更著重於如何擴大行為者的行動自由(或是能動者的能動性)。只要能夠清楚這點差異，戰略研究就不會有Booth與Buzan指稱的已面臨「熄火打烊」的困境。因為戰略研究社群的研究人員，可以專注於本身喜歡的戰略議題進行研究，並且提供具體的行動方案建議，而不必苦腦於到底研究的議題會不會落伍。研究的本體不一樣，研究的重點也就不一樣，沒有必要因為其他學科的批判而苦惱。

[40] Robert Ayson, “Strategic Studies,”in Christian Reus-Smit ed., The Oxford Handbook of International Relations (Oxford: Oxford University Press, 2008), pp. 571-572.

五、戰略是藝術還是科學？

戰略研究另一個定位的問題是，戰略倒底是科學還是藝術？是歷史研究還是未來研究？還是以上皆是？這涉及的問題是認識論與方法論的問題。鈕先鍾老師指出，「戰略已不再是職業軍人所能壟斷，而研究戰略也必須要重視方法學，此種戰略學術化的發展已承時代的潮流，但國人對此還相當的缺乏認知」。[41]透過方法論的探討，或許可以釐清戰略倒底是藝術還是科學的問題。

鈕先鍾老師曾指出戰略研究的四種境界分別是歷史境界、科學境界、藝術境界、哲學境界。這四種境界是一種系統的概念，也就是方法論的問題。紐老師指出這四種境界之間有著維妙的關係，並且共同組成一個整體。[42]就以語意來分析，以「境界」來指稱「歷史」、「科學」、「藝術」、「哲學」這四種概念，似乎意旨在戰略研究中這四種概念有前後排序的關係。紐老師在文章內的排序，似乎意指戰略研究最初處於「歷史境界」，然後是「科學境界」，進而發展至「藝術境界」、最後達到「哲學境界」。事實上，紐老師亦清楚指出這種排序關係，他指出「戰略研究的第一種境界是歷史境界。戰略研究必須要從研究歷史入門」。[43]「戰略研究不能僅限於歷史境界。假使如此，則將只有戰史而無戰略。所以必須要進入第二種境界。即科學境界」[44]「戰略研究，除了歷史以外，還有第三種境界，那就是藝術境界」。[45]「我們可以瞭解戰略學家最後要達到的是超凡入聖，學究天人的境界，這是哲學的境界，也是靈感的境界」。[46]也就

---

[41] 鈕先鍾，《戰略研究與戰略思想》，(台北：軍事譯粹出版社，1988 年)，自序。

[42] 同上註，頁 1-2。

[43] 鈕先鍾，〈論戰略研究的四個境界〉，《戰略研究與戰略思想》，(台北：軍事譯粹出版社，1988 年)頁 2-6。

[44] 同上註，頁 11。

[45] 同上註，頁 16。

[46] 同上註，頁 19。

是說，在鈕老師的認知中，戰略研究是分成四種高低層次，在最低的「歷史境界」中要能夠「通古今之變」，在「科學境界」要能夠達到「識事理之常」，在「藝術境界」要能夠「探無形之秘」、最後達到最高的「哲學境界」要能夠究「天人之際」，也就是要達到「爐火純青」。這四個境界似乎是要成為一位戰略家必須要經歷的過程，或至少是身為一位戰略研究者必須要自我期許的目標。

但若從科學哲學的角度進行分析，戰略研究或許該以哲學起點，以歷史研究為知識背景，運用科學的研究態度，來使戰略研究更加得令人信服。戰略研究與歷史研究的關聯性是不容否認的，但現代的社會科學研究中，質化的歷史研究途徑也是科學方法的一種，因此歷史研究與科學方法似乎不必然是兩個境界，而是一貫之的科學態度。戰略研究適不適用科學的方法，早在克勞賽維茨時代就已經開始進行爭辯。畢竟戰爭的變數太大，很難用某一個「理論」來解釋、預測與控制。但是在科學哲學的爭辯之下，社會科學界所謂的科學方法已經不是只限定於邏輯實證論、邏輯經驗論等這些經驗主義下的方法，而是有更多的方法可以提供研究者學習與運用。如果同意「戰略」的知識是一種社會建構的結果，可以採用建構主義的途徑進行研究。如果不相信實證主義的可驗證性是獲得真實的方法，可以用否證的方法來找出戰略的理論的問題加以批判，或是用科學實存論來支撐「戰略文化」是一種存有物。或是不願意接受實證主義的觀點，而用後現代的觀點來打破戰略研究的界限，激發更多的想像，為戰略研究找到新的方向。這些都是「科學方法」，只要能夠讓人信服。套句費耶阿本(Pual Feyerabend)的話：「甚麼都行」。[47]

但必須要理解「科學方法」並不能保證戰爭的勝敗，只是希望能夠透過合理的思維程序，建立戰略的規範與戰爭勝負的法則，為有興趣投身戰略研究的學者指出一些思考的方向，不必只憑天馬行空的想像來研

[47] 陳瑞麟，《科學哲學：理論與歷史》，頁 197。

究「戰略」的議題。也為實際負責制定戰略的人員，不論是軍人或是文人，在制定戰略計劃時有所遵循。畢竟天才太少，而需要學習的人太多。但誠如鈕先鍾老師所言，戰略是一種藝術，那代表的意思並非戰略不能是科學，而是指出戰略在實際運用時面臨太多的不確定性，無法用單純的法則來告訴軍人或政治家如何打勝戰。如同蒙布里亞爾所說：「戰略是有目的、主動、困難的人類行動的科學或是藝術」，如果強調戰略的知識性與方法，則是科學。如果突出經驗時，則是藝術。[48]因此戰略研究者必須將戰略研究所獲得的知識融會貫通，「通古今之變」的因時、因地制宜，以一種藝術家的「創新思維」，去處理面臨的戰略問題，才能將致勝的可能性提高。進一步而言，「戰略」的研究若依照社會科學的標準來進行研究以獲得知識，我們可以說他是科學的，而「戰略」有時是「天意的火花」，可能是戰略家的瞬間決策，只可意會難以言傳，所以可以是藝術。因此，我們或許可以認為「戰略研究」是科學的，而「戰略」本身卻是一種藝術，其中的差野端賴戰略研究者的領悟了。

六、學科的分流與聚合

雖然經過分析，筆者認為戰略研究與國際關係、安全研究的本質並不完全一致，各有各的研究領域，也有不同的研究議程與重點。但三者之間除了研究議題的重疊之外，學科之間的知識其實是可以相互滲透的。特別是在面臨複雜的國際政治環境下，任何國家的戰略計劃都必須要考量國際環境與國家安全之間的關係。國際關係與安全研究的知識背景，是戰略研究者必須要具備的能力條件，否則戰略研究就會有「閉門造車」的問題。因為在面對複雜的國際環境下的國家安全問題，要研究國家的戰略方針，必須要進行跨學科的研究獲取相關的知識，來做為決策的參考。

[48] Thierry de Montbrial, 莊晨燕譯，《行動與世界體系》，頁 129。

必須指出，戰略研究雖然是跨學科的研究，但是與國際關係、安全研究關注的焦點不盡相同。不能因為三者有部分的重疊，就認為可合而為一。鈕先鍾老師在「論戰略研究及其取向」一文中指出，「有人認為戰略研究與外交政策和國際關係是不能分開的，也就無須獨立。這種想法乃是似是而非的，誠然其間的區分並非絕對明顯，但因為主題雖可能相同，但研究的重點並不相同，所以仍有獨立的必要」，[49]提醒著我們，戰略研究乃是一門獨立的學科，有著自己關注的焦點，不必然是國際關係與安全研究的次領域或副學科。Ayson亦指出戰略研究與安全研究有時像硬幣一樣是一體的兩面，二者有共同的背景，但有各自的議程設定，而戰略研究的一切理論都是為了行動，[50]也說明了戰略研究與安全研究之間的差異。

戰略研究與國際關係、安全研究既然是三個不同的學科，自然會有不同的視角。例如針對台灣如何因應近期的南海爭端的議題之中，安全研究、國際關係、戰略研究學者站在不同的觀察位置可能就會有不同的視角。安全研究學者可能從國家安全的角度分析中、菲在南海的爭端對於台灣安全的影響，國際關係學者可能從台灣與美、中關係的角度分析對中、菲在南海的爭端對美中台三邊關係的影響，而戰略研究學者則可能從戰略的角度分析台灣因應南海變局應採取何種戰略、該如何行動，三者關注重點有所區分。那麼，安全研究、國際關係、戰略研究三者之間是否存在著聯繫？在南海議題之中，安全研究學者的結論與國際關係學者的結論，可能是戰略研究者的指引，二者在戰略研究的目標與環境給予戰略研究具體的方向，讓戰略研究者提出的戰略行動方案不至於偏離國際現實與國家生存的實際情況。但是戰略學者必須從戰略的角度出

---

[49] 鈕先鍾，〈論戰略研究及其取向〉，《國家戰略論叢》，頁 40。

[50] Robert Ayson, Ibid, p. 572.

發，在國際環境與國家生存的結構制約之下，檢討國家權力的能動性，爭取最大的行動自由，並提出具體可行的行動方案。

因此可見，戰略研究與國際關係、安全研究之間，仍有著相同的主題與背景，三者之間確實是存在著重疊性與聯繫性，似乎也沒有必要一刀兩段或是撇清關係。但這仍然無法否認戰略研究的獨立存在的事實。只要戰略研究學者清楚自己的定位，就不必擔心學科的研究議題重疊造成的混淆，反而應借用其他領域的知識，不僅限於國際關係與安全研究，還應包含所有可以運用的知識，例如航太科技與資訊科技的知識，來充實研究的內涵，才能夠因應時代的潮流。這不是戰略研究的外延與研究內容的擴張，而是以更嚴謹的學術態度、更豐富的知識來進行研究，提升其他學科對於戰略研究的信度與效度。

七、結論

本文主要論述重點在於探究戰略理論的定位，並與國際關係、安全研究進行比較，以理解三者之間的關聯性與差異性。現今如許多的論述都認為戰略研究是國際關係或是安全研究的分支。但就歷史起源而言，戰略研究雖在二次大戰後才開始學術化，但古典戰略卻遠在希臘時期即我國的戰國時代就已存在。國際關係從政治學分出來要到第一次大戰後才逐漸明確，而安全研究晚至二戰結束後才開始發展，當代的安全研究議題的延展，甚至於要到冷戰結束後才逐漸受到重視，三者有各自的發展背景。此外就研究內容而言，三者面對同一問題，卻有不同的面向。國際關係重理論分析，安全研究重發現危機，戰略研究重如何行動，三者亦有明顯不同之處。但三者之間卻仍可以相互的補充，從思想到行動發揮總體的功能，來周延應對國家安全的議題。

實際上，安全研究與戰略研究的差別在於一個是要找出原因，一個要研究如何應對。Ayson強調一切的戰略理論都是為了行動，也就是戰略理論或是研究如果不實用，就什麼都不是了。[51]這說明了戰略研究者必須是「實用主義者」，因為戰略研究的結果必須要是可以運用的知識，也就是鈕先鍾老師所說的戰略必須是「行動的指導」。沒有行動，又何必需要戰略。鈕老師在三強調「戰略主旨在行動，無行動即無戰略。戰略家不是為思想而思想，一切的思考和研究都是為了行動。」[52]也就是說，戰略研究自開始就不是為了學術而學術，戰略研究的結果必須要能夠提出計畫，並且是可以做為具體行動的指導。否則研究結果就如同一堆廢紙一樣，發揮不了實際的效用。在「核子嚇阻」的理論被質疑後，戰略研究似乎陷入了困境，其原因也就是無法在面對當今的問題時—諸如恐怖主義、種族衝突、小型戰爭，可以提出一個具體可行的理論來應對，使學科的生存受到挑戰。到底戰略研究有沒有必要繼續存在？還是與國際關係與安全研究進行整合，來避免被邊緣化的困境，是戰略研究社群所必須要思考的關鍵。筆者認為，只要戰略研究學者能夠反思自己的研究方向、研究成果是否具有實用性，或許可以擺脫此一困境。

此外，筆者認為「戰略研究」並非只是對於某項「策略」的研究，諸如國家發展戰略、經濟發展戰略、文創發展戰略，這些研究的社群與「戰略研究」的社群其實並不相同。「戰略研究」有其嚴肅性，應該是針對與國家權力運用、分配有關的思想、計畫、行動進行研究，或是針對國家提出的戰略進行研究，期能透過戰略研究的過程，對於現行戰略進行「診斷」，[53]然後提出具體的戰略行動方案之建議，提供決策者參考。

---

[51] Robert Ayson, Ibid.

[52] 鈕先鍾，〈論戰略家的思想取向〉，《戰略研究與戰略思想》，(台北，軍事譯粹社，1988年)，頁 45-47。

[53] 「戰略診斷」是薄富爾在「行動戰略」一書中的重點，薄富爾喜歡運用醫療來比喻戰略，他認為總體戰略的行動，必須要依靠政治及戰略的診斷，取得最佳的判斷，完成行動的計畫並對行動進行指導，才能夠達成總體戰略的目標。也就是說，間接戰略與直接戰略是依據力量與情勢的評估，依據政治診斷結果，擬定的政策目標，指導戰略的擬定，而決定採取何種「直接戰略」或是「間接戰略」的行動來成政策的目標。筆者認為「戰略診斷」也就是類似「情報判斷」、「作戰判斷」一樣，是一種思維程序，

「戰略研究」是一種總體性的思維，也通常包含軍事權力的運用，研究者必須要對於國家武力的發展與現況有所瞭解，才能提供至當的建議，這或許是「戰略研究」社群與其他涉及到國家權力運用的研究社群最大的差別。必須要指出，「戰略研究」(strategy study)決不是「研究的戰略」(study strategy)，那是指對於某項研究或學習所選擇的策略與方法，這是常常對於「戰略」一詞誤用的原因。陳文政老師曾對於本所研討會的副標題「人生即戰略、戰略即人生」提出質疑，即在於感嘆許多人對於「戰略」一詞的誤用。

在戰略研究被 Booth 與 Buzan 質疑「舊典範已過時，而新典範仍未產生」之時，戰略研究學者必須要重新思考戰略研究的議題，來延續研究的能量。在戰略研究的實用性上琢磨，嘗試提出具體的行動方案來提供決策者參考。戰略研究學者不論未來是要繼續在當代的戰略理論諸如嚇阻理論、博奕理論上面進行研究；還是要針對美軍當代的「空海一體戰」、「重返亞洲」的戰略進行戰略研析；亦或是要針對國家安全形勢進行研析，提出至當的戰略計畫；抑或是要回歸傳統戰略理論的研究諸如「戰爭論」、「孫子兵法」等，重新領略古典戰略理論裡面的知識與智慧；或是將經濟學的知識運用於國家權力的探討，研究國家發動金融戰爭、貨幣戰爭這種「間接戰略」的可能性與威脅；或是要向當代的戰略大師薄富爾學習「行動戰略」，研究如何進行「戰略診斷」，理解國家政策目標與戰略之間的關係，以及行動戰略如何指導戰略行動……都沒有關係。再重複一次費耶阿本的話：「甚麼都行」。只要戰略研究學者清楚知道自己的位置，理解自己研究的「戰略」是什麼，朝向提出具體行動方案努力，或許在全心投入研究後就會有新的發現。當然，這也需要戰略研究社群繼續的努力，當戰略研究成為一種「共識」時，或許就可以永續經營了。

用以得出至當的行動方案建議，提供決策者參考。

戰略研究的進步或退化：科學研究綱領分析途徑

蔡欣容 *
（淡江大學國際事務與戰略研究所博士生）

前言

戰略研究的發展由來已久，但戰略研究始終免不了為其他學門所攻訐，其問題在於戰略研究是否科學(science)？戰略理論是否具有可證性或預測性？且在時空環境的改變下，戰略研究是否還有發展性？戰略研究是否走到了盡頭。綜觀目前相關的戰略研究，殊少戰略研究學者從科學哲學(philosophy of science)的角度來解決上述戰略研究所面臨的問題，且戰略研究該如何透過科學方法來進行研究，本文試圖藉由拉卡托斯(Imre Lakatos,1922-1974)的科學研究綱領(scientific research programme)來評價(justification)戰略研究的發展，以拉卡托斯的科學研究綱領作為研究方法，並以克勞賽維茲(Carl Von Clausewize)的戰略思想作為研究綱領中不可駁斥的硬核並提出假定，利用混沌理論(Chaos Theory)、複雜(complexity)、效用循環(circular effects)、反事實歷史研究及能動者與結構的互動關係，作為研究綱領中的保護帶。透過這些輔助假設與理論的運用，將戰略研究引導到後實證主義的研究範疇，並透過實證主義與後實證主義間的辯論，了解戰略研究究竟是進步的還是退化的。

* 蔡欣容，現為淡江大學國際事務與戰略研究所博士生。

一、拉卡托斯的科學研究綱領方法論

拉卡托斯由於受到波柏(Karl popper)否證論的影響，成為批判理性主義者，批判邏輯實證主義，但他也不同意波柏的「樸素的否證論」(naive falsificationism)，[1]及其科學劃界標準，他認為樸素的否證論最大的錯誤在於，科學理論並不是一旦為經驗所否證，就立刻遭到拋棄，經驗的反駁並不能淘汰一個理論，他認為所有的理論都不是孤立存在的，且僅經一次性的決定性判決決斷理論恐會使得科學和理論在未開始發展時則夭折，因此拉卡托斯採用了「理論系列」(series of theories)，認為理論是一系列相互聯繫的，且具有嚴密內在結構的理論系統，藉由理論系列的概念，他提出了精緻否證論(Sophisticated falsificationism)[2]或稱為科學的研究綱領，主張以理論系列或科學研究綱領取代理論，若研究綱領可以產生新的發展，則產生「進步的問題轉移」(progressive problem shifts)；若研究綱領經過長期發展，卻沒有產生什麼結果，則產生了「退步的問題轉移」(degenerating problem shifts)，這時就必須放棄此一研究綱領尋求其他的研究綱領 。

科學研究綱領，主要的核心概念是「研究綱領」，他認為每個研究綱領由硬核(hard core, HC)、保護帶(protective belt)和誘導(heuristic)。

---

[1] 拉卡托斯不同意波柏和實證主義者所認為，數學和邏輯是具有不可錯之必然性。指出數學的產生是出於人們的社會實踐，數學既不是理性的，也不是經驗的，而是「擬經驗的」(qausi-empirical)理論—數學在本質上只是一種具有演繹結構的公理化系統，不能用經驗事實加以論證，數學公理只是一種約定或猜想，本身並不具有價值。

[2] 對於單純否證來說，只要能被解釋為實驗上可否證的，就是可接受的或科學的。對精緻否證主義者來說，一個理論只有當它確證其經驗內容已超過前者(或競爭者)時，亦即只有當它導致新事實發現時，才是可接受或科學的。此外，若要否證一門科學理論 T，則若且唯若另一門理論 T'具有以下特徵：(1)T'的經驗內容超過 T：它預言新事實，而這些新事實若以 T 觀點來看是不可能的，甚至是被禁止的；(2)T'解釋了 T 先前的成功之處，即 T 的所有未被反駁的內容都包含(在觀察誤差的允許範圍內)在 T'的內容裡；(3)某些 T'的超量內容被確證。

(一) 硬核：它是研究綱領的基礎理論，也是研究綱領中不可否證的部分，硬核定義了科學研究綱領，不受經驗檢驗的陳述和命題所形成的集合，是一組具有啟發力和形而上理論或假定，如果研究綱領的硬核受到反駁或否定，整個研究綱領就會遭到動搖或徹底否定。例如牛頓綱領中的三大定律和重力定律，應用該科學研究綱領的科學家不會質疑它的硬核，同時在設計實驗檢驗研究綱領時，也不會把目標對準硬核，硬核是研究綱領中不可駁斥的(irrefutable)部分。[3]

(二) 保護帶：根據前述所說，若否定或反駁了研究綱領的硬核，研究綱領的主體將受到挑戰，為此拉卡托斯提出了輔助假說(auxiliary hypotheses)的概念，觀察假說、初始條件等等構成了硬核的保護帶。在面對異例的挑戰時，科學家將否定後件式轉向這些輔助假說，不斷的調整保護帶甚至保護帶完全被替換，也就是說當舊的假說被駁斥後，以新的假說替代，但不會影響到硬核，若這一切導致了進步的問題轉換，則此研究綱領為成功的；若導致了退化的問題轉換，它就是失敗的。[4]

(三) 誘導：由於拉卡托斯利用了理論系列的進步與退步用以陳述、評價科學成長的問題，而科學成長中最重要的理論系列是透過把它們的成員聯繫起來的某種連續性(continuity)來表現其特徵，透過此種連續性，研究綱領就這樣一個一個開展開來。[5]研究綱領透過方法論

---

[3] Imre Lakatos,edited by John Worrall and Gregory Currie, *The methodology of scientific research programmes* (Cambridge: Cambridge University Press, 1978),p48-49.及陳瑞麟，《科學哲學：理論的歷史》(台北：群學出版社，2010 年)，頁 175-176。

[4] Imre Lakatos , The methodology of scientific research programmes, p48.

[5] 消極性的和積極性的誘導導致了一個「概念框架」的大致上的定義。認識到科學史是研究綱領的歷史，而不是理論的歷史就可以為科學史的概念框架或科學語言的歷史這種觀點作些辯解。轉引自 Imre Lakatos &Alan Musgrave 著、周寄中譯，《批判與知識的增長(Criticism and the Growth of Knowledge)》(台北：桂冠圖書出版股份有限公司，2001 年版) ，頁 238。

的規則，告訴研究者哪些是避免的研究途徑—消極性的誘導(negative heuristic)；而哪些又是應當遵循的研究途徑—積極的誘導(positive heuristic)。[6]

1.積極性的誘導: 指導綱領特定理論的產生，由一組或名或暗的提示或暗示組成；它們提示、暗示如何改變、發展該研究綱領的「可反駁的」種種變元(refutable variants)，如何修改、精煉「可反駁的」保護帶，[7] 值得注意的是，積極性誘導的前進幾乎是完全不顧及「反駁」的：其主要透過驗證(verifications)[8]而非反駁。[9]

2.消極性的誘導：其實所指的就是避免矛頭(modus tollen)指向理論核心（硬核），避免理論中不變的、牢固的知識受到直接挑戰。[10]

本文採取拉卡托斯的科學研究綱領作為評估戰略研究發展的進步或退化原因在於科學研究綱領說明了理論科學的相對自主性，相較於理性主義或者否證主義者，它給予理論更多的發展空間，不會因為一次性的決斷就否定了理論，給予理論發展、調整的空間，在有效的研究綱領中，研究者選擇哪些合理的問題，是決定於積極性誘導法，而非在心理上或技術上使人煩惱的異例，只有在退步的研究綱領中，研究者才需要將注意力在異例上，並且尋求新的研究綱領。

---

[6] Imre Lakatos &Alan Musgrave 著，《批判與知識的增長(Criticism and the Growth of Knowledge)》，頁 170。

[7] Imre Lakatos, The methodology of scientific research programmes, p50.and Imre Lakatos &Alan Musgrave 著，《批判與知識的增長(Criticism and the Growth of Knowledge)》，頁 173。

[8] 這裡驗證的概念是指：在擴張的研究綱領中，對於超餘內容進行佐證，而非對研究綱領進行驗證，其目的在顯示研究綱領的啟發性。

[9] Imre Lakatos, The methodology of scientific research programmes, p51.

[10] Imre Lakatos &Alan Musgrave 著，《批判與知識的增長(Criticism and the Growth of Knowledge)》，頁 171。

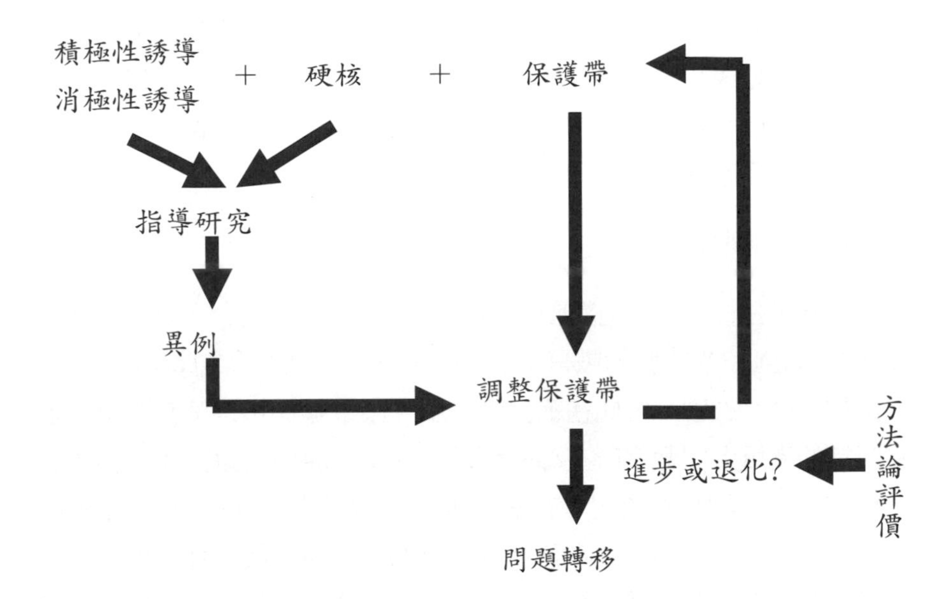

圖 1：科學研究綱領的要素、結構與運作流程

資料來源：陳瑞麟，《科學哲學：理論的歷史》(台北：群學出版社，2010 年)，頁 175。

二、戰略研究的科學研究綱領

(一)克勞賽維茲的研究綱領

克勞塞維茲(Carl Von Clausewize)可稱的上是西方戰略思想的第一人，他對戰略的嚴謹分析及戰略的理論化，無疑的影響了其後西方戰略研究的發展，[11]此外，隨著時空的發展，雖然當代產生了許多的新戰略

---

[11] Barry Buzan 認為克勞賽維茲無疑是 19 世紀以來影響軍事與戰爭研究的代表性人物，其思想開起了近代戰略研究之先河，詳參 Barry Buzan, *An Introduction to Strategic Studies: Military Technology and International Relations*(London: Macmillan ,1987), p.32；而 Gray 所著的 *Modern Strategy* 亦是以克勞賽維茲作為研究的起點，詳參 Colin S. Gray,

理論，但從事戰略研究者無不受到克勞賽維茲的影響，縱觀整個戰略研究的發展，在克勞賽維茲之後的戰略研究發展，若要對戰略研究進行分類，可說僅能分成克勞賽維茲派與非克勞賽維茲派。而本文將以拉卡托斯的科學研究綱領作為研究方法，並以克勞賽維茲的研究綱領作為評估對象，以了解戰略研究的進步或退化。

1．不可反駁的硬核

克勞賽維茲提出了「絕對戰爭」(absolute war) 的概念作為其發展戰略理論的出發點，在「絕對戰爭」中，戰爭是不受到政治或摩擦(friction)等因素的干擾、影響，因此在絕對戰爭中，因果關係可以清楚辨識，但這種純粹的邏輯上與數學所主導的領域中，戰爭原則得以適用，但事實上，根據克勞賽維茲的體認，在真實世界的戰爭中，「絕對戰爭」的型態幾乎不可能發生，必須考慮到真實世界的實際情況與條件，所以克勞賽維茲認為所謂的戰爭理論應該是：提出真實的戰爭是什麼，而不是戰爭的本質在理想上應該是什麼。[12]

而在真實的戰爭中，在克勞賽維茲的思想中，有四種因素會干擾「絕對戰爭」，分別是：(1)戰爭的非線性關係，微小的事件可能會帶來非意欲(unintended)的巨大後果；(2)對造的持續互動，在戰爭中，每一個己身的行動均會立即影響到對造的反應，每個行動與反應帶來情勢變動，而需要新的行動加以因應，以此循環下去；(3)軍事行動中的摩擦會帶來無

Modern Strategy (Oxford: Oxford University Press, 1999), p.16；Holsti 提出克勞賽維茲的戰爭思想已成為當代國際政治學者探討國家間戰爭問題時，不斷重述的概念理論，詳參 Kalev J. Holsti, *Peace and War: Armed Conflicts and International Order 1648-1989*(Cambridge: Cambridge University Press, 1991), p.13., Kalev J. Holsti, *The State, War, and the State of War*(Cambridge: Cambridge University Press, 1996), p.6-7.

12 Carl von Clausewitz, *On War*, Translated and edited by Michael Howard and Peter Paret (Princeton :Princeton University Press, 1976, reprinted 1984), p. 593. 轉引自陳文政，〈西方戰略研究的歷史途徑：演進、範圍與方法〉(桃園：元智大學第三屆國防通識教育學術研討會論文集，2009 年 5 月)，頁 91。

法加以衡量的效果；(4)心理作用。根據這些因素，使得真實戰爭的本質離「絕對戰爭」越來越遠，因果關係也就越來越模糊。[13]

透過上述對於克勞賽維茲戰略思想的認識後，在這個部份，本文將重新建構克勞賽維茲戰略理論的研究綱領，定義其硬核、保護帶、積極性與消極性誘導。

> 克勞賽維茲戰略理論中不可駁斥的硬核假定
> 根據克勞賽維茲的戰略理論，將此研究綱領不可反駁的硬核(HC)假定(assumption)如下：
> HC1：在真實世界中，絕對戰爭的不可能
> HC2：非線性、對造互動、摩擦與心理因素是真實戰爭中不可避免的影響因素
> HC3：戰爭中的偶然性與機會
> HC4：在真實世界中，不確定性(uncertainty)使得因果關係難以被衡量

在克勞賽維茲的研究綱領的假定中，最重要的莫過於是HC2、HC3、HC4 中非線性、對造互動、摩擦、機會及不確定性這些變因，這些因素不但是影響真實戰爭的重要變因，也是構成複雜體系的重要因素。

2．戰略研究所受的批判與挑戰

二次世界大戰後，戰略研究開始走入校園，成為大學學科，戰略研究是否是一門知識，又或者是否可成為一獨立學科及是否科學，均為批評者所質疑。所有學科均在意學科的科學性，是否可以透過科學的流程與步驟來確認變項間的因果關係(causal effects)，並且藉由信度(reliability)

---

[13] Hugh Smith, *On Clausewitz: A Study of Military and Political Ideas* (Hampshire：Palgrave, 2005), p.175 轉引自陳文政，〈西方戰略研究的歷史途徑：演進、範圍與方法〉，頁 91。

與效度(validity)來強化研究結果。[14]而在實證主義主導下的社會科學領域中，更是如此，追求嚴謹的因果關係，藉由操作變數與分析層次(level of analysis)，在封閉的環境中，觀察因果關係強弱，強調「簡潔度」(parsimony)，透過最少的獨立變項(independent variable)來解釋最多的依變項(dependent variable)，[15]因此，戰略研究在學科化的過程中，最受挑戰的部分莫過於可證性(testability)不足，無法透過科學檢定變項間的因果關係;另外，在實證主義的脈絡下，科學方法是追求真理的唯一途徑，[16]而理論系統的建立及通則化，亦為一門知識是否得以成為一學科的判準依據，根據Kegly的看法，認為理論應該具備四大功能：描述(describe)、解釋(explain)、預測(predict)、解決方案(prescribe)，[17]按此邏輯，具有預測能力是理論應具備的條件，但倘若理論無法提供預測，則理論的效用不大，戰略理論預測能力不足亦為戰略研究科學化及學科化過程中，所為人批評之處；此外，由於許多戰略研究學者，經常接受政府委託，提供政策建言，用以促成政府政策推行的合理性，但這不免為人所質疑，研究者在接受政府委託時，雖美其名為研究，但實際上早有結論，只不過是利用「科學」的方法來支撐其研究的客觀性與公正性，不免有倒果為因之嫌，[18]這樣的批評亦使戰略研究的學術價值受到挑戰。

---

[14] 信度主要顯示測量包含變動誤差程度；效度是關注研究者是否正確測量他們所欲測量的對象，信度與效度是兩項重要用來檢證、測量觀察對象的科學方法。

[15] John Lewis Graddis, The Landscape of History: How Historians Map and Past(Oxford: Oxford University Press, 2002, reprinted 2004), p.57.

[16] Roger Trigg, Understanding Social Science: A Philosophical Introduction to the Social Sciences (Oxford: Blackwell, 1985, reprinted 1997), p.3.

[17] Charles W. Kegley, "The Neoliberal Challenge to Realist Theory of World Politics: An Introduction", *Controversies in International Relations Theory: Realism and the Neo-Liberal Challenge*(New York: St. Martin's Press, 1995), pp.1-17 & Charles W. Kegley, "The Neoidealist Movement in International Studies? Realist Myths and the New International Realities" *International Studies Quarterly*, Vol.37(1993), pp.131-147.轉引自陳偉華，〈戰略研究的批判與反思：典範的困境〉,《東吳政治學報》, 第 27 卷第 4 期(2009 年)，頁 27-28。

[18] John Baylis et al., *Strategy in the Contemporary World: An Introduction to Strategic Stud-*

3．積極性誘導：保護帶的建立

由於戰略研究的理論特性使其在科學化及學科化的過程中，受到嚴重的批判，認為其不具備理論發展的特性，且被質疑戰略研究是否還有存在的必要性，為解決這些質疑與挑戰，以下將根據克勞賽維茲戰略理論所建立的硬核假定，推導克勞賽維茲研究綱領的輔助假說，並藉由這些輔助假說來理解，克勞賽維茲的研究綱領究竟是持續進步發展的研究綱領抑或是退化發展遲滯的研究綱領。

根據克勞賽維茲的研究綱領中的硬核，提出以下幾個輔助假說：

PH1：重新建構、認識、理解真實世界的模式，用以處理戰爭中的非線性、互動及摩擦

PH2：反事實歷史學的運用

PH3：新認識論的導入

PH1：重新建構、認識、理解真實世界的模式，用以處理戰爭中的非線性、互動及摩擦

(1)混沌(Chaos)與複雜(complexity)所構築的真實世界

科學界長期以來，一直認為真實世界是線性發展的，但大多數真實世界是在一種非線性的混沌系統中，各個變因間彼此不斷的相互影響，無法用數學的線性方程式來描述彼此間的關係，整個系統是處於一種混亂、變遷且又難以預測的狀態，不過雖然如此，雖然整個系統看似處於一種失序狀態，但這之中又隱藏著秩序。[19]在秩序與混沌間，存在著一種多變、有結構但難以預測的系統，學者將他稱之為複雜適應系統

---

ies(Oxford: Oxford University Press, 2002), p.9.

[19] James Gleick 著，林和譯，《混沌—不測風雲的背後》(台北：天下文化，1991 年)，頁 9。

(complex Adaptive System)。[20]經由適應過程，回應其接受到的新資訊，這通常是處於一種複雜的狀態，又可稱之為「混沌邊緣」(The edge of Chaos)，介於一種秩序與失序間的一種平衡，在這種狀態下，系統中的要素不會固定在同一個位置，也不會分崩離析，而是維持在一種平衡狀態下，系統不但可以穩定的運作，又富有創造力。

透過對於混沌理論、複雜甚或複雜適應系統可以發現，系統的複雜性並非單純透過線性方式就可以理解，因為系統中的因素是不斷的作用、互動，一直在改變，且單純由行為者個別的行動、作用是無法推衍出整個系統的全貌，必須藉由個體—個體、個體—環境、環境—個體三種模式的相互作用來理解整體。這樣的觀點無疑支撐了克勞賽維茲非線性的概念，亦說明「絕對戰爭」在真實世界的不可能，在絕對戰爭的中，戰爭是不受政治或摩擦等因素干擾，受純粹邏輯與數學概念所主導，可清楚辨識相互因果關係;反觀真實世界,是由混沌與複雜所構築出的體系，若試圖以這種純粹理論建構世界的真實樣貌,非但不精確的,也不可能；此外，按照實證主義的觀點，科學的方法是追求真理的唯一途徑，但即使利用再精緻的科學方法，面對體系的混沌與複雜，依舊無法消除真實世界與抽象世界間的差距，真實世界中的因果關係顯然比理論中的世界來的模糊。透過混沌理論與複雜概念的引入，無疑強化了克勞賽維茲對真實戰爭的想像，雖然克氏生處的年代，尚未有混沌或複雜的概念，但他的戰略理論卻已明確指出真實世界並非線性系統，而是一種複雜系統。

---

[20] 適應性個體在外在環境因素的限制之下，會因為 input 而做出最佳的行動反應，進一步適應環境並且加以演化，透過行為的調整，產生反饋且回應到環境本身，促使環境也跟著改變，循環形成一種 feedback loops，個體與環境共同演化(co-evolution)的現象。所以在複雜系統中需考慮個體—個體、個體—環境、環境—個體間的交互作用，這樣的複雜效果也非僅從加總個別的適應個體的反應、表現就可以了解整個系統的改變，這種以適應性個體為基礎，表現出高度非線性且無法事先預測的系統，即稱之為複雜適應系統。複雜適應系統是由聖塔菲研究院(Santa Fe Institute)裡的研究者(包含物理學家、數學家及經濟學家)所提出的。

(2)系統互動的效用

除了混沌理論與複雜這種新興科學的主張支撐了克氏的論點外，結構現實主義學者傑維斯(Robert Jervis)亦提出了類似的觀點，在他的著作*System Effects: complexity in political and social life*中，在系統的效用中提到行為者的互動，有時候其影響與效用是間接的、延遲的，且這種間接的、延遲的效用造成了因果關係的模糊；[21]此外對於系統的了解不能單就個別國家間的雙邊關係就企圖推衍(deductive)出整個體系的關係，因為國家在處理與他國間的事務是個別的、非全面性的，此外，互動行為產生的結果不盡然完全按照線性模式發生。[22]

傑維斯指出大多數人免不了預期一種「線性關係」，但實際上，系統中的變數是一種「非線性的作用」，其所造成的結果通常與線性下所預期的相去甚遠　；此外，他認為複雜的意義在於，當我們發現一個變因改變，但卻沒有造成結果的改變，這不意味此變因不重要，而是若要結果發生變化，恐需要兩個以上的變因發生變化。[23]

另外，關於「互動」，他提出了三種不同的互動：

a.互動的結果是無法從個別的行動中預測得出：

現代社會科學是建立在了解社會與政治結果上，而非僅是集合各種不同行為者偏好的結果，每一個互動都是建立在不同行為者的戰略選擇，因此結果也是相當迴異的。[24]

---

[21] Robert Jervis, *System Effects : complexity in the political and social life*(Princeton: Princeton University Press,1997),pp. 29-32.

[22] Robert Jervis, System Effects : complexity in the political and social life, pp. 32-34.

[23] Robert Jervis, System Effects : complexity in the political and social life, pp.34-39.

[24] Robert Jervis, System Effects : complexity in the political and social life, pp.39-44.

b.每一個行為者的戰略選擇是與其他行為者的戰略選擇相互依賴：

行為者的戰略選擇是否能有效處理對手的戰略問題，需端視對方是否願意跟進採取同樣的對抗模式，戰略互動意味互動雙方會考量彼此間可能會採取的行動，並且做出相應的判斷。[25]

c.行為將會改變環境：

行為者最初的行動與獲致的結果將會影響到往後的行動與結果，由於互動產生極大的影響，因此很難區分行動與環境間的關係，或討論其各別可能產生的作用。此外，當行為者透過他們的行動以回應新環境時，將會產生系統的效用循環(circular effects)，行動與環境間是呈現一個不斷作用循環的狀態。[26]

傑維斯認為在系統中，純粹結構、純粹行為者的行動或僅就單一變因的考量是無法全面了解系統的，因為系統的效用是由行為者—環境、環境—行為者相互作用而成的，這顯示出系統的複雜性，此外系統內的每個變因彼此間不斷互動，不可能僅有單一變因改變而其他因素固定不變，這種複雜的互動關係使得體系的發展是非線性的，因此要預期一個行動的結果，其結果恐與預期相去甚遠，但若結果與預期相符，只能說是運氣好罷了。藉由傑維斯對於系統效用的論述發現，實際上他的觀點支撐了克勞賽維茲非線性的論述，互動造成了不可預測性與非線性的結果。

根據前述內容可知，克勞賽維茲認識到在真實世界中，由於真實一直在變化中，所以線性化的理想是不可能的，在現實生活中是不可能的實現的，因此企圖藉由制式理論來預測也是不可能，理論一定要具有充

---

[25] Robert Jervis, System Effects : complexity in the political and social life, pp.44-48.

[26] Robert Jervis, System Effects : complexity in the political and social life, pp.48-60.

分的彈性與開放，必須把難以測量的事也考慮進去，而透過混沌理論、複雜適應系統、互動的反饋循環系統，正可說明、支持克勞賽維茲的思想，利用反饋循環機制，雖然無法預測行為互動後的結果為何，卻可以提供下一次行動啟發。對於克勞賽維茲來說，理論不是用來作為戰爭的運用法則；理論是歷史的補充，[27]因為在真實世界中，歷史所接觸的不是過去，而是現在，指揮官最需要從歷史中了解的是，他所運用的戰略的本質與限制在哪裡。[28]

圖 2：行為者與環境的效用循環

PH2：反事實歷史學的運用

反事實的研究為歷史研究的一種方法，為何將這一研究方法引入，做為克勞賽維茲研究綱領的保護帶，這就不得不提到戰略研究與史學之間的關係以及克勞賽維茲批判性分析所呈現的認識論，其顯然與史學有著相當緊密的關聯性。戰略研究源於史學，雖非嫡系所出，但仍具有深

---

[27] John Gooch, “Clio and Mars: The Use and Abuse of History” in Amos Perlmutter and John Gooch ed., Strategy and the Social Sciences: Issues in Defence Policy(London: F. Cass,1981),p.26.

[28] Hugh Smith, On Clausewitz: A Study of Military and Political Ideas,p.182.轉引自陳文政，〈西方戰略研究的歷史途徑：演進、範圍與方法〉，頁 92。

厚的血緣關係。[29]戰略研究的過去可稱為是一門運用史學的知識，此外，在西方史學的發展過程中，亦是先有歷史而後有戰史。

而西方歷史研究，到了 20 世紀出現了對傳統決定論觀點的挑戰，史學家費捨爾(H. A. L. Fisher)要求歷史學家，「承認偶然和不可預見的因素在人類命運的發展中所發揮的作用」，而柏里(John Bagnell Bury)在〈克麗奧佩特拉的鼻子〉中，他闡述了偶然與「機會」在歷史中的作用，根據他的定義，機會是「兩個或兩個以上獨立的原因鏈之間有價值的碰撞」，歷史事件可能是源自於一些偶然的事件。[30]而屈維廉(George Macaulay Trevelyan)在《謬斯女神克萊奧(Clio, a Muse)》中，更是拋棄了「人類事務中原因和結果的科學」，且認為透過因果關係所做出的歸納和猜測，無疑是「誤用了這類的物理科學」，[31]而所謂「科學方法的運用」，實際上則是一種簡化歷史事件的分析方法。

而克勞賽維茲透過批判性分析來建構對歷史的認識，批判性分析是從嚴謹的歷史研究中找出衡量事實以及追蹤其成因所帶來的效果，並調查、評估所有可能影響歷史的變因，最終目的在培養對歷史解讀的判斷力並觀察所有假說在真實世界裡的成效。[32]而所謂的批判性分析，是一種對於歷史解讀的嚴謹態度，藉由歷史研究所得出的一些可被驗證的命題，對歷史有所認識與了解。克勞賽維茲深知絕對戰爭無法反映真實戰爭，也無法適用於真實戰爭，絕對戰爭理論是用來理解戰爭、交戰行為與戰史，此外理論的目的本質在於分析而不是預測；教育勝過於指導與

---

[29] 陳文政，〈西方戰略研究的歷史途徑：演進、範圍與方法〉，頁 78-110。

[30] J. B. Bury, in H.W. V. Temperley ed., Selected Essays of J. B. Bury(London: Cambridge Press,1930), pp.60-69.

[31] G. M. Trevelyan, Clio, a Muse and Other Essays Literary and Pedestrian (London: Longmans, Green & Co, 1913).pp. 140-176.

[32] Peter Paret, " Clausewitz.", in Peter Paret ed., Makers of Modern Strategy: From Marchiveilli to the Nuclear Age (New Jersey: Princeton University Press, 1986), p.194.

訓誡，[33]且由於理論有其局限性，因此理論之於戰略的制訂者與執行者來說，其作用並非是指導而是提供啟發，並建立與強化戰略制定與執行者的實踐能力，讓他有能力得以面對真實戰爭的考驗。

透過反事實歷史學的研究發現，偶然與機會可能才是決定歷史事件發展的關鍵性因素，而現實生活中那些我們所深信不疑的因果關係恐怕只是事後諸葛(hindsight)的將在時間軸上前後發展的兩個事件聯結在一起，而誤信其存在因果關係，又，對於克勞賽維茲來說，理論對他的意義與實證主義所賦予理論的意義並不盡相同，理論旨在補充歷史且提供啟發，預測並不是他理論所欲發揮的功能，且根據反事實歷史研究來看，偶然與機會在歷史中的作用，使得發現真實的因果關係有其困難性，又若是依賴錯誤的因果關係進行歸納與預測，其所得的結果，非但無法提供正確的資訊，更甚至是可能誤導了戰略制定與執行者的行動判斷。

另外，值得一提的是，在利用歷史的過程中，尚需考量歷史的效用，歷史常面臨到的問題是，歷史經常是被篩選的、扭曲及經歷人為的(個人的偏好或者是贏家的歷史)，而不管推定何者是真實或者是推測什麼資料丟失了，也不過是利用演繹而來，[34]因此企圖以歷史案例來建立因果關係及科學性亦是危險的。

PH3：新認識論的導入

建構主義的導入—結構與能動者的關係

而過去戰略研究在認識論上受到實證主義的制約，因而在預測力或者是科學性上受到實證主義者的嚴重的攻擊與質疑，認為戰略理論不但不能提出預測也無法檢定，因而戰略研究的信度與效度是有問題的。但

---

[33] Smith, On Clausewitz, pp.180-182.

[34] Roger A. Beaumont, War, Chaos and History(Westport:Praeger,1994),Chap2.

若引入建構主義的概念，重點放置於結構與能動者間的關係，則在解釋上，會獲得與實證主義者不同的結果。

實證主義主張自然主義與科學一元論，認為社會科學與自然科學的科學研究方法是一樣的，相同的知識論與方法論都能運用在一切的研究領域，因為社會世界與自然世界並無差異，自然科學的科學方法也適用於社會科學，社會科學應以自然科學為模範而學習，因為自然科學的方法是較為科學的；其次，實證主義主張價值與事實分立，事實是理論中立的、客觀的，價值是個體表達主觀的慾望與需要，科學研究是價值中立的。在邏輯上。事實陳述與價值陳述是不相同的，事實前提是不可能推論出價值結果的，否則這就是推論者的價值判斷；第三，實證主義相信自然世界與社會世界存在著規律法則，科學研究即是在尋找這些規律法則，並將之通則化而演繹則適用於描述、解釋、預測與控制現象個案；第四，實證主義基於經驗主義，主張理論與證據之間應保持客觀立場，必須以經驗驗證或否證假設。[35]

實證主義強調藉由因果關係(causation)解釋或以科學分析國際現象，強調外部(outside)因果推論與確認行為者的行為規律；後實證主義[36]則是藉由組成關係(constitution)來理解或詮釋國際現象，焦點放置於行為者的內部心智與發現行為者行為的意義。[37]建構主義主張社會實體與國際

[35] Steve Smith, "Positivism and Beyond" in Steve Smith, Ken Booth and Marysia Zalewski, eds., *International Theory: Positivism and Beyond* (Cambridge: Cambridge University Press, 1996), p.17.轉引自莫大華，〈國際關係理論後設理論研究的反思〉(台北:2011 年中華民國國際關係學會第四屆學術研討會論文，2011 年 6 月 9 日)，頁 5-6。

[36] 後實證主義包括了批判理論、後現代主義(post-modernism)或後結構主義(post-structuralism)、建構主義與規範性理論(normative theory)，其共同之處在於否定實證主義主張外在、客觀社會實體的存在，也不相信存在客觀的真理(truth)。

[37] 莫大華，〈國際關係理論後設理論研究的反思〉，頁 4。

體系是透過社會建構(social construction)，是行為主體與外在結構相互建構(mutual constructed)而成，重視能動者(agency)與結構間的關係。[38]

如果沒有人類能動者持續的存在與適當的作為，事實將不復存在

~ André Kukla ~

根據Bhaskar與Giddens的看法，認為能動者與結構間是一種互動關係，「結構為行動背書，而行動時而強化，時而減耗給予行動權限的結構；結構使行動成為可能，而行動產製與再製結構。」[39] Bhaskar認為社會結構是社會互動的條件與結果，是各行為者彼此在互動時所憑藉的規則與資源(rules and resources)；[40]而Giddens的結構雙元性(duality of structure)則指社會結構不僅為人類能動性所建構，而且在同時也是此一建構的基本媒介，[41]對此Bhaskar也有相同的主張，他認為結構是無時不在的條件，是人類能動性對之不斷地再產製的結果，社會為個體再產製或轉型之結構、實際作用、習俗的集合，而且只有在個體行動才存在，社會不獨立存在於人類的行動之外，但也不是人類的產出。取得與維持因應特定社會系絡所認可的或再產製與(或)轉型社會所需之相關技巧、才能、習慣的過程，即為社會化。而再產製且（或）轉型社會—儘管常在不自覺的情況下達成—都是能動主體運用相當技巧所得的成果，而非僅是先例條件的機械式反應。[42]

---

[38] 莫大華，〈國際關係理論後設理論研究的反思〉，頁5。

[39] Brian Fay, *Contemporary Philosophy of Social Science: A multicultural approach*(Oxford: Blackwell Publishers: 1996), p.65 轉引自宋學文、陳文政著，〈能動者與結構:在本體論分析層次上的爭論〉，《問題與研究》，第51卷，第1期(2012年)，頁11。

[40] Roy Bhaskar, Reclaiming Reality: A Critical Introduction to Contemporary Philosophy(London: Verso, 1989), p.3.

[41] Anthony Giddens, New Rules of Sociological Method: A Position Critique of Interpretative Sociologies(London: Hutchinson, 1976), p.121. 轉引自宋學文、陳文政著，〈能動者與結構:在本體論分析層次上的爭論〉，頁11-12。

[42] Roy Bhaskar, The Possibility of Naturalism: A Philosophical Critique of the Contemporary

而根據 Bhaskar 與 Giddens 的觀點可知，他們認為結構與能動者是屬於不同類型的事物，結構與能動者的屬性並不相同，能動者與結構是互動的、相互依賴的、相互建構的，但兩者並不相同，他們同時存在於相同的時間點，且在過程中不斷的相互作用。

援引建構主義對於能動者與結構的互動關係解釋，不啻提供了戰略研究一種新的解釋方法，在克勞賽維茲的研究綱領中，論述了不確定因素的作用使預測與推論因果關係是困難的也是不可能的，但這樣的觀點，就實證主義的觀點來看是理論的成效有限，且也是不科學的，但隨著後實證主義的出現，建構主義引入了新的認識論，利用能動者與結構間的互動關係，使得戰略研究非但跳脫了過去實證主義所設下對於理論的侷限性，也有更為彈性的解釋方式（以克勞賽維茲的研究綱領來看，透過能動者/結構的說明，互動、非線性、摩擦等因素都得以此方法來理解），以此對照拉卡托斯科學研究綱領的主張，當一個研究綱領看似進入退化階段時，藉由積極性誘導中一個小小的革命或創造性的轉換，會再次推進研究綱領的前進。[43]

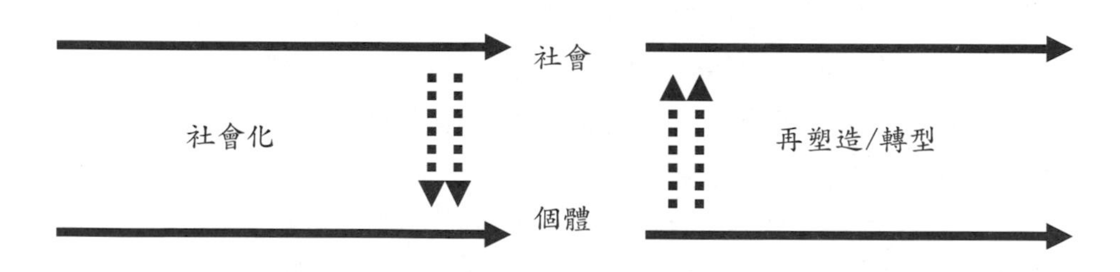

圖 3：能動者/結構模式

資料來源：Roy Bhaskar, The Possibility of Naturalism: A Philosophical Critique of the Contemporary Human Sciences(London: Routledge:1979, reprinted 1998),轉引自宋學文、陳文政著，〈能動者與結構:在本體論分析層次上的爭論〉，《問題與研究》，第 51 卷，第 1 期(2012 年)，頁 13。

Human Sciences(London: Routledge:1979, reprinted 1998),pp.34-37。

[43] Imre Lakatos, The methodology of scientific research programmes, p51.

拉卡托斯認為，我們應該根據問題轉移是進步或退步來進行研究綱領的評價，而所謂問題轉移發生在硬核和一連串輔助假說的調整，構成了一系列理論，而在研究綱領內的理論系列調整，其實是驗證(verify)研究綱領的硬核，而非否證先前的理論（只是否證先前的輔助假說），如果每個後繼理論比先前理論有更多的經驗內容（預測了某個新奇事實(novel fact)），則它構成了一個「理論進步的問題轉移」(theoretically progressive problem-shift)；如果後繼理論預測的新事實被認可，或者後繼理論能夠引導我們發現新事實，則這構成了「經驗進步的問題轉移」(empirically progressive problem-shift)，若研究綱領達成了理論和經驗進步的問題轉移，即是「進步的問題轉移」。[44]而透過混沌理論、複雜性、系統效用、反事實歷史研究、建構主義的引入做為克勞賽維茲研究綱領的保護帶，得以顯示出克勞賽維茲戰略研究綱領的進步性，不管在理論上或經驗上，均提供了與以往線性發展、因果決定論相異的新事實觀點：（一）利用混沌與複雜性來理解世界的樣貌，世界運作的方式十分複雜，並非以目前的科技技術及知識可以理解，若以線性發展簡化的看待它，既不真實也不科學；（二）發現因果決定論的困難與不可能，其中，機會與偶然常是影響事件作用的關鍵因素，且因果關係經常是被挑選後的結果：我們所看見的歷史，經常是被截選後的歷史；我們所以為的因果關係，經常是事後之明所串接的因果關係。因此，以因果關係來判斷理論的科學性也是有問題的；（三）傳統上採用實證主義的國際關係理論（如現實主義、新現實主義等），在理論的發展上，也未必能完全符合實證主義對於理論的要求，例如：具有完全的預測能力與解釋力，因為這些理論在討論變動的因素時，通常一次僅討論一種變因，與現實生活並不相符，在真實世界中，牽一髮而動全身，一個因素發生變動，其他系統內因子必定隨之變化，一個因素變化而要求其他因素固定不變這是不可能的，這是一個全面性的動態改變過程，而非局部性、單一的改變

[44] 陳瑞麟，《科學哲學：理論的歷史》，頁 178-179。

過程，而建構主義，透過結構與能動者間的互動關係，不但提供了一個全面認識整個體系運作的研究方法，亦說明了戰略研究是具有未來性、發展性的研究。

結論

本文試圖藉由拉卡托斯的研究綱領來評估戰略研究的發展究竟是進步的或退步的，並以克勞賽維茲的戰略理論作為研究綱領中不可駁斥的硬核並提出假說，利用混沌理論、複雜、效用循環、反事實歷史研究及能動者與結構的互動關係，作為研究綱領中的保護帶，透過積極性的誘導，強化、支撐此一研究綱領中的硬核。透過這些輔助假設與理論的運用，將戰略研究引導到後實證主義的研究範疇。由於現行主流理論多採實證主義，實證主義又多所強調理論的預測性與因果關係的解釋，倘若理論無法提供有效預測與可經檢定，則將被歸為理論效用不大或者是不科學的理論，而在克勞賽維茲的戰略理論中強調不可預測性與非線性，理論非但無法預測、因果關係更是模糊不可知，這樣的主張完全與實證主義所認定的有效理論相悖離，在理論無法預測、也無法描繪因果關係的情況下，戰略研究在這樣的環境下面臨了學科發展的困境。但藉由後實證主義相關理論的引入，開啟了戰略研究新的發展方向，超越了過去以往在實證主義下對於理論的迷思，文中建構起的保護帶無疑說明戰略研究的進步性與發展性，透過混沌理論、複雜、互動循環、建構主義等等，不但支撐了克勞賽維茲的戰略思想，也使我們得以運用更為多元、完整的方式，理解整個真實世界的運作。

「強幹弱枝」或「權力下放」？
比較臺灣與美國的國防與軍事領導指揮體制

劉永晟 *

（國立中正大學戰略暨國際事務研究所碩士生）

摘要

本篇研究主要在於比較近代數十年以來有關臺灣與美國在國防與軍事領導指揮體制變革的研究。臺灣與美國在近代為了因應國內外局勢與國防軍事戰略目標等的變遷，兩國都進行了重大的國防與軍事領導指揮體制的改革。其中臺灣最為重要的是在 2002 年所實施的「國防二法」，它奠定了臺灣現今的國防軍事體制，也就是朝向「強幹弱枝」的理論思維來發展，就有如中國北宋皇朝所實施的國防軍事體制；而美國則是在 1986 年的「高華德—尼可斯國防部重整法案」(Goldwater-Nichols Department of Defence Reorganization Act of 1986)之後，確立了日後美國的國防軍事體制，它有持續「權力下放」的發展趨勢。

本文將從臺灣與美國所實行的國防軍事戰略的目標，以及所進行的國防與軍事領導指揮體制的改革出發，來說明雙方改革前後的國防與軍事領導指揮體制的差異。其次，將藉由比較政治中「最具相似性的系統設計(Most Similar Systems Design)」來比較兩者的國防與軍事領導指揮體制的發展，以分析出兩者主要的差異因素，藉以分析臺灣與美國何以採取

---

* 劉永晟，現為國立中正大學戰略暨國際事務研究所碩士生。

不同的國防軍事領導指揮的體制。最後，將從「攻守勢現實主義」的理論概念來說明臺灣與美國的國防與軍事領導指揮體制的發展。

關鍵詞

國防二法、1986 年「高華德—尼可斯國防部重整法案」、強幹弱枝、權力下放、攻守勢戰略、攻守勢現實主義

壹、前言

在第二次世界大戰結束之後，參戰各國陸續的解除了戰爭時期的緊急狀態，全世界開始進入一個相對和平穩定的時期，雖然旋即國際社會陷入資本主義和共產主義相互競爭和軍備競賽的冷戰，且發生了代理人的戰爭，例如韓戰[1]與越戰[2]，但這些相對於大戰時期而言都可算是穩定了許多。到了 1990 年代隨著資訊、通訊與網際網路的技術開始發展，全世界逐漸邁入了全球化的時代，因而各個國家為了因應新的國際情勢到來，開始著手進行國內政治、經貿、社會、國防及軍事領導指揮體制等方面的變革，而臺灣與美國也不例外，陸續開始從事國內重大的國防與軍事領導指揮體制的改革。

臺灣的國防軍事領導指揮體制在 2002 年「國防二法」(即《國防法》與《國防部組織法》）公布實施之後，相較於以往的制度，更改為較趨近於「強幹弱枝」的原則，[3]軍事領導指揮體制朝向「中央集權」的方式，自三軍統帥（總統）下來，權力緊握在中央部門（國防部）的手上，參謀總長、各軍種司令官及地區（軍團）指揮官並沒有實質上的軍事指揮權限，一切需聽從文人國防部長的命令與安排，而依照國防二法的意涵

---

[1] 「韓戰」是於 1950 年 6 月 25 日至 1953 年 7 月 27 日發生在朝鮮半島的戰爭。兩方的參戰國為：以北韓、中共與蘇聯等共產主義的國家對上南韓及以美國為首的聯合國軍隊。資料來源：張戎、Jon Halliday，《毛澤東：鮮為人知的故事》（香港：開放出版社，2006 年），頁 310-329。

[2] 「越南戰爭」是於 1959 年至 1975 年發生於中南半島的戰爭。兩方的參戰國為：以北越、中共　與蘇聯等共產主義國家對上南越、美國、菲律賓、澳洲等反共產主義的國家。資料來源：〈越　南戰爭〉，《維基百科》，2010 年 12 月 7 日，http://zh.wikipedia.org/zh-tw/%E8%B6%8A%E5%8D%97%E6%88%98%E4%BA%89。

[3] 「強幹弱枝」一詞的涵義為：「強化根本主權（中央）的力量，削弱分支（地方）的勢力。」　是宋朝（北宋）太祖皇帝趙匡胤經「杯酒釋兵權」後的軍事制度，將全國各地的軍權收歸中央，避免軍人政變的情況再度發生，確實徹底改善自五代十國以來軍人跋扈專權的局　勢。資料來源：吳涓，〈「南宋初期文武關係之消長（西元 1127~1189 年）」〉，《嘉南學報》，　第 31 期（2005 年），頁 647。

來看，臺灣至此開始邁入「軍隊國家化」的實質階段。如果從中國歷代的國防軍事制度來看，臺灣目前的國防軍事制度較相似於「宋朝」(在此指北宋）太祖皇帝趙匡胤所創立的「強幹弱枝」的祖宗家法體制；而在美國的方面，自從 1986 年的「高華德—尼可斯國防部重整法案」(Goldwater-Nichols Department of Defense Reorganization Act of 1986)(以下簡稱「國防部重整法案」）實施之後，[4]自三軍統帥（總統）下來，則是偏重於「權力下放」的原則，下放許多重要的權力給參謀首長聯席會議(Joint Chiefs of Staff)主席以及全球各地區及各特殊職能性質的統一作戰司令部司令官，使他們可以在權限內適當的來執行其任務，擁有一定的軍事領導指揮權限。

臺灣在依據「國防二法」的規定來看，目前的國防組織及領導指揮體制是確立於「文人領軍」(國防部長為文人官職）和「國防一元化」(國防部長掌理全國國防事務）的宗旨原則。[5]而在美國的部分，其在「國防部重整法案」的規範中，除了強調國防部長的文人領導權威以及國會對國防軍事事務的監督之外，[6]也大幅度擴張參謀首長聯席會議主席的職權，使其成為國防領導指揮體制的主要核心人物；[7]此外，也增加了美國在全球各地區及各特殊職能性質的統一作戰司令部司令官的職權，使其成為一位真正的地區最高指揮官，不再受限於各軍種等外力的因素限制。[8]

---

[4] 陳勁甫、邱榮守，〈論析美國『四年期國防總檢』的立法要求與影響〉，《問題與研究》，第 46 卷第 3 期（2007 年），頁 7。

[5] 國防法第 12 條：「國防部部長為文官職，掌理全國國防事務」。資料來源：中華民國法務部，〈國　防法〉，《全國法規資料庫》，2012 年 6 月 6 日，〈http://law.moj.gov.tw/LawClass/LawAll.aspx?PCode=F0010030〉。

[6] 鄭榮新，「我國國防領導指揮體系的轉型：文人領軍面向的分析」，《復興崗學報》，第 100 期（2010　年），頁 116。

[7] Sam C. Sarkesian 等著，郭家琪等譯，《美國國家安全》(U.S. National Security：Policymakers, Processes, and Politics）(臺北：國防部史政編譯室，2005 年)，頁 177。

[8] 同上註，頁 177-178。

由此看來，臺灣在國防軍事領導指揮體制的改革是將軍事指揮權（軍權）更加的鞏固在中央政府的手上，並透過雙方政府在兩岸之間的經貿與社會的交流發展，努力的緩和兩岸關係，以避免發生海峽兩岸之間的軍事衝突。而就美國的國防重整改革來看，則是更賦予了參謀首長聯席會議及其在全世界各地區司令部的軍事指揮權限，以維持全世界各個區域的和平穩定及其國家的利益，以避免出現向美國挑戰其領導地位的新興強權。

另一方面，臺美兩國的國防軍事領導指揮體制的改革也可以反映出雙方在國防軍事戰略的目標上，依目前的情況來說，臺灣在國防軍事領導指揮體制的改革是受到「守勢戰略」的思維影響，避免向中國大陸有挑釁的軍事發展，以維持臺海安全為最主要的目標，也就是以「維持領土現狀」為根本的考量；而美國的國防重整改革則是較順應「攻勢戰略」的取向，希望能夠透過美國在全世界各地區的統一作戰司令部來控制或反應各式各樣的危機與挑戰，並在當有對美國軍事衝突的情況發生時，能夠迅速的予以解決，以維持美國在目前國際社會中的霸權地位，也就是持續的扮演著「世界警察」的角色。

此外，如從國際關係理論的觀點來看，臺美兩國的國防軍事領導指揮體制的改革與國防軍事戰略目標似乎也呼應到當今的國際關係理論。因此，本篇論文的研究假設為：依改革後的現況來說，臺灣的國防軍事領導指揮體制的改革能夠符合國際關係理論中「守勢現實主義」(Defensive Realism)的觀點，而美國的國防軍事領導指揮體制的改革則可以用「攻勢現實主義」(Offensive Realism)的思維來說明。

基於以上所述，一個國家在於其國防軍事戰略的目標會反映在該國的國防軍事領導指揮體制的制定及改革之上，並與當前國際關係理論中的主張有相互參雜的影響。因此，彼此之間可謂有密不可分的關聯性。

貳、臺灣國防與軍事領導指揮體制的發展：「強幹弱枝」的理論思維

一、臺灣的國防政策與軍事戰略目標

自 1949 年中華民國（臺灣）的國軍隨著國民政府播遷來台之後，臺灣最大的敵人威脅就來自於對岸的中國共產黨政府，因此，面對中國大陸的威脅，國軍的國防軍事戰略目標就隨著時代的脈動來進行「攻勢作戰」、「攻守一體」、「守勢防衛」、「積極防衛」及「固若磐石」等五個時期的調整，這五個時期的主要軍事目標的內容為：[9]

（一）「攻勢作戰」時期（1949~1969 年）：

國軍隨政府播遷來台灣之後，因為當時政府之軍事指導，仍然是希望在經過整軍經武的準備後，能建立國軍反攻大陸的軍事能力，所以，以攻勢作戰的「創機反攻大陸」為作戰的用兵指導，各項軍事整建就是以反攻大陸軍事需求為著眼點，以建立兩棲登陸作戰及海軍、空軍的攻勢能力。中華民國（臺灣）在此攻勢作戰時期最為著名的反攻大陸的作戰計畫即為在1960年代所規劃執行的「國光計畫」。當時的國防部在1961年 4 月 1 日奉前總統蔣介石的命令，以任務編組的方式成立了「國光作業室」來主導整個國光計畫的作戰方案，並任命朱元琮將軍為國光作業室的主任，整個國光計畫共歷經了 11 年的時間，一直到 1972 年 7 月 20 日國光作業室被裁撤為止。[10]

---

[9] 中華民國國防部，《中華民國 95 年國防報告書》，2006 年，頁 92-93。

[10] 彭大年，《塵封的作戰計畫：國光計畫—口述歷史》（臺北：國防部史政編譯室，2005 年），頁 11-16。

（二）「攻守一體」時期（1969~1979 年）：

因為 1971 年中國大陸在聯合國(United Nations)巧妙的取代中華民國（臺灣）政府的合法地位，因此，國軍即因應海峽兩岸形勢的變遷，調整建軍備戰方向由「以攻為主」修正為「以防為主」，對防衛部署的需求逐年加重建軍的比重。

（三）「守勢防衛」時期（1979~2002 年）：

1979 年 1 月美國與中華民國（臺灣）政府斷交，並跟中華人民共和國正式建立外交關係，台灣方面為了因應國家情勢及國際環境等的重大轉變，國家建設以「建立復興基地為目標」，全力的來推動經濟建設，以提升國民的生活條件。而國軍則將國防軍事戰略調整為「守勢防衛」，並依國軍建軍的期程，以整體發展陸、海、空等三軍之均衡戰力為目標，依序以制空、制海、反登陸作戰戰力之整建為主要的發展項目，以期能有效的遂行戰略持久、戰術速決，以達成建軍備戰的目標。自 1995 年起，國軍在建軍備戰之上，已經具備了基礎的戰力，能有效的遂行防衛作戰的任務，國軍也將軍事戰略構想調整為「防衛固守、有效嚇阻」，以因應未來台海的戰爭型態，籌建有效嚇阻的戰力，以達成快速反應的能力，國軍將以「精、小、強」為整建的方針，制空以戰管自動化、防空整體化等為目標；制海則以艦艇武器飛彈化、指揮管制自動化、反潛作戰立體化等為目標；而反登陸是以裝甲化、立體化、電子化、自動化等為目標。

（四）「積極防衛」時期（2002~2008 年）：

到 2002 年國軍將建軍政策化被動為主動，依「全民總體防衛」之國防政策，調整「防衛固守、有效嚇阻」的戰略構思為「有效嚇阻、防衛固守」之「積極防衛」。其中「有效嚇阻」是指建立具備嚇阻效果的防衛能力，並積極研發、籌建遠距縱深精準打擊的戰力，俾能有效的瓦解或遲滯敵人攻勢的士兵與火力，使敵方在理性的戰爭損失評估之下，放棄任何採取軍事行動的企圖；並以全民總體防衛的力量及三軍聯合的戰力，來堅決實施國土的防衛，以達成拒敵、退敵與殲敵的目標。此階段以策定「科技先導、資電優勢、聯合截擊、國土防衛」的建軍指導，並以「戰略持久、戰術速決」的用兵指導，來規劃三軍聯合作戰之戰力的整建。

（五）「固若磐石」時期（2008 年~至今）：

而到了 2008 年之後，臺灣的國防政策主軸在於建構一支「固若磐石」之國防武力，其主要的國防戰略目標為預防戰爭、國土防衛、應變制變、防範衝突與區域穩定等面向。因此，國軍考量到周邊安全的環境及敵我戰略態勢的發展，將以「防衛固守、有效嚇阻」為軍事戰略的構想。國軍將採取守勢防衛，不輕易的開啟戰端，惟當敵人執意進犯，戰爭不可避免時，將統和三軍聯合戰力，並結合全民總體防衛戰力，遂行國土防衛作戰，以維護臺灣的領土主權，確保國家的安全。[11]

二、臺灣的國防與軍事領導指揮體制

「國防體制」是指以武力為中心，為了確保國家安全，建立並發揮國家的政治、經濟、心理及軍事等整體的國力，已達成確保國家安全與發展之目的，由決策到執行之各有關機關所形成的綜合組織及其運作的意涵。[12]當今全世界大多數國家的國防體制，主要是以「總統制的國防體制」及「內閣制的國防體制」這兩種的類型為主。

---

[11] 中華民國國防部，《中華民國 102 年四年期國防總檢討》（臺北：國防部，2013 年），頁 22-30。

[12] 蔣緯國，《國防體制概論》（臺北：中央文物供應社，1981 年），頁 10。

中華民國（臺灣）的國防體制可以從《憲法》與《國防法》所立的條文中來確立，依據憲法第四章第三十六條中明文規定：「總統統率全國陸海空軍」。[13]該條文確立了統帥權集於總統一職的原則，因而可以看出，臺灣的國防體制是比較偏向於「總統制的國防體制」。另外，根據 2002 年 3 月 1 日所正式實行的《國防法》第 7 條的規定來看，臺灣國防體制的架構將如圖 1 所示：[14]

（一）總統：《國防法》第 8 條之規定，總統統率全國陸海空軍，為三軍統帥，行使統帥權指揮軍隊，直接責成國防部部長，由部長命令參謀總長指揮執行之。

（二）國家安全會議：《國防法》第 9 條之規定，總統為決定國家安全有關之國防大政方針，或為因應國防重大緊急情勢，得召開國家安全會議。

（三）行政院：《國防法》第 10 條之規定，行政院制定國防政策，統合整體國力，督導所屬各機關辦理國防有關事務。

（四）國防部：《國防法》第 11 條之規定，國防部主管全國國防事務，應發揮軍政、軍令、軍備專業功能，本於國防之需要，提出國防政策之建議，並制定軍事戰略。

---

[13] 陳志華，《中華民國憲法概要》（臺北：三民，2012 年），頁 105。

[14] 中華民國國防部，《中華民國 100 年國防報告書》（臺北：國防部，2011 年），頁 99-100。

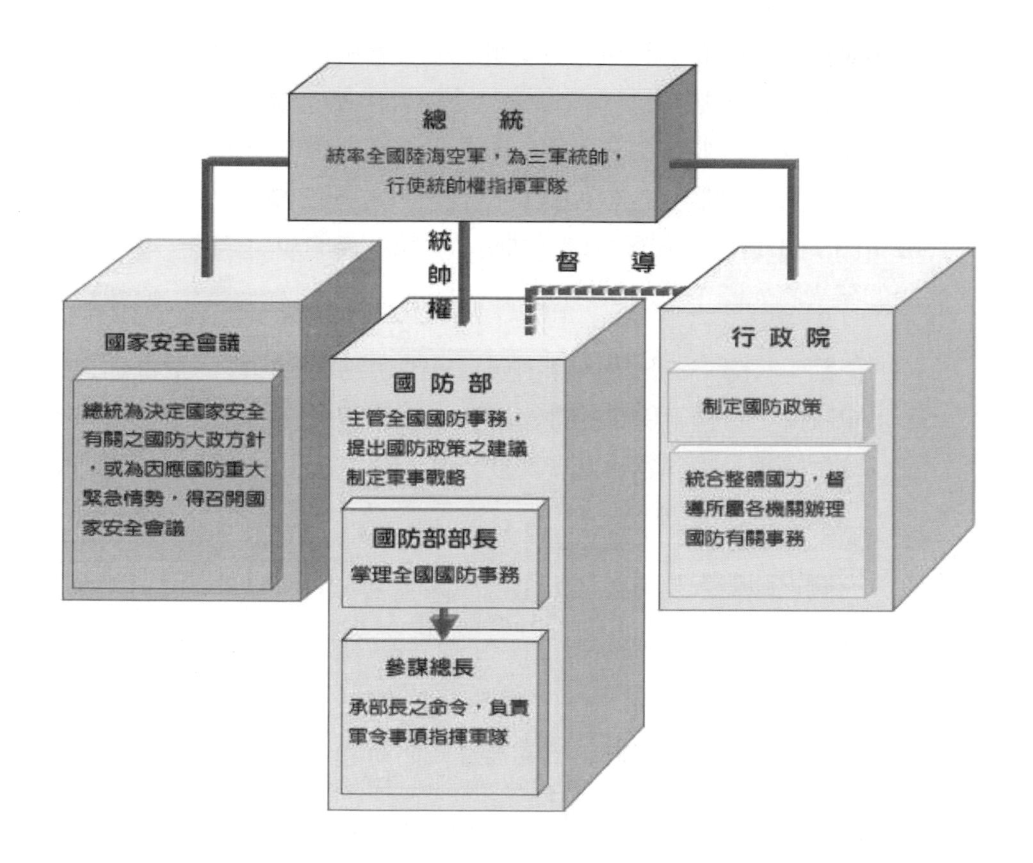

圖 1 國防體制與權責

資料來源：中華民國國防部，《中華民國 100 年國防報告書》（臺北：國防部，2011 年），頁 99。

由此可見，在《國防法》中所規定的國防體制架構來看，臺灣的總統就涵蓋了其中三項的統帥與領導指揮的權力，包含了總統、國家安全會議與國防部這三塊。而從整部《國防法》的規定來看，該法中更明白的確立了總統的最高統帥權，並讓國家安全會議定位為決策機構，以作為當總統與行政院長在國防決策意見相左時的妥協勾連機制，讓總統掌握完整的統帥實權，將國家安全會議定位為總統決定國防大政方針的決策機關。[15]因此，臺灣的國防體制主要是由總統來統帥與領導指揮的制度，廣義來說，可以將其歸類到「總統制的國防體制」這一類別。然而，嚴格的說起來，這其中還是帶有點「總統與內閣制的國防體制」的色彩，這主要是因為臺灣的國防體制架構裡有納入行政院的緣故，依據《中華民國憲法》第五章（行政）第五十三條明文規定：「行政院為國家最高行政機關」，[16]以及國防部又隸屬於行政院，為行政院的直屬機關，且行政院負責制定國防政策，對其所屬機關負有督導的權力與責任等的面向來看，行政院確實在國防體制這一塊仍然具有一定的影響能力。

另外，在所謂的「軍事領導指揮體制」則是指領導、指揮和管理軍隊的組織系統及其相應制度的統稱。包含了軍隊領導指揮機構的設置、職權的劃分、相互的關係以及與其相映的制度，是軍隊組織體系的重要組成部分。其基本功能是保證國家統治階級或政治集團高度集中的控制軍權，平時對軍隊建設實施有效的領導，戰時對軍隊作戰實施統一指揮的權力。[17]

中華民國（臺灣）的國防組織自 2002 年 3 月 1 日國防二法實施後，已經確立了「文人領軍」、「國防一元化」之民主化的國防體制，並將發揮「軍政、軍令、軍備」組織體系專業分工的效能。而透過「文人領軍」的規範，國防部將接受全體民意的監督，已確保軍隊屬於國家及全民所擁有；另外，實施「國防一元化」的規範，也使得國防各項事務的推動及運作更加的流暢、更加的有效率。國軍也依據了「精進案」第二階段

---

15 彭錦珍，〈「我國國防政策合法化之研究—以《國防法》制定為例」〉，《復興崗學報》，第 80 期（2004 年），頁 153。

16 中華民國總統府，〈中華民國憲法〉，《中華民國簡介》，2013 年 3 月 28 日，〈http://www.president.gov.tw/Default.aspx?tabid=1011〉。

17 鄭榮新，〈「我國國防領導指揮體系的轉型：文人領軍面向的分析」〉，《復興崗學報》，第 100 期（2010 年），頁 112。

的規劃，秉持著「精簡高層、充實基層」之原則，將全國陸軍、海軍、空軍、憲兵、聯勤、後備等兵力總員額調整為 27 萬 5 千人員整。[18]而目前國防部組織的指揮體系架構（至 2012 年 12 月 31 日止）將如圖 2 所示：

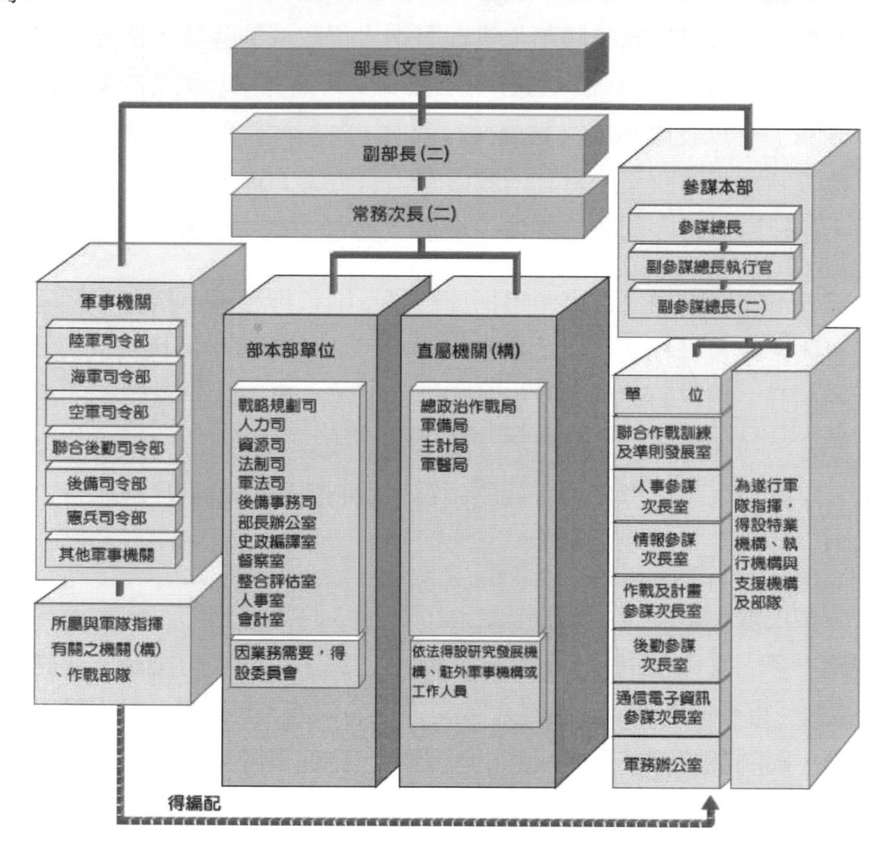

圖 2 國防部組織架構（至 2012 年 12 月 31 日止）

資料來源：中華民國國防部，《中華民國 100 年國防報告書》（臺北：國防部，2011 年），頁 101。

---

[18] 中華民國國防部，《中華民國 97 年國防報告書》（臺北：國防部，2008 年），頁 130。

國防部組織在《國防法》及修正後的《國防部組織法》施行後，有極大之變革。因為基於專業分工之考量，將國防部組織區分為軍政、軍備、軍令等三大體系。軍政體系負責掌理國防政策之建議、軍事戰略規劃等事項；軍備體系負責掌理軍備整備等事項；軍令體系負責軍令事項並指揮軍隊，以發揮專業化的功能。而國防部長、副部長及參謀總長之職責如下所示：[19]

（一）國防部部長：負責掌理全國的國防事務，為文官職。

（二）國防部副部長（軍政體系）：承部長之命令負責督導軍政體系。主要是負責國防部本部內單位、總政治作戰局、軍醫局、主計局等單位的業務。一般軍政副部長大多為文人來擔任。

（三）國防部副部長（軍備體系）：承部長之命令負責督導軍備體系。主要是負責軍備局的業務及國防部轄下的研究院與採購中心。軍備副部長大多為軍職上將來擔任。

（四）參謀總長（軍令體系）：承部長之命令負責軍令事項來指揮軍隊。主要是負責參謀本部、三軍聯合作戰指揮機構、各軍種司令部及各作戰部隊的指揮業務。參謀總長為軍職一星上將來擔任。

總結來看，中華民國（臺灣）在「國防二法」實施之後，建立了一個高度集權於中央的國防軍事領導指揮的體制。這就類似於中國歷史上「北宋皇朝」的國防軍事制度。在西元 960 年，北宋建國之後，鑒於唐朝末年與五代十國藩鎮割據的教訓，宋太祖趙匡胤非常重視軍隊的變革，他採用了宰相「趙普」所提「稍奪其權、制其錢穀、收其精兵」的建議，通過「杯酒釋兵權」的方式，收回了「石守信」、「王審琦」等著名將領的軍事權力，並逐漸收奪地方藩鎮的兵權。北宋收回兵權先後通過了宋太祖與宋太宗的不懈努力，終於建立起高度集權於中央的軍政與軍令的體制，採行了所謂的「強幹弱枝」的體制，解決了唐朝末年與五代十國以來的「兵禍」。

---

[19] 中華民國國防部，《中華民國 93 年國防報告書》（臺北：國防部，2004 年），頁 93。

參、美國國防與軍事領導指揮體制的發展：「權力下放」的發展趨勢

一、美國的國防政策與軍事戰略目標

美國最早於 1930 年代進行了一系列的國防轉型的政策與軍事戰略。在當時，由於積極侵略擴張的日本和歐洲列強相繼的崛起，這迫使了美國必須準備因應大規模的新型衝突，當時美國研擬出以質量和速度為重的國防軍事戰略，著重於摧毀敵方工業能力和戰場上的軍隊，因此大舉投資發展兩棲登陸的作戰能力、艦載空中武力、戰略轟炸部隊以及工業的基礎，以支援機械化的戰爭。而在二戰結束，全世界正式進入核子化的時代後，因為蘇聯構成了全球性的重大威脅，又迫使美軍再次的將國防政策與軍事戰略的轉型，將核子部隊和傳統部隊予以整合，並大幅提昇軍力和部隊的規模，以維持著圍堵戰略及大規模報復的能力。於 1980 年，美國開始著手一系列競爭性的戰略，以期暴露出蘇聯軍事機構和戰略態勢的缺陷，使蘇聯在這場和美國的競爭之中，被壓迫到不勘以負荷，最後美國成功的推翻了蘇聯這個頭號的大型強權。[20]

而美國在2000~2008年是由小布希(George W. Bush)政府主政時期。當小布希於 2001 年上臺接任總統之後，就首先成立了具有高度軍事色彩的外交與安全的團隊，其中像是副總統錢尼(Richard B. Cheney)和國防部長倫斯斐(Donald H. Rumsfeld)都曾經擔任過美國的國防部長，而國務卿鮑爾(General Colin L. Rumsfled)也是退役的職業軍人。他的執政團隊都高度重視國家的安全，幾乎一致表示將強化軍力，且立即著手推動全國飛彈防禦(National Missile Defense, NMD)系統。接著，在倫斯斐帶領

[20] Ryan Henny 著，李育慈譯，〈2005 年四年期國防總檢與國防轉型〉(Defense Transformations and the 2005 Quadrennial Defense Revies)，王文勇主編，《軍事轉型彙編》，(臺北：國防部部長辦公室，2006 年)，頁 77-78。

下，配合向國會提QDR和核武態勢評估(NuclearPosture Review, NPR)報告的需求，展開一系列戰略調整與軍事改革計畫，除了NMD外，還包括了退出反導彈條約(Anti-Ballistic Missile Treaty, ABM)、建立多層次嚇阻(layered deterrence)、調整同時進行兩場區域戰爭的戰略、加強快速反應部隊以及強化遠距離打擊能力等措施。而在後冷戰時期，尤其是發生於2001 年 9 月 11 日的「911 恐怖攻擊事件」之後，[21]全球反恐與美國的國土安全就成為布希政府國家安全與軍事戰略的首要目標。當時美國國防部就已經確信，即使是在資源有限的情況之下，仍然需要具備有廣泛範圍的有效軍事能力，此促成了比以往更可觀的兵力整建的計畫。

而在最新的《2010 年四年期國防總檢》之中，有提到美國必須要準備應付當前一系列的安全挑戰，其中包含了來自其它國家的軍事現代化威脅，以及非國家組織發展更狡猾和更具有毀滅性的武器手段來襲擊美國和其盟國與夥伴國家。因而，美國將需要具備更廣泛的軍事能力，能夠最大程度的軍事多樣化，以適應未來可能出現的任何衝突。而為了達到這個軍事多樣化的目的，國防部必須繼續進行軍事改革，並研發和購買主要的武器與系統，以及有效的管理整體的軍隊。因此，主要就有提出以下 6 點的目標來平衡國家安全與軍事戰略的發展：[22]

（一）美軍必須要防衛美國的國土以及支持國家的政府機構(Defend the United States and support civil authorities at home)。

（二）美軍能夠在反叛亂、維持穩定與反恐怖主義等行動中來獲取成功的目標(Succeed in counterinsurgency, stability, and counterterrorism operations)。

---

[21] 「911 恐怖攻擊事件」是由 Osama Bin Laden 所領導的「基地組織」（又可稱為蓋達組織，Al Qaeda）在 2001 年 9 月 11 日發動在美國本土的一系列自殺式恐怖襲擊事件。資料來源：〈911 周年紀念特輯〉，《中時電子報新聞專輯》，2012 年 12 月 25 日〈http://forums.chinatimes.com.tw/report/911_year/main.htm〉。

[22] Department of Defense, 2010 Quadrennial Defense Review Report, 2010, p.2.

（三）與夥伴國家共同來建立集體安全的保障(Build the security capacity of partner states)。

（四）嚇阻以及擊敗來自外來敵方勢力的侵犯行為(Deter and defeat aggression in anti-access environments)。

（五）預防大規模毀滅性武器的擴散(Prevent proliferation and counter weapons of mass destruction)。能夠有效的來運用網際網路（資訊和通訊）的能力(Operate effectively in cyberspace)。

二、美國的國防與軍事領導指揮體制

依據《美利堅合眾國憲法》之規定，美國之軍事權力分屬於行政（總統）與立法（國會）兩個部門，其中聯邦憲法第 1 條第 8 款明文規定國會的有關軍事權力的權限就有 6 大項，包含了：「徵收戰爭稅；宣戰與頒發捕獲敵船之許可證；招募陸軍並供給陸軍軍需；設立海軍並供給海軍軍需、制定關於政府組織之陸軍與海軍組織的法規以及在各州割讓與聯邦政府的土地內行使建築軍事要塞、軍火庫與兵工廠的同意權利」。而有關總統的國防與戰爭的權限之執行只有在聯邦憲法第 2 條規定：「總統為海陸軍統帥，並於各州民團被徵至聯邦服務時統率各州民團」。[23]

美國目前的國防軍事領導指揮體制的制度主要是依據 1986 年「高華德—尼可斯國防部重整法案」的規定來看，主要為「總統—國防部長—參謀首長聯席會議主席—各地區及各特殊職能性質的統一作戰司令部」等一貫下來的軍事指揮制度，是一個標準實施「總統制的國防體制」的國家。總統肩負著三軍統帥的責任，而國防部則是在第二次世界大戰之後，依據「1947 年國家安全法案」所成立的。國防部被授權管制全國的軍事部門，軍事指揮體制的權力中心因而轉移至國防部長的身上。國

[23] 潘誠財，〈論美國總統軍事權與文官統治〉，《復興崗學報》，第 53 期（1994 年 12 月），頁 126-127。

防部長同時擔任總統的國防政策主要顧問以及國防部內各運作單位的首長。而就諮詢的方面而言，國防部長主要關切在於武力的類型以及能有效的達成國家安全政策目標的兵力規模。[24]目前美國國防部的組織架構可如圖 3 所示：

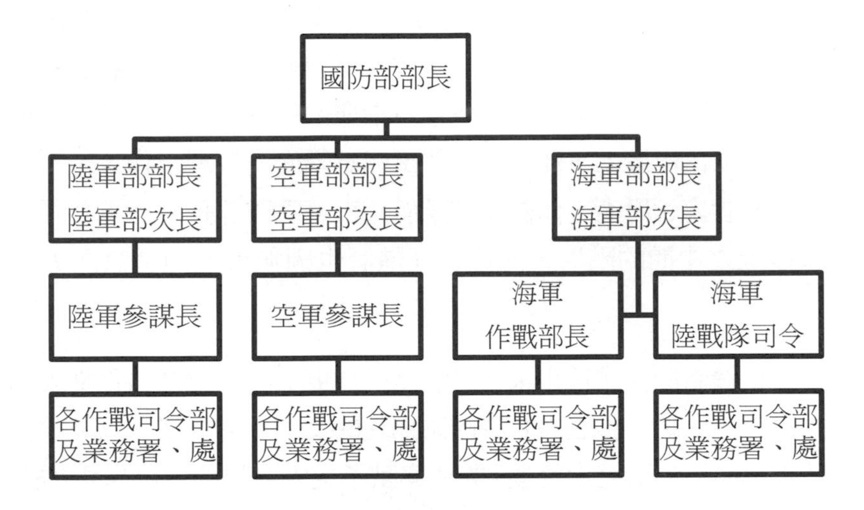

圖 3 美國國防部的組織架構

資料來源：Sam C. Sarkesian 等著，郭家琪等譯，《美國國家安全》(U.S. National Security：Policymakers, Processes, and Politics)(臺北：國防部史政編譯室，2005 年)，頁 152。

從圖中可得知，國防部長直接管理並指揮陸軍、海軍及空軍三個部門的首長。而三個軍種部門的參謀長除了是各軍種部門的參謀長之外，另也兼任參謀首長聯席會議的成員，主要在於決定整體的國家安全與軍事戰略方針。到目前為止，美國各軍種的部門首長並沒有作戰指揮的責任。在 1949 年國家安全法規的修正案，已經降低了三軍軍事部門的行政地位，後來更於 1958 年的修正案中將其自指揮系統移除掉。因此，

[24] Sam C. Sarkesian 等著，郭家琪等譯，《美國國家安全》（U.S. National Security：Policymakers,Processes, and Politics）（臺北：國防部史政編譯室，2005 年），頁 151。

目前三軍部門的軍事首長主要的責任是在行政和後勤的領域，包含了人力、軍需獲得、武器系統、勤務效率、軍事福利、訓練責任等事項。[25]而在 1986 年之前，美國國防部內實際上最有力的單位為中央管理（即文人國防部長、部長辦公室）以及陸、海、空三軍的各個部門單位（不包含陸、海、空三軍的部長），尤其是後者對於聯合組織（指參謀首長聯席會議主席與統一作戰司令部）的結構具有決定性的影響力。在那時候，由於陸、海、空三軍的部長已經自指揮系統的架構中所移除，因而他們鮮有任何的影響力，他們既不能參與高階層的管理工作，也不是其所屬部隊的實際領導者。他們充其量僅代表著國防部長與三軍各單位之間在管理上之中間的階層，而此管理階層也因無重大的貢獻而失去其重要性。[26]

根據新的國防法規來看，它比以往更加的著重在強化文人領軍的面向之上，國防重整法案強調國防部長的文人領導權威，以及國會對於國防軍事事務的監督與管理，該法案賦予文人國防部長以「國防指導綱要」(Defense Planning Guidance)與「應變規畫指導綱領」(Contingency Planning Guidance)來管轄國防部及各級軍種單位的指揮官。[27]

而在參謀首長聯席會議主席角色功能的部分，由於以前的參謀首長聯席會議基本上是一個合議制的組織，主席只是個發言人，並沒有什麼權限來控制各軍種的與會人員，各軍種的指揮官輪值也由他們自己決定，非主席所能指派，那時的主席只是象徵性而已，不具有實質的職權。但是在 1986 年的國防部重整法案之中，已經更改為參謀首長聯席會議的

---

[25] Sam C. Sarkesian 等著，郭家琪等譯，《美國國家安全》（U.S. National Security：Policymakers, Processes, and Politics）(臺北：國防部史政編譯室，2005 年)，頁 176。

[26] Archie D. Barret 著，〈改組國防部所遭遇之困難〉，顧世純譯，《美國戰略論文集》（臺北：黎明文化，1986 年），頁 268-269。

[27] 鄭榮新，〈我國國防領導指揮體系的轉型：文人領軍面向的分析〉，《復興崗學報》，第 100 期（2010 年），頁 116。

軍事建議為主席首長的制度，使參謀首長聯席會議主席成為國防軍事領導指揮體制的主要人物。參謀聯席會主席可以上通總統，不單只是負責整體國防軍事戰略的構想，同時也負責許多重要的事物（包括預算評鑑和備戰評估），讓他在特定及聯合指揮方面與三軍統帥有更直接的關係。而現在主席也可以選擇或直接任命參謀首長聯席會議的成員，不一定要接受各軍種所推薦的人員進入聯席會議組織。總而言之，現在的主席是參謀首長聯席會議的最重要成員，只對總統和國防部長來負責。[28]廣義的來說，他為統統與國防部長的主要軍事顧問，也是軍隊內部實質性的最高軍事指揮官。目前的參謀首長聯席會議組織架構可如圖 4 所示：

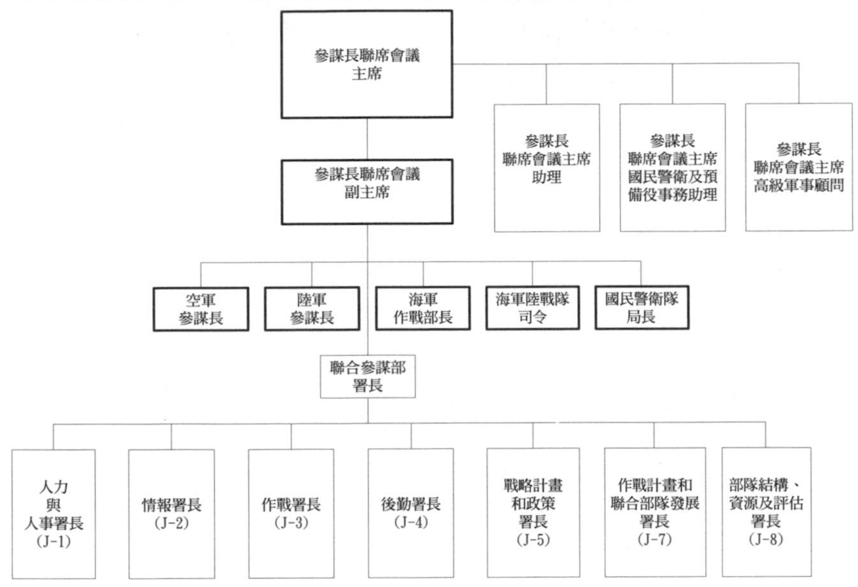

圖 4 美國參謀首長聯席會議組織架構

資料來源：〈美國參謀首長聯席會議組織結構〉，《維基百科》，2012 年 01 月 31 日，〈 http://zh.wikipedia.org/wiki/File:The_Joint_Staff_Org_Chart_as_of_Jan_2012_cn.jpg〉

---

[28] 同註 25，頁 176-177。

另從美國駐紮在全世界各地區與各特殊職能性質的統一作戰司令部的方面來看，統一作戰司令部的職責為統一指揮，負責聯合任務作戰。在 1986 年國防部重整法案之前，統一司令部無權過問哪個單位歸他們指揮。聯合任務是由各軍種的單位共同來負責，而各單位的主管須仰賴自己單位的資源，且聯合部隊如何組成是由各軍種自行決定。因此當時統一指揮所呈現的現象為：各式準則、裝備及由各軍種單位決定各自任務的整合。但是在 1986 年國防部重整法案實施之後，統一作戰司令部的司令官對所屬單位的預算即指揮擁有更大的權限，得以任命或撤換麾下的指揮官，不必透過各軍種就可以直接上通國防部長及參謀首長聯席會議主席。總統也要求參謀首長聯席會議主席直接負起監督各司令部所有作業的職責，而不需要經過各軍種部門的首長。因此，如今各統一作戰司令部的司令現在有權擔任一個真正的指揮官，不再受制於各自的軍種部門。[29]目前美國派駐在全世界各地區及各特殊職能性質的統一作戰司令部共計有 10 個（其中 6 個按地裡區域來劃分，另外 4 個按其特殊職能的性質來劃分），可如圖 5 所示：

[29] Sam C. Sarkesian 等著，郭家琪等譯，《美國國家安全》（U.S. National Security：Policymakers, Processes, and Politics）(臺北：國防部史政編譯室，2005 年)，頁 177-178。

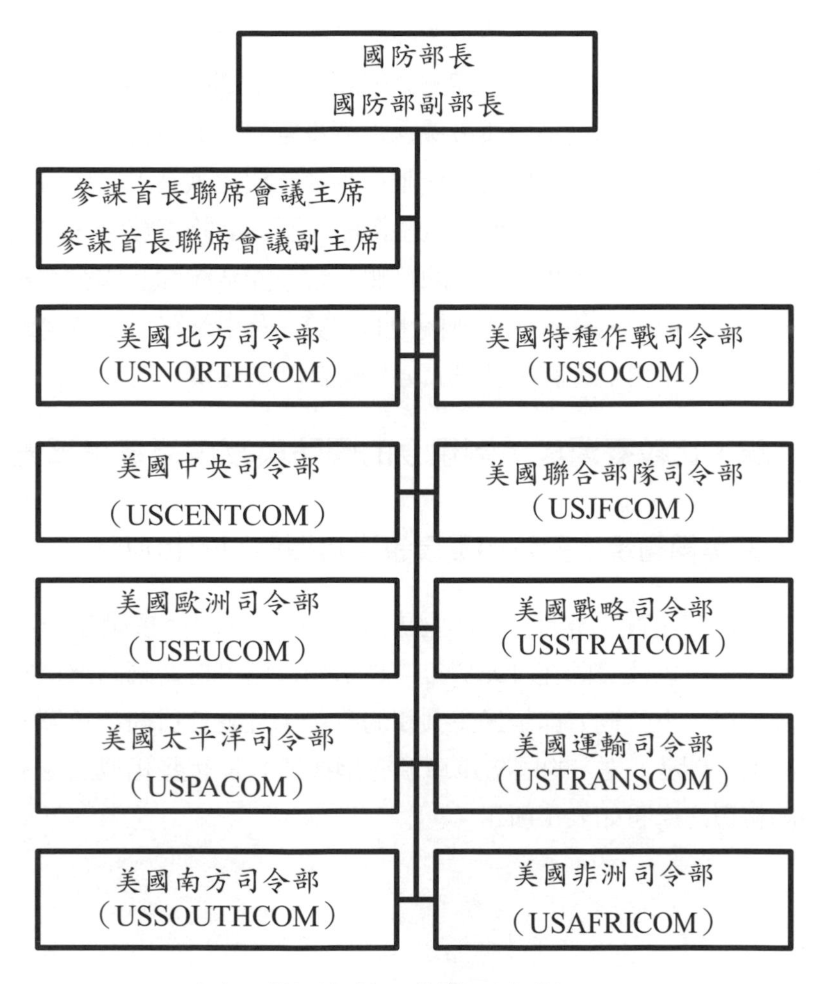

圖 5 美國各統一作戰司令部

資料來源：Sam C. Sarkesian 等著，郭家琪等譯，《美國國家安全》(U.S. National Security：Policymakers, Processes, and Politics)(臺北：國防部史政編譯室，2005 年)，頁 179。

總而言之，在 1986 年「高華德—尼可斯國防部重整法案」實施之後，幾乎就在轉眼之間，參謀首長聯席會議馬上成為了國防部的權力中心所在地的單位部門。且在新法的加持之下，參謀聯席會議的歷練倒成為了日後美軍軍官晉升為將軍的必備條件，以致於那些最優秀和前途被看好的年輕軍官紛紛的要求能夠擔任該單位部門的職務，這使得參謀聯席會議變為全美軍最頂尖與最優秀菁英軍官聚集的單位組織。而另一項較為持久的影響則是各個統一作戰司令部（或是戰區）的指揮官影響力與權力也大幅度的提昇，現在這些指揮官已經能夠直接的來向文人領袖們（包含了總統、國防部長、國務卿、國家安全顧問及國會領袖等）提出針對自己所負責的區域所研擬出的預算、軍事戰略目標或是政策等的建議案。而不再需要受限於三軍各單位部門的阻礙。[30]

肆、比較臺灣與美國現今的國防與軍事領導指揮體制

一、臺美兩國現今國防與軍事領導指揮體制的相似點

綜合前述有關臺灣與美國國防體制的說明，現今臺灣在「國防二法」實施之後，以及美國在 1986 年「高華德—尼可拉斯國防部重整法案」實施之後，由於雙方都是民主共和的政體，且兩國目前都可算是處於承平時期，[31]因而雙方的國防軍事領導指揮體制是有些相似之處，而其主要的相似之處將如表 1 所示：

---

[30] Charles A. Stevenson 著，洪陸訓、彭成功譯，《軍人與政治人物：處於壓力下的美國文武關係》（Warriors and Politics : US Civil-Military Relations under Stress），（桃園：國防大學政治作戰學院， 2009 年），頁 264。

[31] 臺灣在終止「動員戡亂時期臨時條款」之後，應可算是進入一段相對穩定的承平時期，雖然 海峽兩岸仍然處於敵對的狀態之下，但雙方經由經貿、文化、觀光與民間等交流之後，現已 經趨於和緩，不像以往戒嚴時期那種緊張的戰時敵對關係。至於美國目前雖仍然有位於中東 阿富汗與伊拉克的戰爭，但戰事目前已經告一個段落，且美軍也陸續的撤離中東地區。而美國政府雖然對外宣稱美國目前仍然是處於戰爭時期，但本篇研究認為美國在中東地區的戰爭只能算是美國針對「911 恐怖攻擊事件」之後，進行反恐所做的一個軍事行動，主要是為了 配合美國實施全球反恐怖主義的政策而已，因此，與美國在 90 年代之前所參與的戰爭比起 來，美國目前仍可算是處於相對穩定的承平時期。

表 1 臺美兩國現今國防與軍事領導指揮體制的相似點（法定上）

	臺灣（國防二法）	美國（國防部重整法案）
國防體制	偏向於總統制	標準型總統制
軍事領導指揮體制	文人領軍	文人領軍
總統職權	總統為三軍統帥，透過國防部長來指揮軍隊；或直接性質的指揮軍隊（當宣布國家進入緊急狀態時）	總統為三軍統帥，透過國防部長來指揮軍隊；或直接性質的指揮軍隊（當宣布國家進入緊急狀態時）
（文人）國防部長職權	擁有實質性質指揮軍隊的權力	擁有實質性質指揮軍隊的權力
三軍各部門單位的首長	排除於軍事指揮系統的架構之中，只單純的負責平時後勤訓練及行政的業務	排除於軍事指揮系統的架構之中，只單純的負責平時後勤訓練及行政的業務

由表 1 可以看出，臺灣與美國在目前的國防與軍事領導指揮體制的相似點中，兩國都是採取「總統制的國防體制」，總統是全國三軍（包含後備軍人與國民兵）的最高統帥，擁有指揮三軍與發布緊急命令的統帥權限。而兩國的軍事領導指揮體制都是透過經由行政部門（文人）國防部長的方式來更有效率的指揮軍隊。而以往較為獨立的三軍各軍種部門首長（陸海空軍司令或部長）的權限，為了不讓兵權過度的分散掌握在高級軍官的手中，更要避免軍事獨裁強人興起的可能性（尤其是中華民國與美國在歷史上都曾經有過軍事強人的出現，例如：滿清末年與第一、第二次世界大戰時中華民國內部軍閥林立的情況；而美國則為在先前的邦聯制度的情況之下也曾經出現過各州軍事強人的情況），因此，

將三軍各軍種部門首長的權限統一收回中央行政系統的文人國防部長來統一指揮管理。在如此的情況之下，三軍各軍種部門首長的重要性因而下降，只單純的負責平時後勤訓練及行政的業務。

特別需要注意的是，臺灣在「國防二法」所規定的「文人領軍」（文人國防部長）上面，雖然說法定上的規定跟美國是一樣的，然而，實際上臺灣目前並沒有完全的落實此一規範。因為中華民國（臺灣）從 2002 年由湯曜明擔任國防部長到 2009 年現任的國防部長高華柱接任為止，共經歷了 6 位的國防部長，其中只有蔡明憲 1 位是名符其實的文人國防部長，且任期只有三個月，其餘的 5 位都是由軍職退役後所轉任的國防部長，均算是軍職體系中的人物，嚴格來說，都不能算是文人。[32]因此，臺灣還尚未像美國一樣，已經將由文人出來擔任國防部長視為一種慣例，這部分在未來還需要更進一步的來落實。

二、臺美兩國現今國防與軍事領導指揮體制的相異點

另一方面，由於兩國的國情與軍事戰略目標的不同，現今臺灣在「國防二法」實施之後，以及美國在 1986 年「高華德—尼可拉斯國防部重整法案」實施之後，其雙方的國防軍事領導指揮體制還是有些相異之處，這時將經由以 J.S. Mill 的「差異法」(method of difference)為基礎，採用比較政治裡比較兩個（含）以上若干國家的「最具相似性的系統設計」（most similar systems design, 簡稱 MSSD）的研究方法。最具相似性的系統設計主要是針對兩個（含）以上國家都同時具有若干相似的因素做個比較，再從這些相似的因素之中找出最具差異性的因素，因此，其臺美雙方主要的相異之處將如表 2 所示：

---

[32] 中華民國國防部，〈歷任國防部部長〉，《關於國防部》，2012 年 10 月 18 日，〈http://www.mnd.gov.tw/Publish.aspx?cnid=23&p=34995〉。

表 2 臺美兩國現今國防與軍事領導指揮體制的相異點（法定上）

	臺灣（國防二法）	美國（國防部重整法案）
國防政策與軍事戰略（自第二次世界大戰結束後至今）	從「守勢戰略」到「積極防衛固守」，主要是以守勢防衛為主	在全世界實行「攻勢戰略」與「保護美國利益」的戰略目標
參謀總長及參謀首長聯席會議主席職權	為國防部長之軍事幕僚長，承國防部長之命令來指揮軍隊，軍事指揮權限被收回到文人國防部長	為總統及國防部長之軍事幕僚長，集中各軍事內部的權力於一身，為國防軍事領導指揮體制的核心人物，不再受限於各軍種部門首長的阻礙
各地區既各特殊職能性直的司令部（指揮部）	主要受國防部長的指揮，或國防部長交由參謀總長來指揮之。必須要聽從文人國防部長的指揮，軍事指揮權限被限縮。且沒有很明確的來規範在負責的駐紮區內是否擁有跨軍種統一指揮的權限	在其所負責的區域及功能之中擁有跨軍種統一指揮的權力，並直接接受國防部長及參謀首長聯席會議主席的指揮管理

表 2 是前述臺灣與美國的國防軍事領導指揮體制的內容中，經由「最具相似性的系統設計」的研究方法，統整出臺灣與美國在國防軍事領導指揮體制中主要的差異項目。而這些項目就是本研究中所要探討的臺灣實行「強幹弱枝」與美國實行「權力下放」的國防軍事制度的因素。

由表中可以看出，臺灣跟美國主要是在於其實行的國防軍事戰略目標不一樣所導致的差異。臺灣在前兩蔣總統逝世之後，就改採較為「守勢戰略」的國防軍事戰略目標，其思維是從一個海島型的國家來出發，放棄強烈的與主要敵人中國大陸來進行軍事對抗，因為小國要對抗大國本來就不容易，且國際的情勢一般來說，都是採取大國的政治，因而臺灣改用較為務實的「積極防衛」模式，以最大限度的來確保臺灣本島與離島的國土安全，並維持海峽兩岸的和平穩定即可，避免臺海兩岸發生衝突戰爭的可能性。這也就是為何要收回以往在「動員戡亂」與「戒嚴時期」賦予軍人過大的參政權與軍事指揮的權限，改由為文人來強而有效率的所掌控，一方面要改進國內以往採用「軍政、軍令二元化」的缺陷，使其能夠符合民主國家「軍隊國家化」的制度；另一方面，也是為了維持區域的穩定，避免軍人因擁有軍事指揮的權限而挑釁敵人，導致戰爭的發生。

而在美國的部分，因為他目前乃全世界的超級強權，並且身負將民主自由的理念散播到世界各個國家區域以及擔任起維護全球區域穩定和平的重責大任，因而它採取了全球性「攻勢戰略」的國防軍事戰略目標，以維護美國在全世界的大國利益，確保不會出現新的超級強權來抗衡美國，進而將之取代。所以美國在全世界地區部署了 6 個統一作戰司令部，就是要達成其攻勢戰略的國防軍事目標。而在國防軍事領導的指揮體制之中，美國改進了以往各軍種本位主義的紊亂現象，採用單一的參謀首長聯席會議來指揮管制三軍各單位部門，另外也授予第一線的統一作戰司令部能夠跨軍種的來整合指揮，以便更有效率的來執行例行性和重大的軍事任務目標，同時也確保能夠在第一時間內快速且有效率的來應付危機與挑戰的發生。

伍、國際關係理論中「攻守現實主義的分析觀點」

依照中華民國（臺灣）最新出版的《中華民國 100 年國防報告書》來看，臺灣的國防軍事戰略的政策在於建構「固若磐石」的國防武力，並建立一支「小而精、小而強、小而巧」的軍事力量，以做為兩岸協商談判最有力的後盾。以貫徹臺灣實施「積極防衛」中的「防衛固守、有效嚇阻」的國防軍事戰略構想，確保臺灣的國家安全，使任何想要侵犯台灣領域的軍事行動不敢輕舉妄動，從而維持臺海的和平與區域的穩定性質。[33]因此，臺灣的國防軍事戰略在於期望能夠達成「預防戰爭」（主要在於建立「固若磐石」之國防武力、建構「有效嚇阻」之軍事能力、建立兩岸軍事互信的機制以及推動區域安全交流與合作）、「國土防衛」（主要在於強化兵力的素質、提升預警的能力、強化戰力的保存、建立高效聯合的戰力以及厚植全民國防的實力）、「應變制變」（主要在於強化偵知與監控的能力、完善的危機應變機制、建立防災制變的部隊）、「防範衝突」（主要在於建構防範軍事衝突的機制、恪遵防範衝突的各項規定、強化部隊應變處理的能力）與「區域穩定」（主要在於參與區域國防安全對話的機制、共同維護區域海空交通線的安全、參與區域反恐與人道救援的行動）等目標。[34]

由此可見，臺灣的國防軍事戰略的政策目標主要在於預防戰爭與追求國土的安全防衛，主要的構思仍然在於「積極防衛」之上，已經不擁有從前帶有「攻勢戰略」的意涵存在。因此，本研究主張，臺灣的國防軍事戰略目標可算是相似於「守勢現實主義」的理論觀點，可以用守勢現實主義的觀點來解釋之。其主要就是在於追求「安全的極大化」，不輕易妄動來追求任何改變臺海甚至是亞太區域安全的舉動，以穩定的「維持安全的現狀」，並且針對對岸中國大陸崛起的威脅，臺灣會積極

---

[33] 中華民國國防部，《中華民國 100 年國防報告書》（臺北：國防部，2011 年），頁 76。

[34] 同上註，頁 84-87。

的尋求周邊國家與美國的介入，以促成共同來抵禦防衛中國大陸的權力擴張或是侵略的意圖；另外，臺灣也會透過兩岸交流的機制（例如：中華民國行政院大陸委員會與中國國務院台灣辦公室、國共論壇）與民間對話（例如：海峽交流基金會與海峽交流協會）等的方式，來瞭解彼此信息的傳遞與溝通，以預防並解決戰爭衝突的可能性，期望能夠維持當今兩岸及臺海現狀的穩定。因此，可以一言以蔽之，就是在追求守勢現實主義所主張的「安全極大化」的目標。

至於在美國的部分，從最新的《2010 年四年期國防總檢》之中，可觀察到其主要的國防軍事戰略目標在於：美軍必須要防衛美國的國土以及支持國家的政府機構；美軍能夠在反叛亂、維持穩定與反恐怖主義等行動中來獲取成功的目標；與夥伴國家共同來建立集體安全的保障；嚇阻以及擊敗來自外來敵方勢力的侵犯行為；預防大規模毀滅性武器的擴散以及能夠有效的運用網際網路（資訊和通訊）的能力。[35]

由此可見，美國的國防軍事戰略目標大部分可以相呼應「攻勢現實主義」的理論觀點，但也有一部分是採取「守勢現實主義」的理論觀點。在攻勢現實主義的面向來看，美國依然要持續的確保美國在全世界各個區域已獲得的軍事權力與國家的利益，避免有其它新興的強權國家或是其它非政府的組織（例如：恐怖組織）來與之競爭，進而取代美國而成為區域的霸主，而具體的作為除了繼續加強與盟國與夥伴國家的相互合作以建立一個集體安全的網絡之外，也持續的針對動盪不安的地區來進行反叛亂、反恐怖主義等行動的軍事戰略目標，且在網際網路發達的全球化時代之中，也配合著有效率的來運用資訊與通訊科技技術的軟實力，進行科技戰的模式，以維持區域穩定的情況。而在那些美國勢力還沒有主要的接觸到的地區與事務來看，美國也很積極的能夠讓自己能夠來參

---

[35] Department of Defense, 2010 Quadrennial Defense Review Report, 2010, p.2.

與，以獲得發言權或是較多影響的權力，因此，美國此舉依然是採用攻勢現實主義所主張的「權力極大化」的模式來進行。

另外，美國在守勢現實主義的主張來看，依然也有部分的國防軍事戰略目標是比較偏向與守勢的態勢。嚴格來說，在 2001 年「911 恐怖攻擊事件」之後（因為在此事件之前，美國在冷戰時期以及蘇聯解體後成為唯一霸權之時，主要所關注的都是在全球海外各地區的軍事安全佈署，當時甚至還有美國國土無法被海外外來勢力所攻擊的神話迷思，直到「911 恐怖攻擊事件」將這個思維給打破之後，美國才重新認真的考量國土安全的重要性），美國更為的重視國土與海外領土的「安全極大化」，也成立了「美國國土安全部」(United States Department of Homeland Security, DHS)來負責國內的國土安全以及反恐的行動，這在以往美國的歷史上並沒有一個相似功能的組織，因此也可算是一個新的創舉。總而言之，美國目前的國防軍事戰略目標，可以說是攻勢與守勢現實主義都具備的思維模式，但攻勢戰略目標仍然是稍多於守勢戰略的目標。

陸、結論

臺灣與美國具有國防軍事戰略目標的差異性，導致雙方實施迥然不同的國防組織體制改革。首先，在臺灣的部分，主要受實行「守勢戰略」的思維，也就是以「積極防衛」戰略中的「防衛固守、有效嚇阻」為目標，以建構「固若磐石」的國防武力，並建立一支「小而精、小而強、小而巧」的軍事力量，以做為兩岸協商談判最有力的後盾。因此，相較於過往，臺灣已經沒有反攻大陸收復失土的企圖，只要能夠確保臺灣的國土和離島的安全，以維護完整的中華民國（臺灣）政府有效的主權和管理權即可，而此種戰略的模式思維剛好映襯到「守勢現實主義」的「安全極大化」的主張，來確保國家領土的安全與完整。

因此，臺灣在 2002 年「國防二法」的國防體制改革之中，主要目的除了改正以往國防軍事領導指揮制度的缺陷與不民主的型態，以達到民主的「軍隊國家化」的目標之外，另也是為了搭配著國防守勢戰略目標的思維模式，收回以往軍事強人的軍事指揮權力，改為由中央文人政府（總統與國防部長）所統一管理的方式。避免在臺海兩岸趨於和緩的情勢之下，有軍事強人（一般都為主戰的鷹派）因擁有軍權彼此互相的挑釁，進而導致軍事衝突或戰爭的危機。故而將國防軍事領導的指揮權限收歸於文人政府（一般都為主和的鴿派）的手上，實行「強幹弱枝」的軍事制度，如此較能夠理性與和緩的來面對海峽兩岸局勢的挑戰。

整體來說，臺灣的國防軍事領導指揮體制是從以往的「權力下放」轉型至今日的「強幹弱枝」（中央集權）。因為在二戰之後，中華民國（臺灣）政府陸續的面臨到「國共內戰」、「動員戡亂」、「反攻大陸」、「戒嚴時期」、「古寧頭戰役」、「八二三炮戰」等因素的影響，在當時跟中國大陸仍然處於緊張敵對的情況，因此需要下放軍事指揮權力給三軍的指揮官，以應付有可能一觸即發的衝突或戰爭。然而，當這些因素陸續的消失之後，臺灣也逐步的邁入和平穩定的時期，其內部的政治民主制度也在轉型，因而就必須要適應時代的變遷來改正以往的國防軍事體制，將國軍部隊的軍事指揮權力收回中央的文人政府，以達到「軍隊國家化」的目標。而在 2013 年「國防六法」實施之後，又將國防組織更加的精簡與整併，這相當程度來說，又能夠加強文人政府的控制，軍事組織越精簡越少的情況之下，文人國防部長也相對的更加容易的來管理三軍各軍種單位的部門。然而，就如文章前所提到，雖然說臺灣在法定上是規定必須由文人擔任國防部長來領軍，但到目前為止，國防部長大多還是擁有軍職體系背景的人員所出任，真正完全的文人部長是屈指可數。那些軍職體系的部長尚且還可以領導那群高級軍官團，掌握住完整的軍權，但如果往後是由純文人來擔任國防部長的話，能否真正的領導專業軍官團，以落實強幹弱枝的軍權則還需要更進一步的來觀察。

另外，在美國國防軍事領導指揮體制的部分，美國主要是在於實施全球「攻勢戰略」的思維。在二戰結束之後，由於要面對蘇聯集團的威脅挑戰，美國遂在全世界實施「反共圍堵」以及「攻勢作戰」的軍事戰略目標，以期能夠來防止蘇聯共產集團的對外擴張，且待時機成熟之時能夠一舉的來擊垮蘇聯集團。所以，在此種攻勢思維的考量之下，美國就在全世界各個區域部署了許多的統一作戰司令部和眾多的野戰部隊，來幫助其達成維護區域的穩定與保護美國國家的利益等軍事戰略目標。且由於當時也算是美蘇對立的緊張關係，美國政府一方面在確保文人政府能夠有效的來指揮管理美軍的部隊，以防止有軍事強人的情況發生；另一方面也相對的下放部分的軍事指揮權力給三軍各單位部門的指揮官，讓他們在其負責的領域內能夠第一時間的來反應危機的發生與執行各項的軍事任務。所以說，在當時美國可算是採取較為「權力下放」的國防軍事領導指揮的體制。

然而，美國此種下放權力給三軍各部門單位首長的方式，到後來卻演變出各個軍種單位之間太過於獨立，上層指揮官無法的來跨軍種有效的指揮管理，因而導致後來「沙漠 1 號」等軍事任務執行的效率不佳，甚至是以完全失敗的情況收場。因此，美國在 1986 年的「國防部重整法案」之中，除了持續性的強化文人政府領導軍隊的宗旨之外，也改正了以往三軍各單位部門太過於獨立鬆散的現象，設立一個較為完整獨立性質的參謀首長聯席會議來統一指揮管理美國軍隊，由參謀首長聯席會議主席來節制三軍各單位部門，總統和國防部長所發布的命令也需透過參謀首長聯席會議來下令給所屬的軍事指揮官來執行；除此之外，也加強了各地區和各特殊職能的統一作戰司令部擁有完整的軍事領導指揮權限，以期能跨軍種的指揮聯合作戰或是執行各式各樣的軍事任務目標。至此，美軍的國防指揮體制有了一個全新的轉型，也表現出相對於以往更加的完善制度模式，同時在之後所規劃與執行的軍事行動計畫上也變得更加有效率。

總結來說，美國在 1986 年的「國防部重整法案」的改革之後，呈現出一種新的軍隊內部權力移轉的模式。也就是將原有三軍各單位部門首長的軍事指揮權力，轉移至參謀首長聯席會議主席和統一作戰司令官的身上。雖然看起來是將軍事指揮權收回統一指揮管理，但跟臺灣不同的是，臺灣是將這些權力收回給文人的國防部長，而美國則是交給最高級的專業軍官來執行，所以仍然是以一種新的「權力下放」的模式來呈現，只不過此種新的模式不管是針對文人政府、國會或軍方高層，都能更有效率的來指揮管制所有的美軍部隊。

中共大戰略研究之思辯：
薄富爾「行動戰略」觀點之探討

楊順利 *

（淡江大學國際事務與戰略研究所博士候選人）

摘要

中共的「崛起」成為 21 世紀世人矚目焦點，然而國際社會尤其關注其是否重蹈歷史大國崛起經驗，與既有強權發生衝突。當國際關係理論對於觀察中共「如何崛起」、「崛起的形式」或「崛起後的國際秩序」等命題存在若干爭議時，能否從其他途徑獲得解決之道？比較中共學者對於「崛起」、「大戰略」的看法，以及其領導人根據不同時空環境與自身力量所做出之戰略抉擇，均與薄富爾「總體戰略」、「間接戰略」與「行動自由」概念存在契合之處；顯示薄富爾的「行動戰略」觀點或能提供研究中共「大戰略」之另一途徑。

關鍵詞

中共崛起、中國夢、國家戰略、大戰略、行動戰略

* 楊順利，現為淡江大學國際事務與戰略研究所博士候選人。

壹、前言

20 世紀末，「中共」[1]審視國際環境正處於趨向和平發展的「戰略機遇期」，[2]於 1978 年第十一屆三中全會決議，將中心工作由階級鬥爭轉移到社會主義現代化經濟建設，從此進入改革、開放新時期；[3]21 世紀初，其經建發展獲致初步成果，並力爭於 2020 年前國內生產總值較 2000 年翻兩番。[4]近年來中共「綜合國力」(Comprehensive National Power)大幅提升，[5]不僅引起世人矚目，亦促使美國「重返亞洲」；[6]中共的「崛起」不僅成為熱門研究議題，[7]其事實在學界也具有一定程度的共識。[8]

---

1 本文全部以「中共」一詞專指目前中國共產黨執政下的「中華人民共和國」(轄有中國大陸地區治權)，以與歷史上的「中國」區別。

2 2011 年 3 月 8 日新加坡國立大學東亞所所長鄭永年在《聯合早報》發表〈中國未來十年的”戰略機遇期”〉文章，指出「戰略機遇期」為中共領導用來推進國家改革發展的關鍵字，主要係對國內外環境與改革發展之間關係的綜合性判斷，引自《中國評論月刊網絡版》，2011 年 3 月 8 日，〈http://www.chinareviewnews.com/crn-webapp/mag/docDetail.jsp?coluid=0&docid=101621274〉(2013 年 7 月 1 日檢索)。中共「國家安全論壇」副秘書長彭光謙在其〈三論戰略機遇期—戰略機遇期不是戰略保險期〉文章表示，「對一個國家而言，戰略機遇就是有利於維護國家利益，實現國家戰略目標的環境與條件。就當代中國而言，就是有利於中國集中精力，穩定地可持續發展，實現中華民族偉大復興的內外環境與主客觀條件」，引自《新華網》，2013 年 3 月 9 日，〈http://big5.xinhuanet.com/gate/big5/news.xinhuanet.com/world/2013-03/19/c_124472653.htm〉(2013 年 7 月 1 日檢索)。請一併參閱門洪華，《構建中國大戰略的框架：國家實力、戰略觀念與國際制度》(北京：北京大學出版社，2006 年 1 月)，頁 286；辛向陽，《中國發展論》(山東：山東人民出版社，2006 年 8 月)，頁 22 至 32。

3 1978 年 12 月 18 至 22 日，中共於第十一屆三中全會會前召開歷時 36 天中央工作會議，對「文化大革命」後中國共產黨領導工作提出批評，並於三中全會決議：「將黨的工作重點從『以階級鬥爭為綱』轉移到社會主義現代化建設。」詳見〈中共十一屆三中全會(1978 年)〉，引自《新華網》資料庫，2003 年 1 月，〈http://news.xinhuanet.com/ziliao/2003-01/20/content_697755.htm〉(2013 年 7 月 1 日檢索)。

4 門洪華，《構建中國大戰略的框架：國家實力、戰略觀念與國際制度》，「序言」。

5 宋國城，《中國跨世紀綜合國力－公元 1990-2020》(臺北：臺灣學生書局，1996 年 7 月)，頁 343 至 348。學界對於「綜合國力」的評估指標與計算分析方式不盡相同，一般而言具有「主權國家擁有整體資源之實力及影響力」的概念。請一併參閱黃碩風，《綜合國力新論》(北京：中國社會科學出版社，2001 年 9 月)，頁 1 至 174；胡鞍鋼，《中國大戰略》(浙江，浙江人民出版社，2003 年 1 月)，頁 42 至 79；袁易、嚴震生、彭慧鸞進入 21 世紀之後，中共興起對「大戰略」的研究，檢討相應國際環境所應具有之「國家戰略」。[9]然而，國際社會似乎尤其關心中共崛起的形式，以及會否重蹈歷史上大國崛起過程－與既有強權國家發生衝突？[10]由於中共官方迄未公開宣稱其「大戰略」，[11]且中共學者對於國家

合編，《中國崛起之再省思：現實與認知》（臺北：國立政治大學國際關係研究中心，2004 年 12 月），「序言」；門洪華，《中國國際戰略導論》（北京：清華大學出版社，2009 年 6 月），頁 24 至 59。

6 Christian Le Mière, “America's Pivot to East Asia: The Naval Dimension”, Survival: Global Politics and Strategy, Vol. 54, No. 3（2012）, pp.81-94。另請參閱肖斌、青覺，〈美國重返亞洲對兩岸關係的挑戰與對策〉，《中國評論》，2012 年 2 月號，頁 28 至 34。之後，美國官方認為其從未真正退出亞洲，因此將原“Pivot to Asia”修正為”Rebalancing to Asia”（「亞洲再平衡」），參見 Congressional Research Service, Pivot to the Pacific？The Obama Administration's “Rebalancing” Toward Asia, CRS Report for Congress, March 28, 2012, pp.1-2。

7 學界對於中共「崛起」的研究論著多如汗牛充棟，諸如：China: The Balance Sheet: What the World Needs to Know Now About the Emerging Superpower （C. Fred Bergsten, Bates Gill, Nicholas R. Lardy, 2007）、China: Fragile Superpower: How China’s Internal Politics Could Derail Its Peaceful Rise （Susan L. Shirk, 2007）、China's Rise: Challenges and Opportunities （C. Fred Bergsten etc., 2008）、”Will China's Rise Lead to War ?”, Foreign Affairs （Charles Glaser, 2011）、《中國崛起－國際環境評估》（閻學通 等，1998）、《中國崛起之再省思：現實與認知》（袁易、嚴震生、彭慧鸞合編，2006）、《中國的和平崛起：理論、歷史與戰略》（胡宗山，2006）、《中國崛起之路》（胡鞍鋼，2007）、《大國崛起相對論》（保羅．甘迺迪 等，2007）、《中國崛起：理論與政策的視角》（朱鋒、羅伯．特羅斯，2008）、《大國沉淪－寫給中國的備忘錄》（劉曉波，2009）、《從國際關係理論看中國崛起》（朱雲漢、賈慶國主編，2010）、《中國崛起困境：理論思考與戰略選擇》（孫學峰，2011）等等。雖然觀察角度和評價不同，但對其「崛起的事實」多持肯定看法。

8 朱雲漢、黃旻華，〈探索中國崛起的理論意涵－批判既有國關理論的看法〉，朱雲漢、賈慶國主編，《從國際關係理論看中國崛起》（臺北：五南圖書出版股份有限公司，2010 年 9 月），頁 24。

9 韓源 等，《全球化與中國大戰略》（北京：中國社會科學出版社，2005 年 12 月），頁 211 至 219。請一併參閱胡宗山，《中國的和平崛起：理論、歷史與戰略》（北京：世界知識出版社，2006 年 11 月），頁 5 至 7；楊毅主編，《中國國家安全戰略構想》（北京：時事出版社，2009 年 7 月），「前言」；金駿遠（Avery Goldstein），王軍、林民旺合譯，《中國大戰略與國際安全》（Rising to the Challenge: China's Grand Strategy and International Security）（北京：社會科學文獻出版社，2008 年 4 月），頁 22 至 23。

10 簡單地說，就是「戰爭與和平的抉擇」。歷史上大國崛起過程等相關研究，非本文論述範疇。中共中央電視台曾於 2006 年 11 月製播《大國崛起》系列電視紀錄片，藉探討

發展的大方向仍未獲得共識，[12]這對於關心該等議題之人士而言，益增研究上的難處。

對於中共「如何崛起」、「崛起方式」或「崛起後的國際秩序」等命題，因為存在若干事實或觀點上的共識與爭議，不列入本文探討範疇。筆者以為與其從既存現象（「崛起」事實）進行描述或提出解釋，不若就「目標達成」之角度，探討中共的「戰略作為」。因此，嘗試以薄富爾(André Beaufre)「行動戰略」(Strategy of Action)觀點，論證研究中共「大戰略」之可行性。

貳、中共戰略思維轉變

一、對安全環境認知

冷戰後，中共對於周遭安全環境已有新的體認：第一，國際戰略格局將由「兩極體系」向「多極體系」演變，目前係國家首次不再面臨外國軍事入侵、全面封鎖和世界大戰的威脅，且將暫時維持一段較長時間；[13]第二，周邊安全環境日趨良好，邊界問題得以控制或解決；第三，

葡萄牙、西班牙、荷蘭、英國、法國、德國、俄國、日本、美國等9個世界大國相繼崛起過程，尋求其間規律。之後，中央電視台與中國民主法治出版社共同推出同名系列套書。可一併參閱繁體中文授權：保羅．肯尼迪（Paul Kennedy）等，《大國崛起相對論》（臺北：青林國際出版股份有限公司，2007年7月）；或較早由保羅．肯尼迪（Paul Kennedy）編，時殷弘、李慶四譯，《戰爭與和平的大戰略》（Grand Strategy in War and Peace）（北京：世界知識出版社，2005年1月）。

11 Michael D. Swaine, and Ashley J. Tellis, Interpreting China's Grand Strategy: Past, Present, and Future （Washington D.C.: RAND, March 28, 2000）, SUMMARY。請一併參閱金駿遠（Avery Goldstein），王軍、林民旺合譯，《中國大戰略與國際安全》（Grand Strategy in War and Peace），頁22至23；賈慶國，〈單極世界與中國的和平崛起〉，朱雲漢、賈慶國主編，《從國際關係理論看中國崛起》，頁3。

12 中共學者目前對於「大戰略」之看法，主要有三種觀點；而相較於美國和我國官方，除名詞、內容詮釋不同外，其間之主要差異係「戰略目標」不同（詳見本文第三節）。

13 康曉光，〈中國：不應充當挑戰者〉，蕭夸主編，《中國如何面對西方》（臺北：明鏡出版社，1997年2月），頁108至109。請一併參閱王緝思，〈中國國際戰略研究的視角

國家安全仍存在內憂外患問題，國家統一更加嚴峻；第四，當前戰略焦點應集中於經濟建設，加速國家現代化。[14]鄧小平直陳：「現在世界上真正大的問題，一個是和平問題，一個是經濟問題或者說發展問題」。[15]於是他在 1978 年第十一屆三中全會正式提出經濟改革、開放主張。

二、國家戰略新導向

就國家層面而言，學界對於擘劃國家整體建設發展的「藍圖」普遍存在不同見解，其間之差異主要是對於「當下或未來一段時間（期程）」、「平時或戰時（時機）」、「對外或對內（目標）」，以及「運用或分配資源（手段）」的解讀不同，[16]以致衍生不同名詞和定義，諸如：「國家戰略(National Strategy)」[17]、「國家安全戰略(National Security Strategy)」[18]、

轉換〉，王緝思主編，《中國國際戰略評論 2008》，總第 1 期（2008 年 5 月），頁 2。

[14] 沈偉烈、陸俊元主編，《中國國家安全地理》（北京：時事出版社，2001 年 9 月），頁 85 至 87。

[15] 中共中央文獻編輯委員會編，《鄧小平文選第三卷》（北京：人民出版社，1993 年 10 月），頁 105。

[16] 請一併參閱約翰．柯林斯（John M. Collins），鈕先鍾譯，《大戰略：原理與實踐》（Grand Strategy：Principles and Practices）（臺北：國防部史政編譯局，1975 年 3 月），頁 40 至 42 及附錄一「戰略名詞」；鈕先鍾，《現代戰略思潮》（臺北：黎明文化事業公司，1989 年 9 月），頁 215 至 221；吳春秋，《大戰略論》（北京：軍事科學出版社，1998 年 12 月），頁 15 至 18；鄧定秩，《國家戰略的理論與實踐（增訂二版）》（臺北：中華戰略學會，2011 年 3 月），「自序」及頁 74 至 77；李銘義、葉怡君，〈戰略研究基本意涵〉，翁明賢等主編，《新戰略論》（臺北：五南圖書出版股份有限公司，2007 年 8 月），頁 33；周丕啟，《大戰略分析》，頁 3 至 7。

[17] 「國家戰略為建立國力，藉以創造與運用有利狀況之藝術，俾得在爭取國家目標時，能獲得最大之成功公算與有利之效果。國力之要素有四：即政治、經濟、心理與軍事。故國家戰略之內容即是政治戰略、經濟戰略、心理戰略與軍事戰略之總名，並由四略構成其整體；而四略則在國家戰略之整體中互依、互用、互援、互成，共同為達成國家目標而努力。」詳見《中華百科全書．典藏版》，2004 年 8 月 4 日，〈http://ap6.pccu.edu.tw/encyclopedia_media/main-soc.asp?id=10133〉（2013 年 7 月 1 日檢索）。

[18] 「國家安全戰略是一定的國家實現和維護自身安全狀態的科學和藝術。」詳見楊毅主編，《國家安全戰略理論》（北京：時事出版社，2008 年 9 月），頁 18。

「國家發展戰略(National Development Strategy)」[19]、「總體戰略(Total Strategy)」[20]、「大戰略(Grand Strategy)」[21]，甚至於「國際戰略(International Strategy)」[22]和「大國戰略(Strategy of Great Power)」[23]等等。

長期以來中共沒有明確的「國家戰略」，官方往往將之與黨的「總路線」、「總方針」混淆。[24]概括而言，改革開放之前，主要在維護主權與獨立，以及內部政治安全（包括外部安全威脅對內部政治之影響）；

---

[19] 我國前國安會秘書長邱義仁在「台海安全與國防戰略」研討會致詞時表示，「思考國家整體的安全政策與戰略，可分為三個層次：第一個層面是國家的總體安全政略，這個層次牽動到第二個層面，就是國家發展戰略，包括國防戰略、外交戰略、經濟發展戰略。換句話說，第一個層面涉及國家總體安全大政略，第二個層面涉及到國防、外交、經貿等等的國家發展戰略。第三個層面才是執行的層次。」詳見邱義仁，〈「台海安全與國防戰略」研討會致詞〉，《新世紀智庫論壇》，第 20 期（2002 年 12 月 30 日），頁 23。

[20] 「總體戰略（total strategy）係指導總體戰爭的最高階層戰略，其下包括軍事、政治、經濟或外交等各領域之『整體戰略』(overall strategy)，以及次一層的『運作戰略』(operational strategy)。」詳見薄富爾（André Beaufre），鈕先鍾譯，《戰略緒論》(An Introduction to Strategy)（臺北：麥田出版股份有限公司，2000 年 2 月），頁 38 至 41 及頁 182 至 184；前述之"overall strategy"原書譯為「分類戰略」，"operational strategy"原書譯為「作戰戰略」。

[21] 「大戰略是基於目的和手段之間經過深思熟慮的一門藝術，需要以靈活為關鍵、不斷重新審視和調整。」詳見李 ，《現當代西方大戰略理論探究》（北京：世界知識出版社，2010 年 1 月），頁 1 至 32。

[22] 「中國的國際戰略相當於美國的大戰略（Grand Strategy），其主體應當是國家安全戰略（包括國防戰略）、外交戰略，以及對外經濟戰略。至於涉及國家統一、政治穩定、社會安定、民族宗教的國內問題，以及國內經濟發展戰略，應視作設計國際戰略時必須考慮的國情背景和重要變數，而非國際戰略主體。」詳見王緝思，〈中國國際戰略研究的視角轉換〉，王緝思主編，《中國國際戰略評論 2008》，頁 1 至 2。然有學者認為國際戰略內涵遠大於西方主流戰略或大戰略研究；亦有學者認為宜將國際戰略置於大戰略之下，與國內戰略相輔相成，請一併參閱門洪華，《中國國際戰略導論》，頁 9。

[23] 「大國戰略是指當今世界大國的對外戰略、國際戰略。」詳見金燦榮，〈中國學者看大國戰略綜述（代序）〉，王緝思總主編，金燦榮主編，《中國學者看世界－大國戰略卷》（北京：新世界出版社，2007 年 1 月），頁 15 至 17。

[24] 黃碩風，《綜合國力新論》，頁 211。請一併參閱岳天，〈現代戰略體系及其內涵〉，劉漸高總編輯，《認識戰略－戰略講座彙編》（臺北：中華戰略學會，1997 年 1 月），頁 40。

改革開放之後，才較有餘力思考對外的戰略作為。[25]自 1971 年季辛吉密訪北京時，中共對外的戰略思維就逐漸轉向以國家安全、國家利益為導向。[26]認為：「國家的根本目標是謀求生存與發展。國家利益要維護，國家建設要發展，就必須以國家安全作保障。國家安全主要依賴綜合國力發展，但必須有強大的國防力量支持。」[27]並強調「國家利益是確定國家戰略的基本依據和實施戰略指導的出發點」。[28]換言之，國家追求的目標是生存與發展；在此追求過程中，係以國家利益為最高指導，國家安全為基本考量；要確保國家安全，維護國家利益，就必須仰賴國防力量。因此，中共歷屆領導人於經建發展之同時，也相當重視國防「現代化」建設。[29]

---

[25] 王緝思，〈中國國際戰略研究的視角轉換〉，王緝思主編，《中國國際戰略評論 2008》，頁 1 至 2。

[26] 趙雲山，《消失中的兩岸》（台北：新新聞出版社，1996 年 3 月），頁 346。1971 年美國總統尼克森（Richard Milhous Nixon）利用「中蘇（前蘇聯）分裂」之機會，其幕僚季辛吉（Henry A. Kissinger）於該年 7 月、10 月兩度先行密訪中國大陸，並與中共總理周恩來協商；次年 2 月 21 日至 28 日尼克森赴訪（此 7 天訪問被稱為「改變世界的一週」），雙方並簽署驚動世界的《中美聯合公報》（上海公報）。

[27] 劉繼賢、王堂英、黃碩風，《國防發展戰略概論（軍內發行）》（北京：國防大學出版社，1989 年 7 月），頁 7。請一併參閱糜振玉，《戰爭與戰略理論探研》（北京：解放軍出版社，2004 年 1 月），頁 358；劉宗義，〈中國共產黨國家利益觀的發展演變〉，《國際展望》，2011 年第 4 期（2011 年 2 月），頁 35 至 45。

[28] 軍事科學院戰略研究部，彭光謙、姚有志主編，《戰略學（2001 年版）》（北京：軍事科學出版社，2001 年 10 月），頁 40 至 49；彭光謙、姚有志主編，《軍事戰略學教程》（北京：軍事科學出版社，2003 年 6 月），頁 30 至 34。

[29] 1979 年 1 月 2 日中共第十一屆三中全會剛閉幕，前國防部長徐向前在軍委座談會上強調：「我們軍隊按照中央的決策，也有個轉移問題，要實現軍隊現代化。」詳見中共國防大學第二編研室編，《徐向前軍事文選》（北京：解放軍出版社，1993 年 5 月），頁 162。其後，歷屆領導人均對國防與軍隊建設提出重要政策指導，包括：1981 年鄧小平檢視華北軍演部隊時訓勉「建設強大的現代化、正規化革命軍隊」；1985 年鄧小平再提出軍隊和國防建設的指導思想實行戰略性轉變：「從過去立足於早打、大打、打核戰爭的臨戰狀態，轉入和平時期建設的軌道」；1993 年江澤民確立新時期軍事戰略方針，要求「立足打贏一場高技術條件下的局部戰爭，提高應急作戰能力」；2006 年胡錦濤強調「進入新世紀新階段，須以提高一體化聯合作戰能力為目標，打贏資訊化條件下局部戰爭。」等等，請一併參閱中共中央文獻編輯委員會編，《鄧小平文選（1975-1982）》（北京：人民出版社，1983 年 8 月），頁 350；中共中央文獻研究室編，

整體而言，目前中共的安全典範基本上仍是由鄧小平及其追隨者所提出與經營的「和平發展」主軸—以經濟改革開放為優先並逐步成為一個「崛起中的大國」。[30]並預測：國際社會達到真正的「多極」格局仍需較長時間；[31]2000 年至 2030 年的世界趨勢將是「為爭自然資源而發生許多局部戰爭」的動盪時代。[32]綜前所述，我們可以預期中共將把握此難得的「戰略機遇期」，並以「崛起之大國」為目標，逐漸從「冷靜觀察、穩住陣腳、沉著應付、韜光養晦、善於守拙、決不當頭」轉向「朋友要交、心中有數、抓住時機、有所作為」，[33]進而實現所謂的「中國夢」。[34]

《鄧小平思想年譜（1975-1997）》（北京：中央文獻出版社，1998 年 12 月），頁 322 至 323；中共中央文獻研究室編，《江澤民思想年編（1989-2008）》（北京：中央文獻出版社，2010 年 2 月），頁 96 至 97；曹智，〈胡錦濤主席要求推進軍事訓練向資訊化轉變圖〉，引自《新華網》，2006 年 6 月 28 日，〈http://big5.xinhuanet.com/gate/big5/news.xinhuanet.com/mil/2006-06/28/content_4758941.htm〉（2013 年 7 月 1 日檢索）。

[30] 陳文政，〈中共的安全觀及戰略趨勢〉，曾章瑞策劃主編，《2003 台海戰略環境評估》（臺北：國防大學國家戰略研究中心與國立政治大學國際關係研究中心，2003 年 1 月），頁 167 至 168。中共領導人一般在談及國際體系中的地位時，大致依循八 0 年代以來，鄧小平「基於經濟建設需要和平的國際環境」談話，此亦為江澤民、胡錦濤等領導階層所奉行。

[31] 李忠傑，〈怎樣認識和推動世界多極化進程〉，引自《人民網》，2006 年 5 月 16 日，〈http://theory.people.com.cn/BIG5/49150/49152/4376694.html〉（2013 年 7 月 1 日檢索）。請一併參閱葉自成，〈關於多極化格局的幾點思考〉，《世界經濟與政治》，1998 年第 11 期（1998 年 11 月），頁 21 至 30；陳嶽，〈世紀之初的國際格局、世界主題與中美關係〉，《中國人民大學學報》，第 15 卷第 5 期（2001 年 9 月），頁 28 至 31。

[32] 伍爾澤（Larry M. Wortzel），吳奇達、高一中、翟文中譯，《廿一世紀台海兩岸的軍隊》（The Chinese Armed Forces in the 21th Century）（臺北：國防部史政編譯局，2000 年 9 月），頁 116。

[33] 1989 年「六四」天安門事件中共血腥鎮壓，美國為首的西方國家聯合實施「制裁」；1990 年「柏林圍牆」推倒；1991 年「蘇聯」瓦解，冷戰結束。鄧小平為穩住政局，提出「冷靜觀察、穩住陣腳、沉著應付、韜光養晦、善於守拙、決不當頭」等對外關係指導方針，引自《人民網》，2012 年 10 月 28 日，〈冷靜觀察、沉著應付、韜光養晦、決不當頭、有所作為〉，〈http://theory.people.com.cn/n/2012/1028/c350803-19412863.html〉（2013 年 7 月 1 日檢索）。請一併參閱葉自成，〈關於韜光養晦和有所作為－再談中國的大國外交心態〉，《太平洋學報》，2002 年第 1 期（2002 年 1 月），頁 62 至 66；元成章，〈論鄧小平國際戰略思想內涵十要素〉，王緝思總主編，金燦榮主編，《中國學者看世界－大國戰略卷》，頁 71 至 84。

如果說「中國夢」就是成為「崛起之大國」，則實現「中國夢」的過程，就是「崛起」的過程；而如何實現「中國夢」，應當就是確認國家戰略目標並全力執行國家「大戰略」。[35]

參、中共「大戰略」浮現

一、「崛起」的看法

從歷史經驗來看，任何「大國」的崛起都將導致世界權力、利益，乃至價值觀的重大調整，重新洗牌似乎在所難免。因此，中共的「崛起」事實再度引起世人，尤其是西方國家的關注。[36]冷戰結束後，由於中共綜合國力迅速提升，國際間對此存在正面（「中國機遇期」、「中國貢獻論」）及負面（「中國威脅論」、「中國崩潰論」、「中國風險論」）兩種評價。2003 年 11 月，時任中共中央黨校前常務副校長鄭必堅首於博鰲論

---

[34] 中共學者胡鞍鋼認為，「『富民強國』是千百年來中國仁人志士心中的夢想」，而「建立強大的社會主義工業國」則一直是中共領導人奮鬥的目標；劉明福更直言「『世界第一』是中國的百年夢想」。2012 年 11 月 29 日，甫接任中共中央總書記、中央軍委主席的習近平，在參觀國家博物館《復興之路》展覽過程中，首次以官方身分公開提出「實現中華民族偉大復興，就是中華民族近代以來最偉大的夢想。」引自《新華網》，2012 年 11 月 29 日，〈習近平：承前啟後，繼往開來，繼續朝著中華民族偉大復興目標奮勇前進〉，〈http://news.xinhuanet.com/politics/2012-11/29/c_113852724.htm〉（2013 年 7 月 1 日檢索）。2013 年 3 月 17 日，習近平剛接任中共國家主席，就立即在中共第十二屆全國人大第一次會議閉幕會宣稱，「實現中華民族偉大復興的『中國夢』，就是要實現國家富強、民族振興、人民幸福。」引自《新華網》，2013 年 3 月 17 日，〈習近平在十二屆全國人大一次會議閉幕會講話側記〉，〈http://news.xinhuanet.com/2013lh/2013-03/17/c_115055439.htm〉（2013 年 7 月 1 日檢索）。請一併參閱胡鞍鋼，〈構建中國大戰略：“富民強國”的宏大目標〉，胡鞍鋼主編，《中國大戰略》，頁 3 至 37；劉明福，《中國夢：後美國時代的大國思維與戰略定位》（北京：中國友誼出版公司，2010 年 1 月），頁 3 至 26。

[35] 中共學者認為，「戰略的最高境界是『大戰略』，國家要『崛起』就必須要有自己正確的大戰略。」簡言之，「崛起」是從戰略的轉變與創新開始；沒有「大戰略」就沒有「崛起」。請一併參閱郭樹勇，〈導論：中國崛起中的戰爭與戰略問題〉，郭樹勇主編，《戰略演講錄》（北京：北京大學出版社，2006 年 6 月），頁 14 至 15；劉明福，《中國夢：後美國時代的大國思維與戰略定位》（北京：中國友誼出版公司，2010 年 1 月），頁 142。

[36] 門洪華，《構建中國大戰略的框架：國家實力、戰略觀念與國際制度》，頁 3。

壇發表〈中國和平崛起新道路和亞洲的未來〉演講；2003 年 12 月及 2004 年 3 月，中共前國家主席胡錦濤和前總理溫家寶，先後公開強調「中國和平崛起」要義，其後基於政治考量，並為爭取較長時間的和平發展環境，將「崛起」解釋為「發展」；2004 年 9 月正式宣稱「和平、發展、合作」對外政策，企圖營建良好國際形象。[37]同時，中共學者（包括部份受邀西方學者）積極投入相關理論研究。[38]

儘管中共官方迄未正式定義「和平崛起」，學界對此至少已有三種不同解讀：第一種是將「和平」與「崛起」均視為目的，即兩者均須實現；第二種是將「和平」視為手段，「崛起」視為目的，即維持「和平」的目的是為了「崛起」；第三種是將「崛起」視為手段，「和平」視為目的，即「崛起」的目的是為了維護「和平」。[39]而前述三種解讀都與「目的」（目標）和「手段」（方法）有關。

此外，閻學通從「國家安全環境」角度，認為：「崛起」應是「一個大國綜合實力快速提高並對世界力量格局、秩序和行為準則產生重大影響的過程」，而「全部過程的完成就是崛起的最終結果」。因此，國家的崛起過程可區分為「追求安全（生存）、追求發展、追求崛起」等三

[37] 相關論述請一併參閱胡宗山《中國的和平崛起：理論、歷史與戰略》（北京：世界知識出版社，2006 年 11 月），頁 1 至 7；呂蓬、劉大湧，〈中國和平崛起戰略的外交新佈局〉，陳佩堯、夏立平主編《新世紀機遇期與中國國際戰略》（北京：時事出版社，2004 年 9 月），頁 64 至 65；以及韓源 等，《全球化與中國大戰略》（北京：中國社會科學出版社，2005 年 12 月），頁 216 至 217；蔡瑋，〈中共和平發展對兩岸關係的戰略意涵〉，蔡瑋、柯玉枝編，《中國和平發展與亞太安全》（臺北：國立政治大學國際關係研究中心，2005 年 7 月），頁 8 至 13。

[38] 例如：胡宗山，《中國的和平崛起：理論、歷史與戰略》；朱鋒、羅伯特．羅斯（Robert Ross）主編，《中國崛起：理論與政策的視角》（上海：上海人民出版社，2008 年 3 月）；葉自成 等，《中國和平發展的國際環境分析》（北京：經濟科學出版社，2009 年 9 月）；高全喜、任劍濤 等，《國家決斷：中國崛起進程中的戰略抉擇》（北京：中國友誼出版公司，2010 年 4 月）；孫學峰，《中國崛起困境：理論思考與戰略選擇》（北京：社會科學文獻出版社，2011 年 8 月）等論著。

[39] 閻學通、孫學峰等，《中國崛起及其戰略》（北京：北京大學出版社，2006 年 8 月），頁 2。

個層次的戰略目標；以及「準備、起飛（一般發展）、衝刺（與世界強國競爭）」等三個階段。[40]

胡鞍鋼則藉「國家生命週期」理論，驗證大國崛起的歷史軌跡，認為：國家迅速「崛起」的關鍵在於「能否創新和持續創新」，所以國家的「現代化」之路就是「崛起」之路。因此，「崛起」應結合國家現代化發展，並可區分為「『兩步走』（1949-1977 年）、『三步走』（1978-2001 年）、『新三步』（2002-2050 年）」等三個階段；而發展目標則包括「增長、強國、富民、提高國際競爭力」等四大目標。[41]

夏立平分析國內、外環境現況，認為：改革開放以來，國內政治穩定與經濟持續發展；目前「國際體系處於重大轉變時期、大國關係重新洗牌，世界處於第二至第四次新浪潮並存發展階段」，使中共擁有更大的戰略空間和選擇，已具備「崛起成為世界強國」之有利條件。[42]

劉明福引用美國歷史學家保羅·肯尼迪(Paul Kennedy)的看法，認為：目前中共領導人貫徹的宏遠戰略思想，以及國家經濟持續發展，是成功「崛起」的有利因素。他並提出「崛起」的四個階段目標與戰略，分別是「自立於世界」的生存戰略、「融入世界」的發展戰略、「領先世界」的崛起戰略，以及「領導世界」的領袖戰略。[43]

---

40 閻學通 等著，《中國崛起－國際環境評估》（天津，天津人民出版社，1998 年 4 月），頁 139 至 150。

41 請一併參閱胡鞍鋼，《中國崛起之路》（北京：北京大學出版社，2007 年 4 月），頁 4 至 21，頁 306 至 382；胡鞍鋼，〈構建中國大戰略：“富民強國”的宏大目標〉，胡鞍鋼主編，《中國大戰略》，頁 8。

42 夏立平，〈論中國實現和平崛起的國際戰略新理念〉，《中國學者看世界－大國戰略卷》，頁 189 至 193。

43 劉明福，《中國夢：後美國時代的大國思維與戰略定位》，頁 141 及頁 143 至 144。請一併參閱 Paul Kennedy, The Rise and Fall of the Great Powers: Economic Change and Military Conflict From 1500 to 2000（New York: Random House, Dec 1987）, p.540。

張文木對於國家發展（崛起）持審慎態度，他列舉以、法、德、英、美、日等國與中國歷代發展之「歷史經驗」，認為：「生存」與「發展」是國家的基本利益，安全環境之優劣是內、外部壓力相互作用下的結果。從歷史上來看，中國至少存在兩種國家風險，一種是自然經濟條件下發生的生存風險；一種是市場經濟條件下發生的發展風險。因此，在國家發展（崛起）過程中，尤須重視資源消耗、國家認同、人才培育等問題。[44]

反之，倪世雄深具信心地引用中共官方論點，認為：「中國的崛起是『和平』的」。因此，在崛起過程中具有「和平環境中崛起(in peace)、透過和平方式崛起(by peace)、為了和平目的崛起(for peace)」之特點。[45]

二、「大戰略」之觀點

根據中共學者的說法，其研究「大戰略」主要有兩個原因：第一，滿足「崛起」的需要；針對「崛起」的目標、進程、方式及可能面臨問題進行全面評估。第二，因應「中國模式」的討論。[46]其實在較早之前就有學者認為，「國家戰略」的制定應隨時空條件改變而有所區別；現行戰略只能根據當時既有條件制定，若可能存在相當長的和平時期，就必須考慮「發展」問題。因此，將戰略區分為兩種類型：一是當下的「現

---

[44] 張文木，〈大國崛起的歷史經驗與中國的選擇〉，郭樹勇主編，《戰略演講錄》，頁 140 至 174。

[45] 倪世雄，〈中國的和平崛起－特徵、含義及影響〉，朱雲漢、賈慶國主編，《從國際關係理論看中國崛起》，頁 119 至 123。

[46] 2004 年 5 月 7 日，時任美國高盛投資公司高級顧問、清華大學教授喬舒亞．庫珀．雷默（Joshua Cooper Ramo），在倫敦《金融時報（Financial Times）》提出「北京共識（Beijing Consensus）」之後，引起國際關注，掀起「中國模式」討論熱。「北京共識」主要強調中共經濟發展模式的創新價值、可持續性及自主性，詳見蔡拓，〈中國大戰略芻議〉，《國際觀察》，2006 卷第 2 期（2006 年 4 月），頁 1 至 2。請一併參閱俞新天，〈認識和避免當今的衝突和戰爭－中國和平崛起的戰略選擇〉，陳佩堯、夏立平主編，《新世紀機遇期與中國國際戰略》，頁 12 至 13；門洪華，《構建中國大戰略的框架：國家實力、戰略觀念與國際制度》，頁 12 至 29；鄒慶國、袁昭，《中國大戰略：高層決策焦點問題解讀》（香港：中華書局有限公司，2009 年 7 月），頁 31 至 47。

行戰略」，一是未來的「發展戰略」。[47]就軍事層面而言，「國防發展戰略」與「軍事戰略」屬同一層次，都是「國防戰略」的組成部分，在目標和方向上與國防戰略一致；且國防發展戰略是「國家發展戰略」的分系統，受國家發展戰略指導，並與其他發展戰略相互協調。[48]

然而，中共「國家發展戰略」的具體定義及內容為何？與「國家戰略」之間關係又如何？是否如同前述「現行戰略」與「發展戰略」的關係？而中共自國家階層以下各層面（如國防、軍事、軍種等），是否也同時存在「現行戰略」與「發展戰略」（如圖 1）？還是在「國家戰略」與「國家發展戰略」之上，還有更高階層的戰略（所謂的「大戰略」）呢？

47 陳維民，〈非常規化的未來常規戰爭〉；楊得志、宦鄉、糜振玉 等，《國防發展戰略思考》（北京：解放軍出版社，1987 年 6 月），頁 219。「發展戰略」乙詞，係 1958 年肇始於經濟學領域，1985 年中共於軍委擴大會議之後，將其引進國防領域，以滿足「國防建設指導思想實現戰略性轉變」的需要。此處之「發展」具有「建設」及「未來」的意涵；中共並將其定義為「實現未來一定時期建設目標所採取的方略」，詳見劉繼賢、王堂英、黃碩風，《國防發展戰略概論》，頁 1 至 4。

48 軍事科學院計畫組織部，《未來的國防建設（下冊）》（北京：軍事科學出版社，1988 年 2 月），頁 58。中共定義「國防發展戰略」為「籌劃和指導未來一定時期內國防力量發展建設的方略」，或是「對未來一定時間的國防建設和國防力量發展所進行總體上的謀劃和指導」，詳見劉繼賢、王堂英、黃碩風，《國防發展戰略概論》，頁 1 至 4；劉繼賢，《軍事理論與未來作戰》（北京：國防大學出版社，1992 年 5 月），頁 301。

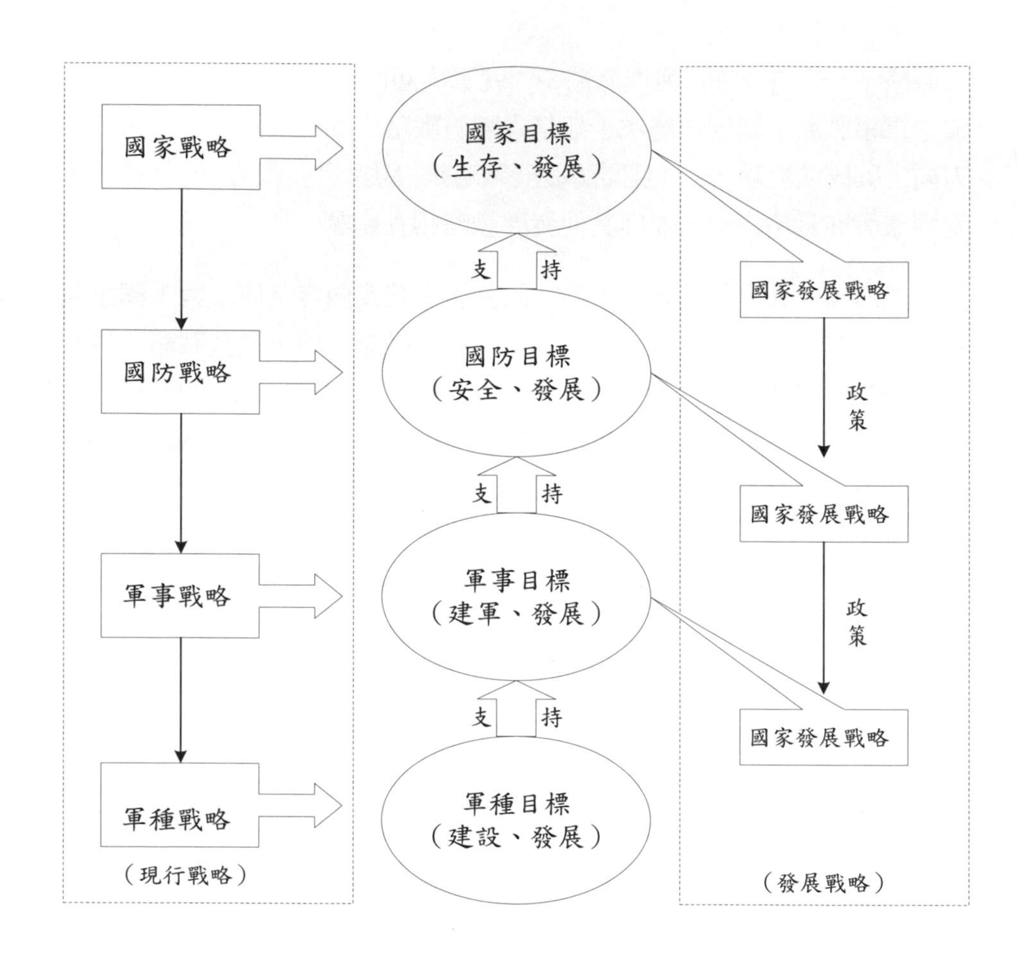

圖 1 中共戰略結構層次預想 1

資料來源：筆者根據中共對「國防發展戰略」與其他戰略關係之論述繪製。

根據中共軍事研究院戰略科學部主編《戰爭與戰略理論集粹》（軍事科學出版社，1989 年 11 月）內容，指其「國家戰略是建設具有中國特色的社會主義現代化強國的戰略。是國家最高層次的總體戰略，也是黨的總路線、總方針、總政策。…不僅將政治戰略、經濟戰略、軍事戰略等囊括於一體，並對這些領域戰略以實際指導。」而「國防戰略，或稱國家安全戰略，是國家總體防衛和國防發展的戰略。是指導國防建設和保衛國家安全、維護國家主權的全局性方略。…範圍包括政治、外交、經濟、社會（心理）、軍事、科技等措施和行動，以確保國家安全。」

前述概念呈現兩個重點：第一、中共「國家戰略」是國家最高層次的總體戰略，也是促使國家「現代化」的強國戰略；第二、中共「國防發展戰略」是其「國家安全戰略」，也是國家總體防衛和國防發展的戰略。然而，此處之「國家戰略」究屬於「現行戰略」或者「發展戰略」？而且「國防發展戰略」與「國家安全戰略」層次不清，其內涵與同時期部份學者看法不同（劉繼賢、王堂英、黃碩風，《國防發展戰略概論》，1989 年 7 月）。顯示初期中共學者對於「國家戰略」或「國防發展戰略」的認知，仍存歧見；更遑論對於「大戰略」相關之理論研究。

相較之下，我國戰略研究初期仍以國防部前三軍大學（現稱「國防大學」）戰爭學院（簡稱「戰院」）之軍事戰略研究為主要範疇。當時基於第二次世界大戰聯盟作戰經驗，將「大戰略」與「國家戰略」區分為兩個層次，形成「大戰略、國家戰略、軍事（軍種）戰略、野戰戰略」等四個層級的戰略體系；國家戰略之下與軍事戰略平行者，尚有政治戰略、經濟戰略、心理戰略等。此戰略體系概與美國相近，不同之處在於美國將「大戰略」涵蓋在「國家戰略」之下運作。[49]

我國已故文人戰略家鈕先鍾先生曾經直陳：「對研究戰略的人來說，名詞並不是太重要的問題，甚至對所謂的『定義』也不必過份認真。主

[49] 岳天，〈現代戰略體系及其內涵〉，劉漸高總編輯，《認識戰略－戰略講座彙編》，頁 44 至 51。但岳天將軍亦指出，「『大戰略』與『國家戰略』間的關係應納入國家戰略體系；國防安全已不是單純軍事範疇的問題，應將『國防戰略』概念納入國家戰略體系，且不可以『平時』與『戰時』作為國家戰略指導的劃分」。

要是：(一)所有的定義都有其時空背景和限制；(二)幾乎所有定義都無法盡善盡美」。[50]並提出「戰略思想的四個取向，即總體取向(研究問題的總體性)、主動取向(以行動為終點)、前瞻取向(先知遠慮)、務實取向(適切與彈性)」。[51]因此，筆者以為：「在國家利益前提下，擘劃國家整體建設發展以達國家戰略目標者，應可通稱為『國家戰略』(即『國家層級的戰略』)」；而隨著時代環境變遷及各國「戰略文化」差異，[52]「國家戰略」的內涵與詮釋會有所不同。

至於「大戰略」是多面向、多層次的綜合性戰略，因此制定「大戰略」必須考量時代背景、國際環境與國內環境等因素。[53]本文所指之中共「大戰略」係針對其「『崛起』過程中，運用國家既有及預期可用整體資源，圖謀國家持續建設發展，以達『崛起』成為世界大國之戰略目標者」。

中共學者認為，「大戰略」概念隨時代環境變遷而有所演變，目前主要有三種觀點：第一種，仍著重軍事(戰爭)領域的作用；第二種，認為是國家綜合運用政治、經濟、心理、外交及軍事等手段，實現「國家安全」目標，美國學者多持這種觀點；第三種，認為不僅止於實現國家安全目標，還應包括「國家發展」目標等，中共學者多認同這種觀點，

---

[50] 鈕先鍾，《現代戰略思潮》，頁5。

[51] 鈕先鍾，《戰略研究入門》(臺北：麥田出版股份有限公司，1998年9月)，頁95至120。

[52] 「戰略文化」係指「國家戰略社群成員對於軍事體制運用在政治目標達成上，所共享的習慣行為模式與價值符號體系」，引自莫大華，〈中共戰略文化初探〉，《中國大陸研究》第39卷第5期(1996年5月)，頁39。相關研究論著及觀點請一併參閱方長平，〈西方戰略文化研究：從文化主義到建構主義〉，《國際論壇》2004年第3期(2004年6月)，頁46至50；Jack L. Snyder, The Soviet Strategic Culture: Implications for Limited Nuclear Operations (Santa Monica: RAND, September 1977), pp8-9；Jeffrey S. Lantis, Strategic Culture: From Clausewitz to Constructivism (Defense Threat Reduction Agency of the United States, 31 October 2006), pp6-31。

[53] 蔡拓，〈中國大戰略〉，高全喜主編，《大國策－通向大國之路的中國策：全球視野中的中國大戰略》(北京：人民日報出版社，2009年7月)，頁5至8。

亦即「大戰略」的內涵包括「國家安全戰略」與「國家發展戰略」兩大部分。[54]但有學者認為第三種觀點雖較符合字義，卻過於廣泛而不清晰；[55]也有學者以區域概念，逐次向外延伸「大戰略」的內涵（如表 1）。[56]

表 1 中共學者對於「大戰略」的主要觀點及論述

姓名	任職單位	主要觀點及論述
胡鞍鋼	中國科學院－清華大學	中國在崛起過程必須構建自己的「大戰略」，界定國家利益，分析所處發展階段，判斷在全球地位與作用，認識「富民強國」的目標。#1
葉自成	北京大學	「大戰略」包含「國家對外戰略」、「國家內部發展戰略」，以及「內外兼具戰略」三大部分。#2
時殷弘	中國人民大學	「大戰略」是國家政府的操作方式或操作規劃，開發、動員、協調、使用和指導國家所有軍事、政治、經濟、技術、外交、思想文化和精神等資源，爭取實現國家根本目標。#3
吳春秋	中國軍事科學院	「大戰略」是政治集團、國家或國家聯盟「發展」和「運用」綜合國力以實現其政治目標的「總體戰略」。#4
周建明	上海社會科學院	對民族國家而言，在發展與安全都存在激烈競爭態勢的國際社會中，必須有一個藉以謀求「生存」、「安全」和「發展」的「總體戰略」，也叫做「大戰略」。國家大戰略包含兩個國家基本戰略：一個是「國家發展戰略」，一個是「國家安全戰略」。#5

54 蔡拓，〈中國大戰略芻議〉，《國際觀察》，2006 卷第 2 期，頁 2 至 3。請一併參閱門洪華，《中國國際戰略導論》，頁 5 至 6。

55 門洪華，《中國國際戰略導論》，頁 6。

56 劉明福，《中國夢：後美國時代的大國思維與戰略定位》（北京：中國友誼出版公司，2010 年 1 月），頁 145。

門洪華	中共中央黨校	「大戰略」是運用國家戰略資源，實現「國家安全」及「國際目標」的科學藝術，即國家運用自身的各種戰略資源和戰略手段－包括政治、經濟、軍事、文化和意識形態等－保護並拓展本國整體安全、價值觀念和國家戰略利益等。#6
劉明福	國防大學	中國「大戰略」，是由中國大「目標」決定的。中國大戰略是中國的「國家戰略」、「亞洲戰略」、「全球戰略」三個部分的統一。#7
附　註	1.本表為筆者自製。 2.資料來源： #1 胡鞍鋼，〈構建中國大戰略："富民強國"的宏大目標〉，胡鞍鋼主編，《中國大戰略》（浙江人民出版社，2003 年 1 月），頁 3 至 8。 #2 葉自成，《中國大戰略：中國成為世界大國的主要問題及戰略選擇》（北京：中國社會科學出版社，2003 年 11 月），頁 2。 #3 時殷弘，〈對當前中國經濟戰略的思考〉，《國際經濟評論》，2003 年第 6 期（2003 年 12 月），頁 50 至 51。 #4 吳春秋，《論大戰略和世界戰爭史》（北京：解放軍出版社，2002 年 1 月），頁 11 至 13。 #5 周建明、王海良，〈國家大戰略、國家安全戰略與國家利益〉，《世界經濟與政治》，2002 年第 4 期（2002 年 4 月），頁 21 至 26。 #6 門洪華，《構建中國大戰略的框架：國家實力、戰略觀念與國際制度》（北京：北京大學出版社，2006 年 1 月），頁 41。 #7 劉明福，《中國夢：後美國時代的大國思維與戰略定位》（北京：中國友誼出版公司，2010 年 1 月），頁 145。	

上述中共學者的「大戰略」觀點，相較於美國和我國官方，除名詞、內容詮釋不同外，主要差別在「戰略目標」；而我國官方各部門對此不僅看法迴異，總統府歷次公開言論似乎也有不同說法（如表 2）。

表 2 中共學者與美國和我國官方「大戰略」觀點比較

項目	中共學者觀點	美國官方觀點	我國官方觀點
名詞	大戰略	grand strategy / national security strategy	大戰略
相關論述	政治集團、國家或國家聯盟，發展和運用綜合國力以實現政治目標的總體戰略。#1	致力重塑國家（世界）領導地位以更有效促進國家利益。#3	為建立同盟國之力量，藉以創造與運用有利狀況之藝術，俾得在爭取同盟國目標時，獲得最大成功公算與有利效果。#5
	國家運用自身實力維護自身安全的科學和藝術，是對戰略實力調動、分配、投送和運用過程的籌劃和指導。#2	綜合運用外交、發展及國防等力量，持續鞏固國家安全，以行使（世界）全方位領導能力，確保國家利益及國際安全穩定。#4	兩岸和解制度化；增加國際發展貢獻；結合國防與外交（另詳按語）。#6
戰略目標	國家安全與國家發展	國家安全與領導地位	聯盟作戰（長治久安）
附註	1.本表為筆者自製。 2.資料來源： #1 吳春秋，《大戰略論》（北京：軍事科學出版社，1998 年 12 月），頁 17。		

	#2 周丕啟，《大戰略分析》（上海：人民出版社，2009 年 8 月），頁 6。 #3 The Whitehouse, *National Security Strategy*, Washington, May 2010, p.1。 #4 HOUSE Hearing before the Oversight and Investigations Subcommittee of the Committee on Armed Services House of Representatives of the One Hundred Tenth Congress(held on JUL 15, 2008), *A New U.S. Grand Strategy* (Part 1 of 2), U.S. Government Printing Office, Washington, 2009。 #5 中華民國國防部，《國軍軍語辭典》（臺北：國防部，2004 年 3 月），頁 2-6。 #6 中華民國總統府，〈總統晚間與美國華府智庫「戰略暨國際研究中心(CSIS)」視訊會議〉，引自《中華民國總統府》網站，2001 年 5 月 12 日，〈http://www.president.gov.tw/Default.aspx?tabid=131&itemid=24285&rmid=514&word1=%e5%a4%a7%e6%88%b0%e7%95%a5&sd=2008/01/01&ed=2013/02/28〉（2013 年 7 月 1 日檢索）。 按： 1.2000 年 2 月 9 日，總統主持「總統報告：兩岸經濟協議」記者會，向國人說明政府準備和大陸簽訂「兩岸經濟協議」的政策理念，強調在「壯大台灣、結合兩岸、佈局全球」整個「大戰略」下，讓台灣在複雜的國際情勢中得以立足。 2.2001 年 5 月 12 日，總統與美國華府智庫「戰略暨國際研究中心(CSIS)」進行視訊會議，以〈打造中華民國的國家安全〉為題發表演說，內容論述用「兩岸和解的制度化；增加臺灣在國際發展上的貢獻；結合國防與外交」等「三道防線」，來強化國家安全與長治久安，並稱此為「政府的大戰略」。 3.2001 年 9 月 29 日，總統主持「黃金十年」系列首場記者會時，強調將在「四個確保」基礎上，透過「活力經濟」等八項國家願景打造國家黃金十年，期間提出「壯大臺灣、連結亞太、布局全球」的「經濟大戰略」目標。

就結構層次而言，若以中共「現行戰略」與「發展戰略」的概念檢視，其「國家安全戰略」似屬於現行戰略；「國家發展戰略」似屬於發

展戰略；而「大戰略」應為凌駕二者之上的最高階層戰略。惟其官方所稱「國家戰略是國家最高層次的總體戰略」，以及「國防戰略，或稱國家安全戰略，是國家總體防衛和國防發展的戰略。」與學者所謂「大戰略內涵包括國家安全戰略與國家發展戰略」的概念相抵觸。因此，僅以區分「現行戰略」和「發展戰略」的方法研究分析中共「大戰略」，值得商確。換言之，圖 1 所示的「中共戰略結構層次預想 1」未必與事實相符。

就因果關係而言，中共學者興起對「大戰略」的研究，據其稱是基於「崛起」的需要和因應「中國模式」討論。也就是說，「崛起」之前中共應無所謂「大戰略」的理論基礎。然而，中共建政初期的「國家戰略」又為何呢？根據前述推論：中共的「國家戰略」(國家層級的戰略)可能因不同時空環境背景、階段性戰略目標而調整其名詞與內涵；且又經常和黨的「路線」、「方針」混淆。因此，建政初期僅能以國家領導人的「指導方針」(如毛澤東的「早打、大打、打核戰爭」，[57]鄧小平的「韜光養晦、絕不當頭」[58]等）為依歸。

就發展過程而言，中共學者將其國家建設發展結合經建成果區分以下階段：自 1950 至 1980 年視為「成長期」，第一代領導人建立基礎(「兩步走」現代化初始)；1989 至 2020 年視為「迅速崛起期」，第二、三代領導人推進改革開放，第四代領導人持續保持發展（「三步走」中國式現代化)；2020 年以後才將進入「強盛期」。[59]然而，學界對於中共的「崛

---

57 袁德金，〈毛澤東與“早打、大打、打核戰爭”思想的提出〉，《軍事歷史》，2010 年第 5 期（2010 年 10 月），頁 1 至 6。

58 肖楓，〈鄧小平同志的“韜光養晦”思想是“權宜之計”嗎？〉，《北京日報》，2010 年 4 月 6 日，引自《中國共產黨新聞網》，〈http://dangshi.people.com.cn/BIG5/138903/141370/11297254.html〉(2013 年 7 月 1 日檢索)。

59 門洪華，《構建中國大戰略的框架：國家實力、戰略觀念與國際制度》，「序言」。另胡鞍鋼，《中國崛起之路》，以及吳東林，《中國國防政策的政治經濟分析－以航空母艦的

起」方式，以及「崛起」後對國際秩序之影響，仍存在不同見解。[60]為瞭解中共整體「大戰略」構想與階段性作為之關係，以及實現過程中「戰略抉擇」取向，除了從國際關係角度檢視之外，是否還有其他研究途徑？

就戰略運籌而言，無論以何種名詞定義「國家層級的戰略」（如「國家安全戰略」、「國家發展戰略」、「大戰略」等），均係「運用國家一切可用資源，透過各種適當方法，在維護國家利益前提下，達成預期戰略目標」。[61]從戰略理論觀之，就是把內在思維透過行動計畫而付諸實現；其間考量和取決的因素是環境變化（涉及「資訊」）和可用資源（涉及「力量」、「分配」）；執行過程爭取的是「行動自由」（涉及「手段」）。[62]

綜合上述結果，我們初步認知：（一）中共「大戰略」的最終目標只有唯一，就是實現富民強國的「中國夢」。（二）中共對於「大戰略」的詮釋會隨著時空條件改變而調整。（三）即使中共官方將「崛起」對外解釋為「發展」；但中共學者基本認為「崛起」和「發展」不同。[63]（四）

發展為例》博士論文（東吳大學，2009 年 12 月），亦有類似劃分。

[60] 請一併參閱蘭德爾·施韋勒（Randadall L. Schweller），〈應對大國的崛起：歷史與理論〉，阿拉斯泰爾·伊恩·約翰斯頓（Alastair Iain Johnston）、羅伯特·羅斯（Robert Ross）主編，黎曉蕾、袁征譯，《與中國接觸－應對一個崛起的大國》（Engaging China: the Management of An Emerging Power）（北京：新華出版社，2001 年 5 月），頁 1 至 43；胡宗山，《中國的和平崛起：理論、歷史與戰略》，頁 227 至 272；朱雲漢、黃旻華，〈探索中國崛起的理論意涵－批判既有國關理論的看法〉，朱雲漢、賈慶國主編，《從國際關係理論看中國崛起》，頁 23 至 58；鞠德風、董慧明，〈中共崛起的理論與實際：國際關係理論的檢視與分析〉，《復興崗學報》，99 年度第 100 期（2010 年 12 月），頁 135 至 158，以及詹姆斯·德·代元（James Der Derian）主編，秦治來譯，《國際關係理論批判》（International Theory: Critical Investigations）（浙江：浙江人民出版社，2003 年 2 月）；朱鋒、羅伯·特羅斯（Robert Ross）主編，《中國崛起：理論與政策的視角》。

[61] 請參閱李　，《現當代西方大戰略理論探究》，「附錄」〈大戰略與國家戰略的定義〉。

[62] 請一併參閱紐先鍾，《戰略研究入門》，第七、八、十章；薄富爾（André Beaufre），鈕先鍾譯，《戰略緒論》，頁 25 至 62 及頁 139 至 177。

[63] 中共學者認為，「發展」是自我的比較與成長；「崛起」是與他國的比較與成長。請一併參閱胡宗山，《中國的和平崛起：理論、歷史與戰略》，頁 14 及頁 20 至 22；時殷弘，《戰略問題三十篇－中國對外戰略思考》（北京：中國人民大學出版社，2008 年 7 月），頁 139 至 140；高全喜、任劍濤等，《國家決斷：中國崛起進程中的戰略抉擇》，頁 18

中共實現「大戰略」的過程，就是其「崛起」過程；愈能維持「崛起」，就愈能實現「大戰略」。（五）中共認為「崛起」過程，應根據不同時空環境，區分階段性戰略目標與作為。（六）中共主觀期望其「崛起」過程，乃至「大戰略」目標之達成，都是「和平」的。

基於以上認知，若將中共「崛起」過程視為「思想→計畫→行動」的戰略（大戰略）實現過程；則透過薄富爾「行動戰略」觀點，或可解讀其在不同「環境」條件下，針對不同戰略「目標」，運用「資源」之各種作為（如圖2）。

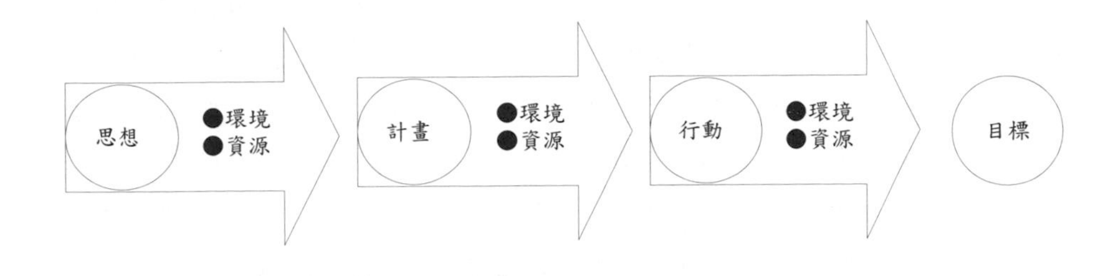

圖2 「行動戰略」觀點之中共「大戰略」實現過程

資料來源：筆者參照薄富爾「行動戰略」觀點繪製。

至20；郭樹勇，《中國軟實力戰略》（北京：時事出版社，2012年2月），頁40至45。

肆、中共「大戰略」的實現

一、「總體戰略」觀

法國陸軍上將薄富爾(André Beaufre)的著作，以《戰略序論》(An Introduction to Strategy, 1963)為起點，接續發表《嚇阻與戰略》(Deterrence and Strategy, 1964)、《行動戰略》(Strategy of Action, 1966)及《建設未來》(Batir L' Avenir, 1967)等著作。[64]他首先提出「總體戰略」(total strategy)的概念，認為：戰略是一種演進的程序，不應和外交分開，也不僅僅是純軍事的觀點；其精義就在爭取「行動自由」，而「行動自由」又取決於「物質力量、精神力量、時間和空間」等四大因素。[65]就目標和方法而言，他認為：戰略應以單獨的整體視之，運用時才加以分項，使每一分類戰略適用於某特定領域。他並以金字塔為比喻，位居頂點者為「總體戰略」（按：作者稱該名詞類同英國的「大戰略」或美國的「國家戰略」，但更為適切），在最高決策層（如政府）控制下，決定總體戰略之指導。在總體戰略之下，每一領域（如軍事、政治、經濟、外交等）都有個別的「整體戰略」(overall strategy)，分配及協調各領域運作；在「整體戰略」之下，又各自有其「運作戰略」(operational strategy)，執行與管理更複雜的程序。[66]

---

64 鈕先鍾，《戰略研究與戰略思想》（臺北：軍事譯粹社，1988年10月），頁166。請一併參閱薄富爾（André Beaufre），鈕先鍾譯，《戰略緒論》，頁180至181；鈕先鍾，《戰略研究入門》，頁267。

65 薄富爾（André Beaufre），鈕先鍾譯，《戰略緒論》，頁171至175。

66 前揭書，頁38至41。原書將"overall strategy"譯為「分類戰略」，"operational strategy"譯為「作戰戰略」。筆者以為當今戰略之運用已推廣至各個層面，例如在經營管理方面，可將"overall strategy"譯為「整體策略」，"operational strategy"譯為「經營策略」等，此應不違反原創作者「總體」與「分類」之概念。請一併參閱鈕先鍾，《現代戰略思潮》，頁228至229及頁267，其中也有類似的翻譯和想法。此外，該書頁220至221處，鈕先鍾認為「在現代戰略思想的範疇中，大戰略、國家戰略、總體戰略這些名詞是名異實同，所代表的是同一種觀念」。

相較之下，根據中共學者所謂的「大戰略」或官方宣稱的「中國夢」，應該屬於「總體戰略」階層；其下各分項領域（國防發展、軍事、政治、經濟、外交等）之發展戰略，應屬於「整體戰略」階層；再其下更複雜的建設及運用戰略，應屬於「運作戰略」階層（如圖 3）。

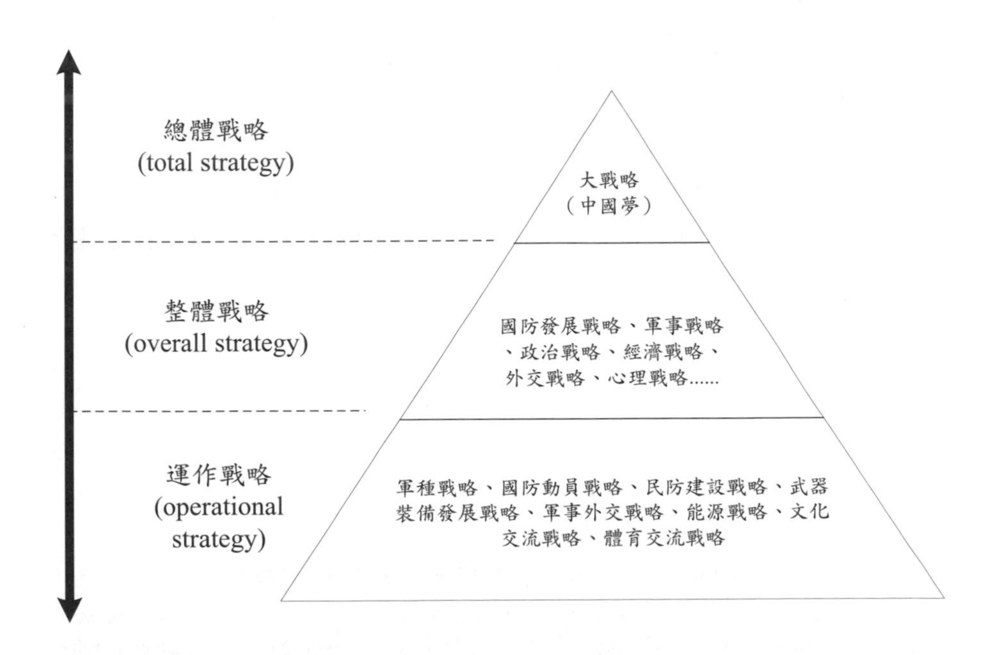

圖 3 中共戰略結構層次預想 2

資料來源：筆者綜合薄富爾「總體戰略」概念與中共「大戰略」論述繪製。

二、重視「間接戰略」

戰略本質是一種抽象的相互作用(abstract interplay)，是一種力量的辯證藝術(dialectic of forces)，目的在將所有可用資源做最好的運用，以達預期目標。[67]簡單來說，戰略就是將思想化為行動的綜合指導

---

[67] 薄富爾（André Beaufre），鈕先鍾譯，《戰略緒論》，頁 26 至 27。

(comprehensive direction)。[68]薄富爾將戰略行動區分為兩大類型，一種是採用傳統軍事行動為主的戰略，又稱「行動戰略」；一種是採用其他非傳統軍事行動的戰略，又稱「間接戰略」，包括透過核子武器的嚇阻、外交談判的謀略、經濟援助的拉攏、文化交流的認同等。[69]

綜合前述中共學者對於「大戰略」之論述，基本認同「國家運用各種戰略資源和手段（包括政治、經濟、軍事、技術、外交、文化和精神等），以確保國家基本安全、拓展國家整體利益，達到國家戰略目標。」同時，不僅強調綜合國力的重要性，包括中共及外國學者尤其重視「軟實力」(soft power)戰略的影響及運用。[70]該等概念，無疑就是薄富爾所提「間接戰略」的另一種型態表現。

---

[68] 鈕先鍾，《戰略研究入門》，頁 102。

[69] 薄富爾（André Beaufre），鈕先鍾譯，《戰略緒論》，頁 139 至 170。

[70] 1990 年美國哈佛大學教授約瑟夫·奈伊（Joseph S. Nye Jr.）提出「軟實力」（soft power）概念（Bound to Lead: The Changing Nature of American Power, New York: Basic Books, March 1990, Ch.2）；同年在《Foreign Policy》雜誌刊文，論述其基本內涵（“Soft Power”, Foreign Policy, No. 80, Twentieth Anniversary, Autumn 1990, pp153-171）；2004 年近一步補充並延伸此概念（Soft Power: The Means to Success in World Politics, New York: Public Affairs, March 2004, Ch4）；2006 年強調「軟實力」的重要性，並認為善用軟、硬實力可形成「巧實力」（“Soft Power, Hard Power and Leadership”, article of the seminar of “Smart Power and Leadership” on 8 November 2006, Harvard Kennedy School, 27 October 2006, pp.3-4）。概括而言，「硬實力」（hard power）較容易被政府控制及運用，一般具有強制與時效之特性；反之，則為「軟實力」（soft power）。請一併參閱孔祥永、梅仁毅，〈如何看待美國的軟實力〉，《美國研究》，2012 年第 2 期（2012 年 6 月），頁 7 至 28；戴維·藍普頓（David M. Lampton），姚芸竹譯，《中國力量的三面：軍力、財力和智力》（The Three Faces of Chinese Power: Might, Money, and Minds）（北京：新華出版社，2009 年 1 月），頁 9 至 31；《中國未來走向》編寫組 編，《中國未來走向：聚焦高層決策與國家戰略布局》（北京：人民出版社，2009 年 5 月），頁 225 至 236；鄭永年、張弛，〈國際政治中的軟力量以及對中國軟力量的觀察〉，唐晉主編，《大國策－通向大國之路的中國軟實力：軟實力大戰略》（北京：人民日報出版社，2009 年 5 月），頁；郭樹勇，《中國軟實力戰略》，頁 27 及頁 113 至 198。

三、爭取「行動自由」

社會科學迅速發展過程中，有兩個重要因素常被一般人所忽略：一是指導的原則，也就是哲學；二是行動的觀念，也就是戰略。戰略並非單純固定的教條，而是一種「思想方法」(method of thought)；其目的在按照優先次序排列整理事件，再選擇最有效的行動路線。薄富爾更直言：「我們需要一種研究如何採取行動的科學，那就是『行動學』。」[71]他以擊劍術(fencing)為例，說明 8 種攻擊態勢、6 種防守態勢，以及 5 種力量使用方式，根據時間和空間因素決定排列組合之後，可獲得一系列預期的行動結果。這些行動之目的都在爭取「行動自由」(freedom of action)，而確保行動自由的先決條件就是維持主動(initiative)，並須注意「力量的合理運用」(the rational application of force)－設法產生最大效果，以及「導引原理」(the doctrine of guide)－誤導敵人等原則，以最後做出適切的選擇。[72]

況且，影響戰略抉擇還有極重要的因素，那就是資源和環境方面的「變化」(variability)。因此，戰略家不能完全依賴任何歷史上的先例，也沒有永久性的度量標準。所以，「準備」要比「執行」更為重要；尤其是良好的資訊(well informed)及遠見(foresight)。[73]相較於此，中共學者對於「『大戰略』是多面向、多層次的綜合性戰略」，「制定『大戰略』必須考量時代背景、國際環境與國內環境等因素」，以及「『大戰略』概念隨時代環境變遷有所演變」等看法，無異與薄富爾之觀點不謀而合。

---

[71] 請一併參閱薄富爾（André Beaufre），鈕先鍾譯，《戰略緒論》，頁 14 至 16；鈕先鍾，《戰略研究入門》，頁 268 至 269。至於行動學主要係研究「合理行動」(rational action)，亦即能達到目標的行動，也就是「有效行動」(effective action)。行動的合理、有效，關鍵在於對環境（environment）或「行動範圍」(field of action）能否有正確的認知；錯誤的認知（misperception）將產生不合理（irrational）的行動。

[72] 薄富爾（André Beaufre），鈕先鍾譯，《戰略緒論》，頁 47 至 57。

[73] 前揭書，頁 59 至 61。原書將"variability"譯為「變異性」；"well informed"譯為「良好的知識」。

若進一步比較 1991 年鄧小平提出「韜光養晦」指導方針，2003 年胡錦濤強調「和平發展」(「和平崛起」)，以及 2013 年習近平公開宣稱「實現國家富強『中國夢』」三者時空因素與可用資源（力量）我們或能看出中共根據不同條件下「行動自由」程度（由相對較低至相對較高），對爭取達成「大戰略」目標所採取之「戰略抉擇」（例如：對外表述從「和平共處」、「和平發展」到「國家富強」）其行為特徵亦將隨「行動自由」程度擴增而轉趨積極主動。[74]

至於中共主觀期望「『崛起』過程，乃至於『大戰略』目標之實現，都是『和平』的」，這也屬於「戰略抉擇」的一部分；雖然結果是否如其所願，端視當時環境與力量因素而定。但其避免使用軍事「硬實力」(hard power)，尋求經濟、外交、文化等「軟實力」之作法，[75]其實就是重視「間接戰略」，爭取「行動自由」之表現。

---

[74] 根據瑞士洛桑國際管理發展學院（International Institute for Management Development, IMD）年度《世界競爭力年鑑》（World Competitiveness Yearbook, WCY）顯示，中共的世界競爭力排名自 1999 年第 29、2003 年第 27、2012 年第 23，呈現逐年提升跡象；而瑞士日內瓦世界經濟論壇（World Economic Forum, WEF）年度《全球競爭力報告》（The Global Competitiveness Report）亦有相同結果，中共的全球競爭力排名自 1999 年第 32、2003 年第 44，至 2012 年已躍昇為第 29。此外，根據美國國防部對其國會的年度《中共軍力報告》（ANNUAL REPORT TO CONGRESS: Military Power of the People's Republic of China），中共的國防預算和軍力也呈現逐年增加趨勢。請一併參閱張聰明，〈金磚四國的國家競爭力〉，張蘊齡主編，《中國社會科學院國際研究學部集刊（第四卷）：中國面臨的新國際環境》（北京：社會科學文獻出版社，2011 年 8 月），頁 154 至 182；黃碩風，《大國較量：世界主要國家綜合國力國際比較》（北京：世界知識出版社，2006 年 10 月），頁 219 至 232；門洪華，《構建中國大戰略的框架：國家實力、戰略觀念與國際制度》，頁 60 至 166；The Economist, "The dragon's new teeth: A rare look inside the world's biggest military expansion ", Apr 7th 2012, 〈http://www.economist.com/node/21552193〉；Global Firepower, "2013 World Military Strength Ranking ", Jan 2013, 〈http://www.globalfirepower.com/countries-listing.asp〉。（2013 年 7 月 1 日檢索）

[75] 有關「硬實力」與「軟實力」之比較，請一併參閱註 70 及 Joseph S. Nye, Jr., "Soft Power, Hard Power and Leadership", article of the seminar of "Smart Power and Leadership" on 8 November 2006, Harvard Kennedy School, 27 October 2006, Table 1 Soft and Hard Power。

伍、結語

誠如薄富爾所言：「戰略是持續演進的過程。在戰略分析推理（思考）程序時，角力的雙方是被安置在辯證情況中，其行動自由取決於：物質力量、精神力量、時間和空間等限制因素」。[76]從戰略的角度觀之，中共實現「中國夢」的過程，就是執行「大戰略」的過程，也就是將思想付諸實現之「行動」過程；至於行動的戰略抉擇，因「行動自由」受到不同時空環境及自身力量等因素之限制，會保持彈性而有所調整。迄目前為止，我們對於中共「崛起」的若干事實具有共識，基本上可以推論其戰略抉擇與保持「行動自由」之努力是成功的。然而，歷史的巨輪不斷向前，時空環境與力量消長等因素持續變化；未來中共是否終能達成其「大戰略」目標，仍須持續觀察與進一步深入而科學的檢驗。

[76] 薄富爾（André Beaufre），鈕先鍾譯，《戰略緒論》，頁 174 至 175。

中共十八大後中美互動關係之探討：以建構主義觀點分析

戴振良 *
（淡江大學國際事務與戰略研究所博士候選人）

摘要

2012 年時值中國大陸及美國領導人更替之際，其歷史傳承意義非凡，加上中、美關係牽動未來亞太地區的變遷與發展，有必要就十八大之後深入了解中美互動的結構因素，中國自 1978 年從事改革開放以來，經濟成長快速，加上軍事力量提升，在國際政治學界出現「中國威脅」與「中國機會」學派之爭。就北京立場而言，也不希望國際環境阻礙其「戰略發展機遇」的進程，並不斷宣揚「和平崛起」與「和平發展」理念。

事實上，中國期望透過一定程序來改變國際社會權力分配的現狀。未來東亞與亞太地區之競合，真正取決於中美兩國之互動關係，也影響到未來中美集體身份與國家利益的認知。因此，本文藉由建構主義論述邏輯，在不同的無政府文化，建立不同的身份與利益，指導不同的國家行動，來詮釋中共在十八大後中美互動下身份與利益的概念。

換言之，中共十八大後如何去影響中美兩國行為體的互動過程、結構的變化、身份的形成。中國將如何以真正國家「身份」，進而追求較為適當的「利益」？其中兩岸關係將何去何從？尤其在國際戰略態勢變遷下，

* 戴振良，現為淡江大學國際事務與戰略研究所博士候選人。

中美互動關係也將影響台灣的「身份」調整，冀望從建構主義的理論，嘗試如何建立台灣的國家「身份」議題，也能提供相關部門政策建言。

關鍵字

建構主義、中美關係、對外戰略、安全戰略

壹、前言

2012 年 11 月 8 日中國共產黨第十八次全國代表大會中正式召開，意味著中國大陸未來十年的領導階層的權力轉移。在政權領導的順利交接，為大陸持續的改革開放建立政策的延續。是以，習近平上任後，想要推動建立「新型大國關係」，其中有創新的部分，也有承繼傳統的部分；特別是，中共十八大報告的「永不爭霸，永不稱霸」，是在重申鄧小平以來「韜光養晦、沉著應對、決不當頭」的外交戰略方針，延續過去中國大陸的外交路線。[1]基本上，國際環境需要北京配合負起更多的責任，從全球反恐、氣候變遷，及金融危機，世界各國也都期待北京能夠進一步負起大國的責任，這也是世界各國都莫不予以高度的重視。

事實上，中共十八大後，不僅牽動黨內權力結構的調整，以及「中國崛起」的理念已然成形，一個經濟力量足以支撐軍事力量與外交力量的中國，將會牽動未來十年的國際戰略格局的變動，特別是美國總統歐巴馬(Barack Obama)於 11 月 6 日連任成功，中美也進入戰略結構的調適期，尤其亞太地區台海、南北韓、南海黃岩島、東海釣魚台等衝突議題，形成區域不穩定情勢，也影響亞太地區經濟因素的穩定性。其實，美國總統歐巴馬將中國比做是國際社會的潛在夥伴，但只有當北京按照規則出牌時才能成為這種夥伴。[2]因此，當中國霸權興起，開始挑戰既有美國霸權時，相關國際利益者，例如，歐盟、俄羅斯、東協國家，甚至區域內國家，南韓、日本、台灣等等，都必須思考下一步因應新的中美戰略競合因應之道。

---

[1]「習近平能否進入國際角色十年成熟期」，聯合新聞網，2013 年 3 月 27 日。http://udn.com/NEWS/OPINION/OPI1/7790792.shtml。（檢索日期：2013/03/30）

[2]「美國向中國發出前所未有的挑戰」，中國評論新聞網，2012 年 10 月 26 日。http://www.chinareviewnews.com/doc/1022/8/1/5/102281524.html?coluid=59&kindid=0&docid=102281524。（檢索日期：2013/03/30）

不可諱言，中國期望透過一定程序來改變國際社會權力分配的現狀。但是，根據建構主義身份主導利益的思維。因此本文藉由建構主義論述邏輯來詮釋中共在十八大後中美互動下的身份與利益的概念，換言之，中共十八大後如何去影響中美兩國行為體的互動過程、結構的變化、身份的形成。本文分成為壹、前言；貳、建構主義的緣起與內涵；參、建構主義身份主導利益的分析架構；肆、影響中美互動的國際無政府文化；伍、建構主義下中國的身份與利益的內涵；陸、中國的安全戰略與政策作為；柒、結語。

貳、建構主義的緣起與內涵

一、建構主義的緣起

在國際關係研究中，尼古拉斯・奧努弗(Nicholas Onuf)首先使用建構主義(Constructivism)一詞。[3]從 80、90 年代國際關係學界中，主流的學派忽視反思主義學派對其的批評，在這種時空環境下，促成了建構主義學派的出現。建構主義在初期的發展過程，它不如主流理論－新現實主義(Neorealism)和新自由主義(Neoliberalism)受到學者的重視，經過數十年的發展建構主義已經成為與新現實主義和新自由主義並列的主流理論之一。[4]

尤其在 1990 年代末期開始影響國際關係領域研究，90 年代中後期後，建構主義理論基本主張大致發展成形，在建構主義學者當中，以亞歷山大・溫特(Alexander Wendt)的建構主義最具代表性，溫特在《國際

---

[3] 芬尼莫爾(Martha Finnemore)指出，「建構主義」一詞是來自奧努弗（Nicholas Onuf）的 World of Our Making:Rules and Rule in Social Theory and International Relations 一書。參見 Martha Finnemore, NationalInterests in International Society(New York：Cornell University Press, 1996), p.4

[4] 鄭端耀，「國際關係『社會建構主義』評析」，《美歐季刊》，第 15 卷第 2 期，2001 年 4 月，頁 208-209。

政治的社會理論》(Social Theory of International Politics)指出社會結構有三要素，即共同知識、物質因素與實踐活動，國家間的互動取決於觀念互動，對其他國家的認知的不同，會影響其決策的結果。[5]溫特進一步借用韋伯(Max Weber)的觀點，說明結構具有「社會性」，表明行為體在選擇行動的時候，「考慮到」其他行為體。此一過程是基於行為體對「自我」與「他者」本質與角色的認識觀念。基此，社會結構是一種「觀念分配」(distribution of ideas)，有些觀念是共有的、有些是私有的，「共有觀念」構成了社會結構的次結構：「文化」。[6]

事實上，在互動行為以及國家的文化、身份和利益的相互關係上，能動者作的互動對文化結構的構成的造成了因果作用(Causal effects)，而文化結構則對國家的身份利益產生了建構作用(Constructive effects)，[7]因此，文化和身份、利益互相建構。換言之，行為體之間「觀念分配」的程度型塑出行為體彼此間關係性質。具體而言，分享程度愈高、行為體之間彼此愈信賴，行為體和物質特性是通過社會主體間相互作用而被建構起來，而且是受制於社會的變化。[8]國家能導致文化結構的形成，又建構無政府結構的文化；文化對單位國家既有因果作用，又有建構作用。（參見圖 1：體系結構與單位國家關係的簡約模式圖。

---

[5] Alexander Wendt, Social Theory of International Politics (Cambridge：Cambridge University Press, 1999) ,p.366.

[6] Alexander Wendt, Social Theory of International Politics, op.cit.,p.249.

[7] Alexander Wendt, Social Theory of International Politics, op.cit.,p.165.

[8] 黃剛，「冷戰後美日同盟：建構主義的解釋」，《國際觀察》，第 1 期，2002 年，頁 16。

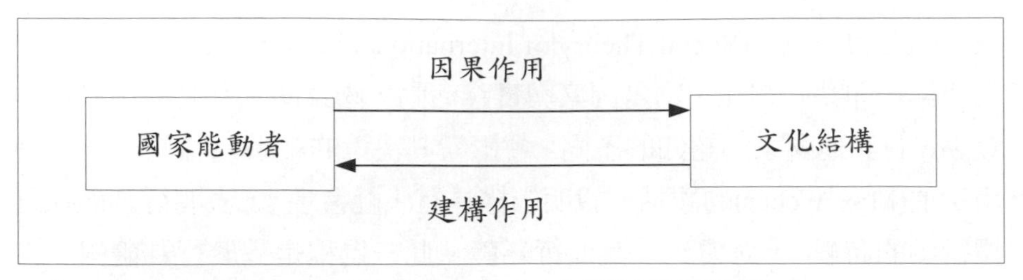

圖 1 體系結構與單位國家關係的簡約模式

資料來源：楊廣，「國際體系的形成、穩定和變化—圖解溫特『國際政治社會理論』」，《歐洲》，第 5 期，2002 年，頁 67。

二、建構主義的內涵

依據溫特建構主義學派主張「國家利益」是由國家的身份來定，通過國家行為體的社會互動與實踐過程中，產生雙方的「共有知識」，並形成三種無政府文化，從而型塑雙方身份，並在身份確認下，律定雙方的利益認知，因而主導雙方相應的政策作為。在此一假設中，主變項為「身份」，仲介變項為「利益」的變化，最終影響依變項：「國家政策」的產出，然後，可能會發生「反饋」(feedback)現象，反過來去刺激行為體相互間身份的構成。[9]因此，根據以上假設，行為體必須透過互動過程，產生共有觀念，才能建立規範彼此無政府文化，在不同的無政府文化，建立不同的身份與利益，指導不同的國家行動，尤以改變無政府文化狀態，才能型塑利已的身份，國家更須正確瞭解客觀利益，透過決策者的判斷，領悟真正主觀利益所在，才能制定符合本國國家安全戰略與政策，最後，在國家安全戰略與政策的產出，亦會反饋影響兩行為體互動過程。[10]國際社會行為體互動架構圖，如圖 2：本文借用溫特的建構主義論述邏輯將中美兩國互動當成一個主要變項，去分析建構主義思維下的

[9] 翁明賢，《解構與建構：臺灣的國家安全戰略研究(2000-2008)》（台北：五南出版公司，2010 年），頁 168。

[10] 翁明賢，《解構與建構：臺灣的國家安全戰略研究(2000-2008)》，頁 173。

國家利益產生過程，換言之，中美兩國互動，如何去影響行為體的互動過程、結構變化、身份的形成。以中美兩國互動當成一個主要變項，分析在建構主義論述下的集體身份與國家利益發展，可以擴大行為體的正面互動關係，讓兩者朝向良性互利雙贏局面，也就是擴大行為體彼此之間的安全合作共識存在。

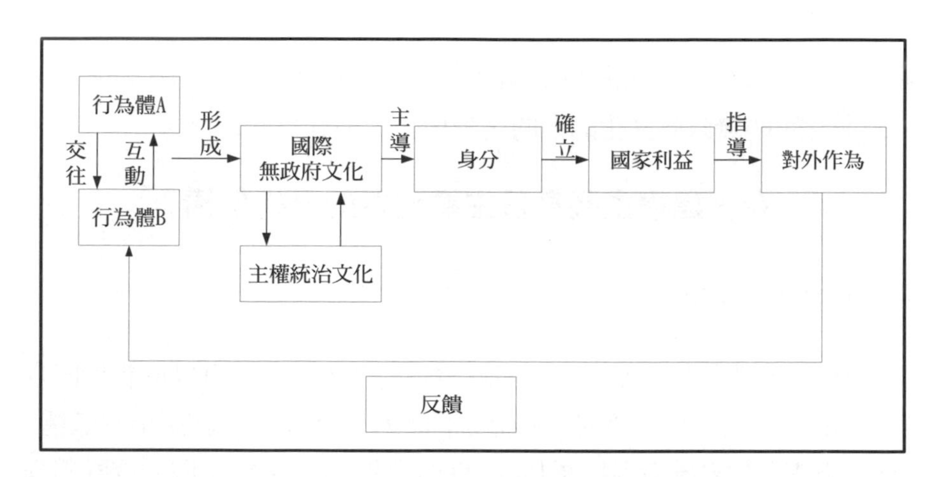

圖 2 國際社會行為體互動架構圖

資料來源：筆者參考秦亞青，〈譯者前言〉，Alexander Wendt 著、秦亞青譯《國際政治的社會理論》（上海：人民出版社，2001 年），頁 16-28 及翁明賢，《解構與建構：台灣的國家安全戰略研究(2000-2008)》（台北：五南出版公司，2010 年），頁 172 等整理製圖。

說明：

1.根據溫特建構主義理念，兩行為體互動過程，形成不同程度的無政府文化，包括：霍布斯文化、洛克文化與康德文化，代表三種主體位置：敵人、競爭者與朋友的態勢。

2.基於不同的無政府文化，界定兩行為體的四種不同的身份關係，包括：個體與團體、角色、集體等，行為體同時擁有不同的身份關係。

3.基於身份主導利益走向，行為體的利益種類包括：生存、獨立自主、經濟財富與集體自尊等四項，行為體在不同利益的主導下，從事一定的對外行為。

4.透過回饋的過程，行為體的政策作為會再次影響行為體的互動過程，及其之下的無政府文化的走向、身份生成與利益的建立。

參、建構主義身份主導利益的分析架構

一、國家身份種類

建構主義認為國家如同在國內社會中的個人一般，可以擁有不同身份(identity)，而身份的取得必須經歷不同的程序而產生職務頭銜與職稱。建構主義主要代表學者溫特認為身份有下列四種，包括：個人或團體身份(personal or corporate identity)、類屬身份(type identity)、角色身份(role identity)、集體身份(collective identity)等。[11]分述如下：

（一）個人與團體身份

個人身份本意，如果是組織則屬團體身份—是由自行組織、均衡的結構建構的行為體。這種身份是以物質為基礎，對個人來說，是他的身體；對國家而言是諸多個人與領土的集合，其形式個人方面如某 A、某 B；國家方面如德國、英國等。

---

[11] Alexander Wendt,Social Theory of International Politics,op.cit.,pp.224-230.

（二）類屬身份

類屬身份係指一個社會類別或者用於「個人的一種標誌，這樣的人在外貌、行為特徵、態度、價值觀念、技能、知識、觀點、經歷、歷史共性（如出生地點）等諸方面，有一種或多重相同的特點。」這種既有自行組織又有社會作用的特徵尤其明顯地表現在國家體系中，類屬身份的對應是「政權類型」(regime types)或「國家形式」(forms of state)，其形式個人方面如專業團體會員，基金會、協會；國家方面如資本主義國家、君主立憲國家等。

（三）角色身份

角色身份依賴於文化，所以對他者的依賴也就加大，而且，角色身份的形成，並非基於內在屬性，而是存在於與他者的關係中，此角色在社會結構中佔據一個位置，並且以符合行為規範的方式與具有反向身份(counter-identity)的人互動，才具有一定的角色身份，其形式個人方面如教授與學生、奴隸主與奴隸；國家方面如戰勝國與戰敗國、殖民母國與殖民地。

（四）集體身份

集體身份把自我和他者(Self and Other)的關係，透過邏輯得出的結果，形成一種認同(identification)的產生過程。因此，集體身份是角色身份和類屬身份的獨特結合，他具有因果力量，誘使行為體把他者的利益定義為自我利益的一部份，亦即具有「利他性」，這種現象的深化會產生群體的認同，進而使國家能遵守某些規範。其形式個人方面如政黨、社會團體；國家方面如上海合作組織會員國、東南亞國家協會組織會員國、北大西洋公約組織會員國。

前兩種是國家可以自由主導構成的身份關係，後兩者必須在國際社會體系與其他行為體彼此互動才可實現的身份條件。這四種身份，除了第一種之外，其他三種都可以在同一行為體本身同時表現出多種形式，每個人有許多身份，國家同樣如此。每一種身份都是一種腳本或圖式，在不同程度方面由文化形式構成，涉及在某種情景中我們是誰和我們應該做什麼等問題。[12] 事實上，大部分的國家身份是具有可以自行選擇，主要在於面對當時環境情況而定。

特別是，集體身份把自我和他者(Self and Other)的關係，透過邏輯得出的結果，形成一種認同(identification)的產生過程。處於洛克文化的國家相互往來，可以推動集體身份形成，包括四種主要變項：第一類因素包括：相互依存(interdependence)、共同命運(common fate)、同質性(homogeneity)等三種，是集體身份形成主動或有效原因；第二類因素：自我約束(self-restraint)，是能夠允許或許可原因。他認為四種變項的重要意義在於他們能夠減弱「利已身份」，幫助建構集體身份。自我約束發揮關鍵性作用，使國家可以解決阻礙集體身份形成的根本問題：克服他被吞沒的恐懼。[13]因此，本文運用中國的角色與集體身份形成來檢視十八大後中美互動下中國國家安全戰略與作為。

二、客觀利益的種類

從一般社會理論角度，利益可區隔為「客觀利益」與「主觀利益」兩種。客觀利益是需求與功能要求，為再造身份不可缺少的因素。[14]學者George and Keohane 指出三種國家利益：實體生存、獨立自主、經濟

[12] Alexander Wendt,Social Theory of International Politics, op.cit.,p.230.

[13] Alexander Wendt,Social Theory of International Politics, op.cit.,pp.343-344.

[14] This needs-based view of objective interests draws on wiggins （1985）and McCullagh（1991）； See David Wiggins,“Claims of need,”in T．Honderich, ed.,Morality and Objectivity ,London： RKP, 1985, pp.149-202；C. Behan McCullagh , “How objective interests explain actions,”Social Science Information, 90, 1991, pp. 29-54. quoted from Alexander Wendt,Social Theory of International Polities, op.cit.,p.232.

財富，並簡化為：「生命、自由、財產」。[15]溫特認為從經驗角度言，國家除上述三個「客觀利益」之外，國際社會還存在一種客觀國家利益：「集體自尊」，這些利益因國家其他身份而異，所有國家的根本需求相同，如果國家要再造自我，就必須考慮此種需求。[16]分述如下：

（一）生存方面

是指構成國家一社會的個人的存在。一般把生存與保護現有「領土」密切聯繫在一起，有時候國家也會認為同意周邊領土分割出去符合國家利益，溫特以為，此點僅表示生存的意義是根據歷史背景而變化，並非說生存不是國家利益。[17]

（二）獨立自主方面

是指國家一社會複合體有能力控制「資源分配」與「政府選擇」。基於一個國家也要有自己行動自由。溫特認為，獨立自主也是相對的概念，在依賴他人的收益超出其代價時，人們就可以考慮放棄獨立自主，如同生存問題一般，如何才算是保證獨立自主，要從實際情況下具體分析。[18]

（三）經濟財富方面

指保持社會中的生產方式與保護國家的資源基礎。溫特以為：經濟財富方面的利益在謀些國家形式中，才表現為經濟增長。此種論述，並

---

[15] Alexander George, Robert Keohane, "The Concept of national interests：Uses and limitations," in George,Presidential Decision-making in Foreign Policy（Boulder：Westview, 1980）, pp. 217-238；quoted from Alexander Wendt, Social Theory of International Polities,op.cit., p.235.

[16] Alexander Wendt, Social Theory of International Politics,op.cit., p.235.

[17] Alexander Wendt, Social Theory of International Politics,op.cit., p.235.

[18] Alexender Wendt, Social Theory of International Politics,op.cit., pp235-236.

非否定增長的必要性，而是當世界各國正因為尋求發展而接近其「生態承受能力」之時，或者國家利益需要我們對財富做出不解釋時。[19]

(四)集體自尊方面

一個集團對自我有著良好感覺的需要，對「尊重」與「地位」的需求。自尊為基本的人性需求，個人尋求成為團體成員之一也在於尋求自尊。集體自尊的形式呈現多種，關鍵在於正面或是負面的集體自我形象，主要取決於有意義的他者之間的關係，因為通過他者，才能認識自我。

一旦行為體內化了這種身份，就會獲得兩種特徵：領悟自己的要求，並根據此種領悟採取行動。[20]國家行為受到身份與利益的影響，也受到國際體系的影響，所以國家的身份與利益與國際體系也有建構關係。因此，從溫特建構主義的思考邏輯角度，國家決策者根據國家所具有的客觀利益，經過決策者本身的評量，確立整體性主觀國家利益的優先順序，因而確立國家施政目標與方向，指導國家對外作為，亦即戰略與政策的形成。[21]

因此，從外在環境影響中美兩國的安全環境，進而影響雙方身份變項的互動方式，在無政府文化中、美雙方如何互動（敵對、競爭、友好），決策者在國內政治過程扮演一定角色，當中美雙方身份確定之，依身份決定利益觀點，中美雙方的各自利益也被確定，從而主導國家安全戰略的產生，並進而制訂對政治、國防、外交、經濟、科技、文化、能源等

---

[19] Alexander Wendt, Social Theory of International Politics,op.cit., p.236.

[20] 上述特徵只能間接的解釋行動，因為行為體希望知道自我身份需求此一事實，並不代表行為體可以正確預測這些需求。有時，因為錯誤的解讀，或是受到蒙蔽，就會採取違背真實的行動。See William Connolly, "The important of cotests over interest," in Connolly, The Terms of Political Discourse, Princeton：Princeton University Press, 1983, pp.46-83. quoted from Alexander Wendt,Social Theory of International Politics,op.cit.,p.232.

[21] Alexander Wendt,Social Theory of International Politics,op.cit.,pp.193-245.

的各項政策。本文的概念架構，依圖 2：國際社會行為體互動架構圖加以修正，如圖 3：中美互動下中國國家利益與安全戰略分析架構圖，主要探討十八大後中美兩國互動下，中國如何確認受到國內主權統治文化與國際無政府文化相互影響的情勢。其次，釐清中國的國家身份，受到國內主權統治文化影響本身的個體、團體身份與類屬身份，與美國互動下的國際無政府文化影響雙方的角色與集體身份建立，對中國客觀利益的制約效用，尤其中國決策者的集體領導思維，律定主政者的主觀利益，最後則是引導中國國家安全戰略的產出。

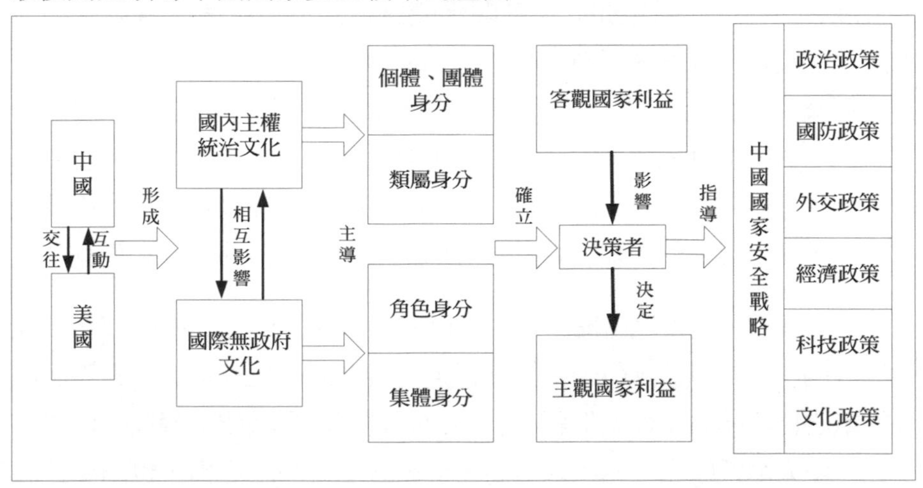

圖 3：中美互動下中國國家利益與安全戰略分析架構圖

資料來源：筆者參見翁明賢，〈美中互動下的中國國家身份、利益與安全性策略〉，載於翁明賢、王瑋琦等主編，《全球戰略形勢下的兩岸關係》（台北：華立圖書股份公司，2008 年），頁 314，及王寶付、王持明等著，劉靜波主編，《廿一世紀初中國國家安全戰略》（北京：時事出版社，2006 年），頁 15 等書籍整理製圖。

肆、影響中美互動的國際無政府文化

十八大順利實現了中共領導機構的平穩過渡，完成了權力交接，在理論建設、政治路線、戰略部署和人事安排上，為實現全面建成小康社會目標作出了週密謀劃。[22]新任領導人習近平強調了繼續執行鄧小平首創的改革開放政策的重要性。中國將於時間階段內實現「中國夢」的能力。中美雙方發展建立互動歷程，也是制約兩國關係的重要變項。基本上影響中美互動的國際無政府文化，包括：國際情勢的變遷、亞太安全的走向、中國崛起的挑戰等三個因素：

一、國際情勢的變遷

冷戰終結使得國家間的互動關係隨著彼此追求自身利益空間的擴大而更顯複雜，昔日長期盟邦可能一下子轉變為對手，合作與競爭將並存於國家交往互動之間。[23]美國是世界超強國家，近年來由於經濟衰退漫延至全球的金融危機，導致至第二次大戰結束以來最嚴重的經濟衰退，對全球國際體系產生重大的影響，也使得冷戰終結後世界形勢的變遷更加明顯，在變遷中的國際體系是處於延續與轉變共存的狀態和過程。[24]

不可諱言，亞太地區國家經由 90 年代末期的金融危機和 2007 年以後爆發的次房貸危機，但仍保持著穩定發展局面，也就是說世界經濟增長的重心已經轉到了亞太地區。另一方面，經濟繁榮為政治發展的前提，因此，亞太地區國家開始謀求提高在全球政治中的話語權，也凸顯美國外交戰略也轉移至亞太地區，特別是利用亞洲增長與活力已經成為美國經濟和戰略利益的核心，也是美國總統歐巴馬優先考慮的重點。[25]事實上，從 2009 年 2 月國務卿希拉蕊(Hillary Diane Rodham Clinton)在亞洲

---

[22] 「『中國夢』催動正能量　中共新領導履新一百天」，中國評論新聞網，2013 年 2 月 21 日。
http://www.chinareviewnews.com/doc/1024/4/5/3/102445362.html?coluid=0&kindid=0&docid=10244536。(檢索日期：2013/03/30)

[23] Samuel P. Huntington, " America's Changing Strategic Interests,"**Survival**, Vol.XXXIII, No.1,January/February,1991, pp.5-7.

[24] 秦亞青,「國際關係的延續與變革」,《外交評論》, 第 27 卷第 114 期，2010 年，頁 1。

[25] Hillary Clinton, "America's Pacific Century",**Foreign Policy**,Nov.2011,p.2.

協會演說中宣示「美國回到（亞洲）」一直到 2010 年 10 月 28 日在夏威夷發表「美國的亞太交往政策」演說，提出了「前進部署外交」(Forward-Deployed Diplomacy)概念，確立了美國以競爭為主導的亞太新戰略。[26]顯見美國將透過「前進部署外交」促成亞太地區的變遷，以鞏固美國在亞太地區的領導地位。雖然美國與中共存在競爭關係和歧見，但仍與北京積極互動，華盛頓希望中國在崛起的同時能夠維持區域的穩定。

二、亞太安全的走向

冷戰的結束之後，美國在亞太區域的主導地位，形成「一超多強」的競爭局勢，亦即以美國為主體，日本、中國、印度與俄羅斯為輔助的亞太戰略情勢。由於兩極對抗的國際體系由於蘇聯崩解而終結，使得美國成為唯一的超強地位，單極主導國際秩序，其在軍事、外交、經濟、政治、科技等方面均處於較具優勢的地位。由於美國失去前蘇聯為戰略對手之後，美國一直在尋找敵人的過程中，如同倪樂雄舉出 1999 年爆發的科索沃戰爭，基本上是美國為首的北約國家尋找敵人的過程，因為「美國和西方國家的選擇建立在兩種無法擺脫的心理上，對潛在強國的恐懼和不可知的未來戰爭作準備。」[27]歐巴馬的第一任期推動的「亞洲再平衡(Rebalance toward Asia)」政策，是否圍堵中國大陸或是有其戰略考量是值得探究的議題。

事實上，中美兩強在亞太區域的南海議題與東海議題，都讓兩國呈現權力競逐的現象：在南海問題上，華盛頓所強調的「公海自由航行

---

[26] 陳一新，「名家－中美外交良性競爭 無需升高對抗」，中時電子報，2012 年 11 月 27 日。http://news.chinatimes.com/forum/11051404/112012112700557.html。(檢索日期：2012/12/25)

[27] 倪樂雄，《尋找敵人：戰爭文化與國際軍事問題透視》(北京：經濟管理出版社，2002 年)，頁 22。

權」，[28]也形成對北京的「南中國海『九段線』」挑戰，更直接牽動中國在此區域的經濟與海洋強權地位的挑戰，中國以實際行動來捍衛『九段線』不容放棄的主張。[29]在東海問題上，2012 年中日釣魚台列嶼漁船扣押事件，直接揭開中日兩國關於釣魚台列嶼主權爭奪的序幕。更激化美中軍事對峙，情勢若再惡化，難免波及雙方經貿關係。[30]

2012 年 9 月份中國人民解放軍宣布航母遼寧號正式成軍，投入解放軍發展海權的實質象徵意涵，也凸顯中國突破西太平洋第一島鏈，挑戰美國在太平洋地區真對中國傳統的戰略圍堵時代結束。美國認為中國逐漸具備「拒止」(anti-access)與「區域隔離」(area-denial)能力，將可對西太平洋地區美軍進行海上、空中、太空、網路等多層次遠距離的截擊。[31]因此，美國提出海空聯合作戰概念、擴大長程打擊戰力、發揮水下作戰優勢、強化前進部署兵力及設施的韌性、確保進出太空之暢通、強化指管通資情監偵的戰力、摧毀敵方感測器和接戰系統、提升海外駐軍的戰力及其反應能力等作為。[32]事實上，就是一種軍事上的預防性圍堵作為，

---

[28] 「島內專家：美『鐘雲號』展現公海自由航行權」，鳳凰網，2009 年 3 月 23 日。http://phtv.ifeng.com/program/jqgcs/200903/0323_1650_1072637.shtml。(檢索日期：2013/03/30)

[29] 「中國學者：南中國海『九段線』主張豈容放棄」，中國評論新聞網，2012 年 11 月 23 日。
http://www.chinareviewnews.com/doc/1023/1/4/6/102314624.html?coluid=7&kindid=0&docid=102314624&mdate=1123154440。(檢索日期：2013/03/30)

[30] 「旺報：美中經濟禍福相倚」，中國評論新聞網，2012 年 11 月 9 日。
http://www.chinareviewnews.com/doc/1022/9/7/5/102297591.html?coluid=93&kindid=2931&docid=102297591。(檢索日期：2013/03/30)

[31] The Office of the Secretary of Defense, Annual Report to Congress. "Military and Security Developments Involving the People's Republic of China 2012 "（Washington, D.C.: Department of Defense.
U.S. ,2012）,http://www.defense.gov/pubs/pdfs/2012_CMPR_Final.pdf. (檢索日期：2013/3/30)

[32] Department of Defense, USA,Quadrennial Defense Review Report 2010. (Washington DC：Department of Defense, February 2010),pp.32-34.

也提升中美兩國霍布斯敵對文化的態勢。當然，美國此種亞太集體安全圍堵中國的軍事擴張，自然牽動此區域的軍事對抗趨勢，不可諱言，未來將引發亞太各國軍力不斷持續擴充的軍備競賽局面。

三、中國崛起的挑戰

有關中國和平崛起的學界論述意見不一，早期從較正面看法的學者，黎安友與陸柏彬(Andrew J.Nathan,Robert S.Ross)的《長城與空城計：中國尋求安全戰略》，或是從較負面看法的學者看待中國的發展，如白禮博與孟儒(Richard Bernstein,Ross H. Munro)的《即將來臨的中美衝突》等，[33]近年來，美國學者對中國和平崛起的角度大致分為樂觀的自由派和悲觀的現實派兩種，自由派認為，當前國際秩序特徵是經濟和政治全球化，能容納中國和平崛起，美國和其他大國能夠、也歡迎中國加入現有的秩序，共同發展與繁榮進步。但是，現實派則預測將會發生激烈的競爭，也認為中國不斷增長力量將會形成過度追求自已的國家利益，而導致美國和其他國家予以制衡。[34]

冷戰的終結後，美國在亞太區域的主導地位，形成「一超多強」的競爭局勢，亦即以美國為首，日本、中國、印度與俄羅斯為輔的亞太地區戰略態勢。由於亞太地區新興國家經濟持續成長，未來全球經濟重心向該地區轉移成為必然趨勢。在此態勢下，美國的戰略重心以亞太、中東與北非等地區為著眼，以確保國家安全利益，由於美國面臨嚴重經濟

---

[33] Andrew J.Nathan，Robert S.Ross 著，何大明譯，《長城與空城計：中國尋求安全的戰略》（台北：麥田出版股份有限公司，1998 年）；Richard Bernstein、Ross H. Munro 等著，許綬南譯，《即將到來的中美衝突》（台北：麥田出版股份有限公司，1997 年）。

[34] Charles Glaser,"Will China's Rise Lead to War？Why Realism Does Not Mean Pessimism, "Foreign Affairs, Mar./Apr.,2011, http://www.foreignaffairs.com/articles/67479/charles-glaser/will-chinas-rise-lead-to-war.（檢索日期：2013/03/30）

問題，使其更難以在未來數十年擔當傳統的領袖角色。[35]不過，美國更擔心「中國崛起」可能影響到美國經濟與安全。關鍵在於中國是否有利於美國維持其全球霸權地位的現行國際規範。[36]

事實上，1979 年改革開放以來的中國經濟發展，已經奠定大國發展的基礎，北京任何對內、對外作為，均會牽動國際與區域的戰略態勢 2010 年中國的國內生產總值(Gross Domestic Product，以下簡稱GDP)，首度超越日本成為全球第二位時，就已開展此種新興經濟霸權的挑戰，中國的目標是到 2020 年實現GDP和城鄉居民人均收入比 2010 年翻一番，並進一步提高經濟開放水準。[37]在此新的亞太戰略情勢下，美國「國家情報會議」發布「全球趨勢 2030」(National Intelligence Council)報告，指出中國將在 2030 年之前超越美國，成為全球經濟龍頭，美國則不再是單一超級強權。[38]

不過，中國面臨經濟結構不合理成為妨礙中國繼續經濟高度成長的難題，及部分地區還遭遇了嚴重大氣污染，以及民眾對貧富差距、機會不公、濫用公權力、食品安全、貪腐、房價高漲等現象仍多有抱怨，成為中國內政治理的重大難題。國際上，南海及釣魚台問題、朝鮮核試驗、中美關係等，這都是對中國外交智慧的考驗。

---

[35] 「美報：美國未來數十年難擔當世界領袖」，新華網，2012 年 1 月 23 日。http://news.xinhuanet.com/world/2011-12/13/c_122415493.htm。(檢索日期：2013/03/30)

[36] "US Using Rules to Contain China,"**People's Daily**,Feb2,2012,p.1.

[37] 「中國發展路線圖將為東盟帶來新機遇」，中國評論新聞網，2012 年 11 月 22 日。http://www.chinareviewnews.com/doc/1023/1/3/2/102313244.html?coluid=93&kindid=7491&docid=102313244。(檢索日期：2013/03/30)

[38] See Global Trends 2030, National Intelligence Council, Dec 10,2012,available at：http://info.publicintelligence.net/GlobalTrends2030.pdf.（檢索日期：2013/03/30）

伍、建構主義下中國的身份與利益的內涵

一、中國的角色與集體身份形成

溫特建構主義認為國際體系結構不僅對行為體的行為產生影響，同時也塑造 了行為體的身份。而基於「共有觀念」所建構的「身份」同時也型塑了行為體的「利益」，透過彼此的互動關係，從而作出符合其身份的行動。[39]上述的共有觀念將影響中美互動下的國際無政府文化，形成中美兩國處於洛克競爭的無政府文化的局面，可以說明影響中美無政府文化互動主在於國家身份的形成。

事實上，中國面對國內主權統治文化影響本身的個體、團體身份與類屬身份，與美國互動下的國際無政府文化影響雙方的角色與集體身份，此兩種文化也相互影響中國的國家身份內涵。基本上，中國的個人、團體身份與類屬身份方面，可由北京自行決定國家大政，其他國家不易干涉。至於角色身份與集體身份在後九一一時代，很明顯的美國賦予負責任的利益共享者身份。[40]因此，中美互動下的中國的角色身份可以分類為扮演新型大國關係角色、維護區域經濟夥伴角色、提升軍事現代化角色等方面：

（一）扮演新型大國關係角色

2012 年 2 月中共國家副主席習近平訪美，提出中美要構建「新型大國關係」的角色身份。[41]同年 5 月在北京召開的中美戰略與經濟對話期

---

[39] 翁明賢，吳建德等著，〈全球化非傳統安全威脅、集體身份與國家利益的互動關係〉，載於翁明賢等主編，《國際關係》（台北：五南圖書出版公司，2006 年），頁 192。

[40] 翁明賢，〈美中互動下的中國國家身份、利益與安全性策略〉，載於翁明賢、王瑋琦等主編，《全球戰略形勢下的兩岸關係》（台北：華立圖書股份公司，2008 年），頁 319。

[41] 習近平，「共創中美合作夥伴關係的美好明天——在美國友好團體歡迎午宴上的演講」，中華人民共和國外交部，2012 年 2 月 16 日。http://www.fmprc.gov.cn/mfa_chn/ziliao_611306/zyjh_611308/t905507.shtml。(檢索日期：

間，以中美雙方構建「新型大國關係」作為主題。[42]2013 年 3 月國務院總理李克強亦說明中美要增進互信，通過擴大雙方共同利益超越彼此分歧，為兩國各領域合作創造更好條件，共同努力構建「新型大國關係」，把中美合作水準提升到新的高度。[43]筆者訪談中國北京相關大學教授認為要構建「新型大國關係」，中美需要創新思維、相互信任、平等互諒、積極行動、厚植友誼，要以「不到長城非好漢」的決心和信心、「摸著石頭過河」的耐心和智慧，去探索構建「新型大國關係」之路。[44]

不過，國內學者楊開煌則表示，中共提出「新型大國關係」，只是強調了中美兩國的協商關係，但看不出來有何特點及具體論述。「新型大國關係」，但都只有名詞，而沒有邏輯敘述，大國如何相處，還沒有自己的話語權。中美之間能否建立新型的外交關係，還待觀察。[45]因此，從上述觀點而言，中美兩國需要建立共有知識的概念，才能構建「新型大國關係」的無政府文化，換言之，如果中美兩國沒有建立一個共有知識，相互理解「新型大國關係」的「身份」意涵，就無法邏輯上符合雙方的各自「利益」，對於任何雙方的政策就無法達到雙方既定的目標。

2013/03/30)

42 「社評：構建新型大國關係　中美要有新思考」，中國評論新聞網，2012 年 7 月 26 日。http://www.chinareviewnews.com/doc/1021/7/2/0/102172098.html?coluid=35&kindid=606&docid=102172098&mdate=0726000545。(檢索日期：2013/03/30)

43 「李克強：中美關係正處於承前啟後的關鍵階段」，中國評論新聞網，2013 年 3 月 20 日。
http://www.chinareviewnews.com/doc/1024/7/6/5/102476556.html?coluid=0&kindid=0&docid=102476556。(檢索日期：2013/03/30)

44 筆者於 2012 年 11 月 23 日與翁明賢所長親赴中國北京對相關大學教授所做的深度訪談內容。

45 「陸學者：中美可建立大國協調機制」，聯合新聞網，2012 年 11 月 27 日。
http://scrapbase.blogspot.com/2012/11/blog-post_7970.html#1L-4038485L。(檢索日期：2013/03/30)

（二）維護區域經濟夥伴角色

2012 年 11 月 20 日東南亞國協十國與中國、日本、南韓、印度、澳洲、紐西蘭等六國，舉行東亞高峰會上宣布，將於 2013 年啟動《區域全面經濟夥伴關係》（Regional Com-prehensive Economic Partnership, 以下簡稱RCEP）談判，預定 2015 年底完成可望加快全球經濟向成長快速的亞太地區轉移，並可能使美國推動的《跨太平洋戰略經濟夥伴關係協定》（Trans-Pacific Partnership Agreement，以下簡稱TPP）黯然失色。[46]雖然中國持續關注TPP談判進度，迄今未表達參與之意願。[47]筆者訪談中國智庫專家認為中國外交政策一直秉持「不結盟」政策都沒有改變，美國藉重返亞太政策在於逐步進入中國前院，運用區域的組織TPP，遂行亞太區域組織的整合，周邊各國意見不一，對中國不一定形成抗衡，中國持續與東協國家籌組RCEP，是基於睦鄰外交政策作法，也是一貫的經濟戰略作法。[48]

不過，國內學者陳一新認為TPP是美國「經貿圍堵」中國的一項陰謀，而北京以RCEP作為因應。[49]RCEP因涵蓋被TPP明顯排擠的中國，故而更加凸顯其現實性及亞洲特質。[50]隨之而來，2013 年 2 月 12 日美國

---

[46] 「東協加六組自貿區 美推 TPP 恐失色」，自由時報電子報，2012 年 11 月 21 日。http://www.libertytimes.com.tw/2012/new/nov/21/today-int2.htm。(檢索日期：2013/03/30)

[47] 廖舜右，〈TPP 談判發展與相關經濟體之動向分析〉，載於翁明賢、吳建德等主編，《國際關係新論》(台北：五南圖書出版公司，2013 年)，頁 235-236。

[48] 筆者於 2012 年 11 月 26 日與翁明賢所長親赴中國北京對相關智庫主管所做的深度訪談內容。

[49] 陳一新，「名家－歐巴馬第二任 中美合作與矛盾並舉」，中時電子報，2013 年 1 月 29 日。http://news.chinatimes.com/forum/11051404/112013012900542.html。(檢索日期：2013/03/30)

[50] RCEP 係以東協 10 國及中、日、韓、印、澳、紐為基本成員，以「東協+6」為範圍，相當於全球貿易與產出的 1/3，將建成人口逾 30 億人、GDP 逾 16 兆美元的單一市場，將是全球最大自由貿易區。參見「社評－放緩 TPP 優先加入 RCEP」，中時電子報，2012 年 11 月 28 日。http://news.chinatimes.com/forum/11051404/112012112800531.html。(檢索日期：2012/12/27)

總統歐巴馬在國情咨文中談到與歐盟(European Union, EU)將建立《跨大西洋雙邊的貿易與投資夥伴關係》(Transatlantic Trade and Investment Partnership, 以下簡稱TTIP)，美國政府將在 2014 年前啟動TTIP與EU的談判與合作。[51]也就是說，歐美聯手抗中的經濟戰略幾已底定。[52]

由此可知，中國與美國在經貿方面的關係，存在有競爭與對抗態勢，也就是一方面有洛克文化的關係，也有霍布斯文化的色彩。洛克文化的主體位置是競爭對手並維持現狀，美國所主導的 TPP 若是採取經貿「經貿圍堵」中國，使東南亞國協（簡稱東協）等國必然會在中美兩國間做一選擇，以及美歐各國若 TTIP 談判成功，可帶動美歐間的經濟成長與就業；相對的，一些 TPP 的準成員國，若能與 TTIP 整合成功，則中國將面臨區域經濟夥伴者角色衝突的困境。

（三）提升軍事現代化角色

2013 年中國召開「兩會」審議的預算軍費增長幅度大約是 11%到 12%，達 7,500 億人民幣，大約 1,200 億美元，比 30 年前增加 30 倍，是美國的三分之一。北京軍事學者透露，這只占到大陸GDP不到百分之二，仍然屬於國際的低水準。估計到 2015 年，中共的軍費將會達到 10,730 億元人民幣，大約 1,700 億美元。[53]加以，中國學者專家強調歷次官方所公布的《中國的國防》白皮書，國防預算按照用途概分為人員生活費、

---

[51] “Fact Sheet：United States to Negotiate Transatlantic Trade and Investment Partnership with the European Union,” The Office of the United States Trade Representative (USTR),at：http://www.ustr.gov/about-us/press-office/fact-sheets/2013/february/US-EU-TTIP. (檢索日期：2013/03/30)

[52] 「歐巴馬提合作 歐盟官員讚雙贏」，聯合新聞網，2013 年 2 月 12 日。http://www.udn.com/2013/2/15/NEWS/WORLD/WORS3/7697008.shtml。(檢索日期：2013/03/30)

[53] 「兩會報導／7500 億人民幣 中共今年軍費成長 11%」，聯合新聞網，2013 年 3 月 5 日。http://udn.com/NEWS/MAINLAND/MAI1/7736574.shtml 。(檢索日期：2013/3/30)

活動維持費與裝備費，三者占國防預算總額比例約各為三分之一，[54]是值得探討議題。

根據美國智庫與學界估算中國真正的國防預算，範圍從其官方公佈數據的 2 倍到 12 倍皆有，一般而言約在 2 到 3 倍左右。就如 2012 年中國的國防預算支出總額已達到 1,060 億美元，美國國防部根據 2011 年的物價與匯率對中國 2011 年所有與軍事相關支出進行了估計，認為其數額在 1,200 億到 1,800 億美元之間。[55]美國學界沈大偉(David Shambaugh)研究指出中國國防預算人員生活費所佔比例在 1950 年到 1970 年約為 40%，到 1970 年代降至 30%，但到 1980 年代又上升到 40%，1990 年代再次降回到 35%左右。[56]此種調整一方面是由於解放軍自 1985 年以來的三次裁軍有關，另一方面則和解放軍禁止軍隊經商後，增加對人員經費的投入以改善其生活水準有關，兩者相互牽引，使其人員生活費在軍隊員額大幅調降的過程中並未同步明顯降低。

實際上，由於中國的整體軍事實力在美國之下，北京拒絕國防透明化，主要是擔心五角大樓會利用這些資訊，將其置於不利境地。[57]因此，常批評中國國防預算不透明的國家中，美國是最為嚴厲國家之一。另外，東北亞國家的日本也常針對中國國防預算快速增長，提出中國將會改變

---

54 「軍科專家詳解「中國國防白皮書國防經費增長特點」，人民網，2011 年 4 月 1 日。http://military.people.com.cn/BIG5/14300494.html。(檢索日期：2013/03/30)

55 The Office of the Secretary of Defense, Annual Report to Congress. “Military and Security Developments Involving the People’s Republic of China 2012 ”（Washington, D.C.: Department of Defense.
U.S. ,2012）,http://www.defense.gov/pubs/pdfs/2012_CMPR_Final.pdf. (檢索日期：2013/03/30)

56 David Shambaugh, Modernizing China’s Military: Progress, Problems and Prospecys (Berkeley: University of California Press, 2003),p. 191.

57 「多重因素阻礙中美軍事合作」，中國評論新聞網，2013 年 1 月 28 日。http://www.chinareviewnews.com/doc/1024/2/0/4/102420466.html?coluid=59&kindid=0&docid=102420466。（檢索日期：2013/03/30）

亞太區域權力結構的疑慮。對此，中國通常以軍事現代化是維護國家利益的必要手段作為回應。[58]加以瑞典智庫「斯德哥爾摩國際和平研究所」(Stockholm International Peace Research Institute,SIPRI)2013 年 3 月發表的全球軍火交易報告，中國已經取代英國，成為全球第五大武器出口國。[59]可預見未來，中國持續增長的國防預算支出，及東亞區域各國主權的爭端，競相加強軍備使國防預算支出快速的增長，進而將使得東亞區域的權力結構將有所改變。

另外，中國學者陳健認為從 2012 年到 2024 年左右是中美關係最危險的十餘年。如果處理不好，中美兩國會發生摩擦，甚至兵戎相見。在此階段，雙方戰略互疑上升，戰略部署會以對方為假想敵，小國的挑釁可能會把中美帶入軍事衝突之中。[60]根據美國《2010 年中共軍事與安全發展》揭示，中國領導人繼續支持發展對反介入/區域拒止（中國稱之為「反干涉」）任務所需武器，如巡弋飛彈、中短程常規彈道飛彈、反艦彈道飛彈、反太空武器和網絡戰能力。中國在先進戰機研製方面的能力也得到了明顯提升，標誌性事件是殲 20 戰鬥機(J-20)在 2009 年進行的首次試飛；而首艘航母進行海試，也標誌著中國具備了有限的力量投送能力。中國還在綜合防空、水下戰爭、核威懾與戰略打擊、作戰指揮控制能力、陸海空協同訓練和演習等方面取得了長足進步。[61]

---

[58] Bates Gill, “Two Steps Forward, One Step Back: The Dynamics of Chinese Nonproliferation and Arms Control Policy Making in an Era of Reform ”in David M. Lampton (eds), The Making of Chinese Foreign and Security Policy in the Era of Reform,(California：Stanford University Press,2001),pp.277-283.

[59] 「瑞典 SIPRI 報告：中國軍火出口 晉全球第五大」，自由電子報，2013 年 3 月 19 日。http://www.libertytimes.com.tw/2013/new/mar/19/today-int1.htm。(檢索日期：2013/03/30)

[60] 陳健，「試論新型大國關係」，《國際問題研究》，第 6 期，2012 年，頁 13。

[61] The Office of the Secretary of Defense, Annual Report to Congress. “Military and Security Developments Involving the People’ s Republic of China 2012 ”（Washington, D.C.: Department of Defense.
U.S. ,2012）,http://www.defense.gov/pubs/pdfs/2012_CMPR_Final.pdf. (檢索日期：2013/03/30)

顯見中共解放軍未來將擁有投射兵力於第一島鏈與第二島鏈間的能力：陸軍有對美國琉球各基地實施空降奇襲作戰之能力；海軍則將有進入南海與第一島鏈以西，甚至推進至第二島鏈周邊地區作戰的能力；空軍將有於台海區域遂行空中精準打擊與封鎖、掌握制空權，並進一步威脅美軍關島基地的能力；第二砲兵則具備陸基戰略核反擊能力和常規飛彈精確打擊能力，核力量已能威脅第二島鏈的關島與美國西岸地區，巡弋飛彈能攻擊美軍琉球基地，中程彈道飛彈也有攻擊美軍關島基地及航行於第二島鏈以西的航母戰鬥群的能力。此外，解放軍也將運用不對稱作戰概念，發展出某些較先進的殺手鐧武器，以在軍力弱勢時仍能執行其拒止外軍構想。因而除了反衛星部署與攻勢資訊戰之外，還包括運用航母、水雷、潛艦與攻艦彈道飛彈等武器以遂行不對稱作戰準則。[62]

根據上述中美互動下的中國的角色身份分析討論，中美互動下呈現與中國的集體身份可以分類為中美戰略與經濟對話的集體身份、中美區域穩定與合作的集體身份、中美維持台海現狀的集體身份等方面：

（一）中美戰略與經濟對話的集體身份

中、美關係是目前世界中比較重要的雙邊關係之一，中、美兩國的互動對世界局勢產生一定程度的影響。尤其，中美戰略與經濟對話(China-US Strategic and Economic Dialogue meeting,S＆ED)，是中、美兩國在雙邊性、區域性和全球範圍等廣泛領域內，對近期和長期戰略性和經濟利益方面的挑戰和機遇進行磋商的一個現行加強化機制。[63]中、美

---

[62] 王高成、丁樹範、戴振良等，《中共拒止外軍的戰略與能力及我國因應之道》（台北：國防部整合評估室研究報告，編號：MND-99-006，2010 年），頁 71。

[63] 「中美戰略與經濟對話」，互動百科網，2012 年 4 月 28 日。http://www.hudong.com/wiki/%E4%B8%AD%E7%BE%8E%E6%88%98%E7%95%A5%E4%B8%8E%E7%BB%8F%E6%B5%8E%E5%AF%B9%E8%AF%9D。（檢索日期：2013/03/30）

兩國雖然都承認雙方必須合作，但在如何解決美國對中國的龐大貿易赤字上，仍然存在巨大分歧。[64]

其實，從 2008 年國際金融危機，可凸顯「北京共識」(Beijing Consensus)對「華盛頓共識」(Washington Consensus)的挑戰，也就是中國對美國實施「中國模式」的挑戰，中國的發展模式對開發中國家產生極大吸引力，擔心中國會吸引「其他專制國家」選擇中國模式，將使西方模式無人問津。[65]因此，中國自改革開放採取擴張性對外經貿政策後，迅速成為全球第二大經濟體，許多預測都認為，中國將在 10 到 20 年內取代美國成為世界第一。中國不斷競逐全球財富目標，崛起的中國，亦凸顯中國身份在國際間的重要性；相對著，美國財富被移轉到中國而造成的緊張正逐漸升高。[66]2012 年 11 月美國總統歐巴馬連任及 2013 年 3 月中國習近平新領導班子確定後，中美集體身份的未來動向，可說是「對抗」或「合作」、「零和」或「雙贏」的抉擇，不過，基於全球責任及國家利益的前提下，中美領導人勢須體認「合則兩利；分則兩害」的集體身份考量。[67]

---

[64] 「國際要聞 2011.01.-2011.06.」，《國際關係學報半年刊》，第 32 期，2011 年 7 月，頁 226。

[65] John Ikenberry,"The Rise of China and the Future of the West," **Foreign Affairs**, Vol.87,No.1, 2008,pp.23-37;Condoleezza Rice,"Rethinking the National Interest John Ikenberry,"The Rise of China and the Future of the West", **Foreign Affairs**, Vol.87,No.1, 2008,pp.23-37;"**Foreign Affairs**, Vol.87,No.4,2008,p.3.

[66] Handel Jones 著，陳儀譯，《Chinamerica：看中美競合關係如何改變世界》(台北：美商麥格羅・希爾國際股份有限公司 台灣分公司，2010 年 12 月)，頁 31-32。

[67] 「社評－美中經濟禍福相倚」，中時電子報，2012 年 11 月 9 日。http://news.chinatimes.com/forum/11051404/112012110901111.html。（檢索日期：2013/04/05）

（二）中美區域穩定與合作的集體身份

2001 年九一一事件發生後，美國對國家安全戰略進行調整，認為事件使美國與其他主要國家的關係產生結構性變化，也帶來更大的機遇，除傳統的歐亞盟友外，與中、俄、印（度）等國也發展出更積極的合作關係。[68]就中美兩國而言，雙方可以屬於地區治理提供公共產品，維護地區安全、管控危機，在區域性機制安排上合作，致力於地區治理。朝鮮半島核問題、伊朗核問題、敘利亞問題等，都需要中美兩國攜手應對，以此來維護地區的安全與穩定。特別是，朝鮮半島危機一觸即發，存在失控的危險，中美的共同利益就是維護半島的和平，防止核擴散，實現半島無核化。[69]

事實上，朝鮮半島 2010 年「天安艦」事件與同年 11 月的延坪島炮擊事件，都說明了《韓戰停戰協定》對北韓早已形同具文。及 2012 年 12 月北韓發射火箭、2013 年 2 月北韓第三次的核試爆，平壤都曾受到國際社會的制裁，但效果顯然不彰。[70]3 月 5 日北韓電視台宣布，韓戰停戰協定將於本月 11 日作廢，以抗議美韓將採取的進一步制裁措施，以及美韓年度聯合軍演。[71]北京態度可能對北韓施壓，要求停止武力威脅，並重返六方會談。[72]顯示中美關係以合作代替對抗，藉此發展和鞏

---

[68] The White House, The National Security Strategy of The United States of America 2002 (Washington D.C：The White House, 2002),p.28.

[69] 「社評：中美又將對話　兩國互動有新變化」，中國評論新聞網，2013 年 4 月 5 日。http://www.chinareviewnews.com/doc/1024/8/5/7/102485766.html?coluid=1&kindid=0&docid=102485766&mdate=0405001159 1。（檢索日期：2013/04/05）

[70] 「社評－朝鮮半島衝突 美應爭取中國合作」，中時電子報，2013 年 3 月 19 日。http://news.chinatimes.com/forum/11051404/112013031900577.html。（檢索日期：2013/04/05）

[71] 「制裁朝核美中達協議 北韓嗆廢韓戰停戰協定」，自由電子報，2013 年 3 月 6 日。http://www.libertytimes.com.tw/2013/new/mar/6/today-int1.htm。（檢索日期：2013/04/05）

[72] 「中國做好朝鮮半島開戰準備？」，聯合新聞網，2013 年 4 月 5 日。http://udn.com/NEWS/WORLD/WORS3/7811160.shtml。（檢索日期：2013/04/05）

固雙方國家利益以達到雙贏境界，讓中國成為可信服的合作夥伴，凸顯中美在區域穩定的集體身份具有共同價值。

（三）中美維持台海現狀的集體身份

兩岸關係的發展進程，自 1987 年兩岸跨出歷史性的一大步，正式開啟交流的大門之後，兩岸關係即邁入了新的歷史發展階段。尤其是美國在兩岸關係中扮演極為關鍵的角色，現階段美國對華政策是兩岸維持現狀，即是「中國不武」、「台灣不獨」，且強調以和平方式解決兩岸歧見。從「建交公報」、「台灣關係法」「八一七公報」以及歷任總統的聲明，都是以「和平至上」的概念為主軸。[73]中國認為美國為預防中國崛起危及其世界領導地位，故須與美國維持良好的互動，降低美國的疑慮。美國對於維持台海現狀，堅持必須交由兩岸人民解決的政策設定，以中國的立場來看，就是如何推動統戰，爭取台灣民心，使台灣人民同意改變現狀與中國大陸統一。[74]

事實上，美國對台政策一方面要和中國維持正面的、具有建設性的關係，另外一方面要信守對台灣的承諾。美國對兩岸問題的選項，視為「維持現狀」與「和平統一」，而且樂觀傾向於前者的光譜一端。但是，對於中共而言，這條光譜並不是那麼寬廣，而僅僅是限制在「和平統一」這一端，中共所堅定不移思考的只是「和平統一」或「武力解放」哪一種手段選項而已。在必須面臨抉擇與考驗的情勢下，台灣可以明確的認知中共的最終決定，但卻無法獲知美國的最後底線。[75]特別是，從美國「維持台海現狀」的觀點而言，美國若是對台灣施壓，以遏阻或減緩兩

---

[73] 陳毓鈞，《胡錦濤時代的中美台動向—維持現狀 遏制台獨》（台北：海峽學術出版社，2006 年 8 月），頁 132。

[74] 劉文斌，「當前中共對台統戰作為的結構性環境：從台灣國家認同變遷的觀點」，《中共研究》，40 卷 8 期，2006 年 8 月，頁 60-61。

[75] 翁明賢，「對歐巴馬兩岸政策的反思——台灣觀點」，《台灣國際研究季刊》，第 5 卷第 1 期，2009 年春季號，頁 9。

岸走向統一的努力。另一方面，也可能放棄台灣，並順勢強化美中關係發展。兩種情況均將形成台灣內部反對勢力的抗爭，反而升高台灣以及兩岸內部情勢之衝擊，影響美國的亞太戰略佈局。一言之，美國反對中國或台灣任何一方改變現狀，對於大陸而言，在解決台灣問題的時機沒有成熟之前也希望維持現狀。顯見中美也不會因為台灣問題而產生衝突，已建構維持台海現狀的集體身份。

二、中國的客觀與主觀利益

依照建構主義的身份決定利益論，中國的各種國家身份呈現出生存利益、獨立自主利益、經濟財富、集體自尊等各項客觀國家利益，彼此之間有相互依存、相互影響，但也有其優先順序的考量問題。

（一）生存利益

九一一事件後，美國將力量伸展至中亞地區，也對於中國的西線邊界形成新的潛在威脅。中國認知美國以霸權手段圖謀發展擴張，成為主要的威脅來源；而中國所應採取的策略是與周邊國家持續發展睦鄰友好關係，及加強與第三世界的團結與合作，並作為國家安全戰略與政策的基本立足點。

（二）獨立自主利益

中國堅持政權統治的正當性與持續性，反對任何國家以「人權」、「民主」、「自由」等藉口，對其進行「和平演變」的陰謀或企圖干涉其內部事務。以「和平統一、一國兩制」做為解決台灣問題的方針，堅持國家統一與領土主權完整，反對任何企圖「分裂祖國」的言論與行動。持續改革開放政策，建立現代化社會主義國家，為國家安全提供有利的物質保障。此為中國獨立自主的根本核心。

（三）經濟財富方面

1989 年的六四天安門事件與東歐變局，造成原有的共產主義國家經濟合作架構解體，以美、日為首的世界經濟大國紛紛對中國採取制裁措施，確實對中國經濟發展的內外環境造成衝擊。面對此一變局，中國堅持改革開放的基本點，繼續推動計畫經濟與市場調節相結合的有特色社會主義制度。[76]中國認為雖然在國際政治上的形勢對自己不利，但是只要堅持改革開放。尤其從 2009 年國內生產總值達到 579,375 億美元，居世界第三位；進口總額 12,015 億美元；出口總額 10,057 億美元，居世界第二位。[77]種種跡象顯示，近年來中國在經濟財富方面確實取得相當程度的成就，但也突顯出城鄉差距不均衡、外貿依存度逐年增加、重視經濟成長數量指標而忽略質量的提升等重要問題，也形成經濟成長後的困境。

（四）集體自尊方面

1978 年中國開始實施對外開放政策，並逐步且積極的融入現行國際組織，中國已成為大多數全球性國際組織參與國，並將繼續推動與世界接軌的作為，中國在 1977 年到 1996 年之間加入的國際組織由 21 個增加到 51 個，在國際公約方面，中國至 2002 年前已簽訂 220 個國際公約，目前邦交國亦有 172 個國家，[78]加以中國為聯合國常任理事國，中國已成為目前國際組織的重要成員，同時中國也自許全面參與並發揮建構國際秩序的功用，並不放棄改造國際秩序的責任。[79]中國參與國際組織是

---

[76] 中共中央文獻編輯委員會編，《鄧小平文選，第三卷》（北京：人民出版社，1993 年），頁 306。

[77] 「中國統計年鑑 2010 年」，中華人民共和國國家統計局，2009 年 12 月 31 日。http://www.stats.gov.cn/tjsj/ndsj/2010/indexch.htm。（檢索日期：2013/04/05）

[78] 「中華人民共和國與各國建立外交關係日期簡表」，中華人民共和國外交部，2012 年 8 月 25 日。http://www.fmprc.gov.cn/chn/pds/ziliao/2193/。（檢索日期：2013/04/05）

[79] 趙可金、倪世雄，《中國國際關係理論研究》（上海：復旦大學出版社，2007 年），頁 371-372。

漸進的，除了參加東協區域論壇、世界貿易組織、朝核六方多邊會談，和提倡東協加一（中國）自由貿易區外，中國更簽署了《生化武器公約》、《全面核禁試條約》等國際條約，以具體表明中國願意付出代價、爭取負責任大國之地位。[80]顯見中國已從過去被動參與國際組織轉變為積極參與國角色及身份，中國已意識到國家要持續發展，就必須參與國際組織，以和平發展為目標，逐步融入國際社會。

至於中國的主觀國家利益的判斷與設定，決策者佔有關鍵地位，尤其中國一向以馬克思主義者自居，深受馬克思主義影響甚鉅，馬克思的辯證思維至今依然與中國國家安全戰略思維息息相關。[81]因此，馬克思主義的教條是決定中國政權領導人決策思維的主要因素之一，從辯證法(Dialectic Method)的對立統一律過程，經過正反的過程後，最後達到合的階段。[82]從中共所召開第十八次全國代表大會，習近平擔任政治局常委人選與軍委會委員的安排，顯見自 2014 年「兩會」之後進入習近平第一任期階段，確已逐漸掌握中國的黨、政、軍大權。雖然中共政治局的決策還是一種集體決策過程，習近平對中國客觀利益的判斷具有絕對的影響力。因此，根據上述中國客觀與主觀國家利益判斷，目前是中國有史以來最安全的時期。所以，中國的國家安全戰略最穩定時期，以強化集體自尊的國家客觀利益，並繼續加強經濟財富的發展，至於獨立自主與生存利益則不會面臨較多威脅與挑戰。

---

[80] Samuel S.Kim, ed., China and the World.(Boulder：Westview Press, 1998), p.75.

[81] 劉慶元，《解析中國國家安全戰略》（台北：揚智文化事業股份有限公司，2003 年 11 月），頁 8。

[82] 辯證法的三大思考定律，即所謂對立統一律、質量互變律、否定之否定律等，對立統一律又稱為矛盾律，黑格爾（Georg Wilhelm Friedrich Hegel），把辯證法應用在各種學問上，認為無論是哪一種命題的設立，都是正；而命題的提出，又說明了反的存在，但反的本身也有它的反的存在，此時可知負負得正，但此一正已非原先所見之正的命題了。換言之，正是「肯定」，反是「否定」（又名為第一次否定），合是「否定之否定」（又名第二次否定），依此相反相生，無限推演。

陸、中國的安全戰略與政策作為

一國國家制訂國家安全戰略，往往受到主客觀環境因素的影響，這些影響因素可能包括國內外環境的因素、歷史經驗與哲學思維的因素，以及獨特的戰略文化等因素。本文依圖 3：中美互動下中國國家利益與安全戰略分析架構圖，主要探討在無政府文化中、美雙方如何互動（敵對、競爭、友好），決策者在國內政治過程扮演一定角色，當中美雙方身份確定之，依身份決定利益觀點，中美雙方的各自利益也被確定，從而主導國家安全戰略的產生，並進而制訂對政治、國防、外交、經濟、科技、文化、能源等的各項政策。事實上，中國的國家安全戰略前述各項，只是決策者對施政優先順序的安排有所不同，以下分別加以論述。

一、建立體制改革的政治戰略

中共現行的政治制度是實行單一政黨體制，採行民主集中制，政治權利必須絕對的集中，亦即領導階層必須保持最大的權力。中共各級黨委實行集體領導和個人分工負責相結合的制度。凡屬重大問題都由黨的委員會集體討論，做出決定；委員會成員根據集體的決定與分工，履行自己的職責。而各級黨組織討論決定問題，執行少數服從多數的原則，但也考慮少數人的不同意見。[83]而中共的領導主要是政治領導、組織領導與思想領導，而其領導的方式是使黨的主張經過法定程序變成國家意志，通過黨組織的活動和黨員的先鋒作用，帶動廣大人民群眾，實現黨的路線、方針和政策。[84]

事實上，中共十八大後對於中國是否能夠順利擠身於世界強國之列，是否能夠繼續經濟高度成長，以及內部是否能夠維持穩定，反腐倡廉成

---

[83] 張立榮，《論有中國特色的國家行政制度》（北京：中國社會科學出版社，2003 年），頁 101。

[84] 浦興祖，《當代中國政治制度》（上海：復旦大學出版社，2005 年），頁 357-359。

效，未來最高權力結構組織，以及政治體制改革，包括：黨內一定程度的民主改革，賦予人民更多的權利與輿論自由，如何進一步改善社會經濟結構、法制結構的不平均、不平等與不和諧，成為中共必須面對的三大難題。

二、建設積極防禦的國防戰略

中共十八大報告：「加強軍事戰略指導，高度關注海洋、太空、網路空間安全軍事力量運用，不斷拓展和深化軍事作戰準備。」[85]其內容意涵就是要做好高科技局部戰爭的準備，並以衛星、電腦、飛彈等在戰爭中所扮演的精準打擊功能。習近平在視察軍隊時明確提出軍隊「能打仗、打勝仗」的建設目標，提出國防和軍隊建設指導方向。[86]換言之，中共積極防禦的國防戰略作為，強調在戰略上不主動發動戰爭，避免造成不義之戰，但在戰術上則講求先制攻擊，掌握戰略主動權，將從戰略防禦逐漸轉為戰略反攻，最後贏得戰爭的勝利。[87]

因此，積極防禦戰略思維必須具備後發制人與主動權確保等兩項要件，方能達到克敵制勝的目的。中共認為所謂後發制人，就是要堅持自衛立場，不主動挑起戰爭，在防禦形勢之下戰勝敵人。而戰略主動權確保，須以「制人而不制於人」的積極主動精神，堅持與貫徹自已的意志到底，使對手無反抗能力，進而追隨我的意志。學者彭光謙、姚有志認為在高科技戰爭中，由於作戰空間有限、作戰效能提高、作戰時程短暫，

---

[85] 「胡錦濤在中國共產黨第十八次全國代表大會上的報告」，新華社網，2012 年 11 月 17 日。http://news.xinhuanet.com/18cpcnc/2012-11/17/c_113711665.htm。（檢索日期：2013/04/05）

[86] 「為中國夢提供強大的國防保障」，中國仙桃網，2013 年 3 月 13 日。http://news.cnxiantao.com/sz/2013-3/13/0313084437133130844372650326l1774.shtml。（檢索日期：2013/04/05）

[87] 廖國良、李士順、徐焰合，《毛澤東軍事思想發展史》（北京：解放軍出版社，2001 年），頁 447-479。

因而在總體防禦態勢下，搶佔作戰先機將是獲取局部戰爭勝利的重要因素。[88]學者王厚卿又認為後發制人在戰略上雖採取被動，但戰役上則強調積極主動作為，將戰略上的「後發」與戰役上的「先制」結合，掌握戰略主動權，採取積極的行動，交互運用進攻戰與防禦戰，為戰略開創有利的態勢，進而獲取最後勝利。[89]事實上，積極防禦國防戰略卻侷限軍隊戰略攻勢的作為，後發制人的國防戰略思維是否較適合運用傳統防禦觀點，對於現代高科技戰爭是否較不完全適用，是值得商榷的問題。

三、推動全球與區域多邊外交戰略

冷戰終結以來，中國體認到美國一直對中國採取防範加接觸的兩手策略，雙方互信不足本質未曾改變，主要是存在於根本性國家利益，受到國際環境與局勢影響與中美定位的歧異產生所致。中俄關係雖然全面提升，但不可能重返當年的中蘇友好關係，與美日同盟更不可同日而語，前者是朋友，地位平等，不受約束；後者是盟友，有主僕之分，義務與職責分明。[90]

學者楊原認為，中國外交戰略長期堅持「韜光養晦」的原則，為避免國際社會的 「中國威脅論」而長期保持低調和內斂。但隨著中國實力的不斷增長和實力規模的不斷擴展，如果中國繼續長期堅持低調和韜晦而不願為國際社會其他成員提供自己力所能及的服務，那麼國家實力增長所帶來的安全困境就會越來越明顯，其他國家尤其是周邊國家就會因此而越發地依賴美國的安全保護，中國所面臨的國際環境就會越發不

---

[88] 彭光謙、姚有志，《戰略學》（北京：軍事科學出版社，2001 年），頁 452。

[89] 王厚卿，《中國軍事思想論綱》（北京：國防大學出版社，2000 年），頁 906~907。

[90] 「中俄聯手，美國不急日本急」，中國評論新聞網，2013 年 3 月 28 日。http://www.chinareviewnews.com/doc/1024/8/4/6/102484621.html?coluid=0&kindid=0&docid=102484621。（檢索日期：2013/04/05）

利。[91]是以，美國前國防部長斐利(William J. Perry)與助理國防部長卡特(Ashton B. Carter)提出：「中國的崛起是美國西向最可怕的一項地理戰略發展，跟東方的俄羅斯尋求後冷戰安全觀念一樣值得重視。預防性防禦有一個越來越重要的目標，就是加倍努力，使中國在二十一世紀成為美國的安全夥伴，降低中國成為敵人的可能性。」[92]

是以，學者時殷弘認為中國的外交戰略目標是「以鄰為善，以鄰為伴」的全方位睦鄰政策是至關重要的戰略選擇。[93]但是，中美兩國在多邊平台可能面臨衝突，如美國總統歐巴馬，持續推動TPP，以掌握對亞太經合組織和東盟系列會議之主導權；在南海問題方面，美國也可能運用多邊平台制衡中共，另外，在北韓問題方面，中美關係應以合作代替對抗，以協商談判和平解決爭端，藉六方會談回到談判桌以避免衝突擴大，達到中國多邊外交戰略的關係。

四、推行科學發展觀的經濟戰略

中共十八大報告：「以科學發展為主題，以加快轉變經濟發展方式為主線，是關係我國發展全域的戰略抉擇。」[94]其內容表明，在 2020 年全面將中共建立成為「小康社會」、與人均GDP成長一倍的具體目標，要在未來 10 年內讓國內生產總值翻倍，也就是說，2020 年時GDP目標

---

[91] 楊原，「武力脅迫還是利益交換? —大國無戰爭時代大國提高國際影響力的核心路徑」，《外交評論》，第 4 期，2011 年，頁 116。

[92] William J. Perry,Ashton B. Carter 著，許授南譯，《預防性防禦：後冷戰時代美國的新安全戰略》〈台北：麥田出版公司，2000 年)，頁 151。

[93] 時殷弘，〈國家大戰略理論與中國的大戰略實踐〉，載於金燦榮主編，《中國學者看世界－大國戰略卷》（香港：和平圖書公司，2006 年），頁 159。

[94] 「胡錦濤在中國共產黨第十八次全國代表大會上的報告」，新華社網，2012 年 11 月 17 日。http://news.xinhuanet.com/18cpcnc/2012-11/17/c_113711665.htm。（檢索日期：2013/04/08）

要達到 80 兆人民幣，這個長期性目標是極為明確，但要達成難度卻也不小。[95]

中共自改革開放政策的推展為中國經濟帶來了國民所得提升、農村經濟繁榮、對外貿易拓展等積極的效果，並使中共經濟逐漸與國際經濟體系相融和，中國經濟發展近幾年來已取得相當程度的成就，在 2002 年時，胡錦濤時期是世界第 6 大經濟體，不過才 10 年的光景，現今的大陸已位居全球第 2 大經濟體，更重要的是，同時身兼世界第 1 大製造工業國、第 1 大出口國、與第 1 大外匯存底的國家，對於國際政治與全球經濟局勢，已是牽一髮而動全身，由於大陸經濟發展面臨諸多內外在因素的衝擊，卻也帶來城鄉差距擴大、對外貿易持續增加、國內消費需求不足、經濟指標的錯誤認知……等不利的後果，也衝擊及影響到中國經濟戰略發展的政策，都必須面對克服。

五、規劃創新驅動發展科技戰略

中共十八大報告：「科技創新是提高社會生產力和綜合國力的戰略支撐，必須擺在國家發展全域的核心位置。」[96]特別是，習近平出席全國政協十二屆一次會議委員亦強調，「實施創新驅動發展戰略是立足全域、面向未來的重大戰略。深化科技體制改革，不斷開創國家創新發展新局面，發揮科技創新的支撐引領作用，加快從要素驅動發展為主向創新驅動發展轉變，加快從經濟大國走向經濟強國。」[97]顯見科技創新是中共邁向現代化經濟強國必須發展的科技戰略目標。

---

[95] 丁予嘉，「名家觀點／大陸新政權利轉的經濟觀察，聯合新聞網，2012 年 12 月 10 日。http://udn.com/NEWS/MAINLAND/MAI1/7555087.shtml。（檢索日期：2013/04/08）

[96] 「胡錦濤在中國共產黨第十八次全國代表大會上的報告」，新華社網，2012 年 11 月 17 日。http://news.xinhuanet.com/18cpcnc/2012-11/17/c_113711665.htm。（檢索日期：2013/04/08）

[97] 「習近平強調實施創新驅動發展戰略」新華網，2013 年 3 月 4 日。

事實上，1988 年鄧小平會見捷克總統胡薩克(Husak ,Gustav)談話時提出「科學技術是第一生產力」的觀點。[98]此後，中國陸續提出了「科教興國」、「建設創新型國家」等戰略。可以說，當前中國比歷史上任何一個時期都重視科技創新的概念。因此，中國高層極為重視科技創新，在科研人才培養、關鍵領域等都有些增長和突破。但是，中共科技創新活動仍然存在諸如頂尖成果不多、產出效率不高等問題，中共必須面對的問題。

六、提倡節能與開發的能源戰略

中共十八大報告：「加強節能降耗，支持節能減碳產業和新能源、可再生能源發展，確保國家能源安全。」[99]其內容顯示，能源安全關係到中共的國家安全的穩定，確保能源安全考慮層面應注意達成能源供應持續不虞匱乏外，也須考量能源消費模式中產生某些結構矛盾所侷限。[100]在中國的五年計劃中，雖在「九五」計畫前已有節能的概念，但是「九五」計畫將節能放置首位，也開始注重能源生產與消費結構的調整，對於國際環保風潮亦有所呼應，此舉也並有助改善中國形象。

學者龐中英認為，中共正在形成自己的全球能源外交體系，讓中國經濟更加深入全球分工體系。其次，中共保持與中東、中亞、非洲、南美等地區主要國家的外交關係，推動能源多元化戰略為主要考量。基本

http://news.ifeng.com/mainland/special/2013lianghui/content-3/detail_2013_03/04/22724098_0.shtml?_from_ralated。（檢索日期：2013/04/08）

[98] 「科學技術是第一生產力」，新華網，2004 年 08 月 21 日。http://news.xinhuanet.com/newscenter/2004-08/21/content_1846318.htm。（檢索日期：2013/04/08）

[99] 「胡錦濤在中國共產黨第十八次全國代表大會上的報告」，新華社網，2012 年 11 月 17 日。http://news.xinhuanet.com/18cpcnc/2012-11/17/c_113711665.htm。（檢索日期：2013/04/08）

[100] Ryan Clarke 著，陳清鎮譯，《中國海軍與能源安全》（台北：國防部史政編譯室，2012 年），頁 22。

上，中共和平發展需要長期的能源保障，能源外交的開展就是要用和平的外交手段促進國內發展，依靠與世界建立起來的能源關係鞏固中國的世界地位。[101]事實上，資源消耗的速度卻更快，儘管資源的需求增加，其對外部資源的取得並沒有同步比率增加。因此，面對資源短缺的快速，將影響生產力效能，已成為中共面臨國家安全困境。

七、深化軟實力的文化戰略

中共十八大報告：「推動社會主義文化大發展大繁榮，興起社會主義文化建設新高潮，提高國家文化軟實力。」[102]從內容瞭解，中共文化軟實力的建設，文化具有不可替代的作用；軟實力競爭非零和遊戲、文化地位也非零和競爭。中共自改革開放以來採納了以國家利益為核心的現實主義，中共應該把國際主義與愛國主義結合起來，使人民支持中國的對外文化戰略。[103]特別是國家不僅要注重硬實力，還要注重軟實力，軟實力的增長屬於大國社會性成長的範圍。[104]這種論述不難理解，其背後都有一定動機與目的。

其實，林中斌的看法認為北京企圖使國際以中國馬首是瞻，北京推動其學術文化、語言文化等，以達「經濟帶動文化，文化加強外交」目標。[105]因此，方長平認為美國面臨財政懸崖困境，在國際政治及經濟上都需要與中共的合作，形成有利於中共運用文化的力量，推廣軟實力戰

---

[101] 「中國正在形成全球能源外交體系 能源戰略多元化」，中國新聞網，2006 年 2 月 17 日。http://www.chinanews.com/news/2006/2006-02-17/8/691781.shtml。（檢索日期：2013/04/08）

[102] 「胡錦濤在中國共產黨第十八次全國代表大會上的報告」，新華社網，2012 年 11 月 17 日。http://news.xinhuanet.com/18cpcnc/2012-11/17/c_113711665.htm。（檢索日期：2013/04/08）

[103] 俞新天，〈中國對外戰略的文化思考〉，《現代國際關係》，第 12 期，2004 年，頁 20-26。

[104] 郭樹勇，《中國軟實力戰略》（北京：時事出版社，2012 年），頁 27。

[105] 林中斌，《偶而言中-林中斌前瞻短評》(台北：黎明文化公司，2008 年)，頁 140-142。

略達到進行自我身份塑造。[106]特別是，中共自 2006 年開始極力想把孔子這塊招牌推廣到世界各地去，但是還是有不少的懷疑與反對的聲浪。董璐認為，在海外孔子學院鮮見孔子《論語》的譯本，也沒有以孔子為代表的其他儒家思想的著述譯本。在以孔子冠名的全球性中國文化傳播機構，只有孔子名稱，未能反映孔子思想和中國文化精髓的作品引入，可能會成為孔子學院傳播中國文化的瓶頸。[107]因此，中國向外輸出其文化時，只把表面的中國文化傳播出去，並沒有把仁、義、禮、智等傳統思想儒家的核心思想來吸引他國對中國進行學習，這也就導致國際上不得不對中國的文化政策產生疑慮。

柒、結論—兼論台灣的國家安全戰略思考

從國際政治中的傳統理論著手，研究國家的利益與國家戰略過程中，總是侷限於單一國家的「權力」與「安全」的追求，或是從相互依存的「利益」角度去思考，[108]而國際關係理論建構主義觀點，身份決定著利益，利益影響政策制訂，可以解釋國家之間互動，每一種無政府文化影響著不同行為體間的身份和利益的認知，亦可以檢視中美互動關係，以瞭解中國集體身份與國家利益的內涵。因此經由檢證美中互動發展及中國國家安全戰略的產出，圖 3：中美互動下中國國家利益與安全戰略分析架構具有驗證性與參考性。

中共十八大後中共及美國領導人更替之際，中美呈現新的格局，一方面受到國際無政府文化（洛克競爭）、美國亞太戰略的影響，加上國

---

106 方長平，〈中國軟實力比較〉，載於門洪華主編，《中國：軟實力方略》（浙江：浙江人民出版社，2007 年），頁 167。

107 董璐，「孔子學院與歌德學院：不同理念下的跨文化傳播」，《國際關係學院學報》，第 4 期，2011 年，頁 102。

108 翁明賢，〈美中互動下的中國國家身份、利益與安全性策略〉，載於翁明賢、王瑋琦等主編，《全球戰略形勢下的兩岸關係》，頁 327。

內分離主義對抗，衝擊國內主權統治文化變動。特別是，中國面對國內主權統治文化影響本身的個體、團體身份與類屬身份，與美國互動下的國際無政府文化影響雙方的角色與集體身份，此兩種文化也相互影響中國的國家身份內涵。是以中國的四種國家身份確定其客觀國家利益，包括：生存、獨立自主、經濟財富、集體自尊等四項，在經由決策者的主觀判斷，因而確定國家的主觀利益。並由決策者設定的國家利益優先順序，建構國家安全戰略主軸，進而指導其下包括政治、國防、外交、經濟、科技、文化、能源等政策制訂，最後經由中國的國家安全政策的產出，透過回饋過程，再度影響中、美的互動過程、其後的兩種文化、國家身份與客觀國家利益的形成與安全戰略制訂過程。

事實上，2012 年 2 月，習近平訪美時，向美國提出構建「新型大國關係」的想法但未受到應有的注意。華盛頓對北京所倡導「新型大國關係」的反應相當低調，不會對北京所主張的核心利益「照單全收」。[109] 另外，習近平在上任後首次公開發表的外交政策講話中說，「中國永遠不會用其所認為的領土和安全等核心利益做交易。」[110]習近平對軍方也強調「實現『中國夢』的軍事層面，可以說，這個夢想是『強國夢』，對軍隊來說，也是『強軍夢』。我們要實現中華民族偉大復興，必須堅持富國和強軍相統一　。」[111]顯見中共實踐『中國夢』是將以逐漸達成國家主權統一的核心利益的所在。

---

109 張旭成，〈21 世紀的美國對華政策〉，載於國家發展文教基金會主辦，《全球中國政策研討會》，（台北：國家發展文教基金會，2013 年），頁 15-17。

110 「習近平外交政策講話強調國家核心利益」，中國評論新聞網，2013 年 1 月 30 日。http://www.chinareviewnews.com/doc/1024/2/3/3/102423357.html?coluid=58&kindid=1214&docid=102423357&mdate=0130101533。（檢索日期：2013/04/08）

111 「習近平視察海軍，強調富國與強軍相統一」，紐約時報中文網，2012 年 12 月 18 日。http://cn.nytimes.com/article/china/2012/12/18/c18guangzhou/。（檢索日期：2013/04/08）

加以，中共自去年十八大之後，一方面加大力度倡議兩岸進行政治對話，促銷召開「和平論壇」，另一方面又密集的緊縮台灣的國際活動空間。[112]雖然兩岸各自提出單方面的構想，不管是「中國夢」或是「維持現狀」，以及民進黨所強調的「和平與穩定的互動架構」主張，實際上，雙方都缺乏一個兩岸關係發展的「共有理解」，以致於不容易建立一個兩岸的「集體身份」來處理兩岸的爭議。換言之，透過「經濟整合」走向「政治協商」有其理念與架構上的困境，更無法達成「中國夢」與「兩岸夢」的結合。[113]換言之，雖然目前台灣沒有立即武力的威脅與戰爭的風險，台灣面臨北京間接戰略：「上兵伐謀」，企圖達到「不戰而屈台灣之兵」的目標。[114]台灣面對國家生存發展應有的戰略思維何在？台灣的國家安全戰略思考又如何？恐怕才是我們最需關切的議題。

因此，筆者認為台灣的國家安全戰略層面思考，包括有四個面向：

第一、心理戰略：

在民心士氣方面，強化民眾對中共心理戰的警覺意識，有利建立全民心防；在全民國防教育方面，落實全民國防教育之具體實踐，增進全民之國防知識及全民防衛國家意識，方能健全國防發展，確保國家安全。

---

112 黃介正，「習近平的「中國夢」與台灣」，聯合新聞網，2013 年 4 月 6 日。http://udn.com/NEWS/OPINION/OPI4/7812104.shtml。（檢索日期：2013/04/08）

113 翁明賢，〈建構兩岸和平關係的和平穩定與互動架構：建構主義集體身份的觀點〉，載於淡江大學國際學院主編，《第十七屆「世界新格局與兩岸關係」研討會》（台北縣：淡江大學國際學院，2013 年），頁 167。

114 翁明賢，〈建構兩岸集體身份下台灣的安全戰略〉，載於王高成主編，《兩岸新形勢下的國家安全戰略》（台北縣：淡江大學國際事務與戰略研究所，2009 年），頁 62。

第二、政治戰略：

在國內主權文化方面，方面朝野政黨及政治菁英對於攸關國家利益的兩岸關係政策，從觀念上建立共識，以理解朝野政黨面對中共新政權轉換時台灣國家利益優先順序；在國際無政府文化方面，善用台灣軟實力優勢結合中共、亞太與全球戰略態勢，建構亞洲集體安全身份與利益；進而與日本與美國建立安全合作的同盟關係，擴大互信與合作交流，促使中共民主化發展進程，循序漸進達到「共有理解」的認知，以維護台海和平與穩定發展。

第三、國防戰略：

在建軍規劃方面，以「預防戰爭」、「國土防衛」、「應變制變」、「防範衝突」及「區域穩定」為目標，建立「防衛固守、有效嚇阻」的國防武力；惟當敵人執意進犯，戰爭不可避免時，將統合三軍聯合戰力，結合全民總體防衛力量，遂行國土防衛，以拒敵、退敵與殲敵，確保國家安全。[115]在軍事交流方面，藉由高層互訪、智庫合作、人道救援等方式，與各國保持良好關係，爭取雙邊或多邊軍事合作交流機會，為促進區域和平之目的。在組織調整方面，伴隨著組織變革，必須同步提升招募人才、教育訓練、後勤轉型、聯合作戰，才能有效達成遂行軍事作戰目標。

第四、經濟戰略：

在對外經濟戰略方面，台灣應該積極主動推動全球經濟整合體制，才能跳脫出國際地緣政治的泥淖與化解中國的政治阻撓。在兩岸經濟戰略方面，台灣要活用中國市場與生產資源，持續兩岸 ECFA 協商，以提升台灣在全球經濟競爭的優勢與促進台灣經濟發展的全球化。

---

[115] 「第二版 QDR 前瞻未來建軍規劃 肆應各項國防挑戰」，軍事新聞通訊社，2013 年 3 月 13 日。http://mna.gpwb.gov.tw/IndexDetail.aspx?id=59677。（檢索日期：2013/04/08）

攻勢現實主義在描述與解釋上的邏輯斷層：為什麼推卸責任策略不可能存在於霍布斯世界

唐豪駿 *
（國立台灣大學政治學研究所碩士）

摘要

Mearsheimer 的攻勢現實主義是近年來十分受到矚目的理論，其將國際政治描述成一個霍布斯式的叢林世界，說明在這個充滿畏懼與猜疑的世界中，所有的國家都將以競逐霸權為終極目標。其理論的精華在於其對於「推卸責任」策略的強調。然而，筆者卻認為，若國際政治真如其所述為一個高度競爭的霍布斯世界，則在此種環境下，根本沒有「推卸責任」策略存在的空間。同時，在此種環境下，優於「制衡」的策略選項應該是「扈從」，其次是「綏靖」，而「推卸責任」則不會是任何一個國家在任何一個時間點會考慮的行為策略。

筆者主張，Mearsheimer 的理論推演過程中存在一個明顯的邏輯跳躍，此一跳躍在於其對單一威脅情境的先驗假設，而一般學者皆將單一威脅假設視為理所當然，故坦然接受其以權力平衡理論來解釋霍布斯世界中的國家行為。

事實上，若以 Kaplan 的理論來為攻勢現實主義下一個註腳，則 Mearsheimer 是處於一個霸權體系的世界秩序中，卻將世界描繪成一個單位否決體系，並用權力平衡體系的邏輯去解釋此其中的國家行為。這

---

* 唐豪駿，現為國立台灣大學政治學研究所碩士生。

顯然是雙重的邏輯跳躍，在本文筆者主要關心的是 Mearsheimer 在「描述」與「解釋」之間產生的矛盾，並試圖指出，若國際政治的本質真如 Mearsheimer 所描繪的，則應該有一套完全不同於權力平衡的邏輯。

關鍵字

制衡、扈從、推卸責任、綏靖、單一威脅假設、多重威脅情境

壹、前言

Mearsheimer的攻勢現實主義與霍布斯(Thomas Hobbes)有很強的連結，他認為行為者會因為缺乏互信而導致安全困境、基於自保而相互侵略，因而行為者會具有攻勢的傾向。在這一點上，Mearsheimer比結構現實主義之父—Waltz更貼近結構現實主義之祖—霍布斯。[1]因此，將Mearsheimer對國際政治的描述稱為一個「霍布斯世界」並無不當之處。[2]

霍布斯一直是現實主義的重要傳統，過去許多學者的理論都受到霍布斯不同程度的影響，如Morton Kaplan曾經提出六種國際政治體系，其中最後一種便是以霍布斯式的自然狀態為原型的單位否決體系(unit veto

---

[1] Waltz 在 1979 年提出結構論的觀點，強調結構對單位的影響，並關注在體系的結構層次運作，因此被推崇為結構現實主義之父。然而，Waltz 過度強調權力平衡機制對於修正主義國家的制衡作用，故被 Mearsheimer、Schweller 等學者稱其具有「新現實主義的維持現狀偏見」。故 Waltz 雖然上承古典現實主義的霍布斯，一樣強調安全困境與權力競爭係由結構環境所造成，而非根源於人性的權力欲，但 Mearsheimer 對於國際政治的理解顯然更接近霍布斯的自然狀態。這亦是李永成在研究 Mearsheimer 時，將霍布斯與 Waltz 視為是 Mearsheimer 結構取向先趨者的原因。有關 Waltz 的理論請參見 Kenneth N. Waltz, *Theory of International Politics* (Mass: Addison Wesley, 1979)。Mearsheimer 與 Schweller 對 Waltz 的批評請參見 John J. Mearsheimer, *The Tragedy of Great Power Politics* (New York: Norton, 2001), pp.19-22；Randall L. Schweller, “Neorealism's Status-Quo Bias: What Security Dilemma?”, *Security Studies*, Vol.5, No.3 (1996), pp.90~121。李永成對霍布斯、Waltz 與 Mearsheimer 的連結請參見李永成，《霸權的神話：米爾茲海默進攻性現實主義理論研究》（北京：世界知識出版社，2007 年），頁 86-103。

[2] 這裡的「霍布斯世界」是遵照英國學派的傳統，將現實主義式的思維稱為霍布斯式或馬基維利式的世界，Mearsheimer 同時繼承了經典現實主義的權力觀點與結構現實主義的結構取向，可謂是霍布斯傳統在國際政治的最佳體現。而筆者之所以稱之為「霍布斯世界」，而非「霍布斯體系」，係因「霍布斯體系」應更為嚴謹，且「霍布斯體系」與 Mearsheimer 描述或解釋的世界並不全然一致。有關英國學派對霍布斯式無政府體系的請參見 Hedley Bull, *The Anarchical Society: A Study of Order in World Politics* (New York: Houndmills, Basingstoke, Hampshire, 2002)。有關霍布斯體系的論述請參見唐豪駿，《霍布斯式國際體系及其結構邏輯：以戰國時期為經典案例》（台北：國立台灣大學政治學研究所碩士論文，2013 年）。

system)。[3]然而，十分有趣的是，雖然同為多極體系，但Kaplan認為單位否決體系與權力平衡體系在各個方面都有完全不同的特徵。這不禁令人感到好奇，若Mearsheimer對國際政治的描述幾乎等同於霍布斯自然狀態在國際場域的類推適用，而Kaplan又將這種從霍布斯自然狀態推演而來的體系與權力平衡體系作出區分，這是否意味著我們不能以權力平衡體系中的權力平衡邏輯去解釋一個霍布斯式的單位否決體系中的國家行為呢？

本文將透過對 Mearsheimer 的理論進行深入解析，指出若果國際政治的本質恰如其所描述，則對行為者而言，扈從應優於制衡、綏靖是有意義的，且其理論的核心—推卸責任策略則根本不可能出現。並藉此說明 Mearsheimer 在其理論推演中，輕率的接受了單一威脅假設，使得其在對國際政治本質的描述與對國家行為的解釋中，出現邏輯上的斷層。

貳、Mearsheimer 在「描述」與「解釋」之間的不一致

Mearsheimer對於國際政治的描述無疑是霍布斯式的，他認為國際結構有三個特徵迫使尋求安全的國家必須彼此侵略：(1)缺乏一個凌駕於國家之上、並能保護彼此不受侵犯的中央權威；(2)國家具備某些進攻型軍事力量；(3)國家永遠無法得知其他國家的意圖。再加上：(4)生存是大國的首要目標;(5)大國是理性的行為者。便成為攻勢現實主義的五個命題。這五個命題可推導出國家的三種行為模式：恐懼、自助和權力極大化。[4]

在攻勢現實主義的世界裡，「大國總是在尋找機會攫取超出對手的權力，最終目標是獲得霸權，除非存在一個獲得絕對優勢的國家，否則

---

[3] 有關單位否決體系的論述及其與其他體系的比較請參見 Morton A. Kaplan, *System and Process in International Politics* (New York: John Wiley, 1957), pp.50-85.

[4] Mearsheimer, The Tragedy of Great Power Politics, pp.30-32.

不允許維持現狀國家的存在」。[5]因為大國彼此畏懼，只能透過自助來獲得生存安全，而確保自己生存的最佳方式就是成為體系中的霸權，於是大國彼此進行零和的權力競爭。在競爭的過程中，對相對收益的顧慮以及對欺詐的提防限制了大國之間的合作，每一個強權都極力以犧牲對方為代價來獲取權力，並阻止對手這麼做。簡而言之，Mearsheimer描述了一個霍布斯式的無政府狀態與結構。[6]

在安全困境的零和博弈中，國家的首要任務就是獲取權力以及避免其他競爭者獲取權力。Mearsheimer指出在單位層次的國家行為策略方面有戰爭、訛詐(blackmail)、誘捕(bait and bleed)[7]與耗竭(bloodletting)[8]等四種攫取權力的戰略；另外，還有制衡(balancing)與推卸責任(buck-passing)這兩種遏止侵略者的戰略，以及綏靖(appeasement)與扈從(bandwagoning)這兩種規避戰略。[9]Mearsheimer認為，由於規避戰略主張「向敵對國家出讓權力」，因而是「無效而危險的戰略」[10]。

然而，問題便在於，筆者認為一個如 Mearsheimer 所描述霍布斯世界中，應該存在兩個要素：首先是嚴重的安全稀缺，國家隨時處於被攻

---

[5] Ibid. pp.29.

[6] 無政府狀態並不必然是霍布斯式的，霍布斯式的無政府狀態是指貼近霍布斯自然狀態的國際無政府狀態，若根據 Wendt 的描述，無政府狀態下至少存在三種結構，其分別稱為霍布斯文化、洛克文化與康德文化，有關霍布斯狀態的論述請參見 Alexander Wendt, Social Theory of International Politics (Cambridge: Cambridge University Press, 1999), pp.246-278.

[7] “bait and bleed”是 Mearsheimer 的原文，王義桅、唐小松翻譯成「誘捕」，李永成翻譯成「挑撥」，筆者認為前者更能表現出行為者以某種利益作為「誘餌」，誘使其他兩國彼此衝突的意涵，故在本文中主要採取前者的翻譯。

[8] “bloodletting”是 Mearsheimer 的原文，王義桅、唐小松翻譯成「坐觀血腥廝殺」，李永成翻譯成「耗竭」，筆者認為前者過於消極，未能顯示出行為者在兩虎相爭的過程中會採取行動促使對手持續消磨彼此力量的積極性，而不是單純的隔山觀虎鬥，故在本文中主要採取後者的翻譯。

[9] Mearsheimer, The Tragedy of Great Power Politics, pp.138-167

[10] Ibid. pp.139.

擊的恐懼之中，而這種高壓的緊張情勢使國家無法精確的衡量相對利益與長遠利益；其次，是體系內同時存在多個威脅，這事實上並不難想像，在一個人人為敵的霍布斯狀態中，任何一個行為者應該很容易必須面對兩個以上的獨立威脅，而且因為這兩個威脅都對自己有明顯的野心，所以難以將之排序，區分出首要威脅與次要威脅。故此，根據這兩個要素，筆者將在後文論述，在一個霍布斯世界中，制衡同盟是不可靠的，故在面對威脅時扈從應優於制衡，因為根本沒有推卸責任策略存在的空間。

參、制衡的難題

制衡可分為外部制衡與內部制衡。內部制衡到底是增加國家相對權力或是絕對權力本身便是一個可爭議的問題，若是前者，表示國家相應威脅的上升而透過內部舉措來平衡威脅，此即 Waltz 認為兩極也能達到平衡的原因。可是自強本身也是提升國力的措施，尤其是在 Mearsheimer 所描述的霍布斯世界中，國家無時無刻不尋求權力擴張，與外界有無威脅刺激並沒有必然的關聯性。換言之，「自強」作為一種國家提升國力的策略，其不必然帶有「平衡」的意圖，不能以國家推行自強措施來說明其係在「權力平衡體系」中進行「內部制衡」。

外部制衡的主要手段是建立同盟或變換同盟，可是在 Mearsheimer 描述的世界中，同盟的建立非常困難，而同盟的維持便更加困難。既然缺少穩定持續的同盟對立，國家自然也就無法透過變換同盟來達到平衡。

筆者認為，制衡同盟的建立有三個前提要件：(1)存在共同的首要威脅；(2)盟友之間存在最低限度的信任；(3)同盟成員對同盟外部的敵意要高於對內部的敵意。可是Mearsheimer便曾指出「國家之間幾乎不存在信任」，「大國彼此畏懼。......畏懼的程度依時空而有所不同，但不可能降至微不足道的程度」，而且「意圖的不確定性是不可避免的」，「導致侵略的原因有很多，任何國家都無法確定其他國家不會因其中一個原因而產生侵略動機」。[11]在這種狀態下，國家很難形成穩定的同盟去對抗威脅。更何況，威脅通常是與日俱增的，而同盟則充滿利害衝突，一個脆弱的同盟如何平衡強大的威脅？哪個國家敢依賴同盟來對抗威脅？在缺乏互信的世界裡，維持同盟比建立同盟更加困難。因此，Mearsheimer假設國家在霍布斯狀態中仍會透過建立均勢等外部制衡手段來維持安全，顯然是高估了同盟的可靠性與穩定度。

值得注意的是，筆者並不是主張在霍布斯世界中不可能形成同盟，只要條件成立，霍布斯世界中還是可能出現同盟，尤其是當某一國的權力逐漸升高，鄰國對其之敵意皆隨之增強時，國家可透過領袖會盟、交換人質等手段，甚至僅是遣使曉之以理、誘之以利，便能形成制衡同盟。筆者強調的是，即便同盟在特殊環境下得以形成，也必然是脆弱而短暫的，因為同盟內部的推卸責任是普遍存在的。

事實上，所有體系中的同盟都必然會出現同盟內部的推卸責任，僅是程度有別而已，故此尚非關鍵因素，真正導致同盟脆弱而短暫，卻被Mearsheimer 忽略的關鍵因素是「多重威脅情境」(Multiple Threat Scenario)帶給國家的困境。

多重威脅情境係指對某一國家而言，體系內同時存在兩個以上明顯而強大、且彼此獨立的威脅。以制衡同盟建立的三個前提要件而言，多重威脅情境主要破壞的是第一項與第三項的基礎，舉例而言，二次大戰前，英、法兩國在歐洲面對納粹與共產黨的同時崛起就是明顯的多重威脅情境。三個集團相互之間都有化不開的矛盾，沒有共同威脅，又如何建立同盟來平衡威脅？值得注意的是，此時德國的國力看似比蘇聯更強，但共產黨的意識形態對民主國家的威脅卻更勝法西斯，故在整體的威脅

[11] Ibid. pp.30-32.

排序上，很難區分出首要威脅與次要威脅。無法排序威脅，便意味著無法確定共同的首要威脅，故當英、法等國藉由綏靖德國來促使其充當「反共防波堤」的同時，蘇聯卻先一步與德國簽訂互不侵犯條約，讓德國得以將矛頭對準民主陣營。就此而論，蘇聯與英、法等國彼此之間的敵意更勝其對納粹德國的敵意，聯合起來制衡德國的同盟又怎麼可能形成？[12]

當然，以二戰為例勢必會引起讀者的疑問，即蘇聯最終加入同盟國陣營，共同對抗德國，說明當情勢升高的時候，威脅最終可以被排序，多重威脅情境似乎可以被化解。然而，筆者要強調的重點是，在混亂失序的霍布斯狀態下，本來就缺乏建立同盟的互信基礎，而人人為敵的多重威脅情境又會導致威脅難以排序，無法區分首要威脅與次要威脅，也就無法「聯合次要敵人打擊主要敵人」。即便威脅得以排序，而且也存在共同的首要威脅，國家也可能會礙於彼此濃烈的敵意而無法合作，反而競相與該首要威脅示好，希望能夠藉由緩和首要威脅的野心與敵意，誘捕首要威脅與次要威脅產生衝突，達到隔山觀虎鬥的最佳結果。

因此，在一個真正的霍布斯世界中，建立一個有效的制衡同盟極其困難，而所有導致同盟形成困難的因素，也都在同盟形成後持續發揮作用。即便在盟友之間仍然缺乏互信，所有國家也仍然無法確定彼此的意圖，縱使現在的利益一致，也不敢保證之後兩人是否會反目成仇，故隨時防備盟友的背叛，也隨時準備出賣盟友。這與在權力平衡體系中變換同盟的概念是完全不同的，這種倒戈的選擇與維持體系的平衡完全無關，純粹是基於利益的評估以及盟友之間的敵意。

---

[12] 有關這一段歷史，Randall Schweller 有一篇文章以國家實力與國家意圖為變項，將國家分為強國與次強國、修正主義者與維持現狀者四組，試圖解釋國家在三極體系的結構下是如何決策的。請參見 Randall L. Schweller, "Tripolarity and the Second World War", *International Studies Quarterly*, Vol.37 (1993), pp.73~103.

Mearsheimer也注意到國家之間缺乏互信與意圖的不確定性，但卻未真正嚴肅的看待同盟形成困難所帶來的問題，同盟形成的困難與不穩定，帶來的是脆弱的同盟關係，因為所有的同盟成員都認知到同盟的脆弱，所以也就沒有國家會真正依賴同盟來平衡威脅，「每個國家都把自己看成是孤單且易受攻擊的一方」[13]，在受到侵略國威脅時，也不會以建立均勢為首要考量。於是，利用制衡邏輯來解釋Mearsheimer所描述的霍布斯世界也就不可行了。

肆、扈從的誘惑

廣義的同盟包含制衡同盟與扈從同盟，兩者的成員都可能包含強國、次強國與弱國，但差別在於：制衡是受威脅國家彼此合作，一同對抗共同威脅；扈從則是受威脅國家與威脅國合作，一同侵略其他相對弱勢的國家。

Mearsheimer對扈從的定義是：「一國與一個更強大的對手聯合，讓強大的伙伴占有較多的贓物，導致權力分配朝有利強者的一方傾斜。」其認為扈從策略主張向侵略者出讓權力，使採用這些策略的國家更加危險，因此這主要被那些無法獨自與敵對強國對壘的次強國所採用。[14]無獨有偶，作為守勢現實主義的代表，Walt也認為「扈從是危險的，因為這種行為使具有威脅的國家享有更多資源，而且還選擇相信這些國家會持久的克制。」[15]Walt的觀點顯然加上了「意圖」的概念，但與Mearsheimer一樣都是從國家安全的角度出發。筆者基本上同意扈從策略主要為次強國與弱國所使用，但卻認為扈從在制衡同盟不可靠的前提下，似乎並不像兩人所說的那般危險。

---

[13] Mearsheimer, ibid. pp.33

[14] Ibid. pp.162

[15] Stephen M. Walt, *The Origins of Alliances* (Ithaca: Cornell University Press, 1990), pp.29.

次強國與弱國由於無法單獨抵抗強國的威脅，又無法依賴制衡同盟，只好與威脅合作來避免立即的覆滅。選擇制衡強國可能因為盟友的倒戈背叛或背盟中立，甚或僅是消極不作為的態度而承受巨大損失，更可能首當其衝的遭受威脅國的怒火反撲[16]，與此相比，扈從至少在短期上是個相對安全的選擇。Walt也曾指出，國家扈從的動機之一便是「綏靖」：「**扈從者希望透過與優勢國家或國家同盟結盟，能將戰火引向他處。**」[17]所以當弱國在面臨強鄰時，其往往會傾向扈從，且此一傾向又與盟友的可靠程度成反比。從此觀之，Mearsheimer過度貶低綏靖與扈從策略的作用，應是從大國的角度出發，由於大國之間的權力競爭具有此消彼長的零和性質，因此任何向對手的妥協都是一種相對的權力損失。這其中其實暗含二元對立的假設，並沒有仔細思考在多重威脅情境下，國家可能藉由扈從來同時達到「綏靖」與「誘捕」的效果。此中的關鍵在於國家考慮的「對手」是一個還是兩個以上，如果只有一個，則國家與對手的權力比顯然是此消彼長、此得彼失；但若同時面臨兩個以上的對手，且兩個對手之間又存在高度的敵意，則對強國甲的綏靖便有可能誘使強國甲轉而與強國乙產生衝突，這時的「綏靖」便隨時有機會轉化為「誘捕」或「耗竭」，此時先前「綏靖」所帶來的損失不過是在之後換取更大收穫的誘餌而已。

然而，「誘捕」與「耗竭」雖好，但也要等到兩虎相爭才有實際的利益回收，相比之下「扈從」帶有更強的積極性，是主動加入強國陣營對另一方進行掠奪，除了「避險」之外，更追求「逐利」。此亦為Walt所言扈從的另一種動機，即在戰爭中加入即將獲勝的優勢陣營以便分一杯羹。[18]一般來說，前一種動機是基於防禦與確保安全，而後一種動機

---

16 Ibid. pp.29

17 Ibid. pp.21

18 於此處，Walt從有限案例中認為行為者在第一階段不見得是維持中立，而可能一開始便選擇立場，待勝負逐漸分曉之後再倒戈到即將獲勝的一方，如一戰中的義大利、二

則是企圖進攻與獲取利益，如在 1939 年蘇聯與納粹德國簽訂的互不侵犯協定，史達林一方面將希特勒的野心轉向西方，另一方面也獲得了波蘭的領土利益。[19]換言之，扈從策略至少可以獲得短期的安全，爭取喘息的時間，更可能在避險之餘達到逐利的效果。從此延伸，我們或可假設：由於扈從帶有逐利的效果，故投機主義與修正主義國家，應較傾向扈從策略。如Randall Schweller提出的平衡利益(Balance of Interests)理論，便曾指出國家在追求國家利益時，有三種不同型式的扈從：投機型(Jackal)、錦上添花型(Piling-on)、順應趨勢型(Wave-of-the-future)，便以投機主義與修正主義國家為主要解釋對象。[20]Walt與Schweller所舉之案例雖皆具扈從性質，雖然有些行為筆者稱之為倒戈，有些則是未與侵略國聯合行動的趁火打劫，但總體而言，這些行為都具有趨利避害的扈從性質。

Walt 與 Schweller 都明確的指出了扈從的價值，這是 Mearsheimer 的理論中所忽略的部分。更重要的是，當國家處於多重威脅情境時，扈從的負面後果將會更為模糊，相反的，扈從的正面效益則更為誘人。在多重威脅情境下，與威脅合作不見得都是與虎謀皮，有時反而是狐假虎威，藉由扈從強大的威脅國來仗勢欺人、恃強凌弱。因為在多重威脅情境下，相對權力的計算並不明確，單一的扈從行動很難確定是否一定會拉開扈從者與被扈從者之間的權力差距。強者很可能在侵略的過程中受挫，也有可能遭到扈從者在關鍵時刻的倒戈而受創，但唯一可確定的是：

戰中的蘇聯。筆者認為真正的「扈從」應是在戰爭前便加入優勢一方，並利用優勢的武力攫取利益。但由於這種等戰爭情勢出現優勝劣敗的情況時進行「趁火打劫」的行為會使體系趨向於不穩定，且其目的在於攫取利益而非確保安全，故帶有扈從性質，可算是「廣義的扈從」。

[19] Ibid. pp.21

[20] 詳細內容請參見 Randall L. Schweller, “Bandwagoning for Profit: Bringing the Revisionist State Back In” In Michael E. Brown, Sean M. Lynn-Jones & Steven E. Miller ed., *The Perils of Anarchy: Contemporary Realism and International Security* (Cambridge, Mass.: MIT Press, 1995), pp.249~284.

扈從者避免眼前立即被削弱甚至是滅亡的危險，並且得以透過仗勢欺人的扈從行動，從另一個可能原先比自己還強大的受害者處取得補償，這正是國家一有機會便會將「綏靖」轉向「扈從」的原因。易言之，當某國透過扈從威脅甲來攻擊威脅乙時，即便威脅甲在戰爭中取得較多的好處，拉大兩國的權力差距，但該國卻也成功的拉近其與威脅乙的權力差距，正是「失之東隅，收之桑榆」。更理想的則是威脅甲也因為在戰爭中擔任主力而得不償失，這時該國的扈從便能達到「誘捕」的作用，成為漁翁得利的最終勝利者。

從此觀之，即便對大國而言，扈從也是一個極為誘人的選擇。[21]基於同樣的理由，即便有能力單獨制衡威脅的強國也可能在面臨強大威脅時選擇扈從。尤其是在多重威脅情境下，兩虎相爭的結果往往是兩敗俱傷，徒使隔岸觀火的漁翁得利；另一方面，兩大強國合作帶來的極端權力失衡卻能帶給兩強龐大的侵略利益，甚至於消滅一個同樣強大的競爭對手。如戰國晚期，在秦、趙、齊三足鼎立的形勢下，齊、秦並稱東西帝、趙國與齊國合作抗秦（蘇秦合縱），以及趙國扈從秦國攻齊（樂毅破齊），便分別代表任兩強國合作將帶來的體系失衡與後果，而最後一次的秦趙連横，更致使齊國幾近亡國。[22]

---

[21] 若體系內數個大國形成同盟，期望透過大國間的合作達到寡頭壟斷的效果，或僅是進行某種利益分贓，一般將之視為一種大國的合作機制，不視為某強國對另一強國的扈從。大國合作通常會造成權力失衡或權力壟斷，但其本身的性質可以是制衡，也可以是扈從，前者如俾斯麥同盟，後者如德蘇互不侵犯協定。此處筆者主要在闡述於霍布斯世界中，的確存在強國扈從另一強國的可能，但一般而言，筆者在定義扈從時並不包含大國同盟，而僅限於強弱同盟；在討論制衡同盟時，也以該同盟成員的數量與力量能達到均勢為限，視涵蓋體系內多數大國的優勢同盟為特例。

[22] 無獨有偶，這種三足鼎立下的行為策略推演並不僅存於戰國時期，Schweller 認為在二次大戰前，國際上有七個主要行為者，其中有三個行為者（美、蘇、德）分別是三個「極」，這與戰國時期的情形極其相似。更有趣的是，二次大戰的結果也是其中兩極（美、蘇）合作，消滅了其中一極（德），而轉變為美蘇冷戰的兩極體系，而戰國時期的樂毅破齊後，則是秦趙的長平之戰，最終由秦國勝出，從此成為體系內唯一的潛在霸權。有關 Schweller 對三極體系的理想型推演，請參見 Randall L. Schweller, "Tripolarity and the Second World War"。有關戰國時期這段歷史的詮釋請參見楊寬，《戰國史》（台北：

Mearsheimer 顯然在定義上便認為扈從是弱者的行為，Walt 也認為國力的強弱與制衡的機率成正比，只有在弱國遇上強國時，才會有扈從的傾向。Schweller 侷限於討論次強國的扈從行為，故無法解釋為什麼強國也可能傾向扈從，而非選擇制衡或推卸責任。然而，強國扈從另一個強國在邏輯上是完全可能的事情，若世界不像 Mearsheimer 所言那般充滿了競爭性，大國同盟或許還可能具有大國合作的內涵。如以歐洲協調制度為例，加入法國後的五國同盟便是一種協商機制，避免大國之間的戰爭，在維持體系穩定與權力平衡上發揮了相當大的作用。但在一個霍布斯世界中，由於所有國家都企圖擴張，故當出現大國同盟時，往往意味著權力失衡與共同攫取利益，而且幾乎所有的大國同盟都在某種程度上向威脅妥協，其顯然更具有扈從性質而非制衡性質。但基於國關學界的習慣用法以及「扈從」一詞本身便帶有主從關係意涵，筆者亦將扈從定義為相對較弱者對強者的妥協，而將大國同盟視為「具有扈從性質」但非「扈從」的行為。在此，筆者僅是透過論述強國亦有可能扈從另一強國，來說明「扈從」對次強國與弱國的誘惑遠勝於「制衡」。

伍、卸責的困境

推卸責任策略是 Mearsheimer 最具代表性的論述，但事實上 Mearsheimer 關於卸責策略的敘述不但混亂，而且在使用上都有些許混淆。經筆者整理，Mearsheimer 對於卸責策略的使用至少有三種用法，分別為：狹義的推卸責任、廣義的推卸責任、同盟內部的推卸責任。

Mearsheimer主張推卸責任的四個措施是筆者定義之「狹義的推卸責任」，包括：(1)與侵略者建立良好的關係，希望其將注意力集中在預設的承擔責任者身上；(2)與預設的承擔責任者保持冷淡關係，以避免被拖入戰爭；(3)把自己裝扮成讓人生畏的目標，避免侵略者打自己的主意；

台灣商務印書館，1997 年)。

(4)允許預期的承擔責任者增加力量，使其有更多的資本遏制侵略國，讓推卸責任者保持旁觀的前景。[23]這是Mearsheimer對卸責策略的定義，並在之後的歷史分析中也一直堅持這個定義。但這種定義的策略也是最不可能出現在霍布斯世界中的，關於這四項措施的矛盾處，筆者將在後文詳加評論。

所謂「廣義的推卸責任」是Mearsheimer在試圖描述卸責策略具體運作的結果時，已超出卸責策略本身的意涵，其問題在於：卸責策略的意涵太過於廣泛，將使其與其他策略有過度的重疊。例如他說：「**推卸責任也具有攻擊成分，尤其是當侵略者和承擔責任者捲入一場長期而代價高昂的戰爭時，權力平衡[24]有可能朝有利於推卸責任者的方向轉移。**」[25]這時推卸責任與隔山觀虎鬥的「耗竭策略」基本上並無分別。他又說：「**推卸責任有時產生與誘捕策略一樣的結果。……區別是：推卸責任主要是一種威懾戰略，不以戰爭為前提，而誘捕的目的在於挑起戰爭。**」[26]而這所謂的「區別」在他所描述的世界中其實是沒有意義的：如果所有的國家都是修正主義者，都在追求相對權力的極大化，那麼挑撥他國相

---

23 Mearsheimer, ibid. pp.159-161

24 注意，Mearsheimer 此處的「權力平衡」應是指權力分配，而不是真正的均勢狀態。雖然早期研究權力平衡定義的 Martin Wight, Ernst Haas 及 Hans Morgenthau 等人都將「權力分配」視為是權力平衡的一種定義，但筆者認同 Inis Claude 的看法，權力平衡狀態應是一種特殊的權力分配，兩個詞之間不應混淆，也沒有混淆的必要。相關內容請參見 Martin Wight, "The Balance of Power", In Herbert Butterfield & Martin Wight ed., *Diplomatic Investigations: Essays in the Theory of International Politics* (Cambridge; Mass`achusetts: Harvard University Press, 1968), pp.149~175；Martin Wight, Hedley Bull & Carsten Holbraad ed., 1978, "*Power politics*", New York: Holmes & Meier；Ernst Haas, "The Balance of Power: Perception, Concept, or Propagenga?" *World Politics*, Vol.5 (1953), pp.422~477；Hans Morgenthau, *Politics among Nations: The Struggle for Power and Peace*, 7th ed, (Boston: McGraw-Hill Higher Education, 2006)；Inis L. Claude, *Power and International Relations* (New York: Random House, 1962)。或參見唐豪駿，《霍布斯式國際體系及其結構邏輯：以戰國時期為經典案例》，頁 32-45。

25 Mearsheimer, ibid. pp.161

26 Ibid. pp.162

互征伐所帶來的利益不是遠大於維持現狀的威懾？按照Mearsheimer的邏輯，除了滿足現狀的霸權外，所有的國家都應在執行卸責策略時，隨時伺機轉換為誘捕策略，主動挑起能夠同時削弱兩個國家的戰爭。筆者認為，Mearsheimer在說明卸責策略帶給行為者的「誘惑」時，事實上將「耗竭」與「誘捕」策略所帶來的好處也包含在內，過度的誇張了推卸責任做為一個消極策略的具體價值。一言以蔽之：「廣義的推卸責任」根本就不算是推卸責任策略。

值得注意的是，筆者在前一節討論扈從的動機時曾經指出，「綏靖」策略的執行常與「耗竭」及「誘捕」相連結，而且當國家力量有餘，更會將「綏靖」轉化為「扈從」，在這個意義上，「綏靖」與「推卸責任」有高度的重疊。這亦是霍布斯體系中多重威脅情境所帶來的矛盾：對威脅甲的綏靖，同時也就是將制衡威脅乙的責任推卸給威脅甲；對威脅甲的扈從同盟，同時也就是對威脅乙的制衡；於是「綏靖」也就是「推卸責任」，「扈從」也就是「制衡」。最經典的案例即是二次大戰前，英、法對德國的綏靖，同時也可視為是將制衡蘇聯的責任推卸給德國。到底國家的行為是「綏靖」還是「推卸責任」在多重威脅情境中是很難區分的，最終或許僅能以國家的意圖作為判斷的依歸。

卸責策略最大的問題是Mearsheimer對於兩種推卸責任的混淆不清。推卸責任的原型是一種處於同盟之外的策略，甚至應與預定的承擔責任者保持距離，但另外一種卸責策略則是同盟內部的推卸責任。Mearsheimer所舉之例是一次大戰時，英國將消磨德軍主要實力的艱鉅任務交給法國及俄國，這是典型之同盟內部的推卸責任。[27]可是無論在理論上或現實上，此種同盟內部的推卸責任與處於同盟之外的推卸責任都是兩種完全不同的策略，分清兩種卸責策略是必要的，絕不能將兩者混為一談，因為筆者認為同盟外部的推卸責任在霍布斯世界中沒有存在的

---

[27] Ibid. pp.161

空間，但同盟內部的推卸責任卻是普遍存在的。故此，筆者將此視為是Mearsheimer的無心之失，認為Mearsheimer真正所指之推卸責任應不包含同盟內部的通卸責任，只是未特別加以說明而已。

排除 Mearsheimer 對後兩種推卸責任的討論，而單討論卸責策略的原型，則筆者認為，Mearsheimer 的卸責策略具有一個尚未言明的前提：「侵略者必須是推卸責任者與承擔責任者共同的首要威脅，且推卸責任者與承擔責任者對彼此的敵意必須小於對侵略者的敵意。」此一前提包含兩個目的：一是固定侵略者與承擔責任者的地位，如果這兩個位置可以互換，將很難進行討論；另一個目的是以敵意區分卸責策略與綏靖策略的不同，進而避免與耗竭及誘捕策略的混淆。根據卸責的定義與前提，便能推得使用卸責策略的四個基本命題：

1. **體系內存在可推卸責任的對象**：這意味著承擔責任者必須有足夠實力承擔責任、具有制衡威脅的動機與誘因，如果預設的承擔責任者認為其他策略的誘因高於建立均勢，則推卸責任不成立。

2. **侵略者的首要敵人必須不是推卸責任者**：如果侵略者將推卸責任者視為首要威脅，則推卸責任者便無法將維護自己生存的責任推給承擔責任者，在毫無轉圜的餘地下，此時只能選擇反抗或妥協。

3. **侵略者與承擔責任者的意圖是可推估或可預測的**：國家雖不能完全掌握其他國家的意圖，但至少須使推卸責任者能夠推測並預設侵略者與承擔責任者互為彼此的首要威脅，因而定出相應的策略。

4. **體系存在權力平衡邏輯**：推卸責任仍是一種威嚇與制衡的策略，如果體系不適用權力平衡邏輯，則連建立制衡同盟都有困難，多數國家甚至根本不存在平衡體系的意圖，那麼推卸責任策略也就不會存在。

這四個命題對Mearsheimer而言大多是先驗的，例如他提到：「推卸責任在多極體系中總是可能，因為這一體系中總是存在至少一個潛在的承擔責任者。」隨著多極體系的失衡，由於「被威脅的國家強烈希望聯手阻止潛在霸權控制該區域」，且「潛在霸權幾乎對所有的國家都構成直接的威脅」，所以卸責策略的使用機率也就因而下降。可是，因為「遏止潛在霸權的代價可能太大」，所以，除非潛在霸權已經強大到需要所有國家一起團結對抗，否則推卸責任的誘因依然存在。[28]

問題是 Mearsheimer 一開始便描述了一個安全稀缺、缺乏互信的世界，所有國家都在追求權力的極大化，導致安全困境與權力競爭。在人人為敵的自助體系中，根本不存在可被信賴的承擔責任者，加上如前文所述，預設的承擔責任者也可能對首要威脅綏靖，甚至是扈從，於是第一個命題便無法成立。由於無法確定侵略者與承擔責任者的意圖，故無法肯定侵略者是否以自己為首要攻擊目標，也無法推斷承擔責任者會否私下與侵略者尋求和解，第二與第三個命題也就不成立；再加上前文所述之制衡同盟的形成與維持極為困難，當國家連盟友都不能信賴時，又怎能相信承擔責任者呢？由此可知，若依 Mearsheimer 的邏輯推演，推卸責任策略應是不成立的。

事實上，Mearsheimer自己也發現了卸責策略在實際運作上的問題，他認為推卸責任可能帶來兩種風險：「承擔責任者可能無法遏止侵略者，使推卸責任者處於危險的戰略地位」；另外，「在推卸責任者允許承擔責任者增強實力的情況下，也存在一種危險，即承擔責任者最終變得相當強大，從而威脅均勢。」尤其是針對後者，Mearsheimer更指出「（從英、俄對普魯士統一德國的案例中，對英、俄而言）推卸責任是憂喜參半，短期有效，但從長遠來看是一種災難。」[29]

---

[28] Ibid. pp.269-272

[29] Ibid. pp.155-162

Mearsheimer 於此指出國家在多重威脅情境下的顧慮，並以英、俄對普魯士統一德國的態度作為案例，但卻未深究。如按照人人為敵的邏輯，既然不能信賴承擔責任者會僅將武力用於對付侵略者，那最好就反對任何人增強其武力。在安全稀缺又缺乏互信的自助體系中，國家唯一可以信賴的對象就是自己，又怎能將維持自己生存安全的責任推卸給其他人呢？國家出讓權力的理由只有一個，那就是接受敵人以強大軍事實力為後盾的訛詐，與其戰敗後損失更大，甚至可能遭受其他覬覦者的落井下石，不如選擇綏靖、保留實力，並試圖轉化為耗竭、誘捕，或乾脆直接扈從首要威脅，從其他威脅那邊得回補償。

故此，筆者認為，如果卸責真如Mearsheimer所言，有時是「短期有效，但從長遠來看是一種災難」，那為何不採用更能帶來短期利益的扈從策略呢？既然都「與侵略者建立良好關係」、「與預設的承擔責任者保持距離」，那為何不直接與侵略者一起征服承擔責任者、一同瓜分承擔責任者的領土呢？扈從與瓜分，不是比卸責與威懾更有效率，更能增強自己的力量嗎？如果國家真的是追求相對權力的極大化，那與其向不能盡信的承擔責任者「基於現實主義的原因而讓予權力」[30]，不如直接與侵略者瓜分承擔責任者，然後以自身的國力與侵略者形成二元對抗，透過相對有效的內部制衡來取代不可確定的外部制衡，不是更合邏輯？

最令人大惑不解的是，Mearsheimer仍堅持：「雖然這些潛在的問題值得關注，但是他們最終不會削弱推卸責任策略的吸引力。」[31]筆者認為，正如Mearsheimer所言：「預測國際政治中的未來並不容易。」[32]尤其在其所描述的一個安全稀缺又缺乏互信之自助體系中，相對權力與長期利益更難以精確評估。這時，扈從顯然是比制衡更佳的選擇，而在這

---

[30] Ibid. pp.164

[31] Ibid. pp.162

[32] Ibid. pp.162

兩種策略的抉擇之間，Mearsheimer定義的卸責策略不會是任何一個行為者於任何一個時期的決策選項。但是基於同一邏輯，同盟內部的推卸責任則普遍存在於所有脆弱而短暫的制衡同盟之中，這種推卸責任的傾向又反過來使得制衡同盟更容易瓦解而不可憑恃。

陸、綏靖的價值

當推卸責任策略不可行時，扈從便具有相當積極的意涵，而制衡僅在特殊的條件下會短暫的出現，而且不一定能達到制衡的效果。與前兩個策略相比，綏靖策略是相對消極的，Mearsheimer將扈從也視為規避策略是錯誤的[33]，這顯然忽略了扈從具有逐利的積極意涵，而且扈從同盟通常能夠成功的完成掠奪。

「綏靖」是規避策略最常見的具體形式，意即接受敵國的武力訛詐，[34]在權衡戰敗的損失下，願意犧牲部分資源來換取短暫的和平。就此而論，綏靖顯然是弱國的政策選項，然而，規避策略也有其積極的一面，一般而言，若弱國仍存在一定的國力，其必定試圖從規避轉為扈從，並要求分一杯羹，這時應將規避視為扈從的前奏。

Mearsheimer 認為綏靖是不智的策略，但是如果是在真正的霍布斯世界中，由於存在貪婪嗜血的第三國，因此若在戰爭中慘敗，國力大幅降低之下，容易受到他國的趁火打劫，會蒙受更大的損害。所以，綏靖策略在兩國實力差距明顯，弱國知其必敗，又缺乏外國奧援的情況下，往往會接受訛詐。從此觀之，Mearsheimer 之所以認為綏靖是不智的，顯然是從大國的角度立論，可是筆者認為強國也同樣可能在兩種情形下

---

[33] Ibid. pp.162-164

[34] 值得注意的是，在霍布斯世界中，如果不是受到敵國直接的武力訛詐，而僅是其他相對緩和形式的威脅時，綏靖並不會出現。畢竟類似的威脅在霍布斯世界中應該是常態，綏靖應該是一種兩害相權取其輕的策略，為了避免戰敗後會失去更多，而接受敵國的武力訛詐。

接受武力訛詐：第一種情形是面臨多重威脅情境時，基於對另一崛起威脅的顧慮而對原先的威脅採取綏靖策略。因為兩虎相爭的結果往往是敗者衰、勝者疲，這時反予其他次強國崛起的良機，因此適當的讓步以化解兩強之間的衝突相較於兩敗俱傷的結果而言，並不會造成太大的損失。第二種情形便是以綏靖中的讓步作為一種誘餌，成為誘捕或耗竭策略的前奏，前者的例子如戰國初期，秦國面臨魏國的鋒芒所向，便是派衛鞅向魏國輸誠，勸說魏惠王稱王，將重心轉向與齊、楚稱霸，這種妥協就不僅是綏靖這般簡單。

就此而論，規避也可視為是一組策略，前期以依附、綏靖等手段避開強國的鋒芒，後期則以誘捕、耗竭等手段消耗強國的力量，這是一種綿裡藏針、以柔克剛的混合性策略。由於誘捕與耗竭可以被視為是綏靖後的一種反映，故似有必要在此對其進行討論：誘捕即為誘使企圖侵略或威脅自己的強國將目標轉移至另一國，以挑起兩強衝突或是讓該強國在侵略戰爭中被削弱，使用誘捕策略的國家會盡其所能的對強國表示效忠，但目的都是在削弱強國的實力。Mearsheimer認為其在現實上不容易推行。[35]然而，在霍布斯世界中，由於各國之間本來就存在敵意，因此向強國輸誠並進行挑撥的成功機率便大幅上升，如戰國時期的東北小國燕國則曾挑撥齊國滅宋以耗其國力，甚至不惜以武力支持齊國以示忠誠，最終造成齊國成為天下共敵，遭至樂毅的五國聯軍破齊，燕國也因為奪得大部分的齊國領土而一舉成為當時強國，這便為從綏靖轉化為誘捕的最佳案例。另外，耗竭依Mearsheimer的定義即為「**確保對手之間的戰爭轉變成代價高昂的長期衝突，並且耗盡他們的力量。**」[36]透過幫助對手的敵人，拖延敵人勝利的時間，甚至因而耗損國力，是一種隔山觀虎鬥的策略。耗竭策略的經典案例是馬陵之戰前，韓國遣使向齊求救，孫臏

---

[35] Ibid. pp.138-139; 153-154

[36] Ibid. pp.154-155

建議齊王先口頭答應，但待雙方師老兵疲之際再行出兵，如此「尊名」與「重利」便能二者皆得，結果在後來的馬陵之戰，齊國一舉殲滅魏國主力，成為東方的第一強國。而企圖透過綏靖來達到耗竭效果的經典案例，則以二次大戰前，英、法等國對德國在捷克斯洛伐克以及對日本在東三省的綏靖為代表，唯一可惜的是該綏靖並未成功挑起反共的法西斯陣營與蘇聯的衝突，反而是蘇聯先一步與德國簽訂了互不侵犯協定，坐觀希特勒席捲西歐。如此看來，真正善用綏靖與耗竭效果的，應是在戰爭中後期分別對德與對日宣戰的蘇聯。

由於在多重威脅情境下無法區分侵略者與承擔責任者，因此不太可能「允許預期的承擔責任者增加力量，使其有更多的資本遏制侵略國」。從這個角度出發，「與侵略者建立良好的關係，希望其將注意力集中在預設的承擔責任者身上」[37]便成為一種綏靖，以及可能伴隨綏靖而來的誘捕與耗竭。在霍布斯世界中，推卸責任的功用事實上被綏靖所取代了。

柒、結論

總而言之，若對 Mearsheimer「輕視綏靖、貶低扈從、關注制衡、強調卸責」的理論進行整體的評論，筆者認為，Mearsheimer 高估了制衡同盟的效用、低估了扈從同盟的利益，當國家是追求利益而非安全時，扈從的誘因很可能是高於制衡的，維持體系的平衡與否可能不是行為者考量的重點。故此，若說 Waltz 具有「維持現狀的偏見」，則 Mearsheimer 顯然是有「維持體系平衡的偏見」。

在一個本質上充滿競爭與衝突的世界，為什麼國家要努力維持體系的平衡與穩定？維持體系的穩定是保障體系成員生存安全的唯一方法

[37] Ibid. pp.159-161

嗎？與其煞費苦心的維持體系的平衡穩定，為何不直接追求個體的權力增長？對強國而言，只有失衡才能方便強國進行侵略與征服，才能成就體系內每個強權皆夢寐以求的霸業！對弱國而言，即便大國之間維持平衡，也不必然能保障小國的生存安全，自身的生存安全只能憑藉著自身的權力，而不能依賴制衡侵略者的同盟！若體系內所有國家無論強弱都以成為霸權為終極目標，即便是弱國也企圖在其權力範圍內追求一個區域或次區域霸權，那對強大威脅的扈從，雖然造成體系的失衡，卻能換來權力擴張的良機，在難以計算長遠利益的前提下，這確實是一個符合成本效益的選擇。

另一方面，如果體系的特徵真如Mearsheimer所描述，則同盟外部的推卸責任根本沒有存在的空間，因為國家無法區分侵略者與承擔責任者，更無法確定任何國家的意圖，由於不確定承擔責任者是否也以侵略者為共同的首要威脅，還是會在權力增長後反過來對自己產生更大的威脅，故此也就不可能允許承擔責任者增長任何的權力。至於Mearsheimer認為推卸責任有時會帶來誘捕與耗竭效果，筆者認為，在一個真正的霍布斯世界中，這種作用應為綏靖政策所取代。而且，綏靖並不是弱者才有的表現，隨著國力的增長，行為者的能動性也隨之升高，也就更能將綏靖轉化為具有積極意涵的誘捕與耗竭，透過削弱競爭者的權力來獲得相對的權力增長，這亦是霍布斯世界中應有的特色，即當國家無力追求絕對的權力增長時，國家會追求相對的權力增長，而不是權力平衡。[38]而且在追求相對的權力增長時，很可能會造成權力失衡，或是權力分配的重組，因為不穩定意味著調整自己權力地位的機會，因此，維持體系的穩定並不是體系成員的共同利益。

---

[38] 明居正，〈古典現實主義之反思〉，包宗和主編，《國際關係理論》（台北：五南出版，2011），頁27-48。

筆者需再次強調，以上推論必須符合三個前提條件：(1)體系內同時存在多個威脅；(2)嚴重的安全稀缺；(3)國家無法精確的衡量相對利益與長遠利益。而此三個條件與 Mearsheimer 所描述的世界是完全吻合的。然而，筆者根據同樣的前提假設，卻推論出完全不同的行為策略，其原因在於 Mearsheimer 一方面低估安全稀缺帶給國家的困境，認為國家在高衝突性、高變動性、高風險性的高壓環境中，仍能冷靜評估長遠利益而非短期利益，能夠計算相對權力而非絕對權力；二方面則輕率的接受了現實主義一貫視之理所當然的單一威脅假設，忽略「人人為敵」的多重威脅結構應該是霍布斯狀態的本質，且由於這種多重威脅情境確實影響會國家的行為決策，乃至於改變體系的結構邏輯，所以不能在追求理論簡約時予以簡化，冒然在理論上假設國家都能夠排序威脅。這兩個問題正是造成攻勢現實主義在描述國際政治本質與解釋國家行為之間產生不一致，導致在邏輯推論上產生跳躍與斷層的根本原因。

十八大後的解放軍

林穎佑 [*]
（淡江大學國際事務與戰略研究所博士）

十八大對中國而言，是一個重要的轉變，除了習李（習近平與李克強）政權的確定之外，中央軍委會主席一位，也在外界頗多揣測中，最終落幕的結果，出乎許多專業機關的判斷。胡錦濤完全裸退，辭去中央軍委會主席。也代表習李政權會有更多的揮灑空間，[1]固然在一片強烈的反貪腐浪潮聲中，未來的前景仍然有待注意，不過新的中央軍委會成員以及目前四總部（總參謀部、總政治部、總後勤部、總裝備部）與主要軍區的將領在升遷中，是否也可從中有新的趨勢？人民解放軍從 1927 年南昌起義的兩把菜刀開始，經歷了 80 多年，在 21 世紀的國際環境下，對中國人民解放軍是否會有新的刺激與轉變，這都是本文嘗試探討的方向。

在全面戰爭開打的機會不大的情形之下，為了維持人民解放軍在科技上、以及戰略上的優勢，中國每年仍然投注相當高額的國防經費，在投資付出但獲益不一定能成正比的情形之下，解放軍除了軍事作戰任務之外也應負起更多的責任。特別是在氣候急遽變遷的環境之下，天災所造成的損害更是直接衝擊人民的安全，而也因為都市密集、對科技的依賴、對環境的過度開發都讓過去單純的天災，逐漸變成所謂的「複合式

---

[*] 林穎佑，淡江大學國際事務與戰略研究所博士。

[1] 吳明杰，＜林中斌最準四月就預言裸退＞，《中時電子報》，2012 年 11 月 19 日。<http://news.chinatimes.com/politics/50207372/112012111900123.html>。查詢日期：2013 年 4 月 12 日。

災變」。[2]這已非單純的警消力量以及過去緊急應變系統可以負擔，唯有受過完整訓練，擁有高度能力以及先進設備的軍隊才能面對未來惡劣的災變環境。同時，解放軍在近年所進行的演習、護航與其他非戰爭軍事行動，都對中國在處理國際事務與對外宣告政策，有所特別的意義。這些都是本研究欲研究之方向。

壹、過去解放軍的任務與角色特點

黨指揮槍

在從事解放軍研究的過程中，首先要注意的是解放軍的「黨軍」角色。[3]黨軍的角色，確定了解放軍與中國的軍文關係，也確定了軍委會、中國共產黨、國家主席三個重要組織之間的關係。[4]雖然「黨指揮槍」確定了中國共產黨與解放軍的關係，但過去也有「槍桿子出政權」的類似言論。因此對中國政府而言，如何有效掌握與運用人民解放軍便成為一個主要課題，因此中央軍委會主席的重要性便可以從中窺知。對中國政府而言，中華人民共和國國防部並沒有直接指揮人民解放軍作戰的職權，其主要的功能偏重在於，軍事外交以及對外發言，真正涉及作戰指揮的開戰權利，掌握在中央軍委會手上，中央軍委會底下又有四總部（總參謀部、總政治部、總後勤部、總裝備部）進行指揮與作戰，其中作戰區域又分為七大軍區（北京軍區、瀋陽軍區、濟南軍區、南京軍區、廣州軍區、蘭州軍區和成都軍區）、三大艦隊（北海、東海、南海）。解放軍在作戰指揮上，除了戰地指揮官之外，解放軍也有設置政治委員（簡稱

---

[2] 林穎佑，〈複和式災變下的國土安全觀〉，《尖端科技軍事雜誌》，2013 年 2 月號第 342 期，頁 43。

[3] 潘進章，＜中共十八大黨軍關係之研析＞，《空軍學術雙月刊》，2013 年 2 月號，頁 5。

[4] 平可夫，《十八大軍委席位爭奪戰》（加拿大：漢和出版社，2012 年 2 月），頁 96-98。

政委）此一職務，對軍隊進行雙重領導。[5]值得注意的是，解放軍空軍政委並不是由空軍飛行員或是空軍作戰部隊轉任，而是與其他軍種的政委一樣，從政治委員專校中所訓練。因此解放軍空軍政委對空軍的瞭解不一定非常深入。中共中央軍委會成員來自陸、海、空、二砲以及黨中央，這也是為了要讓黨的力量能以深入軍中，畢竟在中國歷史中有太多歷史都是由軍方發動政變，或是要奪取政權時，更需要軍方的支持。「黨指揮槍」對共產黨而言是永不變的真理，但這句話是為了確定中國共產黨對於軍隊以及中國政治統治的地位—必須以共產黨作為永遠不變的領導，而人民解放軍更是屬於共產黨的軍隊，因此若是有一天中國政權由其他政黨獲得，解放軍是沒有支持的必要，因為這是一支屬於黨的軍隊。[6]因此，「黨指揮槍」與「槍桿子出政權」是兩個不同角度與不同視野的想法。在確定黨對軍隊的控制之後，中國共產黨內各派系為了能得到政權，也需要軍隊的支持來穩固自己的地位與嚇阻反對者，因此固然「黨指揮槍」，但是也別忘了「槍桿子出政權」的重要性。

不對稱作戰

在解放軍的作戰想定中，也瞭解雖然新型隱形戰鬥機、航空母艦、新型二炮導彈的陸續服役，對解放軍的作戰能力有所幫助，但與美軍的實力仍有一段差距。特別是若假想敵是美軍，不論是在美軍介入台海戰役，或是美國利用北朝鮮的緊張局勢，甚至是與日本自衛隊或是南海、釣魚台周邊的潛在衝突，而嘗試介入東亞事物，達到亞太戰略再平衡的目的。對解放軍而言，如何與美軍作戰是無法逃避的問題。由於兩軍的實力仍有一段不小的差距，因此如何以小博大、以弱擊強、以劣勝優，

---

[5] 施道安、伍爾澤著　，國防部史政編譯局 譯，《解放軍 75 週年之歷史教訓》（台北：國防部史政編譯室，2004 年 11 月），頁 68-75。

[6] 沈明室，《改革開放後的解放軍》（台北：慧眾文化，1995 年），頁 46。

藉不對稱思維發展的各類戰術戰法，來造成美軍最大的損害，讓美軍在嘗試介入東亞事務時，必須投鼠忌器，再三考慮。

對解放軍來說，所謂的殺手鐧，並不是指單一種武器，而是泛指對付外軍來襲時的一個關鍵性戰法。過去美方認為殺手鍵是一種武器（可能是導彈、或是潛艦）。[7]這樣的認知，是歐美國家對於中華戰略文化傳統的一個嚴重誤認。這也是導致美方經常對解放軍軍力發展做出錯誤評估的主要關鍵。對解放軍而言，不管黑貓白貓，只要會抓老鼠的就是好貓，因此無論是怎樣的攻擊組合，只要能有效的造成美軍大量的傷亡，就可以達成其目的。對美軍而言，過去，航空母艦會是其介入戰局的一項重要指標，也是美國戰力的象徵，如何攻擊航空母艦，防止美軍介入戰局便是解放軍在不對稱作戰中的當務之急。

對於「Anti-Access」國內學者各有不同譯名，目前國內主要譯法有：反介入作戰、反進入作戰、拒止。該詞彙主要是出自美國政府與智庫研究報告，主要是採取美國的立場，說明美軍必須發展全球軍力投射的能力，避免敵對國家利用各種手段阻止美軍進入危機地區。[8]而從解放軍「阻援打點」的戰略傳統來看，「阻援」亦著眼於形塑出足以左右敵決心之戰場態勢，但其不必然要與敵實際接戰，所有作為旨在屈服敵手救援作戰主目標之決心與意志。換言之，「打點」為主作戰，而「阻援」為支持主作戰之支作戰。[9]目前美、中、台三邊皆無正式官方定義，本篇文章選擇以「反介入戰略」為主要用語，主要原因在於「反介入」除了擁有

[7] 施道安、伍爾澤著 ，國防部史政編譯局 譯，《中共軍文變化》（台北：國防部史政編譯室，2006 年 4 月），頁 374-377。

[8] 謝茂淞，《亢龍有悔-中共反介入戰略之研究》（台北：高手專業出版，2010 年 1 月），頁 37。

[9] 張競，＜中共犯台「拒止」一辭辨義＞，《軍事新聞網》 2007 年 10 月 10 日，＜http://news.gpwb.gov.tw/news.php?css=2&nid=27153&rtype=2＞。檢索日期：2011 年 8 月 10 日。

對抗、嚇阻的含意之外，特別是解放軍在形容美軍出兵台海時，往往使用「介入台海」一詞，因此以「反介入戰略」作為「Anti-Access」的主要用語似乎較為恰當。

而對於反航艦作戰而言，解放軍仍然未跳脫出「系統對抗」與「不對稱打擊」的概念。所謂「系統對抗」是利用傳統的「飛、潛、快」各部隊的合作來嘗試突破美軍的神盾防護系統，利用反艦飛彈與潛艦以及空中武力形成的火網來達到「飽和攻擊」來對付美軍航空母艦的目的。[10]即便有了航空母艦，解放軍的航艦戰力仍然無法與美國海軍相比，因此解放軍航艦與艦載機部隊不太可能擔任「反介入」的主要打擊兵力，[11]直接與美國航艦戰鬥群進行硬碰硬的「艦隊決戰」。真正用來打擊美軍航艦的關鍵可能還是由潛艦來擔任，[12]特別是解放軍航空母艦必然會成為舉國上下注目的焦點，對中國來說具有相當大的象徵意義，因此對其使用必會更加注意，避免遭受打擊。中國古代孫臏以「下駟對上駟」的戰略幫助田忌贏得賽馬，[13]如今解放軍不對稱戰略也有類似的思維出現，特別是在網軍部隊的運用與配合之下，如何發揮網路作戰的最大效益，便是其中之奧妙之處。

---

[10] Rebecca Grantr 著，李永悌譯，《共軍對美國航空母艦之潛在威脅》（A specter Haunts the Carrier），《國防譯粹》，第 37 卷第 4 期，2010 年 4 月，頁 82。

[11] Michael McDevitt，張哲銘、鞠德風、郭雪真譯，<中共對付台灣的方式及美國海軍應有的必要行動>，David C.Gompert，《與龍共處：中共解放軍轉型與美軍論文輯》（Copy with the Dragon: Essays on the PLA Transformation and US Military）（台北：政治作戰學院，2008），頁 58-60。

[12] 平可夫，＜中國海軍打航的真正方式＞，《漢和防務評論》，2011 年 4 月號，頁 42。

[13] 田忌賽馬：孫臏向齊國將軍獻技，將賽馬分為上中下三等，以下等馬對上敵方上等馬，將其上等馬裝作中等馬，中等馬裝作下等馬，分別與齊王的中等馬及下等馬比賽，便可反勝兩場，獲得最終勝利。張國華，《中國兵學史》（福建：人民出版社，2004 年 11 月），頁 89-90。

單純的軍事外交

一般而言，對軍隊的認識大多認為是專注在作戰要務上，軍事（隊）外交只是軍事作戰中的一環，甚至在早期的認知中，認為軍人只要單純的進行軍事任務，對於國際政治的接觸越少越好，以避免軍人干政的可能。但隨著國際體系的轉變以及國家規模的擴大，無論是在內政或是外交上，國家事務決策的複雜度皆日益上升。對於國家運作以及國家發展總體戰略上，並不是單一部會可以達到目標，需要跨部會的合作，群策群力以盡事功，藉由各部會不同的努力，來完成聯合作戰，到達國家目標。因此，軍隊除作戰之外也開始接觸其他事務，而在國際上，一國會用盡各種方式在國際政治中發揮影響力，追求自身的利益，因此軍隊除了執行作戰任務之外，也可能在國家的利益考量之下，配合國家政策進行外交相關任務。由於戰略層級的不同，軍隊參與的程度高低不一，也導致軍隊外交與軍事外交的解釋有所不同。但英文也有所謂的國防外交一詞(Defense diplomat)，其內涵偏重在於為了達到國防目的，而進行的一切外交手段，因此其意義又偏重在於達成國防安全為最高宗旨，而非以軍隊作為出發點。

軍事外交其所涵蓋的層面較廣，任何涉及軍事議題的外交活動都可以歸類在軍事外交中，因此在其廣義的範疇之中，其戰略的層級是模糊的。因此軍事外交的應用範圍非常廣，如軍售的議題，涉及外交、經貿、國防科技、與兩國軍隊關係。但其實際能發揮的功效偏重在於外交關係。[14]真正對於軍隊而言，其影響力十分有限，同時對國家政策而言，軍隊在此處的對國家戰略的影響不深。因此雖然外交政策的運作，可歸類在國家戰略層級上，但是軍隊在軍售議題上，能發揮的作用偏重在於政策建議以及軍售後的相關配套措施。真正決定主導權仍然在於政府高層的作業，因此軍隊的參與性以及軍隊在外交上的發揮十分有限。因此，

14 請參閱：楊松河，《軍事外交概論》。

軍售議題可以歸類在於軍事外交，但對軍隊外交而言卻又不能如此歸類。中國所進行的許多軍事外交，雖然在議題上、本體上、影響上都與軍隊有些許的關係，但是在層次上都無法達到國家戰略的高度。這也代表軍隊外交的本質以及構成條件並沒有如同軍事外交一樣單純，軍事外交只要從事的項目與軍事議題或是人員有相關，便可歸類在其中。但是軍隊外交不論在執行過程或是參與行動的主體都必須與軍隊有關，或許決策者仍是政府高層，軍隊便是政府執行國家政策或是意志的表態工具。[15]另外在影響上，軍隊外交的行動，其影響不能只有在軍事層面，其行動的背後必須要有戰略意涵，特別是要有國家戰略的角度所發酵的影響，因此在層級上或是時間上，都必需高於一般軍事外交。這便是軍事外交與軍隊外交的最大差別，也是我們在進行解放軍對外行為時，必須加以釐清的部分。而隨著中國逐漸建立的大國形象，解放軍軍備的日益現代化，中國對解放軍的應用也隨著國際環境的變化，以及北京戰略思維的轉變而有新的方式。

貳、十八大後的人事與任務

2012 年 11 月在北京召開的十八大，與其說是十八大後中國人民解放軍所做的轉變，不如說是解放軍在面對新的國際環境以及中國國內政治所發生的轉變。

在人事上

「年齡是個寶、學歷最重要、參戰誠可貴、關係不可少」。這句話完整的解讀了解放軍的將領晉升。十八大最先公布的是兩位副主席：許其亮（原中央軍委會委員兼空軍司令員）以及范長龍，之後則是四總部負責人，分別為總參謀長房峰輝（原北京軍區司令員）、總政治部主任

---

[15] 張惠玉，〈軍事外交與維護國家利益〉，黨政論壇，2010 年第 4 期，頁 34。

張陽（原廣州軍區政委）、總後勤部部長趙克石（原南京軍區司令員）、總裝備部長張又俠（原瀋陽軍區司令員）。海軍司令員吳勝利（原中央軍委會委員兼海軍司令員）、空軍司令員馬曉天（原副總參謀長）、以及二砲司令魏鳳和（原副總參謀長）以及接替梁光烈擔任國防部長的常萬全。這些將領都是在胡錦濤擔任軍委主席時逐漸崛起的將星，也經過習近平擔任兩年軍委會副主席的參與決定。[16]胡的裸退也為十八大軍委會名單增加了許多討論話題，外界解讀認為胡習兩人的交情、習近平的政治資本、軍事人脈都相對雄厚，不需要胡上馬扶一程，反而胡利用此機會裸退，阻止江澤民再度干政。[17]

從軍委會委員名單來看，許其亮與范長龍剛好代表兩股勢力的成長。許其亮是標準的「根正苗紅」的太子黨成員。由於他是前一屆軍委會成員，同時又通曉空軍，具有高技術戰爭理論的背景，對於未來解放軍朝空天一體攻勢作戰的主張，都符合軍事發展的潮流。[18]范長龍卻是另一種代表，是首位由大軍區司令員直升此職位的。1947 年出生的范長龍可說是傳統「大兵將軍」特別是在 1998 年的抗洪救災任務中，擔任西線抗洪總指揮，頗受高層賞識。又與高層郭伯雄、徐才厚、梁光烈關係良好，2008 年四川震災，也是首當其衝的救災主力。其不只歷練充足，學歷也完整，對三軍聯合作戰頗有心得。這都是范長龍出線的原因。[19]

---

[16] 楊志恆，「中共十八大後中央軍委會之權力繼承」，展望與探索，2012 年 12 月，頁 54。

[17] 陳蕙萍，＜胡錦濤裸退 林中斌：阻江澤民干政＞，《自由電子報》，2012 年 11 月 15 日，＜http://www.libertytimes.com.tw/2012/new/nov/15/today-p9.htm＞。查詢日期：2013 年 2 月 28 日。

[18] 羅傑 克里夫，國防部史政編譯局 譯，《21 世紀中共空軍用兵思想》（台北：國防部史政編譯室，2012 年 9 月），頁 81。

[19] 中央社，＜軍委新人事 作戰新思維＞，《星島日報》，2012 年 11 月 05 日，＜http://news.singtao.ca/toronto/2012-11-05/china1352109779d4180096.html＞。查詢日期：2013 年 3 月 28 日。

雖然兩人代表不同背景，但仍可從兩人過去經歷中發現些許雷同之處。兩者都兼具學術與實務上的結合，許其亮在 1979 年懲越戰爭其間入駐前線機場貼近作戰第一線、范長龍則是在近年來的救災行動中有突出的表現，這也剛好代表解放軍對於「經驗」的重視。特別是許多新一代將星由於年紀關係，不見得有機會參與戰爭，因此許多過去未曾出現的非戰爭軍事行動，便是考驗其能力的最佳時機。無論是 2008 年的雪災或是之後的四川大地震，在後勤系統以及指管系統上，對解放軍都是最接近實戰的考驗。除此之外，對學歷的要求也十分注重，大部分要求經過國防大學學習的經歷，在國防大學除了對於戰略理論的深入鑽研之外，解放軍也利用國防大學的機會，將未來重點培訓將領集合，為日後進行一體化聯合作戰作準備。其他也日益要求解放軍將領必須擁有對外交流的機會，由於軍隊外交的模式已經逐漸超越過去的軍事外交，北京政府逐漸瞭解到利用解放軍可以進行許多外交上的工作，藉此來達到國家戰略的目的，這也反映在十八大後的軍委名單中，馬曉天除了背景雄厚之外，更是經常出現在媒體上的將軍，透過電視與在會議上的發言，都表達了中國的立場以及與外軍的互動。現任二砲司令魏鳳和更是曾留學俄國，無論在學歷以及專業上，都有其獨到之處。特別更是進入中央黨校與當時校長習近平頗有交集，再加上解放軍傳統上對二砲部隊的重視，這些都是未來將領的重要指標。[20]

在十八大後的新將星中，我們可以發現到有以下幾特別之處：

1.跨軍區、跨軍種交叉任職。

無論是經過不同軍區的歷練，或是海軍的跨區擔任職務，都可以發現未來解放軍必須打破軍區的限制，讓一體化聯合作戰從軍種內部先做起。解放軍海軍三大艦隊的互相調動操演會是未來演習的趨勢。面對此

---

[20] 金千里，《解放軍現役將領評傳》（香港：夏菲爾出版社，2010 年 9 月），頁 188。

狀況也反應在解放軍海軍的人事調動上。2011 年原南海艦隊司令員蘇支前平調至東海艦隊，新南海艦隊司令員蔣偉烈則在 2007-2009 年間擔任過東海艦隊參謀長。新任總參謀長房峰輝便是經過了蘭州、廣州、北京三大軍區的輪調經驗。[21]這些都會是未來新將領的趨勢。

2.年輕化

過去解放軍有著「七上八下」的規定，新的一批將領，只有張又俠年齡較長，但其擁有過去參與兩山戰役的實戰經驗，為不可多得的將領。另一位較為年長的則是海軍司令員吳勝利，其亦參與過 314 海戰，擁有與越南海軍交手過的經驗，特別是解放軍航空母艦遼寧號剛服役不久，無論是在經驗或是時機上都適合這位老將再度披掛上陣。除此之外，其他重要幹部大多以 60 歲出頭為標準，總參謀長房峰輝更是 20 年來最年輕的一位。[22]

3.基層戰士與太子黨的兼容並蓄

在軍隊組織中，為了確保組織的競爭力以及傳統，解放軍也有計畫與系統的，讓基層戰士與太子黨兩主要路線能盡量達到人事上的平衡。太子黨大多承襲著「老子英雄兒好漢」的傳統，藉由父執輩的交情與背景作為本身在軍方發展的支持。但近年解放軍將領也出現不少逐層拔躍的「實力派」將領，其在不斷的基層考核、軍區輪調中成長，利用重要演訓或是救災機會，順理成章魚躍龍門。這一趨勢也讓解放軍不會單純只有太子黨的成員，特別是在父執輩的影子底下，難免會有其他的不滿聲浪。如現任國防大學政委劉亞洲，其在學術與言論上都頗引人注目，

---

21 戴光，「我軍高層系列調整」，環球人物，2012 年 11 月第 198 期，頁 26。

22 中國軍網，<解放軍四總部換帥 房峰輝任總參謀長>，《大公網》，2012 年 10 月 25 日，

< http://www.takungpao.com.hk/news/content/2012-10/25/content_1290279_14.htm >。查詢日期：2013 年 4 月 10 日。

十分具備個人特色。但在網路上也有人攻擊劉亞洲，認為不應該讓一個不會開飛機也不會跳傘，軍事生涯只在政治部門耍筆桿子的人擔任空軍高層，劉的升遷正是解放軍最大的隱憂。[23]這些都是太子黨招人非議的地方。

4.經驗重於一切

由於戰爭爆發的機會日益減少，固然實戰是檢視一國軍隊最好的方法，但現今，演訓以及參與救災此類實際行動的經驗，變成了高層評比的標準。特別是在非戰爭軍事行動的任務逐漸增加之下，近年解放軍將領在晉升時都必須要有實際成績的表現，解放軍在 2008 年雪災、2009 年四川地震中都投入不少軍隊從事救災的工作。其中也有不少將領由於救災表現良好，而獲得晉升的機會。[24]但在面對救災任務時，海軍能進行的協助便十分有限，除了陸戰隊之外，海軍艦艇很難在救災任務中發揮作用。在缺少實績加持之下，解放軍海軍將領便有所吃虧。因此解放軍海軍的演習便是十分重要的指標，如現任副總參謀長孫建國，便是在 1987 年時擔任潛艦艦長，並創下核潛艦的潛行記錄。[25]除演習之外，環球遠航也是解放軍海軍將領升遷的管道。如解放軍第一次進行環球航行時，丁一平便是編隊指揮官，之後雖然在 2003 年因 361 潛艦失事事件而受到懲處，但靠著太子黨身份以及過去曾規劃 2001 年黃海大搜救聯合演習總指揮，這些資歷都讓丁一平在 2006 年回到第一海軍副司令員的位置，[26]並在 2009 年 4 月解放軍海上大閱兵時擔任要角。[27]

---

[23] 楊中美，《新紅太陽》（台北：時報文化出版社，2008 年），頁 192。

[24] 如 54 集團軍軍長戎貴卿，便是救災有功，2008 年 7 月晉升少將。

[25] 許三桐，《軍中少壯派掌握中國兵權》（香港：哈耶出版社，2009 年），頁 214。

[26] 金千里，《解放軍現役將領評傳》，頁 216。

[27] 中評社，＜丁一平：國慶閱兵海軍主戰裝備只亮相一小部分＞，《中國評論新聞》，2009 年 9 月 30 日，

<http://www.chinareviewnews.com/doc/1010/9/0/4/101090483.html?coluid=4&kindid=18&do

而軍隊任務的改變，也會對解放軍未來在中國政體所扮演的角色產生一定的影響。此外自冷戰結束之後，國際局勢有相當大的轉變。蘇聯的解體，讓美國突然之間失去對手，也讓中國有機會購得大量先進軍火裝備解放軍，讓解放軍開始逐漸接觸高科技的戰爭。1991 年美軍在波斯灣所進行的戰爭是一場與以往完全不同形態的戰爭，是一場一盎司矽晶，比一噸鈾還重要的戰爭，[28]讓解放軍瞭解傳統的人民戰爭已經過時。從 1996 年的台海飛彈危機、1999 年美軍誤炸南斯拉夫中共大使館、2001 年阿富汗戰爭、2003 年的伊拉克戰爭，這些國際間的軍事行動都對解放軍發展有不同的代表意義，都刺激著解放軍的現代化。解放軍的現代化也代表未來中國可以更加善用其所能發揮的功用與能力。則是在國際環境轉變的時候。

任務上

冷戰結束，代表兩極體系的結束，也宣告一超多強的時代正式來臨。雖然國際之間地區衝突仍然不斷，但大規模的世界大戰爆發的機率正逐漸縮小，是否還有必要維持如此龐大的軍隊規模，便開始出現在各國國會之中。美國國防預算對經濟一項是一沈重的負荷，這也造成當經濟不景氣時，各國議會都會優先檢討國防經費的原因。全球化的影響，讓地球村的理想越來越接近事實，無論是在經濟上、生活上、生產供應鏈上、文化上各國都很難置身事外，獨善其身。而在爆發戰爭機率不大的情形之下，各國為了有效利用軍隊的功能與特性，逐漸的讓軍隊任務開始更加多元化。由於軍隊具有政府公權力的意義，同時其具有較為精良的裝備，讓軍隊可以在短時間內面對各種不同的危急狀況。特別是近年來，天災人禍頻傳，複合式災變導致災難的成因已非單一原因可以解釋，在

---

cid=101090483&mdate=0930095614 >。查詢日期：2011 年 9 月 10 日。

[28] 艾文．托佛勒、海倫．托佛勒著，傅凌 譯，《新戰爭論》（War and anti-war：survival at the down of the twenty-first century）（台北：時報文化出版社，1994 年），頁 90。

災難日益複雜、原有救難團體無法面對的情形之下，救災變成了軍隊的主要任務之一。[29]

除了救災之外，其他非傳統安全議題的出現，也讓軍隊有了新的任務。亞丁灣護航對解放軍而言是一個全新的開始。解放軍海軍近年來最大的遠航行動便是 2008 年 12 月展開的亞丁灣進行護航任務。與其他國家所派出的護衛兵力比較，解放軍海軍所派出的艦艇算是相對先進。並於 2009 年 1 月達預定執行任務的亞丁灣海域開始任務，任務為期 4 個月。對解放軍而言，亞丁灣護航具有多重含意，首先這是最接近戰爭狀況的任務，雖然海盜戰力必然無法與軍隊相較，但是在執行護航任務時，必須長期待在國外海域進行任務，對裝備後勤保障、船上特種作戰、操艦訓練、協同作戰能力、應對緊急情況能力都是對解放軍的考驗。[30]嚴格來說，這是一個實戰任務，是有可能遭到海盜的還擊，對於士官兵的心理素質以及培養面對實戰的心態皆有幫助。特別是目前有近 20 國皆派出海軍在亞丁灣執行護航任務，與其他國家海軍合作執行反海盜任務時，得到與外軍協同合作的經驗。過去解放軍能與外軍合作大多在於聯合演習時，如今在執行反海盜護航之類的非戰爭軍事行動，其交流的程度更高於演習，能獲得的經驗更與平時演練不同。

而這些行為也有政治外交上的任務意涵。雖然軍事是政治的延續，軍事活動的背後，都具有其政治的目的。但解放軍近年來所參與的行動，都超越了過去單純的軍事外交，而進步到了軍隊外交。外交與武力之間的差異並非僅是使用工具為文字或槍砲的區別而已，而是在於敵對雙方之間，經過腦力激盪及溝通、瞭解、妥協和限制等角色扮演所產生之結

[29] 林中斌，《大災變-你必須面對的全球失序真相》(台北：時報出版，2011 年 12 月)，頁 98。

[30] 黃立，《劍指亞丁灣》(廣州：中山大學出版社，2009 年 4 月)，頁 236-240。

果。外交是一種討價還價的方式，儘管結果不能盡如敵對雙方之意。[31]有看法認為軍事行動是迫使敵人向我方意志屈服的一種政治目的，而戰爭既然是由國家的兵力來執行的一種活動，所以也是「國家政治應用其他手段的延續」。[32]而軍隊是執行軍事行動的當然單位，但軍事行動並不等同於戰爭。由於軍隊擁有高紀律重服從的特性，也代表國家的象徵，軍事行動，也有高度的影響力。軍事力量的部署與呈現，都具備隱性溝通的策略模式，在一定程度上也可以有效傳達外交信息。[33] 外交與軍事行動並不是相對的兩面，軍事行動也可以有效的融合在外交政策之中。特別是隨著全球化程度的提高，天災人禍頻傳，各國在面對非傳統安全威脅時，軍隊會是應變急救的主要力量。在面對國際糾紛時，一般的外交抗議以及協商，無法完全表達一國強硬立場，此時透過軍事演習，也可與外交談判桌上的表現，形成胡蘿蔔與棒子，達到軟硬兼施的功效。這些都是在外交上運用軍事的力量。因此，外交並沒有限定於和平手段，主要是透過各種對外交往手段，達成一國對外國或國際的互動；同樣軍隊不是只有作戰任務，透過不同的多元任務，讓國家在對外政策上能更具備一定的彈性，達到文武兼備的目標。

特別是解放軍近年來更利用「硬實力的軟運用」、「軟實力的硬運用」充分發揮解放軍的運用彈性，在解放軍進行的任務中，如演習、亞丁灣護航、PKO行動中利用軍隊所參與的軍事任務，傳達北京的立場，或是利用這些軍事行動達到國際貢獻的目的，期望藉此塑造中國在國際上的形象。[34]而又利用國際會議或是媒體的力量，利用立場鮮明的將領在上

---

[31] Thomas C. Schelling，徐孟豪譯，《武備的影響力》（台北：國防部，2007 年 2 月），頁 33。

[32] 鈕先鍾，《戰爭論精華》，頁 32。

[33] 賽明成，「古巴飛彈危機：外交信息傳遞觀點」，問題與研究，第 50 卷第 4 期（2011 年 12 月），頁 39。

[34] 請參閱：韓壯壯，（軍事軟實力與軍事外交），學理論，2009 年第 24 期，頁 26。

述場合透過發言或是文章撰寫，來發表強硬的言論，作為自身立場的宣達。這些都是解放軍在角色上逐漸脫離過去單純的軍事作戰任務，而利用更加多元的任務，來為人民服務。

參、代結論：人民解放軍的發展與角色

對解放軍研究而言，十八大只是一個時間點的延續，不一定帶有時代的意義。特別是對其角色與戰略深層的討論上，解放軍的變化與轉型是帶有時間的連慣性，以及思想上的延續性，並不能單純切割。因此今天解放軍的種種表現，並不是因為十八大或是由胡錦濤換成習近平，而在一夜之間有革命性的轉變，無論是在一體化或是外交角色上，都是經年累月的經驗後，以及隨著國際環境與時俱進的成果。

一體化

對解放軍而言一體化聯合作戰，絕對是未來發展的重要方向。為了追求火力的有效發揮以及指揮上的協調，一體化作戰也是解放軍未來作戰的主要方向。美軍所謂的網狀化作戰，[35](Net Center War, NCW)是利用資訊優勢，讓各軍種可以在最短時間內達到資訊分享，進行聯合作戰，在短時間內發揮最大火力擊潰敵人，[36]其主要關鍵在於能否達到資訊整合以及指揮作戰一體化。特別是在預算有限的情形之下，如何有效結合各軍種的力量，透過C4ISR，便是網狀化作戰。但對解放軍而言，在達成一體化作戰之前，更有許多先決條件需要配合，如基本的跨軍區作戰、跨兵種作戰、各軍中之間的信息資料交換系統的連線，以及最重要的指揮系統的通暢，這都是對解放軍的考驗。而跨區演習的次數應會日益增

[35] 解放軍稱為網路中心戰

[36] 許秀影、劉豐豪、張瑞勇，《前瞻國軍對次世代網路之應用》（台北：國防大學管理學院，2010 年 11 月），頁 238-243。

加，對解放軍海軍而言，三大艦隊的互相調動操演會是未來演習的趨勢。空軍轉場甚至解放軍海軍航空隊與空軍之間的合作與機場的協調。陸海空二砲部隊，在一體化聯合作戰的思維之下，應如何整合與合作進行協調作戰，特別是新的作戰領域出現，太空與網路作戰讓過去對戰爭的定義逐漸模糊。這都影響到解放軍對未來將領的挑選以及整體戰略方向的決定。而在新的作戰領域發揮的影響日益增加的同時，解放軍的發展與轉變仍須持續觀察。

外交化

解放軍也從過去單純的軍事外交朝向具有國家戰略層次的外交型任務為主。「國家戰略」定義，注重在於，不只是軍事力量，同時也包含內政與外交的指導政策，為國家發展方向的指導。過去曾有大戰略的定義，其注重於協調和指揮一個國家的一切力量，使其達到戰爭的政治目的，軍事力量只是大戰略的各項工具中的一種而已，在運用上包括財政、外交、商業甚至道義，以用來削弱敵人的意志。大戰略已超過戰爭的限度，而一直看到戰後的和平。[37]從中我們可知大戰略的範圍已經超出戰爭本身，他是在戰略之上，並且指導戰略的分配與應用，因此除了軍事之外，其他非軍事因素都是大戰略必須考慮到的層面。軍事外交與軍隊外交在戰略上的定位不一，其依據的標準在於其行動的部隊規模、背後意圖、影響的程度。軍隊外交其重點置於組織本身。所探討的方向，是從軍隊這一角色作為研究的出發點。探討的重點在於軍隊此一組織在國際上的行為與進行的外交任務。軍隊外交其分析主體在於軍隊所進行的活動，論述重心於軍隊在外交中所扮演的角色。軍隊外交的特色在於以「角色（組織）」作為分析的出發點。

---

[37] 李德哈特，鈕先鍾譯，《戰略論：間接路線》（台北：麥田出版社，1996 年），頁 447-455。

對解放軍而言，過去有學者提出人民戰爭學派、區部戰爭學派、新軍事革命學派，並認為其三學派是處於衝突的。[38]但其忽略了解放軍與中國傳統兵法上的結合，以及接受外來刺激時所受的轉變。特別是後冷戰的四場戰爭（波斯灣戰爭、科索夫戰爭、阿富汗戰爭、伊拉克戰爭），1996 台海飛彈危機、2001 年的南海美中撞機事件，以及持續與外軍交流的過程。這些需求都不斷的牽動解放軍的進步與對理論應用上的調適。[39]一體化聯合作戰最關鍵的還是在戰略人才上的思維，科技始終來自於人性，最終還是指揮體系與戰略思維決定解放軍的發展。在解放軍的角色上，除了作戰之外，中國會更加利用解放軍來達成國家戰略的目標。更加充分運用軍隊的特性以及角色。這也與中國傳統兵法中的奇正虛實有相當的關連。中國兵學傳統可追塑自《道德經》，先不論其書中與戰略之關連，但書中確實對二元論有所敘述。[40]二元論之觀點也在中國其他兵書中層出不窮，特別是孫子兵法便直接點名了虛實相間的觀念，其他各代兵書也都強調了虛實奇正、誤人而不誤於人的概念。[41]一直到近代解放軍的發展與中國軍事戰略仍可見到孫子兵法的精神。[42] 中國兵學特色除了二元性的相結合之外，亦整合了超軍事因素與軍事力量的運用，這也是西方學者一向缺乏的一環，也是臺灣研究解放軍學者必須要有自己的觀察與判斷，而非一味依循西方學者。畢竟如果我們過份依賴西方研究解放軍的看法，我們也會犯同樣錯誤。如果我們研究不夠深入，我們只能依賴西方的研究成果。[43]

---

[38] 參見：Michael Pillsbury(白邦瑞)，高一中譯，《中共對未來安全環境的辯論》（台北：國防部，2001 年 1 月）

[39] 張明睿，《解放軍戰略決策的辯證》（台北：黎明出版社，2004 年 9 月），頁 159。

[40] 鈕先鍾，《孫子三論》（台北：麥田出版社，1996 年），頁 188。

[41] 史美珩，《古典兵略》（台北：洪葉出版社，1997 年），頁 289-296。

[42] 張惠玲，林中斌編，《廟算台海》（台北：學生書局，2002 年 12 月），頁 22。

[43] 林中斌，<序>，廖文中主編，《中共軍事研究論文集》（台北：中共研究雜誌社，2001 年 8 月）頁 v。

國家圖書館出版品預行編目(CIP)資料

戰略安全理論建構與政策研析 /戰略安全理論建構與政策研析. -- 初版. -- 新北市 : 淡大出版中心, 2013.10

面； 公分

ISBN 978-986-5982-35-5(平裝)

1.戰略 2.戰略思想 3.文集

592.407　　　　102020093

戰略安全理論建構與政策研析

作　　者：翁明賢主編
社　　長：邱炯友
總 編 輯：吳秋霞
責任編輯：鄧傑漢
封面設計：斐類設計
發 行 人：張家宜
出 版 者：淡江大學出版中心
地　　址：新北市淡水區英專路151號
電　　話：(02)2621-5656 分機 2830
傳　　真：(02)8631-8660
出版日期：2013年11月初版一刷
定　　價：400元整
ISBN：978-986-5982-35-5

102年教學卓越計畫「1-3健全書系出版服務」